Was Führungskräfte über Psychologie wissen sollten

Was Führungskräfte über Psychologie wissen sollten

Astrid Schütz, Christina Köppe, Maike Andresen

Astrid Schütz
Christina Köppe
Maike Andresen

Was Führungskräfte über Psychologie wissen sollten

Theorie und Praxis für den Umgang mit Mitarbeitenden

unter Mitarbeit von

Theresa Fehn
Belinda Seeg

Prof. Dr. Astrid Schütz
Lehrstuhl für Persönlichkeitspsychologie und Psychologische Diagnostik
Kompetenzzentrum für Angewandte Personalpsychologie
Otto-Friedrich-Universität Bamberg
Markusplatz 3, 96047 Bamberg
Deutschland
E-Mail: astrid.schuetz@uni-bamberg.de

Prof. Dr. Maike Andresen
Lehrstuhl für Betriebswirtschaftslehre, insb. Personalmanagement und Organisational Behaviour
Otto-Friedrich-Universität Bamberg
Feldkirchenstraße 21, 96052 Bamberg
Deutschland
E-Mail: maike.andresen@uni-bamberg.de

Dipl.-Psych. Christina Köppe
Lehrstuhl für Persönlichkeitspsychologie und Psychologische Diagnostik
Kompetenzzentrum für Angewandte Personalpsychologie
Otto-Friedrich-Universität Bamberg
An der Weberei 5N, 96047 Bamberg
Deutschland
E-Mail: christina.koeppe@uni-bamberg.de

Bibliografische Information der Deutschen Nationalbibliothek
Die Deutsche Nationalbibliothek verzeichnet diese Publikation in der Deutschen Nationalbibliografie; detaillierte bibliografische Daten sind im Internet über http://www.dnb.de abrufbar.

Anregungen und Zuschriften bitte an:
Hogrefe AG
Lektorat Psychologie
Länggass-Strasse 76
3012 Bern
Schweiz
Tel. +41 31 300 45 00
info@hogrefe.ch
www.hogrefe.ch

Lektorat: Dr. Susanne Lauri
Bearbeitung: Edeltraud Schönfeldt, Berlin
Herstellung: Daniel Berger
Umschlagabbildung: © Andrey Popov, iStockphoto.com
Umschlag: Claude Borer, Riehen
Satz: punktgenau GmbH, Bühl
Druck und buchbinderische Verarbeitung: Finidr s. r. o., Český Těšín
Printed in Czech Republic

1. Auflage 2020

(E-Book-ISBN_PDF 978-3-456-95630-5)
(E-Book-ISBN_EPUB 978-3-456-75630-1)
ISBN 978-3-456-85630-8
http://doi.org/10.1024/85630-000

Inhaltsverzeichnis

Abkürzungsverzeichnis

AC	Assessment Center
AVEM	Arbeitsbezogenes Verhaltens- und Erlebensmuster
BARS	Behaviorally Anchored Rating Scale
BIP	Bochumer Inventar zur berufsbezogenen Persönlichkeitsbeschreibung
BOS	Behavior Observation Scale
CIT	Critical Incident Technique
CSE	Core Self-Evaluations (zentrale Selbstbewertungen)
CWB	Counterproductive Work Behavior
CWB-I	Counterproductive Work Behavior Individual
CWB-O	Counterproductive Work Behavior Organizational
EI	Emotionale Intelligenz
FAA	Fragebogen zur Arbeitsanalyse
FJA	Functional Job Analysis
F-JAS	Fleishman-Job Analysis System
FVVB	Fragebogen zur Vorgesetzten-Verhaltens-Beschreibung
F&E	Forschung und Entwicklung
GLTSI	Deutsches Lerntransfer-System-Inventar
HOL	Health-oriented Leadership
HR	Human Resource
IBES	Inventar berufsbezogener Einstellungen und Selbsteinschätzungen
ICD	International Statistical Classification of Diseases and Related Health Problems
JCM	Job-Characteristics-Modell
JD-R	Job Demands-Resources
KSAO	Knowledge, Skills, Abilities, Other Characteristics
LMX	Leader-Member Exchange
MBTI	Myers-Briggs-Typenindikator
MMG	Multi-Motiv-Gitter
MMI	Multimodales Interview
MSCEIT	Mayer-Salovey-Caruso Emotionale-Intelligenz-Test
NEO-PI-R	NEO-Persönlichkeitsinventar nach Costa und McCrae, revidierte Form
O*NET	Occupational Information Network
OCB	Organizational Citizenship Behavior
PE	Personalentwicklung

ProMES	Productivity Measurement and Enhancement System
ROI	Return on Investment
SME	Subject Matter Experts
SVF	Stressverarbeitungsfragebogen
TATоo	Task-Analysis-Tool
TBS	Tätigkeitsbeurteilungssystem
VIE-Theorie	Valenz-Instrumentalitäts-Erwartungs-Theorie
VUKA	Volatilität (Unbeständigkeit), Unsicherheit, Komplexität und Ambiguität
WIT-2	Wilde-Intelligenz-Test 2

Einleitung

Nach der seit 2001 jährlich erscheinenden Gallup-Studie „Engagement Index für Deutschland“ haben 2018 über fünf Millionen Arbeitnehmerinnen und Arbeitnehmer in Deutschland innerlich gekündigt. Als zentraler Grund werden Defizite in der Mitarbeiterführung genannt. Oft fehle es in deutschen Unternehmen an einer regelmäßigen Feedback-Kultur der Führungskräfte. Nach einer kurzen „Honeymoon-Phase“, in der sich Arbeitnehmer und Arbeitnehmerinnen noch gut betreut fühlen, würden sie oft alleine gelassen, so die Gallup-Studie. Was können Führungskräfte tun, um ihre Mitarbeitenden zu unterstützen und so Leistung und Erfolg zu fördern?

Das erfolgreiche Management eines Unternehmens hängt nicht zuletzt davon ab, was oft als „Faktor Mensch“ bezeichnet wird. James Goodnight, Vorstandsvorsitzender und Mitgründer von SAS (Hersteller von Business Analytics Software), brachte dies wie folgt auf den Punkt: „Jeden Abend fahren 95% meiner Vermögenswerte aus dem Betriebstor. Es ist meine Aufgabe, eine Arbeitsumgebung aufrechtzuerhalten, in der die Menschen jeden Morgen wiederkommen.“ (Goodnight, J., o.J.; vgl. Kapitel 10 in diesem Buch). Mitarbeiterinnen und Mitarbeiter gut auszuwählen, sie zu motivieren, weiterzuentwickeln und zu binden, ist unerlässlich für den Unternehmenserfolg – insbesondere angesichts des scharfen Wettbewerbs um qualifizierte Arbeitskräfte in Deutschland. Führungskräfte brauchen daher Wissen über Personalauswahl, Mitarbeiterführung und Talentmanagement.

Konkret geht es uns in diesem Buch darum, Erleben und Verhalten von Menschen im Berufsfeld zu beschreiben und zu erklären. Auf dieser Basis zeigen wir Möglichkeiten auf, wie sich diese Variablen vorhersehen und verändern lassen. Im Einzelnen geht es dabei um Unterschiede in Fähigkeiten und anderen Eigenschaften, Einstellungen und Werthaltungen, um die Motivation und die Gefahr der Demotivierung. Behandelt werden auch Unterschiede im Umgang mit Belastung und was daraus für Gesundheit und Zufriedenheit folgt. Auf dieser Basis ist es uns ein Anliegen, Menschen im Berufsleben sowie Unternehmen in ihrer Zielerreichung zu unterstützen. Aktuelle Forschungsbefunde und Theorien aus der Psychologie zu diesen Themen sind in diesem Band anschaulich erläutert und mit zahlreichen Praxisbeispielen illustriert.

Alle Kapitel sind einheitlich strukturiert: Ist die Zielsetzung erklärt und ein inhaltlicher Überblick über das Kapitel geschaffen, erläutern wir relevante psychologische Konzepte, Theorien und Befunde und übertragen sie anschließend auf das Anwendungsfeld. Praxisbeispiele erleichtern die Nutzbarmachung im Unternehmensalltag. Aufbauend auf Theorie und Praxis sind konkrete Handlungsimplikationen genannt. Jedes Kapitel schließt mit einer kurzen Zusammenfassung der wichtigsten Inhalte und themenspezifischen Reflexionsfragen, die zum Transfer in die Unternehmenspraxis anregen.

Drei systemisch miteinander verbundene personalpsychologische Ebenen sind zu berücksichtigen: Individuum, Gruppe und Organisation. Auch wenn jedes Thema einen anderen Schwerpunkt einnimmt, ist es doch immer auch für die jeweils anderen Ebenen relevant.

Querverweise auf verbundene Kapitel verdeutlichen diese Themenverknüpfungen.

Zunächst wird die **Ebene der einzelnen Mitarbeitenden** im Berufsleben näher beleuchtet. Grundzüge individuellen Erlebens und Verhaltens, die für eine langfristige erfolgreiche Berufsausübung relevant sind, werden zusammengefasst. Wir stellen die wichtigsten Faktoren individueller *Leistungsfähigkeit* (Kapitel 1) der *Leistungsbereitschaft* (Kapitel 2) gegenüber, behandeln in einem dritten Kapitel das Thema *Stress* als Hemmnis individueller Leistung und verknüpfen es mit dem präventiven Ansatz des Ressourcenaufbaus (Kapitel 3).

Auf der **Gruppenebene** wird der Führung von Mitarbeitenden durch ihre Vorgesetzten besondere Aufmerksamkeit geschenkt. Wir gehen der Frage nach, was *erfolgreiche Führung* ist und wie sie sich auswirkt (Kapitel 4). Dabei werden die wichtigsten Aspekte der Beziehungsgestaltung zwischen Führungskraft und Geführten im Sinne erfolgreicher Führung dargestellt. Anschließend geht es um das Thema *Konfliktmanagement* als konkrete Führungsaufgabe in Dyaden- und Gruppensettings (Kapitel 5). Zu berücksichtigen sind hierbei die psychologischen Aspekte von Leistungsfähigkeit, Leistungsbereitschaft und Leistungshemmnissen, die wir auf der individuellen Mitarbeitendenebene in Teil 1 abgehandelt haben.

Im dritten Teil werden nach Individuum und Gruppe übergeordnete Strukturen des **Personalmanagements in Organisationen** und die einschlägigen psychologischen Konzepte beleuchtet. Diese müssen nicht nur systematisch ineinandergreifen, sondern auch die individuelle Ebene sowie die Gruppenebene konsistent unterstützen. Zentrale Themen sind die *Auswahl und Entwicklung* von Mitarbeitenden (Kapitel 6 und 7), das *Managen von Talenten* (Kapitel 8), das individuelle und organisationale *Karrieremanagement* (Kapitel 9) sowie die *Personalbindung* (Kapitel 10).

Die Autorinnen sind mit den Themen aus Forschung und zahlreichen Unternehmenskooperationen vertraut. Praxiserfahrungen aus dem Kompetenzzentrum für Angewandte Personalpsychologie der Universität Bamberg und dem Lehrstuhl für Personalmanagement und Organisational Behaviour der Universität Bamberg fließen an zahlreichen Stellen in die Darstellung ein.

Wir danken herzlich unseren Kooperationspartnerinnen und -partnern aus regionalen und überregionalen Unternehmen für Fragen und Anregungen, auf deren Basis wir viele Themen weiter ausgearbeitet haben. Für tatkräftige Unterstützung danken wir auch unserem studentischen Team Katja Koch, Theresa Krebs, Luca Lenz, Laura Schmolke, Florian Schoberth, Sophie Stadter und Hannah Wörner.

Bamberg, im Winter 2019
Astrid Schütz, Christina Köppe, Maike Andresen, Theresa Fehn und Belinda Seeg

Teil 1: Berufseignung und Berufserfolg – Die Ebene des Individuums

1 Grundlagen individueller Leistungsfähigkeit

Was Sie hier erfahren

Im Rahmen dieses Kapitels werden die Grundlagen individueller Leistungsfähigkeit behandelt. Sie erfahren, was berufliche Leistung genau ist und welche Faktoren für Leistung relevant sind. Auf dieser Basis erhalten Sie schließlich praktische Hinweise, wie Sie die Leistung Ihrer Mitarbeitenden durch Maßnahmen der Leistungsbeurteilung positiv beeinflussen können.

1.1 Wissenschaftliche Basis

Die individuelle Leistung der Mitarbeitenden bestimmt zu einem wesentlichen Teil den Unternehmenserfolg. Wie Leistung zustande kommt und wie sie beurteilt werden kann, ist daher ein wichtiges Thema in Forschung und Praxis.

1.1.1 Was genau ist berufliche Leistung?

Das, was Mitarbeitende individuell zur Zielerreichung eines Unternehmens beitragen, wird im Allgemeinen als berufliche Leistung bezeichnet (Lohaus & Schuler, 2014). Im Folgenden wird näher behandelt, was unter Leistung genau zu verstehen ist.

Berufliche Leistung – Verhalten, Arbeitsergebnis, Kompetenz

Der Begriff berufliche Leistung wird unterschiedlich verwendet. Oft versteht man unter beruflicher Leistung das *Verhalten,* das gezeigt wird, um tätigkeitsbezogene Aufgaben zu erfüllen und das Erreichen organisationaler Ziele zu unterstützen (z.B. Campbell, McHenry & Wise, 1990). Leistung wird dabei als Prozessvariable gesehen (Lohaus & Schuler, 2014). Der Vorteil dieser Sichtweise von Leistung ist, dass der Fokus auf direkt beobachtbaren Aspekten liegt, die weitgehend im Einflussbereich der Mitarbeitenden selbst liegen und dementsprechend veränderbar sind.

Wenn Leistung als *Arbeitsergebnis* verstanden wird, sollten auch externe Faktoren berücksichtigt werden, die neben dem Verhalten der einzelnen Mitarbeitenden zusätzlich die Leistung beeinflussen können. Auch zeitliche Faktoren spielen eine wichtige Rolle: Je nach Art der Tätigkeit können Ergebnisse sofort sichtbar und damit als Teil der Leistung unmittelbar erkennbar sein oder erst mittel- bis langfristig zum Vorschein kommen. Beispielsweise zeigt sich der nachhaltige Erfolg von Lehrkräften und Trainern, das Lernergebnis der Lernenden, häufig erst relativ langfristig.

Manchmal werden unter dem Begriff Leistung auch *Kompetenzen* oder *Potentiale* einer Person verstanden – wenngleich es sich hierbei eher um Leistungsvoraussetzungen handelt (Lang-von Wins, Triebel, Buchner & Sander,

2008). Diese lassen sich nach Fleishman und Kollegen (1984) in der KSAO-Logik klassifizieren: Kenntnisse (knowledge), Fertigkeiten (skills), Fähigkeiten (abilities) oder andere Merkmale (other characteristics) wie Persönlichkeitseigenschaften, Werte und Einstellungen. Kompetenzen und Potentiale analysiert man vor allem im Rahmen der Eignungsdiagnostik, um auf Basis fundierter Erfolgsprognosen die richtige Person für eine bestimmte Tätigkeit auszuwählen (vgl. Kapitel 6 „Methoden und Verfahren der Personalauswahl"). Was die Beziehung zwischen Kompetenzen und Potentialen sowie tatsächlicher Leistung anbetrifft, sollte berücksichtigt werden, dass insbesondere situative Faktoren und konkrete motivationale Bedingungen das Verhalten des Individuums beeinflussen können (vgl. Abschnitt 1.1.2 „Einflussgrößen im Bereich beruflicher Leistung").

Merke

Leistung kann sich auf Verhalten, Arbeitsergebnisse und Kompetenzen (in der Praxis oft als Potentiale bezeichnet) beziehen. Beeinflussbar ist Leistung vor allem im Hinblick auf entsprechende Verhaltensweisen.

Leistungskriterien

Um Leistung beurteilen und beeinflussen zu können, muss man sie messbar machen. Hierzu müssen konkrete Kriterien festgelegt werden. Diese sollten vorab durch eine methodisch-systematische Analyse der betreffenden Arbeitsplätze und deren Anforderungen ermittelt werden (vgl. Kapitel 6 „Methoden und Verfahren der Personalauswahl"). Nur wenn klar ist, welche Leistung an einem konkreten Arbeitsplatz zu erbringen ist, kann diese Leistung auch zuverlässig und objektiv beurteilt werden. Leider liegen entsprechende Anforderungsanalysen in der Praxis nicht immer vor, und man greift zurück auf relativ abstrakte und scheinbar immer passende Worthülsen wie „Teamfähigkeit", „Motivation" oder „Eigeninitiative".

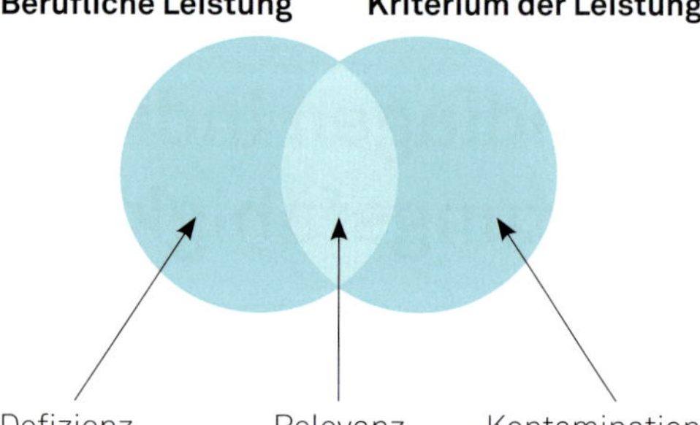

Abbildung 1: Defizienz, Relevanz und Kontamination im Zusammenhang von beruflicher Leistung und Leistungskriterium

Leistungskriterien können unterschiedlich hilfreich sein, weil sie Leistung mehr oder weniger vollständig abbilden (siehe **Abb. 1**). Nur der Schnittbereich zwischen Kriterium und tatsächlicher Leistung markiert den relevanten Bereich. Nicht relevante Bereiche sind durch *Defizienz* oder *Kontamination* gekennzeichnet.

Von einem kontaminierten Kriterium spricht man, wenn ein Teil des Kriteriums nichts mit der beruflichen Leistung der Person zu tun hat, sondern von anderen Einflussfaktoren abhängt. Die Anzahl an Angeboten beispielsweise, die eine Innendienstmitarbeiterin pro Tag versendet, kann unter anderem von der Größe oder Zusammensetzung des Kundenstammes abhängen, den sie betreut. Das Kriterium kann aber auch defizient sein, indem es nicht die gesamte Leistung abdeckt. Im Beispiel gilt das insofern, als das Erstellen und Versenden von Angeboten nur einen Teil der geforderten beruflichen Leistung darstellt. Nachträgliche Beratung bei Rückfragen oder Unterstützung von Kolleginnen und Kollegen im Bedarfsfall etwa wären nicht erfasst. Solches Verhalten, das nicht zur eigentlichen Arbeitsaufgabe gehört, wird auch als Extrarollenverhalten oder „Organizational Citizenship Behavior" bezeichnet.

Um zu einer differenzierten Beurteilung zu gelangen, ist es daher hilfreich, unterschiedliche Kriterien zu verwenden und so berufliche Leistungen möglichst umfassend abzubilden.

Kriterien lassen sich formal in verschiedener Hinsicht unterscheiden. Im Hinblick auf die Urteilsquelle unterscheidet man *subjektive und objektive Kriterien.* Als objektiv gelten Kriterien, die unabhängig von den Beurteilenden ermittelt werden und somit weder bewusste noch unbewusste Urteilsverzerrungen enthalten (Viswesvaran, Schmidt & Ones, 2005), zum Beispiel Produktivitätsdaten, wie Umsatz oder produzierte Stückzahlen, und Personaldaten, wie Fluktuation, Arbeitsunfälle oder Abwesenheitstage. Als subjektive Kriterien werden Beurteilungen von Vorgesetzten, unterstellten Mitarbeitenden, Kundinnen und Kunden, aber auch von der Person selbst genutzt. Als nachteilig zu bewerten ist hierbei, dass es, zum Beispiel durch Sympathie oder Antipathie, zu Verzerrungen kommen kann.

Merke

Leistung sollte durch subjektive und objektive Kriterien messbar gemacht werden.

Im Hinblick auf den Bezugspunkt Leistung lassen sich **Ergebnis-, Eigenschafts- und Verhaltenskriterien** unterscheiden. *Ergebniskriterien* (z.B. der Umsatz) bilden Leistung meist (jedoch nicht immer, z.B. Kundenzufriedenheit) durch objektive Kriterien ab, die zumindest augenscheinlich in direktem Bezug zu den Unternehmenszielen stehen. Ergebniskriterien sind daher meist stark kontaminiert, das heißt, sie können durch verschiedene Umweltfaktoren beeinflusst sein. So könnte der Umsatz eines Versicherungsmaklers mit seinem Einzugsgebiet zusammenhängen. Umfassende und angemessene Ergebniskriterien für eine Tätigkeit zu finden, kann sehr schwierig und in manchen Fällen kaum möglich sein.

Eigenschafts- und Verhaltenskriterien wiederum sind häufig subjektiv. *Eigenschaftskriterien* sind meist sehr allgemeine Leistungsindikatoren, wie „Zuverlässigkeit“ oder „Flexibilität“, die sich auf überdauernde Merkmale einer Person beziehen. Wenngleich der hohe Abstraktionsgrad von eigenschaftsbezogenen Kriterien Vorteile mit sich bringt (z.B. situationsübergreifende Gültigkeit), ist die starke Anfälligkeit für Beurteilungsfehler (z.B. Halo-Effekt) als ein bedenklicher Nachteil anzusehen. Mit der Gleichsetzung von Eigenschaften und Leistung wird außerdem der ungünstige Eindruck vermittelt, dass Leistung unveränderbar wäre.

Verhaltenskriterien hingegen beziehen sich auf direkt beobachtbares Verhalten. Sie sind spezifisch und auf die Anforderungen einer Tätigkeit bezogen, zum Beispiel „Beantwortet Kundenrückfragen innerhalb eines Tages“. Spezifität bedeutet aber auch, dass ein Verhaltenskriterium allein nie die gesamte Leistung abdecken kann und somit stets um weitere Verhaltenskriterien ergänzt werden sollte. Durch die Verhaltensnähe sind diese Kriterien in der Regel von der betroffenen Person beeinflussbar und insofern für die Verhaltenssteuerung, etwa im Rahmen von Beurteilungsgesprächen, von zentraler Bedeutung (Lohaus & Schuler, 2014).

Am Verhalten orientiert man sich allerdings gelegentlich nur scheinbar und oberflächlich, nämlich dann, wenn Eigenschaften als Pseudo-Verhaltenskriterien formuliert werden. Beurteilungen wie „Arbeitet selbstständig“ oder „Verhält sich hilfsbereit“ sind daher nichts anderes als versteckte Eigenschaftskriterien für „Selbstständigkeit“ und „Hilfsbereitschaft“ und somit für Beurteilungsfehler anfällig und überdies wenig geeignet, um Mitarbeitenden konkrete Möglichkeiten zur Verhaltensänderung aufzuzeigen.

Merke

Leistungskriterien können sich auf Eigenschaften, Verhalten oder Ergebnisse beziehen.

Struktur beruflicher Leistung

Im Rahmen einer großangelegten Studie bei der U. S. Army untersuchten Campbell und Kollegen (Campbell, McCloy, Oppler & Sager, 1993; Campbell et al., 1990) die Struktur beruflicher Leistung über verschiedene Berufe hinweg. Sie entwickelten auf dieser Datenbasis ein tätigkeitsübergreifendes Leistungsmodell, das Leistung in acht Leistungskomponenten unterteilt (siehe **Tab. 1**).

Nicht alle der acht aufgeführten Komponenten beruflicher Leistung sind an jeder Tätigkeit beteiligt. So ist das Führen von Mitarbeitenden nur in Leitungsfunktionen relevant. Leistungsfördernde Zusammenarbeit betrifft Tätigkeiten, die Interaktionen mit anderen Personen erfordern. Lediglich die Komponenten 1 (Tätigkeitsspezifische Aufgabenerfüllung), 4 (Fleiß) und 5 (Disziplin) sind nach Campbell und Kollegen (1990, 1993) für jede Tätigkeitsform von Bedeutung.

Nach dem eben beschriebenen Leistungsmodell umfasst Leistung mehr als die reine **aufgabenbezogene Leistung** („task performance“; Borman & Motowidlo, 1993). Engagement über das für die jeweilige Tätigkeit formal geforderte Verhalten hinaus ist von enormer Bedeutung für den Unternehmenserfolg (Motowidlo & Van Scotter, 1994) und wird als **umfeldbezogene Leistung** („contextual performance“) bezeichnet (Borman & Motowidlo, 1993). Zu dieser umfeldbezogenen Leistung gehören (1) das freiwillige Erfüllen von Aufgaben, die nicht direkt Teil der Arbeitsrolle sind, (2) Ausdauer und Begeisterung, tätigkeitsspezifische Aufgaben erfolgreich zu erledigen, (3) Helfen und Kooperationsverhalten,

Tabelle 1: Acht Leistungskomponenten (nach Campbell et al., 1990, 1993)

Komponente	Beschreibung
1 Tätigkeitsspezifische Aufgabenerfüllung	Verhalten, das eine Person befähigt, die Kernaufgaben ihrer Tätigkeit – aber nicht anderer Tätigkeiten – zu erfüllen
2 Tätigkeitsunspezifische Aufgabenerfüllung	Verhalten, das gezeigt wird, um Aufgaben zu erfüllen, die genereller Art, also nicht ausschließlich Teil der eigentlichen Tätigkeit sind
3 Schriftliches und mündliches Kommunizieren	Vermögen, sich mit anderen schriftlich und mündlich zu verständigen, unabhängig von der inhaltlichen Korrektheit des Kommunikationsinhalts
4 Fleiß	Ausdauer und Bereitschaft, auch unter suboptimalen Bedingungen optimales Arbeitsverhalten zu zeigen
5 Disziplin	Ausmaß, in dem eine Person schädigende Verhaltensweisen (für sich und andere) vermeidet und organisationale Regeln einhält
6 Leistungsfördernde Zusammenarbeit	Ausmaß, in dem eine Person einzelne Kollegen und Kolleginnen z. B. bei arbeitsbezogenen Problemen unterstützt und das Funktionieren des gesamten Teams fördert
7 Führen	Zielgerichtete Einflussnahme auf Untergebene durch Zielsetzung, Belohnung, Verhaltensmodellierung und Coaching, um deren Leistung positiv zu beeinflussen
8 Verwalten, Organisieren	Vermögen, Prozesse zielführend aufeinander abzustimmen und zu managen, z. B. durch passgenaue Verteilung von Aufgaben und Ressourcen, prozessbegleitende Zielverfolgung oder Kontrolle monetärer Aufwendungen

(4) Einhalten von organisationalen Regeln und Vorgehensweisen sowie (5) Bekräftigung, Unterstützung und Verteidigung organisationaler Grundsätze und Ziele.

Merke

Leistung lässt sich in aufgaben- und umfeldbezogene Leistung unterteilen.

Eine spezifische Form umfeldbezogener Leistung ist das **Organizational Citizenship Behavior** (OCB; Organ, 1988). OCB bezeichnet sogenanntes Extrarollenverhalten, „that supports the social and psychological environment in which task performance takes place" (Organ, 1997, S. 95). Im Deutschen spricht man auch von Arbeitsengagement, das freiwillig investiert wird und für das Funktionieren des Unternehmens förderlich ist, aber nicht unmittelbar durch das organisatorische Anreizsystem belohnt wird (Marcus, 2011). Extrarollenverhalten lässt sich klar abgrenzen von Intrarollenverhalten, also der Erfüllung von den zur Arbeitsrolle gehörenden Aufgaben (Hoffman, Blair, Meriac & Woehr, 2007). Es ist verbunden mit positiven Aspekten auf individueller und organisationaler Ebene wie positiver Leistungsbeurteilung durch Vorgesetzte und geringerem Absentismus (Podsakoff, Whiting, Podsakoff & Blume, 2009).

Merke

Organizational Citizenship Behavior ist eine spezifische Komponente umfeldbezogener Leistung. Gemeint ist jenes Verhalten, das außerhalb der eigentlichen Aufgabe der Mitarbeitenden liegt, aber unternehmensförderlich ist (z.B. andere Teammitglieder unterstützen, am Abend ein offen gebliebenes Fenster im Flur schließen).

Allerdings verhalten sich Mitarbeitende nicht immer unternehmensförderlich. Verhaltensweisen, die dem Unternehmen schaden, werden als **kontraproduktives Arbeitsverhalten** bezeichnet („Counterproductive Work Behavior, CWB"). Es kann sich beispielsweise in aggressivem Verhalten oder gar Mobbing im Team äußern (mitarbeiterschädigendes Verhalten, CWB-I („individual"); Robinson & Bennett, 1995). Zu CWB zählen aber auch scheinbar geringfügige Normübertretungen, wie das Nutzen von Druckerpapier und Kugelschreibern für private Zwecke oder der verfrühte Feierabend auf Unternehmenskosten (organisationsschädigendes Verhalten, CWB-O („organizational"); Robinson & Bennett, 1995). Von CWB spricht man, wenn Verhalten willentlich ausgeführt wird, also nicht versehentlich unterläuft und zumindest als potentiell schädigend für das Unternehmen einzustufen ist (Marcus, 2011).

Wichtig für die Prävention kontraproduktiven Verhaltens ist die Frage, *warum* sich Mitarbeitende so verhalten. Die verschiedenen Erklärungsansätze lassen sich in vier Kategorien unterteilen: Anlässe, Gelegenheiten, Neigungen und Mangel an internaler Kontrolle (Gottfredson & Hirschi, 1990; Marcus & Schuler, 2004). Relevant sind etwa erlebte Ungerechtigkeit, unzureichende Überwachung, die Suche nach dem „Kick" oder geringe Selbstkontrolle. Um solchem Verhalten vorzubeugen, erweist sich zum einen die Förderung erlebter organisationaler Gerechtigkeit als besonders hilfreich, zum anderen die Berücksichtigung problematischer individueller Tendenzen (Marcus, 2011; Marcus & Schuler, 2004). Bereits bei der Personalauswahl kann man, zum Beispiel mit Hilfe des Inventars berufsbezogener Einstellungen und Selbsteinschätzungen (Marcus, 2006), das Vorliegen entsprechender Tendenzen prüfen.

Merke

Counterproductive Work Behavior bezeichnet willentliche Handlungen, die eine potentielle Schädigung für die Organisation oder deren Mitarbeitende darstellen und gegen deren legitime Interessen verstoßen.

1.1.2 Einflussgrößen im Bereich beruflicher Leistung

Warum leistet Mitarbeiterin B mehr als Mitarbeiter M? Warum leistet Mitarbeiterin N derzeit weniger als noch vor einem Jahr? Im folgenden Abschnitt stellen wir dar, welche Faktoren verantwortlich sind, damit Leistung entsteht. Darauf aufbauend wird die Bedeutung von kognitiven Fähigkeiten und weiteren relevanten Personenmerkmalen für berufliche Leistung näher behandelt.

Entstehung von Leistungsverhalten

Unterschiede im Leistungsverhalten lassen sich prinzipiell auf Personen- und Umgebungsfaktoren sowie deren Zusammenspiel zurückführen. Als Personenfaktoren sind **Leistungsfähigkeit** und **Leistungsbereitschaft** zu unterscheiden. Hinzu kommen **situative Möglichkeiten.** Jede der Komponenten ist relevant; neuere Studien weisen auf wechselseitige Kompensationsmöglichkeiten hin (van Iddekinge, Aguinis, Mackey & DeOrtentiis, 2018).

Mitarbeitende sind *leistungsfähig,* wenn sie bezogen auf die jeweilige Tätigkeit über ausreichende allgemeine kognitive Fähigkeiten (Intelligenz) verfügen und das spezifische Fachwissen sowie entsprechende Fertigkeiten mitbringen. Neben dem *Können* ist auch das *Wollen* bedeutsam.

Die *Bereitschaft zu leisten* ist zum einen von den individuellen Merkmalen einer Person und zum anderen von situativen Anreizen abhängig. *Individuelle Merkmale* können Persönlichkeitseigenschaften wie Gewissenhaftigkeit sein oder stabile Motivausprägungen, die das Bedürfnis zu leisten abbilden (vgl. Kapitel 2 „Faktoren individueller Leistungsbereitschaft"). *Leistungsanreize* kann die Führungskraft in starkem Maße beeinflussen. Hierbei geht es nicht nur um materielle Anreize, sondern zum Beispiel auch um das Geben individueller Anerkennung (vgl. in Kapitel 4 den Passus 4.1.5 *„Interaktionsbasierte Führung"* über LMX) oder das Finden individuell passender, also weder über- noch unterfordernder Aufgaben für einzelne Mitarbeitende.

Neben der Leistungsfähigkeit und der Leistungsbereitschaft einer Person können *situative Möglichkeiten* für individuelle Leistungsschwankungen bzw. interindividuelle Leistungsunterschiede verantwortlich sein. Der Innendienstmitarbeiter kann das Angebot beispielsweise gar nicht erstellen, wenn ihm wichtige Informationen über die Produktpreise fehlen oder der Computer defekt ist. Das Herstellen einer Umgebung, die Leistung ermöglicht – gemeinsam mit den betroffenen Mitarbeiterinnen und Mitarbeitern –, ist eine weitere Führungsaufgabe. Dabei geht es vor allem um das Identifizieren und Beseitigen von Hindernissen sowie das Bereitstellen von unterstützenden Tools. Beispielsweise kann es hilfreich sein, wenn Führungskräfte starre Anwesenheitsregelungen aufweichen und Laptops für mobiles Arbeiten zur Verfügung stellen.

Im Folgenden geht es um die individuellen Fähigkeiten. Anschließend behandeln wir in Kapitel 2 („Faktoren individueller Leistungsbereitschaft") das Themengebiet Leistungsbereitschaft sowie Ansätze zur Aufgabengestaltung.

Merke

Leistung entsteht aus der Verknüpfung von Leistungsfähigkeit, Leistungsbereitschaft und situativen Möglichkeiten.

Intelligenz und Leistung

Unter Intelligenz versteht man verschiedene **allgemeine kognitive Fähigkeiten** wie zum Beispiel die Fähigkeit zum schlussfolgernden Denken, zum Planen, zum Problemlösen, zum abstrakten Denken, zum Verständnis komplexer Ideen, zum schnellen Lernen und zum Lernen aus Erfahrungen (vgl. Gottfredson, 1997). Es gibt unterschiedliche Theorien darüber, wie Intelligenz strukturiert ist bzw. welche Prozesse intelligentem Denken und Handeln zugrunde liegen.

Zwei übergeordnete Faktoren sind die sogenannte **fluide und kristalline Intelligenz** (Cattell, 1941, 1943). *Fluide Intelligenz* bezieht sich auf die Fähigkeit, neue Probleme und Situationen zu meistern und ist weitgehend unabhängig von früheren Lernerfahrungen sowie kulturellem Einfluss. Im Unterschied dazu umfasst die *kristalline Intelligenz* erworbenes Wissen und Fähigkeiten, das aus vergangenen Lernerfahrungen heraus entstanden und kulturell geprägt ist, etwa Faktenwissen oder Fertigkeiten wie Fahrradfahren. Während die fluide Intelligenz insbesondere im Hinblick auf Geschwindigkeit der Informationsverarbeitung von altersbedingtem Abbau betroffen ist, kann die kristalline Intelligenz in Abhängigkeit von umweltbedingten Anregungen stetig wachsen (Cavanaugh & Blanchard-Fields, 2011). Die gezielte Förderung und Weiterentwicklung auch älterer Mitarbeiterinnen und Mitarbeiter ist vor diesem Hintergrund von großer Bedeutung.

Intelligenz und Leistung hängen eng miteinander zusammen (z.B. Hunter & Hunter, 1984; Schmidt & Hunter, 1998). Über verschiedene Berufsgruppen und kulturelle Hintergründe hinweg sind allgemeine kognitive Fähigkeiten der beste Prädiktor für berufliche Leistung (z.B. Hülsheger, Maier & Stumpp, 2007; Salgado et al., 2003; Schmidt & Hunter, 1998) – sie erlauben eine Vorhersage zukünftiger Leistungen. Das gilt insgesamt, obwohl natürlich auch eine fähige Person nicht immer motiviert ist, ihre Leistung auch abzurufen. Differenziertere Analysen zeigen außerdem, dass die Intelligenz einer Person für ihre berufliche Leistung umso wichtiger ist, je komplexer die auszuführenden Tätigkeiten sind (z.B. Salgado et al., 2003; Schmidt & Hunter, 1998). In den meisten der zuvor genannten Studien wurde berufliche Leistung auf Basis von Vorgesetztenbeurteilungen erfasst. Der Zusammenhang von Intelligenz mit objektiven Kriterien des Berufserfolgs wie Gehalt oder Beförderungen ließ sich in zahlreichen Studien ebenfalls bestätigen (Kramer, 2009; Ng, Eby, Sorensen & Feldman, 2005). Allgemeine kognitive Fähigkeiten erweisen sich nicht nur als Prädiktoren von beruflicher Leistung im Arbeitsalltag, sondern sind auch für die Prognose von Trainings- und Ausbildungserfolg von großer Bedeutung (z.B. Hülsheger et al., 2007; Salgado et al., 2003; Schmidt & Hunter, 1998).

Merke

Intelligenz ist ein stabiler Faktor zur Vorhersage beruflicher Leistung. Sie erweist sich in unterschiedlichen Berufen und Kulturen als relevant und ist umso bedeutender, je komplexer die Tätigkeit ist.

Klassischerweise fokussiert der Intelligenzbegriff auf geistige Fähigkeiten wie schlussfolgerndes Denken oder Problemlösen. Seit einigen Jahren werden aber auch Modelle multipler Intelligenzen vertreten. So unterscheidet Gardner (1983) unterschiedliche Formen von Intelligenzen (z.B. musikalische Intelligenz, körperlich-kinästhetische Intelligenz). Besonders bekannt geworden ist das Konzept der emotionalen Intelligenz (EI), das für viele Aspekte von Leistung und Wohlbefinden relevant ist (Schütz & Koydemir, 2017).

Nach Mayer und Salovey (1997) umfasst **emotionale Intelligenz** vier Fähigkeitsbereiche: Emotionswahrnehmung (bei sich und bei anderen), Emotionsnutzung, Emotionswissen und Emotionsregulation (bei sich und bei anderen). Ein international anerkanntes Instrument zur Erfassung der Fähigkeitsbereiche stellt der MSCEIT dar (Mayer-Salovey-Caruso Emotionale-Intelligenz-Test, deutsche Version von Steinmayr, Schütz, Hertel & Schröder-Abé, 2011). Er wird unter anderem bei der Personalauswahl eingesetzt. Es zeigt sich, dass emotionale Fähigkeiten einer Person positiv mit ihrer beruflichen Leistung zusammenhängen (z.B. Farh, Seo & Tesluk, 2012; O'Boyle, Humphrey, Pollack, Hawver & Story, 2011) und über allgemeine kognitive Fähigkeiten und Persönlichkeitseigenschaften hinaus bedeutsame Vorhersagen von Leistung ermöglichen (Iliescu, Ilie, Ispas & Ion, 2012; O'Boyle et al., 2011). Ihr Einfluss zeigt sich besonders, wenn Personen vermehrt Emotionsarbeit leisten oder hohen Managementanforderungen ausgesetzt sind (Farh et al., 2012; Joseph & Newman, 2010); dies gilt für Personen im Lehr- und Servicebereich (Lehrkräfte, Call Center Teams, Flugbegleitungen), aber auch für Führungskräfte. Ebenfalls besonders relevant ist EI als kompensatorischer Faktor, wenn bereits emotionale Erschöpfungszustände zu beobachten sind (Moon & Hur, 2011). Aufgrund der Bedeutsamkeit von EI im Berufskontext werden derzeit verschiedene Trainings zur Steigerung emotionaler Intelligenz bzw. Kompetenz entwickelt und auf ihre Wirksamkeit hin geprüft. Erste Studien bestätigen die Trainierbarkeit von EI (z. B. Herpertz, Schütz & Nezlek, 2016).

Persönlichkeitsmerkmale und Leistung

Neben Intelligenz haben sich auch verschiedene **Persönlichkeitsmerkmale,** wenn auch in geringerem Ausmaß, als leistungsrelevant herausgestellt (z. B. Barrick, Mount & Judge, 2001).

Gewissenhaftigkeit ist neben Extraversion, Neurotizismus (als Gegenpol zu emotionaler Stabilität), Offenheit und Verträglichkeit ein Faktor im Fünf-Faktoren-Modell der Persönlichkeit (z. B. Costa & MacCrae, 1992). Die Big-Five-Persönlichkeitsfaktoren sind derzeit das international verbreitetste Modell der Persönlichkeit; sie umfassen fünf relativ breite Persönlichkeitsdimensionen (Ostendorf & Angleitner, 2004, vgl. auch Muck, 2004). *Gewissenhafte* Personen zeichnen sich durch Kompetenz- und Leistungsstreben aus. Sie sind pflichtbewusst und ordentlich, sie denken nach, bevor sie etwas tun, und sind selbstdiszipliniert. Personen, die besonders *extravertiert* sind, lassen sich als aktiv, gesellig und durchsetzungsstark beschreiben. Sie sind optimistisch und genießen aufregende Situationen. *Emotional labile* Personen hingegen geraten bei Belastungen leicht aus dem Gleichgewicht. Sie sind eher ängstlich und verletzlich und in sozialen Situationen eher unsicher. *Offenheit* bedeutet, dass jemand neuen Erfahrungen gegenüber aufgeschlossen ist. Solche Erfahrungen können sich auf Phantasie, Ästhetik, Gefühle, Handlungen, Ideen sowie Normen- und Wertesysteme beziehen (Ostendorf & Angleitner, 2004). Eine *verträgliche* Person ist in Interaktionen vor allem um andere Personen bemüht. Sie ist hilfsbereit, entgegenkommend und vertrauensvoll, sie ist bescheiden und steckt gegenüber anderen auch mal zurück (für eine genauere Darstellung vgl. Schütz, Rüdiger & Rentzsch, 2016).

Zur Erfassung der Big-Five-Persönlichkeitsfaktoren hat sich das Persönlichkeitsinventar NEO-PI-R etabliert (Ostendorf & Angleitner, 2004). Die Facetten der fünf Dimensionen sowie einige Beispielitems sind in **Tabelle 2** dargestellt.

Die einzelnen Faktoren der Persönlichkeit sind für berufliche Leistung von unterschiedlich großer Bedeutung. Der Zusammenhang von Gewissenhaftigkeit und Leistung ist am höchsten, gefolgt von Neurotizismus (in negativer Richtung), Extraversion, Verträglichkeit und Offenheit. Gewissenhaftigkeit hebt sich von den anderen Faktoren insofern ab, als sie über verschiedene Leistungskriterien und Berufe hinweg bedeutsam ist (Barrick et al., 2001). Auch Neurotizismus weist eine gewisse Stabilität hinsichtlich der Leistungsvorhersage auf. Bei den verbleibenden drei Faktoren lassen sich sehr spezifische Muster im Zusammenhang mit Leistung erkennen: Extraversion und Verträglichkeit sind je nach Beruf mal mehr, mal weniger wichtig, Offenheit je nach Leistungskriterium. Hohe Extraversion und Verträglichkeit sind zum Beispiel bei Managern und Managerinnen besonders relevant; anders ist es bei Facharbeiter/-innen und angelernten Arbeiter/-innen. Die Ausbildungsleistung wird durch Offenheit besonders gut vorhergesagt.

Tabelle 2: Dimensionen, Facetten und Beispielitems des NEO-PI-R (nach Ostendorf und Angleitner, 2004)

Dimensionen	Facetten	Beispielitems
Neurotizismus	Ängstlichkeit Reizbarkeit Depression Soziale Befangenheit Impulsivität Verletzlichkeit	• Ich bin häufig beunruhigt über Dinge, die schiefgehen könnten. • Manchmal fühle ich mich völlig wertlos. • Im Umgang mit anderen befürchte ich häufig, dass ich unangenehm auffallen könnte.
Extraversion	Herzlichkeit Geselligkeit Durchsetzungsfähigkeit Aktivität Erlebnishunger Frohsinn	• Ich bevorzuge Arbeiten, die ich alleine und ohne von anderen gestört zu werden erledigen kann. (–) • Andere Menschen erwarten oft von mir, dass ich die Entscheidungen treffe. • Ich sehne mich häufig danach, mehr Aufregendes zu erleben.
Offenheit für Erfahrungen	Offenheit für Phantasie Offenheit für Ästhetik Offenheit für Gefühle Offenheit für Handlungen Offenheit für Ideen Offenheit des Normen- und Wertesystems	• Wenn ich einmal irgendeinen Weg gefunden habe, etwas zu tun, dann bleibe ich auch dabei. (–) • Ich bin sehr wissbegierig. • Ich glaube, dass die Treue zu den eigenen Idealen und Prinzipien wichtiger ist als Aufgeschlossenheit. (–)
Verträglichkeit	Vertrauen Freimütigkeit Altruismus Entgegenkommen Bescheidenheit Gutherzigkeit	• Im Hinblick auf die Absichten anderer bin ich eher zynisch und skeptisch. (–) • Ich würde lieber mit anderen zusammenarbeiten, als mit ihnen zu wetteifern. • In Bezug auf meine Einstellungen bin ich nüchtern und unnachgiebig. (–)
Gewissenhaftigkeit	Kompetenz Ordnungsliebe Pflichtbewusstsein Leistungsstreben Selbstdisziplin Besonnenheit	• Ich arbeite zielstrebig und effektiv. • Ich versuche, alle mir übertragenen Aufgaben sehr gewissenhaft zu erledigen. • Ich vertrödele eine Menge Zeit, bevor ich mit einer Arbeit beginne. (–)

Merke

Von den Big Five ist Gewissenhaftigkeit gefolgt von Neurotizismus für eine berufsübergreifende Vorhersage von Leistung am bedeutendsten. Extraversion, Verträglichkeit und Offenheit unterscheiden sich in ihrer Bedeutsamkeit je nach Beruf bzw. Leistungskriterium.

Man könnte nun leicht den Eindruck gewinnen, dass gewissenhafte Personen die perfekten Mitarbeitenden sind. Manchmal aber vielleicht zu perfekt? Der Zusammenhang von Gewissenhaftigkeit und Leistung ist in der Tat nicht linear, es gilt also *nicht:* „je gewissenhafter, desto leistungsstärker“. Vielmehr zeigen Studien, dass Personen, die sehr geringe oder aber sehr hohe Werte auf der Dimension Gewissenhaftigkeit aufweisen, geringere Leistung erbringen (z.B. LaHuis, Martin & Avis, 2005; Le et al., 2011) – beispielsweise weil sie zu viel oder zu wenig Zeit auf Details verwenden. Auch bei positiven Eigenschaften kann die Ausprägung also zu viel des Guten sein (*Too-much-of-a-good-thing-Effekt;* vgl. Pierce & Aguinis, 2013). Le und Kollegen (2011) konnten zeigen, dass der Zusammenhang von Gewissenhaftigkeit und aufgabenbezogener wie umfeldbezogener Leistung (OCB, CWB) quadratisch ist. Für die aufgabenbezogene Leistung und OCB bedeutet das, dass zunehmende Gewissenhaftigkeit zunächst zu besserer Leistung und mehr OCB führt, dieser Zusammenhang jedoch bei höherer Gewissenhaftigkeit schwächer wird und schließlich ganz verschwinden kann. Für CWB ist der Fall genau umgekehrt. Weiter zeigte die Forschungsgruppe, dass die Komplexität der jeweiligen Tätigkeit eine entscheidende Rolle spielt. Hohe Ausprägungen von Gewissenhaftigkeit scheinen für komplexe Tätigkeiten förderlicher zu sein als für weniger komplexe. Weitere Forschung in diesem Bereich ist allerdings notwendig, um die Ergebnisse zu untermauern (Carter et al., 2014).

Ein weiteres Konstrukt, dessen Einfluss auf die Arbeitsleistung vielfältig bestätigt werden konnte, bezieht sich auf die **zentralen Selbstbewertungen** (Core Self-Evaluations, CSE; Judge, Locke & Durham, 1997) einer Person (Chang, Ferris, Johnson, Rosen & Tan, 2012; Judge & Bono, 2001a; Judge, Erez, Bono & Thoresen, 2006). Das Konzept integriert vier spezifischere Persönlichkeitsmerkmale: allgemeine Selbstwirksamkeit, internale Kontrollüberzeugung, emotionale Stabilität (oder geringer Neurotizismus) und Selbstwert.

Die *allgemeine Selbstwirksamkeit* beschreibt die Überzeugung, effektiv Einfluss auf ein Geschehen nehmen zu können und so ein Ziel oder die Erfüllung eines Wunsches zu erreichen (Bandura, 1977). Unter *internalen Kontrollüberzeugungen* („locus of control"; Rotter, 1955) versteht man die generalisierte Auffassung, das individuelle Schicksal durch eigenes Zutun kontrollieren zu können und äußeren Kräften nicht ausgeliefert zu sein. *Emotionale Stabilität* ist als Gegenkonstrukt zu Neurotizismus Teil der Big Five und bezieht sich darauf, dass eine Person nur in geringem Maße Stimmungsschwankungen erlebt. Der *Selbstwert* einer Person (im Alltag auch als Selbstwertgefühl bezeichnet, wenngleich es sich nicht um ein Gefühl im eigentlichen Sinne handelt) ist das Resultat einer Bewertung der eigenen Person (Schütz, 2005).

Merke

Zentrale Selbstbewertungen integrieren die Persönlichkeitsmerkmale allgemeine Selbstwirksamkeit, internale Kontrollüberzeugung, emotionale Stabilität und Selbstwert. Diese Persönlichkeitsmerkmale sind für berufliche Leistung ebenfalls bedeutsam.

Zentrale Selbstbewertungen spielen als Gesamtkonstrukt für berufliche Leistung eine wichtige Rolle (vgl. Stumpp, Muck, Hülsheger, Judge & Maier, 2010). Daneben haben sich aber auch einzelne Faktoren des Konstruktes als leistungsrelevant erwiesen, wie beispielsweise der Selbstwert, der als Hauptkomponente der zentralen Selbstbewertungen gelten kann (Judge & Bono, 2001b; Judge et al., 1997).

Der Selbstwert eines Menschen, auch *Selbstwertschätzung* genannt, ist ein relativ stabiles Persönlichkeitsmerkmal. Dennoch schwankt die Selbstwertschätzung je nach den erlebten Situationen. Typischerweise wird der Selbstwert vieler Menschen beeinflusst durch Erlebnisse in den Bereichen Leistung, familiärer Rückhalt, Anerkennung durch andere oder durch die eigene Attraktivität. Während sich positive Ereignisse bzw. Erfolge in subjektiv wichtigen Bereichen selbstwerterhöhend auswirken, sind Misserfolge selbstwertbelastend. Wie bedeutsam die einzelnen Faktoren für den Selbstwert einer Person sind, ist individuell verschieden. Auch erweist sich der Selbstwert mancher Personen als stabiler als der anderer (Schütz, 2005). Personen, deren Selbstwertschätzung je nach aktuellen Ereignissen stark variiert, reagieren besonders sensibel auf Feedback und neigen zu Rechtfertigung und Feindseligkeit.

Zahlreiche Studien zeigen, dass Menschen mit niedriger Selbstwertschätzung unter negativen Emotionen sowie Schwierigkeiten im Leistungs- und Sozialbereich leiden (Leary & MacDonald, 2003). Dabei treten oft sich selbst verstärkende Mechanismen auf, die Teufelskreise negativer selbstbezogener Haltungen bestärken. Wer an den eigenen Fähigkeiten zweifelt, geht oft mit Skepsis an eine Aufgabe heran und befürchtet, zu versagen. Solche Befürchtungen beanspruchen kognitive Kapazitäten, beeinträchtigen die Aufgabenbearbeitung und machen Misserfolge wahrscheinlicher (zusammenfassend Schütz, 2005).

Hingegen ist hohe Selbstwertschätzung mit vielen positiven Aspekten verbunden. Sie gilt in zahlreichen Kontexten als wichtiger protektiver Faktor – sei es beim Umgang mit Belastungen oder beim Aufbau befriedigender Beziehungen – und wird daher oft als Indikator für psychische Gesundheit gewertet. Menschen mit hoher Selbstwertschätzung sind insgesamt mit sich und ihrem Leben relativ zufrieden, befinden sich in befriedigenden Partnerschaften, verfügen über Durchsetzungsvermögen und zeigen gute Leistungen (zusammenfassend Schütz, 2005).

Trotz der Probleme, die mit niedriger Selbstwertschätzung verbunden sind, sollten auch die Schattenseiten hoher Selbstwertschätzung nicht übersehen werden. Hoch positive Selbsteinschätzungen im Sinne selbsterhöhender Illusionen können zum Beispiel dazu führen, dass Aufgaben oder Risiken unterschätzt (Fenton-O'Creevy, Nicholson, Soane & Willman, 2003), Ziele zu hoch gesetzt und deshalb verfehlt (Baumeister, Heatherton & Tice, 1993) oder Hilfsangebote ausgeschlagen werden, weil das Annehmen von Hilfe als Eingeständnis von Schwäche interpretiert wird (Schütz & Sellin, 2003). Außerdem kann die für Menschen mit hohem Selbstwert typische Beharrlichkeit nicht nur ein vorschnelles Aufgeben verhindern, sondern auch ein Aufgeben aussichtsloser Bemühungen. Fokussierung auf eigene Stärken und gelassener Umgang mit Kritik können zu Selbstüberschätzung führen und bewirken, dass Rückmeldungen nicht ernst genommen und so Lerngelegenheiten verpasst werden (für eine ausführlichere Darstellung siehe Schütz, 2005).

1.2 Praktische Anwendung

Für Führungskräfte ist es eine zentrale Aufgabe, die Leistung ihrer Mitarbeitenden zu unterstützen und eine Leistungssteigerung zu bewirken. Dabei stehen ihnen unterschiedliche Möglichkeiten zur Verfügung: Der Kompetenzaufbau der Mitarbeitenden kann im Rahmen von Personalentwicklungsmaßnahmen gefördert werden (siehe Kapitel 7 „Nachhaltige Personalentwicklung"), Arbeitsplatzgestaltungsmaßnahmen können passende situative Rahmenbedingungen schaffen, und eine gezielte Leistungsbeurteilung kann konkrete Ansatzpunkte für Verhaltensveränderungen aufzeigen.

Aufbauend auf dem bisher Gesagten thematisieren wir in diesem Abschnitt die Leistungsbeurteilung als praktische Anwendung des erlangten Wissens genauer. Wir stellen zunächst Funktionen und Ebenen der Leistungsbeurteilung vor und behandeln im Anschluss die beiden Ebenen Day-to-Day-Feedback und Regelbeurteilung als zwei Möglichkeiten der Leistungssteigerung näher.

1.2.1 Funktionen und Ebenen der Leistungsbeurteilung

Nach Cleveland, Murphy und Williams (1989) lassen sich vier Funktionen der Leistungsbeurteilung unterscheiden. Sie dient sowohl **inter-**

personalen Entscheidungen, zum Beispiel in Bezug auf Beförderungen und Gehalt, als auch **intrapersonalen Entscheidungen,** zum Beispiel in Bezug auf die Festlegung individueller Entwicklungswege oder Aufgabenverteilungen. Die Leistungsbeurteilung kann außerdem zur **Systemerhaltung** (vgl. Marcus, 2011) bei Entscheidungen der Personalplanung oder des organisationalen Personalentwicklungsbedarfs notwendig sein. Darüber hinaus ist die Leistungsbeurteilung ein wichtiges Instrument zur **Dokumentation,** um Entscheidungen, die im Rahmen der genannten Funktionsbereiche getroffen werden, zu begründen. Manche Funktionen stehen allerdings miteinander im Konflikt. So fühlt sich der Innendienstmitarbeiter im Rahmen seines alle halbe Jahr stattfindenden Mitarbeitergespräches zum Beispiel nicht wohl dabei, wenn er zugibt, dass er Unterstützung – beispielsweise in Form eines SAP-Trainings – bräuchte, und zugleich sein Gehalt verhandelt wird.

Merke

Die Funktionen der Leistungsbeurteilung können vier Kategorien zugeordnet werden: interpersonale Entscheidungen, intrapersonale Entscheidungen, Systemerhaltung und Dokumentation.

Um Konflikte zwischen verschiedenen Funktionen der Leistungsbeurteilung zumindest weitestgehend zu vermeiden, sollte man nach Schuler (2004) drei Ebenen der Beurteilung beachten und voneinander trennen: Leistungsbeurteilungen sollten separat als alltägliches Feedback am Arbeitsplatz, als Regelbeurteilung oder als Potentialbeurteilung erfolgen.

Das **tägliche Feedback am Arbeitsplatz** kann zwischen Führungskraft und Mitarbeitenden stattfinden, aber auch zwischen Kollegen und Kolleginnen auf derselben oder unterschiedlichen Hierarchiestufen. Meist zielt dieses Feedback auf das aktuelle bzw. eben gezeigte Arbeitsverhalten der Person ab und dient dazu, das Verhalten anzuerkennen und auf Verbesserungsmöglichkeiten hinzuweisen. So lässt sich Leistungsverhalten positiv beeinflussen und in eine gewünschte Richtung steuern.

Bei der **Regelbeurteilung** hingegen stehen die systematische Beurteilung vergangenen Leistungsverhaltens und die mittelfristige Steuerung zukünftigen Leistungsverhaltens mit Hilfe von Zielen im Vordergrund. Meistens wird im Rahmen des Mitarbeitergespräches zwischen Führungskraft und Mitarbeitenden mittels standardisiertem Beurteilungsverfahren die Leistung des zurückliegenden Beurteilungszeitraums (meist sechs bis zwölf Monate) bewertet. Entgeltverhandlungen, Beförderungsentscheidungen sowie Weiterbildungsüberlegungen können Teil dieses Gesprächs sein.

Abzugrenzen vom alltäglichen Feedback und der Regelbeurteilung ist die **Potentialbeurteilung.** Sie zielt darauf ab, die Eignung einer Mitarbeiterin, eines Mitarbeiters zu ermitteln und darauf aufbauend zukünftige Leistung vorherzusagen. Das Ergebnis der Potentialbeurteilung wird meist für Entscheidungen über die weitere Entwicklung des Mitarbeitenden in horizontaler (z.B. durch Hinzunahme neuer Aufgabenbereiche) oder vertikaler Weise (z.B. durch eine höhere Position) verwendet.

Merke

Leistungsbeurteilungen können in Form von alltäglichem (Day-to-Day-)Feedback am Arbeitsplatz, von Regel- und von Potentialbeurteilungen erfolgen.

1.2.2 Konkrete Verfahren zur Leistungssteigerung

Feedback

Feedback wurde schon früh als entscheidender Faktor zur Leistungssteigerung identifiziert (Hackman & Oldham, 1975; Hackman &

Oldham, 1976). Im Job-Characteristics-Modell (JCM) von Hackman und Oldham (1975; vgl. Kapitel 2 „Faktoren individueller Leistungsbereitschaft") bildet Feedback neben Autonomie, Anforderungsvielfalt, Vollständigkeit und Wichtigkeit von Aufgaben ein grundlegendes Merkmal der Aufgabengestaltung. Es gilt als eine situationale Ressource (vgl. Bakker, Demerouti & Sanz-Vergel, 2014), die im Rahmen des motivationalen Prozesses des Job-Demands-Resources-Modells (JD-R; vgl. Kapitel 3 „Stress und Ressourcen im Arbeitskontext") über die Steigerung des Arbeitsengagements Leistung positiv beeinflussen kann. Aufgrund seiner multiplikativen Verknüpfung mit Autonomie und Aufgabencharakteristika kann Feedback allerdings nur dann positiv wirken, wenn alle anderen Faktoren zumindest nicht null sind (siehe auch Abb. 10 „Modell der Arbeitsmerkmale nach Hackman und Oldham" in Kapitel 2, Seite 54).

Für Mitarbeitende stellt das Feedback, welches sie von ihren Vorgesetzten erhalten, eine wichtige Informationsquelle dar. Es gibt Aufschluss darüber, inwieweit ihre aktuelle Leistung von der erwünschten Leistung abweicht (vgl. Kluger & DeNisi, 1996). Eine etwaige Leistungsdiskrepanz kann durch das Feedback aber nur dann deutlich werden, wenn es auf ein konkretes Ziel ausgerichtet ist. Denn Feedback an sich vermittelt zunächst einmal nur Information. Erst dann, wenn diese Information zu einem angestrebten Zielzustand in Bezug gesetzt wird, kann Feedback verhaltenssteuernd werden. So ließ sich zeigen, dass hinsichtlich der Leistungsförderung im Vergleich zu Feedback ohne Ziele (Kluger & DeNisi, 1996) oder auch Zielen ohne Feedback (Neubert, 1998) die *Kombination aus Feedback und Zielen* am besten wirkt. Es ist also sinnvoll, Feedback auf die vereinbarten Ziele zu beziehen, zum Beispiel im Halbjahresgespräch. Das gilt besonders dann, wenn die Leistung das Ergebnis komplexer Aufgabenerfüllung darstellt (Neubert, 1998).

Merke

Feedback sollte an Ziele geknüpft werden, um Verhalten effektiv zu steuern.

Die Ziele sollten dabei in bestimmter Weise gestaltet sein. Eine Merkhilfe ist das Akronym *SMART:* **s**pezifisch, **m**essbar, **a**ttraktiv, **r**ealistisch und **t**erminiert. Stellen Sie sich Folgendes vor:

Beispiel

Die Führungskraft des Innendienstmitarbeiters meldet ihrem Mitarbeiter zurück, dass sie sich gelegentlich zu wenig informiert fühlt. Sie schlägt vor, dass der Innendienstmitarbeiter in Zukunft kurze Statusberichte verfasst, um seine Führungskraft über den Stand der zu erledigenden Aufgaben auf dem Laufenden zu halten. Beide definieren gemeinsam folgendes Ziel:

- Spezifisch:
  Der Mitarbeiter soll einmal im Monat einen Statusbericht verfassen und per Mail an seine Führungskraft senden.
- Messbar:
  Die beiden vereinbaren, dass sie sich nach drei Monaten zu einem Gespräch treffen, um die Maßnahme Statusbericht auszuwerten.
- Attraktiv:
  Das Verfassen des Statusberichts unterstützt den Innendienstmitarbeiter darin, sich selbst besser zu strukturieren. Zudem wird der Kontakt zwischen Mitarbeiter und Führungskraft intensiviert, wodurch sich die Beziehung der beiden fördern lässt.
- Realistisch:
  Der Statusbericht soll maximal eine Seite umfassen; das hält den Mehraufwand für den Innendienstmitarbeiter in Grenzen.
- Terminiert:
  Die Statusberichte sollen in den folgenden drei Monaten immer am letzten Freitag des jeweiligen Monats versendet werden.

Im Hinblick auf Feedback ist das *Wie* von entscheidender Bedeutung. Auf der Basis verschiedener Studien lassen sich folgende Empfehlungen zusammenfassen, wie Feedback gestaltet sein sollte, um leistungssteigernd zu wirken (vgl. London & Mone, 2015, sowie den Passus „Feedback" in Kapitel 4.2.2).

- Feedback sollte **ausgewogen** sein.
  Vorab sollte sich der Feedbackgebende positive und negative Punkte überlegen und nach Kritikpunkten positiv enden.
- Feedback sollte **spezifisch** sein.
  Statt pauschale Aussagen zu treffen (z.B. „Sie haben im letzten Halbjahr wirklich gute Arbeit geleistet"), sollte leistungsbezogenes Feedback konkretes Leistungsverhalten in den Vordergrund stellen und darüber Aufschluss geben, wie das gezeigte Verhalten mit dem aktuellen Zielerreichungsgrad in Verbindung steht.
- Feedback sollte **zielorientiert** sein.
  Das Feedback sollte auf explizit bekannte Ziele des Feedbackempfängers verweisen. Alternativ kann Feedback dazu dienen, Ziele zu definieren.
- Feedback sollte **zeitnah und regelmäßig** erfolgen.
  Regelmäßiges (oft informelles) Feedback ist meist prozessbezogen und unterstützt dabei, Verhalten zielgerichtet zu beeinflussen und Lernen zu ermöglichen.
- Feedback sollte stets **ergebnis- und prozessbezogen** sein.
  Statt also nur das Ergebnis der Leistung zu benennen (z.B. „In dem Bereich Organisationsfähigkeit schneiden Sie mit 2,5 Punkten eher mäßig ab"), sollten der Prozess und das gezeigte Engagement, das zu diesem Ergebnis geführt hat, in die Betrachtung miteinbezogen und mit möglichen Verhaltens- oder Verfahrensänderungen verknüpft werden (Dweck, 2007).
  Prozessfeedback ist im Vergleich zu ergebnisbezogenem Feedback eher informativ (statt bewertend), meldet auch umfeldbezogene Aspekte (z.B. kulturelle Normen) zurück und ist zukunftsorientiert (Zhou, 2003).
  Wichtig ist, dass Feedback sich nicht allein auf die aufgabenbezogene Leistung zu richten braucht; es informiert idealerweise auch über die umfeldbezogene Leistung (vgl. Algera, Kleingeld & van Tuijl, 2002) – die von Führungspersönlichkeiten leider oft zu wenig beachtet wird.
- Feedback sollte stets auf das **konkrete Verhalten** und den erbrachten Einsatz statt auf die Person selbst bezogen sein.
  Vor allem negatives Feedback kann eine Bedrohung für den Selbstwert einer Person und somit Ursache von Stress sein (Semmer, Jacobshagen, Meier & Elfering, 2007). Aber auch positives Feedback, das sich auf globale Eigenschaften der Person bezieht (wie z.B. ihre Intelligenz), kann hinderlich sein. So zeigte sich beispielsweise, dass Personen, die aufgrund ihrer Intelligenz gelobt wurden, weniger Selbstvertrauen in ihre eigenen Fähigkeiten zeigten, indem sie einfachere den herausfordernden Aufgaben vorzogen, bei Problemen Motivationsdefizite erlitten und Fehler nicht zugaben (Dweck, 2007; Mueller & Dweck, 1998). Sie entwickelten ein sogenanntes „fixed mind-set", das sie in einen Zustand der Passivität und im Fall von Misserfolgen in Resignation versetzte („Intelligenz ist unveränderlich, da kann ich ja eh nichts machen."). Lob aber, das sich auf das Verhalten und den Verhaltensprozess bezieht (Engagement, Ausdauer, Einsatz von Strategien etc.), fördert ein „growth mind-set", das die Entwicklung der eigenen Fähigkeiten in den Fokus stellt (Dweck, 2006).
- Feedback sollte sich auf **veränderbares Verhalten** fokussieren.
  Eine relativ leicht praktizierbare Möglichkeit, Feedback konkret und verhaltensbezogen zu formulieren, besteht darin, sich bestimmte Formulierungen anzugewöhnen (vgl. Stöcker & Schütz, 2019). Gewöhnt man sich an, Feedback nicht in einer Weise

zu formulieren, bei der man mitteilt, was gut oder schlecht war, sondern was beibehalten und was geändert werden soll, entsteht dadurch rein sprachlogisch ein stärkerer Fokus auf konkreten und veränderbaren Verhaltensweisen. Diese Art von Feedback erleben Betroffene als konstruktiver (Stöcker & Schütz, 2019).

- Feedback sollte **konstruktiv** sein.
  Konstruktiv meint neben den bereits genannten Feedbackaspekten, dass eine Rückmeldung nicht nur kritische, sondern auch positive Aspekte des Leistungsverhaltens betonen sollte. Negatives Feedback provoziert negative emotionale Zustände und kann zu kontraproduktivem Verhalten führen (Belschak, Jacobs & Hartog, 2008). Eine negative Rückmeldung kann außerdem dazu führen, dass Mitarbeitende an Motivation verlieren und ihre Ziele nach unten korrigieren und somit ihre Leistung reduzieren (Ilies & Judge, 2005).
  Natürlich heißt das nicht, dass kritische Punkte unter den Tisch fallen sollen. Vielmehr ist es wichtig, dass die Führungskraft ihre Mitarbeitenden mit der geäußerten Kritik nicht alleine lässt. Sie kann helfen, negatives Feedback richtig zu deuten, zu akzeptieren und so letztlich produktiv nutzbar zu machen. Gemeinsam sollte man machbare Verhaltensalternativen ermitteln, die eine zukünftige Zielerreichung ermöglichen.
- Die **Kontrollierbarkeit des Verhaltens** sollte gegeben sein.
  Feedback sollte man nur in Bezug auf Aspekte geben, die der Mitarbeitende selbst unter Kontrolle hat. Andernfalls können Frustration oder Vertrauensverlust resultieren. Damit die Feedbacknehmenden eine faire Chance erhalten, korrigierende Maßnahmen zu ergreifen, sollte das Zeitintervall zwischen den Feedbacks nicht zu kurz sein. Zeitlich allzu weit entfernt sollte das nächste Gespräch wiederum nicht stattfinden, um ggf. verhaltenssteuernd eingreifen zu können. Eine klare Empfehlung für den zeitlichen Abstand von Feedbackschleifen kann man per se nicht geben. Er sollte sich vielmehr aus inhaltlichen, kompetenz- oder persönlichkeitsbezogenen Gesichtspunkten heraus ergeben.
- Das **Verständnis** sollte geklärt werden.
  Wichtig ist, sicherzustellen, dass die feedbackerhaltende Person die Rückmeldung versteht. Eine gute Möglichkeit, dieses Verständnis zu gewährleisten, besteht darin, dass sie die Rückmeldung mit eigenen Worten wiederholt (vgl. in Kapitel 4.2.2 den Passus „Kommunikation als Grundlage", aktives Zuhören).

Zu beachten ist schließlich, dass Personen auf Feedback unterschiedlich reagieren, je nachdem, wie häufig sie im Allgemeinen Feedback erhalten, wie glaubwürdig der Feedbackgebende und wie wichtig das Feedbackthema für sie ist. Personen mit hoher Feedbackorientierung und hohem Selbstwert sind gegenüber Feedback besonders aufgeschlossen und positiv gestimmt (London & Smither, 2002). Sie erachten Feedback als wertvoll und hilfreich bei der Erreichung ihrer Ziele. Hohe Feedbackorientierung geht außerdem mit bewusster Verarbeitung des Feedbacks einher, die dabei unterstützt, die gewonnenen Informationen in Verhalten zu übersetzen und somit nutzbar zu machen. Solche Personen erhalten von ihren Vorgesetzten bessere Leistungsbewertungen (Dahling, Chau & O'Malley, 2012). Dieser Zusammenhang wird darüber vermittelt, inwieweit Mitarbeitende proaktiv nach Feedback suchen und dieses einfordern.

Das Productivity-Measurement-and Enhancement-System (ProMES)

Feedback können nicht nur einzelne Mitarbeiterinnen und Mitarbeiter erhalten, sondern auch ganze Gruppen. Eine Möglichkeit, systematisch leistungsbezogenes Gruppenfeedback zu geben, bildet das **Pro**ductivity **M**easurement and **E**nhancement **S**ystem (Pritchard, Harrell, DiazGranados & Guzman, 2008; Pritchard, Jones, Roth, Stuebing & Ekeberg, 1989), kurz ProMES. ProMES ist ein Zielsetzungs- und Feedbacksystem, das Gruppen darin unterstützt, ihre Produktivität zu erhöhen (vgl. Algera et al., 2002). Das System wurde auf Basis theoretischer Ansätze (Naylor, Pritchard & Ilgen, 1980; Pritchard & Ashwood, 2008) und empirischer Befunde über Feedback- und Gruppenprozesse, Zielsetzung und Partizipation entwickelt (Pritchard et al., 2008), und der Erfolg von ProMES im Sinne einer Produktivitätssteigerung der Gruppe konnte in mehreren Studien bestätigt werden (z.B. Pritchard et al., 2008).

Die Einführung von ProMES im Unternehmen verläuft in klar abgrenzbaren und aufeinander aufbauenden Stufen und wird von einem zuvor festgelegten Projektteam begleitet, das aus circa fünf bis acht Personen besteht. Das Projektteam setzt sich zusammen aus den Mitarbeitenden, die in Zukunft von ProMES Gebrauch machen sollen, sowie deren direkten Vorgesetzten. Externe oder geschulte interne Facilitatoren leiten die Implementierung. Zwei übergeordnete Phasen sind unterscheidbar, die Entwicklungs- und die Verbesserungsphase (siehe **Tab. 3**). Während in der Entwicklungsphase die *Zielsetzung* im Vordergrund steht, geht es in der Verbesserungsphase vor allem um das erhaltene *Feedback* als Anknüpfungspunkt für das Ableiten produktivitätsfördernder Maßnahmen. Die Entwicklungsphase selbst besteht aus drei Stufen (Ziele, Indikatoren, Prioritäten), die Verbesserungsphase aus zwei Stufen (Feedback, Maßnahmen). In Tabelle 3 sind die einzelnen Stufen näher beschrieben.

Die Stufen der zweiten Phase werden jeden Monat neu durchlaufen, die festgelegten Indikatoren fortlaufend gemessen und die Ergebnisse in einem Feedbackbericht zusammengefasst. Das Feedback bespricht das Projektteam im Rahmen eines Feedbackmeetings und ermittelt Ansatzpunkte für Maßnahmen zur Produktivitätssteigerung. Dem Feedbackbericht kommt im ProMES-Prozess somit eine wichtige Funktion zu.

Regelbeurteilung

Regelbeurteilungen stellen systematische Leistungsbeurteilungen dar, die im Mitarbeitergespräch zurückgemeldet werden. Beurteilt wird dabei, welchen Beitrag ein Mitarbeiter oder eine Mitarbeiterin in einem bestimmten Beurteilungszeitraum zum Unternehmenserfolg geleistet hat. Konkrete Leistungskriterien (siehe Abschnitt 1.1.1 „Was genau ist berufliche Leistung?") und standardisierte Beurteilungsverfahren erleichtern eine adäquate Einschätzung.

Um Leistung zu erfassen und zu bewerten, kann man verschiedene Arten von Verfahren heranziehen. Regelbeurteilungen werden meist anhand standardisierter Urteilsskalen vorgenommen. Je nach Antwortformat spricht man von Einstufungsverfahren, Auswahlverfahren oder Rangordnungsverfahren (vgl. Marcus, 2011).

Im Rahmen der Regel- und auch der Potentialbeurteilungen werden am häufigsten **Einstufungsverfahren** angewendet. Auf einer mehrstufigen Skala schätzen die Beurteilenden durch Ankreuzen ein, wie stark ein zuvor festgelegtes Leistungsmerkmal (z.B. Organisationsfähigkeit) ausgeprägt ist. Sind die Skalenausprägungen durch Verhaltensbeschreibungen spezifiziert, spricht man auch von verhaltensverankerten Einstufungsskalen („Behaviorally Anchored Rating Scales, BARS"; siehe **Abb. 2**).

Eine weitere Möglichkeit, Verhalten zu beurteilen, bietet die Verhaltensbeobachtungs-Skala („Behavior Observation Scale, BOS"). Hierbei schätzt der Beurteiler, die Beurteilerin mehrere Aussagen über konkretes Verhalten auf einer für alle Aussagen identischen Skala ein.

Auswahlverfahren arbeiten ebenfalls mit Aussagen in Form von Listen. Während bei den Verhaltensbeobachtungsskalen jede einzelne Aussage auf einer mehrstufigen Skala bewertet wird, präsentieren Auswahlverfahren

Tabelle 3: Prozess der ProMES-Implementierung (nach Pritchard et al., 2008)

Systementwicklung	**Ziele**	Das Projektteam definiert stellvertretend die Ziele, die – unter Berücksichtigung grundlegender Aufgaben – für die betreffende Unternehmenseinheit gelten sollen. Insgesamt werden vier bis sechs eher allgemeine Ziele festgelegt. Ein Ziel für eine Reklamationsabteilung könnte beispielsweise „Verbesserung der Servicequalität" lauten. Je nach Unternehmenseinheit (z. B. das gesamte Unternehmen oder einzelne Abteilungen oder Teams), für die ProMES eingesetzt werden soll, können Ziele (und ihre Indikatoren) variieren.
	Indikatoren	Für die auf der ersten Stufe ermittelten Ziele definiert man im Anschluss sogenannte Indikatoren, objektive Kriterien zur Messung des Zielerreichungsgrades. Pro Unternehmenseinheit werden (bei durchschnittlich vier bis sechs Zielen) circa acht bis zwölf Indikatoren fixiert. Ein Indikator für das Ziel „Verbesserung der Servicequalität" könnte beispielsweise der Prozentsatz zufriedener Kundinnen und Kunden sein. Ziele und dazugehörige Indikatoren werden stets mit dem Management abgestimmt.
	Prioritäten	Das Projektteam bestätigt Ziele und Indikatoren final und priorisiert sie. Darauf aufbauend werden nun in einem eigenen Entwicklungsprozess für jeden einzelnen Indikator sogenannte Kontingenzfunktionen erarbeitet. Die Funktion zeigt an, inwieweit eine bestimmte Ausprägung eines Indikators mit der Produktivität (im Bereich von –100 bis +100) in Zusammenhang steht. Dieses Vorgehen erlaubt es, begrenzte Ressourcen entsprechend der potentiellen Produktivitätssteigerung zu verteilen.
Grundlegende Verbesserungen	**Feedback**	Ein Feedbackbericht wird den einzelnen Mitgliedern der Unternehmenseinheit monatlich zur Verfügung gestellt. Er nennt unter anderem Produktivitätswerte für jeden einzelnen zielspezifischen Indikator sowie einen Produktivitätsindex für das gesamte Team über alle Indikatoren hinweg. Die Informationen sind schriftlich und grafisch aufbereitet.
	Maßnahmen	Innerhalb eines Feedbackmeetings werden die Ergebnisse des Berichts besprochen und daraus mögliche Maßnahmen zur Produktivitätssteigerung abgeleitet.

verhaltensbeschreibende Aussagen, die man dahingehend auswählt, ob sie auf die Mitarbeitenden zutreffen oder nicht.

Rangordnungsverfahren unterscheiden sich in Art und Ziel von den anderen beiden Beurteilungsverfahren. Sie sind vor allem für interpersonelle Entscheidungen anwendbar (z. B. Beförderung, Boni). Auf Basis systematischer Vergleiche (direkt, alternierend, paarweise, quotenbasiert) werden Mitarbeitende hinsichtlich ihrer gezeigten Leistung in eine hierarchische Reihenfolge gebracht. Weil

Organisation von Projektmeetings

Ein gutes Projektmeeting folgt einer klaren Agenda; der Mitarbeiter hält sich an den Ablauf der Agenda; er moderiert die einzelnen Themenpunkte und schließt das Meeting mit klaren, zielgerichteten Vereinbarungen.

Verhaltensverankerte Einstufungsskala

Abbildung 2: Beispiele für verhaltensverankerte Einstufungsskala und Verhaltensbeobachtungsskala

Rangordnungsverfahren das individuelle Verhalten weniger fokussieren, sind sie für Feedbackzwecke im Sinne einer Verhaltenssteuerung eher ungeeignet (Marcus, 2011). Hierfür bilden Einstufungsverfahren die bessere Alternative. Weitere Probleme vergleichender Verfahren sind ihr Konkurrenzcharakter, ihre geringe Akzeptanz durch Führungskräfte und Mitarbeitende sowie ihr fehlender informativer Nutzen für weitere Entscheidungen (z. B. Personalentwicklung, Laufbahnplanung; Lohaus & Schuler, 2014).

Optimieren lässt sich die Leistungsbeurteilung, indem man unvereinbare Funktionen konsequent trennt, die Beurteilungsverfahren qualitativ hochwertig konstruiert und die Führungskräfte hinsichtlich Beurteilungskompetenzen und Führen von Beurteilungsgesprächen trainiert.

Merke

Standardisierte Beurteilungsverfahren erleichtern und verbessern die Leistungsbeurteilung. Im Rahmen der Regelbeurteilung werden häufig Einstufungsverfahren verwendet.

1.3 Handlungsimplikationen

Leistung ist das, worum es sich bei der Arbeit ständig dreht. Was aber macht Leistung eigentlich aus, und wie können Führungskräfte ihre Mitarbeitenden darin unterstützen, optimale Leistung zu erzielen?

Neben der Erfüllung der vertraglich festgelegten Aufgaben spielt umfeldbezogene Leistung für die Ziele der Mitarbeitenden und des Unternehmens eine wichtige Rolle. Führungskräfte sollten klar kommunizieren, welches Gewicht sie umfeldbezogener Leistung zumessen, und Möglichkeiten für Extra-Engagement sowie Unterstützung dabei bieten. Auch diese Aspekte sollten in Zielvereinbarungen und Beurteilungen berücksichtigt werden.

Die Messung von Leistung anhand von Verhaltenskriterien bietet Vorteile, da Verhalten (im Unterschied zu Eigenschaften) veränderbar ist und – anders als die Arbeitsergebnisse – in hohem Maße von der Person selbst abhängt. Sinnvollerweise ergänzt man verhaltensbezogene Leistungskriterien durch Eigenschafts- oder Ergebniskriterien, die idealerweise auf subjektivem *und* objektivem Wege ermittelt werden, damit Leistung so gut und genau wie möglich abgebildet wird. Wichtig für Führungskräfte ist es, stets zu bedenken, welche Kriterien eine bestimmte Leistung am treffendsten erfassen (Eigenschaften, Verhalten, Ergebnisse, sowohl subjektiv als auch objektiv).

Intelligenz, aber auch verschiedene Persönlichkeitsmerkmale wie zum Beispiel Gewissenhaftigkeit oder Selbstbewertungen beeinflussen die berufliche Leistung. Auch wenn beide Persönlichkeitsbereiche als stabil und schwer veränderbar gelten, unterliegen sie doch gewissen Schwankungen. Beispielsweise lässt sich der Selbstwert durch Anerkennung für erbrachte Leistungen positiv beeinflussen. Führungskräfte können durch konstruktives Feedback sowie das Ermöglichen von Erfolgserlebnissen zur Selbstwertstärkung von Mitarbeitenden beitragen und so deren Leistung fördern.

Auch Leistungsbeurteilungen können der Leistungssteigerung dienen. Für ein konstruktives und Leistung unterstützendes Feedback sollten Führungskräfte einige Aspekte beachten: Feedback sollte man regelmäßig geben (gerne auch informell). Es sollte konkret und verhaltensbezogen (statt personenbezogen) sein und neben dem Arbeitsergebnis auch den vergangenen und zukünftigen Prozess betonen. Es sollte stets an konkrete Ziele und seine Indikatoren geknüpft sein, so dass das Feedback spezifische Bedeutung erhält. Feedback sollte außerdem konstruktiv vermittelt werden. „Konstruktiv“ meint, dass positives Verhalten gezielt betrachtet und gelobt werden sollte. Lob – als Form der Belohnung – ist dann wirksam, wenn es an konkretes Verhalten geknüpft wird und zeitnah erfolgt. Ein Trugschluss ist, dass möglichst häufig gelobt werden muss, damit das Lob Effekte zeigt. Vielmehr sollte man darauf achten, tatsächlich dann zu loben, wenn es wirklich etwas zu loben gibt – also gezielt Verhaltensweisen hervorheben, die besonderen Einsatz oder Fähigkeitszuwachs erkennen lassen (Dweck, 2007). „Konstruktiv" bedeutet aber auch, dass Führungskräfte kritische Aspekte des Verhaltens thematisieren. Statt ihre Mitarbeitenden die Suppe dann doch alleine „auslöffeln" zu lassen, sollten sie ihnen als „Leistungsberater" (Fiege, Muck & Schuler, 2014, S. 793) mit Rat und Tat zur Seite stehen. Sie können ihre Mitarbeiter und Mitarbeiterinnen darin unterstützen, weniger effektives Verhalten zu identifizieren und erfolgversprechende Alternativen zu finden, die eine Zielerreichung möglich machen. Verhaltensalternativen können mündlich festgelegt oder aber auch von der Führungskraft selbst demonstriert werden, die als Modell fungiert (vgl. Kapitel 7 „Nachhaltige Personalentwicklung").

Erleichtern und verbessern lassen sich Regelbeurteilungen, indem man standardisierte Beurteilungsverfahren verwendet. Verhaltensbezogene Einstufungsverfahren (BOS, BARS) sind – je nach Zielsetzung – besonders zu empfehlen.

1.4 Zusammenfassung

Unter beruflicher Leistung versteht man zum einen die Kompetenz bzw. das Potential, das die Voraussetzung für das Leistungsverhalten bildet, zum anderen das Leistungsverhalten selbst sowie die Ergebnisse, die es erzielt. In der Psychologie wird Leistung im Allgemeinen verhaltensbezogen definiert. Sie umfasst all das, was eine Mitarbeiterin bzw. ein Mitarbeiter im Sinne organisationaler Zielerreichung tut.

Um das abstrakte Konstrukt Leistung messbar zu machen, muss Leistung anhand von Kriterien operationalisiert werden. Dabei unterscheidet man hinsichtlich der Form der Ermittlung subjektive und objektive Kriterien sowie Eigenschafts-, Verhaltens- und Ergebniskriterien als mögliche Ansatzpunkte einer Beurteilung. Alle der hier erwähnten Arten von Kriterien bergen spezifische Vor- und Nachteile. Verhaltenskriterien sind in der Praxis weit verbreitet.

Um Leistung erbringen zu können, müssen drei Faktoren zusammenspielen: Die Mitarbeitenden müssen (1.) fähig und (2.) bereit sein, Leistung zu zeigen, und (3.) durch situative Rahmenbedingungen die Möglichkeit haben, ihr Potential zu zeigen.

Von der klassischen und durch den Arbeitsvertrag klar geregelten aufgabenbezogenen Leistung lässt sich die umfeldbezogene Leistung abgrenzen. Sie zielt vor allem auf die positive Gestaltung der sozialen Umwelt ab und trägt somit indirekt zum Erreichen von Organisationszielen bei.

Intelligenz und Gewissenhaftigkeit sind für gute Leistung in unterschiedlichsten Kontexten förderlich. Ausgeprägte kognitive Fähigkeiten zahlen sich besonders bei hoch komplexen Tätigkeiten aus.

Leistungsbeurteilung kann auf drei Ebenen stattfinden: in Form von alltäglichem Feedback am Arbeitsplatz, als Regelbeurteilung oder als Potentialbeurteilung. Feedback stellt ein wichtiges und flexibel einsetzbares Instrument dar, um Leistung zu steigern. Es kann sowohl auf individueller als auch auf Gruppenebene eingesetzt werden. Im Falle der Regelbeurteilung unterstützen standardisierte Beurteilungsverfahren – zum Beispiel verhaltensverankerte Einstufungsskalen – den Bewertungsprozess.

1.5 Reflexionsfragen

- Was bedeutet für Sie Leistung?
- Was verstehen Sie unter guter Leistung?
- Welche Rolle spielt für Sie freiwilliges Arbeitsengagement von Mitarbeitenden?

- Wissen Ihre Mitarbeitenden, wie wichtig Ihnen dieser Leistungsaspekt ist?
- In welchem Umfang nehmen Sie umfeldbezogene Leistungen wahr?
- Nach welchen Kriterien beurteilen Sie die Leistung Ihrer Mitarbeitenden?
- Sind diese Kriterien eher eigenschafts-, eher verhaltens- oder eher ergebnisbezogen?
- Welche Rolle spielt Feedback für Sie?
- Wie häufig nutzen Sie Feedback als Instrument der Leistungssteigerung?
- Wenn Sie an die genannten Punkte für gutes Feedback denken, wie würden Sie sich derzeit als Feedbackgeber einschätzen?
- Wo sehen Sie Entwicklungsbedarf?
- Findet Feedback bei Ihnen auch auf Gruppenebene statt?
- Welche Beurteilungsverfahren werden in Ihrem Unternehmen für die Regelbeurteilung verwendet?
- Sind Entgeltverhandlungen Teil von Mitarbeitergesprächen, die auch Leistung zurückmelden?

2 Faktoren individueller Leistungsbereitschaft

Was Sie hier erfahren

In diesem Kapitel erhalten Sie einen Überblick dazu, wie Führungskräfte und Organisationen die Leistungsbereitschaft ihrer Mitarbeitenden über deren Motivierung beeinflussen können. Zu diesem Zweck beschäftigen wir uns zunächst mit den Themen Motivation und Affektivität und gehen den Fragen nach, was Mitarbeitende motiviert, wie bestehende Motive von Beschäftigten aktiviert werden können und wie sich ihre Motivation steuern und aufrechterhalten lässt. Weil Emotionen ein entscheidendes Moment für Abwägungen bei der individuellen Motivationsentstehung sind und durch die Befriedigung aktivierter Motive der Beschäftigten Arbeitszufriedenheit entsteht, erfahren Sie darüber hinaus, wie Arbeitsmotivation, Emotionen, Arbeitszufriedenheit und Leistung zusammenhängen und unter welchen Umständen betriebliche Anreize Leistung und Zufriedenheit der Beschäftigten fördern.

2.1 Wissenschaftliche Basis

Motivation, Affekt und Zufriedenheit sind für berufliche Leistung besonders bedeutsam. Für die betriebliche Praxis ist das Fördern und Regulieren dieser Leistungsvoraussetzungen von großer Relevanz.

2.1.1 Grundfragen der Motivation

Vom Motiv zur Motivation

Die **Motivation** erklärt das *Warum* des menschlichen Verhaltens und Erlebens. Sie bestimmt Richtung, Stärke und Ausdauer des individuellen Verhaltens (Thomae, 1965).

- Die *Richtung* des Verhaltens gibt an, für welches Verhalten sich eine Person angesichts der zahlreichen Handlungsoptionen entscheidet.
  Beispiel: Ein Kundenbetreuer möchte verschiedene Arbeitsprozesse anpassen, um den Kundenkontakt zu optimieren. Ergreift er die Initiative, um seinen kritischen Vorgesetzten von der Notwendigkeit der Veränderung von Arbeitsprozessen zu überzeugen?
- Die *Stärke* des Verhaltens indiziert, mit welcher Energie und Kraft eine Person ein gewähltes Verhalten ausführt.
  Beispiel: Bereitet der Kundenbetreuer einen Bericht vor, in dem er die Probleme der bestehenden Arbeitsprozesse darlegt, oder erwähnt er diese Angelegenheit nur nebenbei, wenn sich die Gelegenheit bietet, in der Hoffnung, dass der Vorgesetzte den Hinweis einfach glaubt?
- Die *Ausdauer* beschreibt, wie stark eine Person angesichts von Hindernissen und Abwehr das gewählte Verhalten weiter erfolgreich auszuführen versucht.

Beispiel: Wird der Kundenbetreuer, wenn der Vorgesetzte anderer Meinung ist als er und eine Anpassung der Arbeitsprozesse als Zeitverschwendung ansieht, an seiner Ansicht festhalten und versuchen, die Veränderung umzusetzen, oder wird er entgegen seiner Überzeugung die Veränderung aufgeben?

So wie die Motivation von Hobbysportlern erklärt, wie intensiv sie sich auf ein Turnier ihres Sportvereins vorbereiten, bestimmt die **Arbeitsmotivation** von Organisationsmitgliedern, wie engagiert sie arbeiten werden, um berufliche Ziele zu erreichen. Damit Motivation zustande kommt, müssen zwei Komponenten aufeinandertreffen: Motiv und Anreiz.

Motive sind überdauernde latente Beweggründe des Verhaltens. Als überdauernde Persönlichkeitseigenschaften sind Motive einesteils genetisch festgelegt und anderenteils Resultat der Sozialisation einer Person (Geppert & Halisch, 2001; Oerter, 1987; Rosenstiel, 2015). Das in den Wirtschaftswissenschaften verankerte Menschenbild des Homo oeconomicus versteht das Bedürfnis nach Geld als alleiniges Arbeitsmotiv. Dieses Menschenbild gilt insbesondere in der psychologischen Forschung als nicht haltbar, weil es zahlreiche weitere Arbeitsmotive gibt, beispielsweise ein Beziehungs-, Macht- oder Leistungsmotiv (McClelland, 1987). Herzberg, Mausner und Snyderman (2017) unterscheiden zwei Motivgruppen: *Intrinsische* (innere, in der Sache liegende) Arbeitsmotive werden durch die Tätigkeit selbst befriedigt, wohingegen *extrinsische* (außerhalb der Arbeit liegende) Arbeitsmotive durch die Folgen oder Begleitumstände der Tätigkeit befriedigt werden.

Erst wenn die individuellen Motive angeregt oder aktiviert werden, entsteht Motivation (vgl. **Abb. 3**). Motivanregung findet durch passende **Anreize** statt, also dann, wenn sich Personen in einer Situation befinden, in der die jeweiligen Motive aktiviert werden (Rheinberg, 2008). Arbeitsmotive sind zum Beispiel durch Gestaltungsfreiräume der Arbeitsbedingungen aktivierbar, die als Anreiz wirken. Da sich die Beschäftigten jedoch hinsichtlich ihrer Motive unterscheiden, müssen auch die Anreize individualisiert sein, damit sie den je individuellen Motiven entsprechen und diese aktivieren sowie Handlungsintentionen auslösen (vgl. Nerdinger, 2006).

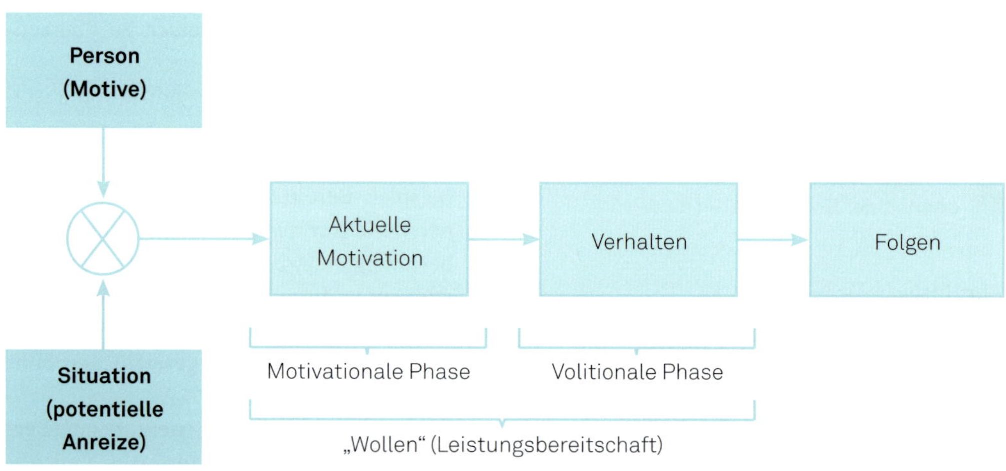

Abbildung 3: Zusammenhang von Motiv, Motivation, Anreiz und Verhalten (nach Rheinberg, 2008, S. 70)

Um sowohl die intrinsischen als auch die extrinsischen Arbeitsmotive zu befriedigen, sollten Arbeitshandlungen möglichst so gestaltet sein, dass die Person durch den Weg hin zum Ziel ebenso Befriedigung erfährt wie durch das Erreichen des Zieles selbst (Rosenstiel, 2015).

Tabelle 4 gibt einen Überblick über Anreize für intrinsische und extrinsische Arbeitsmotive.

Merke

Motivation erklärt Richtung, Stärke und Ausdauer des individuellen Verhaltens. Sie ergibt sich aus der Interaktion einer *Person* mit ihren individuellen Motiven und einer *Situation,* in der Anreize wirken, die diese Motive aktivieren. Über das Anreizsystem lässt sich das Verhalten der Organisationsmitglieder – etwa zwecks Leistungserhöhung – verändern.

Von der Motivation zum Handeln: Motivation ist nicht gleich Leistung

Weil die Motivation bestimmt, was Mitarbeitende mit welcher Stärke und Ausdauer tun, könnte man annehmen, dass die Arbeitsmotivation auch die Arbeitsleistung bestimmt. Wie in Kapitel 1 („Grundlagen individueller Leistungsfähigkeit") dargestellt, bedarf es neben der Bereitschaft zu leisten (dem Wollen) auch der Fähigkeit zu leisten (des Könnens) und der situativen Möglichkeiten. Das **Wollen** (Leistungsbereitschaft) wiederum besteht aus *Motivation,* d.h. der Ausrichtung der individuellen Ressourcen auf ein Handlungsziel (Heckhausen & Heckhausen, 2005), und *Volition,* d.h. der Einleitung und Aufrechterhaltung entsprechender Handlungen und der Willensbildung, ein Ziel trotz Hindernissen und konkurrierender Bedürfnisse zu erreichen (Scheffer & Kuhl, 2010). Volition ist also relevant für die selbstregulierte Erledigung von Aufgaben auch ohne unmittelbare Anreize.

Tabelle 4: Beispiele für intrinsische und extrinsische Arbeitsmotive und Anreize (in Anlehnung an Rosenstiel, 2015, S. 54)

Arbeitsmotive	Anreize
Extrinsische Arbeitsmotive, z. B. der Wunsch nach • Geld • Sicherheit • Geltung	**Materielle Anreize**, z. B. • Lohn, Prämien • Renten, Kredite • Statussymbole **Soziale Anreize** • Interaktionsmöglichkeiten außerhalb der Arbeit (z. B. bei Ausflügen, Vereinstätigkeiten) • Interaktionsmöglichkeiten am Arbeitsplatz (z. B. in der Cafeteria, Teeküche)
Intrinsische Arbeitsmotive, z. B. der Wunsch nach • körperlicher Betätigung • Kontakt • Leistung • Macht und Einfluss (im Unternehmen) • Sinngebung und Selbstverwirklichung in der Tätigkeit selbst	**Arbeitsinhalt** • Aufhebung extremer Spezialisierung • Feedback über eigene Leistung • Selbstständigkeit • Lernmöglichkeiten • Aufstieg

Motivation ist insofern nur einer von mehreren Faktoren, die zur Arbeitsleistung eines Mitarbeitenden beitragen. Darüber hinaus spielen Faktoren wie Persönlichkeit und Fähigkeiten eine Rolle, der Schwierigkeitsgrad der Aufgabe, die Verfügbarkeit von Ressourcen, Arbeitsbedingungen oder auch Glück und Pech. Eine Führungskraft sollte daher, wenn er oder sie die Leistung der Mitarbeitenden beurteilt, sorgfältig die situativen Einflussfaktoren auf Leistung berücksichtigen.

Folglich führt hohe Motivation nicht immer zu hoher Arbeitsleistung, und hohe Arbeitsleistung impliziert nicht notwendigerweise hohe Motivation. So kann beispielsweise eine Kundenbetreuerin sehr gute Verkaufstalente haben (Fähigkeiten und Fertigkeiten) und hochmotiviert auf Kundinnen und Kunden zugehen; wenn aber die wirtschaftliche Situation auf dem Markt kein Durchsetzen hoher Margen bei Kunden erlaubt (situative Möglichkeiten), erreicht sie dennoch nur wenige Vertragsabschlüsse. Auch kann eine Schneiderin trotz niedriger Motivation infolge ihrer sehr kompetenten Stoffverarbeitung (Fähigkeiten und Fertigkeiten) und ihrer daher rührenden Reputation hohe Nachfrage haben und viele Kleider verkaufen.

In der Konsequenz sind im Unternehmen ganz unterschiedliche Maßnahmen zur Leistungssteigerung erforderlich. So ist bei hoher Motivation und mäßigen Fähigkeiten eine gezielte Weiterbildung zur Optimierung des Könnens sinnvoll. Im Falle geringer Motivation und hoher Fähigkeiten gilt es hingegen, Beschäftigte zu motivieren und passende Anreize zu setzen. Ist trotz hoher Motivation und Fähigkeiten eine mangelhafte Leistung zu verzeichnen, kann geringe Selbstwirksamkeit die Ursache sein. Wenn die Selbstwirksamkeit gering ist, dann wird eine Person kaum versuchen wollen, ihr Verhalten zu ändern (Bandura, 2011). Um die Überzeugung einer Person, mit Hilfe eigener Kompetenzen unbekannte und schwierige Anforderungssituationen bewältigen zu können, und die Vorstellung von der Effektivität des eigenen Verhaltens zu erhöhen, können spezielle Trainings durchgeführt werden. Personen, die sich ihrer Selbstwirksamkeit sicher sind, setzen sich höhere Ziele und gehen zuversichtlicher und leistungsfördernder mit einer Aufgabensituation um als Personen mit niedriger Selbstwirksamkeitsüberzeugung (Schwarzer & Jerusalem, 2002).

2.1.2 Entstehung von Arbeitsmotivation

Die Rolle von Erwartungen

Die individualpsychologische **Erwartungstheorie** von Vroom (auch VIE-Theorie genannt) erklärt, wie rational kalkulierende Mitarbeitende zwischen Verhaltensalternativen und Anstrengungsniveaus entscheiden, mit dem Ziel, ihren Nutzen zu maximieren (Vroom, 1964). Drei Fragen stehen im Vordergrund (vgl. **Abb. 4**):

- Welchen subjektiven Wert haben mögliche *Ergebnisse des Handelns* für eine Person? (**V**alenz bzw. Wertigkeit)
- Glaubt eine Person, dass die *eigene Leistung* ein geeignetes Mittel zur Erlangung dieser attraktiven Ergebnisse ist? (**I**nstrumentalität)
- Für wie wahrscheinlich hält es eine Person, dass sie durch ihre Beiträge (wie z. B. die Arbeitsanstrengung unter Einbringung ihrer Fähigkeiten) ein bestimmtes Leistungsniveau erreicht? (**E**rwartung)

Damit Mitarbeitende motiviert sind, Beiträge zu leisten, müssen alle drei Fragen positiv beantwortet werden: Valenz, Instrumentalität und Erwartung müssen möglichst hoch sein. Wenn auch nur einer der drei Faktoren null beträgt, sinkt die Motivation auf null (multiplikative Verknüpfung der Modellvariablen). Die VIE-Theorie zählt damit zu den Erwartungs-mal-Wert-Theorien.

Die Werte aller drei Faktoren variieren interindividuell und unterscheiden sich in ihrer Höhe. Valenz und Instrumentalität können po-

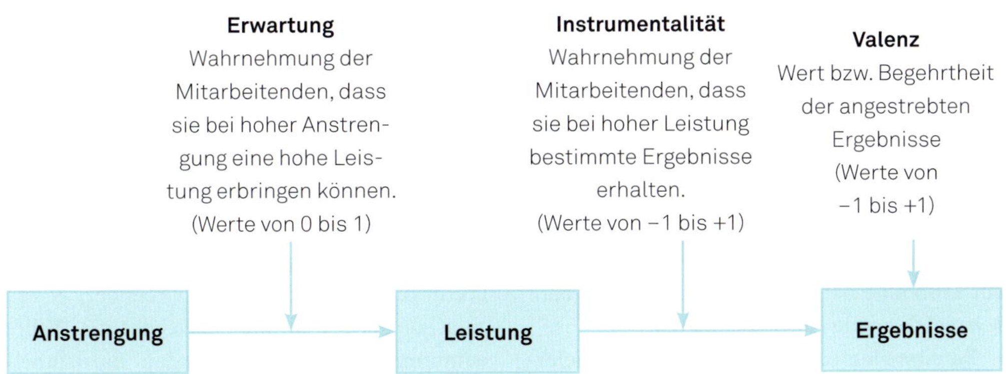

Abbildung 4: Erwartungstheorie (in Anlehnung an George & Jones, 2012, S. 193)

sitiv oder negativ sein (−1 bis +1), weil das Erbringen eines bestimmten Leistungsniveaus der Zielerreichung sowohl zuträglich als auch abträglich sein kann. So könnte sich das Erbringen einer sehr hohen Arbeitsleistung negativ, ein mittleres Leistungsniveau hingegen positiv auf ein angezieltes Gruppenklima auswirken (Instrumentalität). Ergebnisse, etwa das Gruppenklima, können ein begehrtes Ziel sein oder gar eine negative Wertigkeit haben (z. B. wenn eine Person lieber isoliert arbeitet; Valenz). Die Erwartung schwankt zwischen 0 und 1, da es sich hier um reine Wahrscheinlichkeiten handelt.

Beispiel: Bei der Entscheidung einer Mitarbeiterin, ob sie ein zusätzliches Projekt übernimmt, betrachtet sie zum einen die Valenzen der dadurch möglichen Ergebnisse, wie den Erhalt eines Bonus, Aufstiegschancen, Arbeitsplatzsicherheit, interessante Aufgabeninhalte oder Anerkennung sowie auch den damit einhergehenden Arbeitsaufwand samt Freizeitumfang. Ergebnisse mit hoher Valenz entsprechen ihren Zielen. Ferner kalkuliert sie die Instrumentalität der zusätzlichen Leistungserbringung für das Erlangen dieser von ihr gewünschten Ergebnisse mit ein. Wenn sie die Valenz und Instrumentalität insgesamt positiv bewertet, kommt es aber nur dann zur Handlungsmotivation, wenn sie ihre zusätzliche Leistung auch als förderlich für das Erreichen der erwünschten Ergebnisse wahrnimmt (hohe Erwartung). Hingegen wird die Mitarbeiterin trotz ihrer Einschätzung, dass sich zum Beispiel ihre Aufstiegschancen (ein Ergebnis mit hoher Valenz) direkt infolge ihrer hohen Leistung erhöhen werden (hohe Instrumentalität), dann nicht leistungsmotiviert sein, wenn sie annehmen muss, dass ihre Aktivitäten (Anstrengung) nicht zum erwarteten Projekterfolg (Leistung auf dem erforderlichen Niveau) führen werden.

Folglich sollte eine Führungskraft, die ihre Mitarbeitenden dazu motivieren möchte, Leistungen auf einem bestimmten Niveau zu erbringen, nicht nur individuell interessante Anreize bieten, sondern auch sicherstellen, dass die Mittel zur Erreichung bestimmter Ziele, die für Mitarbeitende im Bereich des Möglichen liegen (Erwartung), zur Verfügung stehen (Instrumentalität). Valenzen, Instrumentalitäten sowie subjektive Erwartungen von Mitarbeitenden lassen sich durch Maßnahmen erhöhen, welche die situativen Möglichkeiten, die Leistungsfähigkeit und die Leistungsbereitschaft verbessern (siehe Kapitel 1 „Grundlagen individueller Leistungsfähigkeit").

Die **Erwartung** lässt sich zum Beispiel über folgende Maßnahmen erhöhen:

- Sicherstellen, dass die erwarteten Leistungen als erreichbar angesehen werden
- Definition klarer Leistungsvorgaben

- Bereitstellen von Weiterbildung, um erforderliche Kompetenzen zur Leistungserbringung zu verbessern
- Bereitstellen ausreichender Ressourcen (z.B. zeitlicher Freiräume oder zusätzlicher Sekretariatskapazitäten) als Grundlage für die Leistungserbringung

Zur Erhöhung der **Instrumentalität** sind zum Beispiel folgende Ansätze denkbar:

- Bereitstellen einer Gratifikation bei Zielerreichung
- Klare Verknüpfung der Belohnungen mit der Leistung und Kommunikation dieser Vorgehensweise

Die **Valenz** ist unter anderem optimierbar durch:

- Anerkennung individueller Unterschiede
- Individualisierung der Belohnungen

Merke

Leistungsfähigkeit und Leistungsbereitschaft lassen sich erhöhen, indem situative Handlungsmöglichhkeiten sowie Valenz, Instrumentalität und subjektive Erwartungen verändert werden.

Die Rolle der Gerechtigkeit

Den Einflussfaktor wahrgenommener Gerechtigkeit bei Motivationsentstehung betrachten mehrere sozialpsychologische Motivationstheorien. Organisationale Gerechtigkeit gilt zunehmend als bedeutende Determinante der Motivation, der Einstellungen und Verhaltensweisen von Mitarbeitenden (Colquitt, Conlon, Wesson, Porter & Ng, 2001; Colquitt, Greenbery & Zapata-Phelan, 2005). Sie bezeichnet die Wahrnehmungen von Mitarbeitenden hinsichtlich der allgemeinen Fairness in ihrer Organisation. Unterschieden werden Verteilungs-, Prozess- und interaktionale Gerechtigkeit. Die interaktionale Gerechtigkeit unterteilt sich wiederum in interpersonelle und informationale Gerechtigkeit (siehe **Abb. 5**).

Je höher die organisationale Gerechtigkeit ist, desto höher sind die Arbeitszufriedenheit, das organisationale Commitment, die Arbeitsleistung und das OCB und desto niedriger sind im Allgemeinen die Absentismusrate und die Fluktuationsintention der Mitarbeitenden (Colquitt et al., 2001, 2005; Conlon, Meyer & Nowakowski, 2005). Ein Fehlen organisationaler Gerechtigkeit kann CWB erhöhen. Für eine nähere Darstellung von OCB und CWB sei auf Kapitel 1 verwiesen.

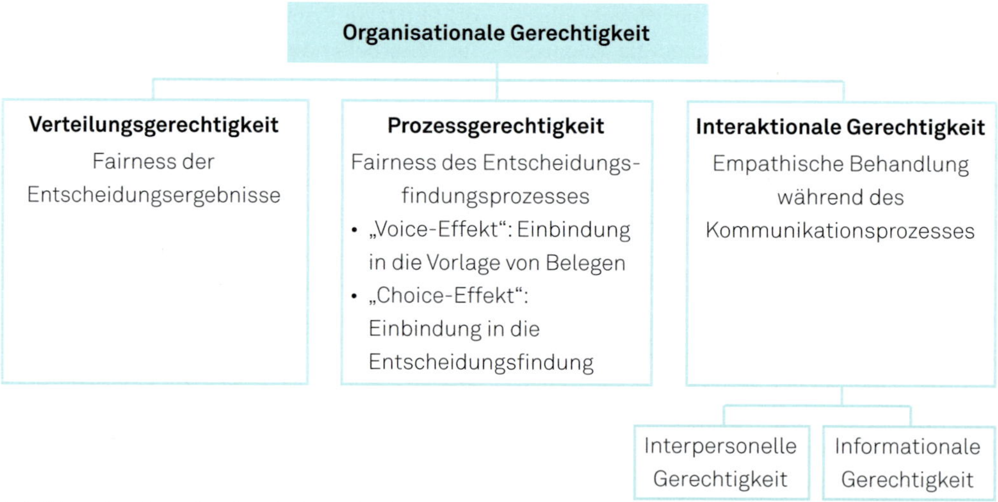

Organisationale Gerechtigkeit

Verteilungsgerechtigkeit
Fairness der Entscheidungsergebnisse

Prozessgerechtigkeit
Fairness des Entscheidungsfindungsprozesses
- „Voice-Effekt“: Einbindung in die Vorlage von Belegen
- „Choice-Effekt“: Einbindung in die Entscheidungsfindung

Interaktionale Gerechtigkeit
Empathische Behandlung während des Kommunikationsprozesses
- Interpersonelle Gerechtigkeit
- Informationale Gerechtigkeit

Abbildung 5: Organisationale Gerechtigkeit

Damit organisationale Gerechtigkeit gegeben ist und Mitarbeitende motiviert sind, müssen hinsichtlich der drei Gerechtigkeitsarten folgende Punkte erfüllt sein (Colquitt, 2001; Colquitt et al., 2001, 2005):

- **Verteilungsgerechtigkeit:** Die Beschäftigten halten die Distribution der Ergebnisse (z. B. Beförderungen) für fair.
- **Prozessgerechtigkeit:** Die Mitarbeitenden nehmen die Prozesse zur Messung von Beiträgen und Leistungen und zur Bestimmung der Ergebnisverteilung in der Organisation als gerecht wahr.
- **Interaktionale Gerechtigkeit:**
  - *Interpersonelle Gerechtigkeit:* Die Mitarbeitenden betrachten die interpersonelle Behandlung durch ihre Führungskräfte, die die Verteilungen vornehmen, als fair. Gefördert wird ein solcher Eindruck durch Höflichkeit und Freundlichkeit und durch achtsamen und respektvollen Umgang mit den Mitarbeitenden (Greenberg, 1990).
  - *Informationale Gerechtigkeit:* Die Mitarbeitenden erleben die Kommunikation der Führungskräfte als angemessen; diese teilen beispielsweise ihre Entscheidungen mit und erklären die zur Entscheidungsfindung genutzten Prozesse nachvollziehbar.

Die **Verteilungsgerechtigkeit** ist Gegenstand der sozialpsychologischen Equity-Theorie, welche auf der Annahme beruht, dass Individuen das Verhältnis zwischen ihren Beiträgen und deren Ergebnissen dahingehend bewerten, ob dieses gerecht erscheint (Adams, 1963). Die *Beiträge* umfassen alle Aspekte, die eine Person glaubt einbringen zu können, wie spezielle Fähigkeiten, Training, Ausbildung, Arbeitserfahrung, Arbeitseinsatz oder Zeit. Zu den *Ergebnissen* bzw. Belohnungen zählen alle Aspekte, die eine Person von ihrer arbeitgebenden Organisation im Gegenzug erwartet – vergleichbar mit der Valenz (siehe VIE-Theorie) –, zum Beispiel Bezahlung, zusätzliche Leistungen, interessantes Arbeitsfeld, Status, Beförderungsmöglichkeiten oder Arbeitsplatzsicherheit.

Der Equity-Theorie zufolge wird die Motivation nicht allein durch die *objektive Höhe* der *eigenen* Beiträge und Ergebnisse determiniert (wie von der VIE-Theorie beschrieben), sondern vielmehr dadurch, wie eine Person ihr Ergebnis-Beitrags-Verhältnis *im Vergleich* zum wahrgenommenen Ergebnis-Beitrags-Verhältnis einer Referenzperson *einschätzt*. Bei dieser Referenzperson handelt es sich beispielsweise um eine Kollegin oder ein früheres „Ich" an einem anderen Ort und/oder Zeitpunkt (wie z. B. an einer vorherigen Stelle). Mitarbeitende können außerdem ihre eigenen Erwartungen an ein „übliches" Ergebnis-/Beitrags-Verhältnis als Referenz heranziehen. Der Vergleich ist somit *subjektiv* (von der individuellen Einschätzung abhängig) und *relativ* (vom Vergleich zweier Ergebnis-Beitrags-Verhältnisse abhängig).

Merke

Damit Mitarbeitende motiviert sind, die von der Arbeitgeberin bzw. dem Arbeitgeber gewünschten Beiträge zu leisten, müssen sie Ergebnisse in angemessener Höhe relativ zu ihren eingebrachten Beiträgen erzielen können. Darüber hinaus muss das wahrgenommene Ergebnis-Beitrags-Verhältnis verschiedener Mitarbeitender ungefähr gleich sein, so dass Mitarbeitende, die mehr leisten, auch vergleichsweise höhere Ergebnisse erzielen.

Beispiel: Zwei Angestellte in der Kundenbetreuung arbeiten seit drei Jahren bei demselben Kreditinstitut. Person A wird nun befördert, Person B hingegen nicht. Trotzdem können beide die Beförderungsentscheidung für gerecht halten, insofern sie ihr jeweiliges Ergebnis-Beitrags-Verhältnis als gleich bzw. proportional ansehen. So besteht die Möglichkeit, dass A im Unterschied zu B zahlreiche Weiterbildungen besucht hat, welche die analytischen Fähigkeiten verbessert haben (Beitrag) und somit ein zusätzliches Ergebnis in Form der Beförderung rechtfertigen. Nehmen also A und B ihre Ergebnis-Beitrags-Verhältnisse *im Vergleich* als *ausgewogen* wahr und beurteilen die Situation folglich als fair, werden sie motiviert sein, entweder den Status quo beizubehalten oder gar die eigenen Beiträge zu erhöhen, um höhere Ergebnisse zu erzielen.

Eine als ungerecht wahrgenommene Situation liegt vor, wenn die Ergebnis-Beitrags-Verhältnisse nach Ansicht der betroffenen Personen in keinem ausgewogenen Verhältnis zueinander stehen, eine Person also ihr Ergebnis-Beitrags-Verhältnis im Vergleich zu einer Referenzperson als größer oder als geringer ansieht (Adams, 1963). Ungerechtigkeit löst Spannungen und Unwohlsein bei Mitarbeitenden aus und motiviert das Individuum gegebenenfalls, wieder eine Situation subjektiven Gleichgewichts herzustellen und so die erlebbare Gerechtigkeit zu fördern.

Beispiel: Person A arbeitet mit Person C im selben Kreditinstitut in der Kundenbetreuung. A ist sehr gewissenhaft, übererfüllt die Zielvereinbarungen i.d.R. um 15 Prozent und wird seitens der Kundinnen und Kunden hoch gelobt. C ist nebenberuflich politisch aktiv, nimmt daher aufgrund terminlicher Engpässe an abendlichen Kundenveranstaltungen sehr selten teil, erreicht knapp die vereinbarten Ziele und vergisst mitunter, Kundenanfragen zu erfüllen. A und C erhalten das gleiche Gehalt und die gleichen Zusatzleistungen vom Unternehmen. Wenn beide Personen sich gegenseitig als Referenzperson wählen, wird Person C möglicherweise eine vergleichsweise Besserstellung wahrnehmen, was Spannungen wie beispielsweise Schuldgefühle bei ihr evozieren kann und sie gegebenenfalls dazu motiviert, die Gerechtigkeit wiederherzustellen. Person A hingegen könnte eine vergleichsweise Schlechterstellung wahrnehmen, da sie im Vergleich mehr Beiträge leistet, die aber lediglich zu einem gleichen Ergebnis führen. Auch sie könnte Spannungen erfahren, die womöglich in Entrüstung münden, und gegebenenfalls motiviert sein, einen Ausgleich herzustellen.

Folgende Ansatzpunkte können Mitarbeitende zur **Wiederherstellung von Gerechtigkeit** nutzen (Adams, 1963):

- **Veränderung der eigenen Beiträge oder Ergebnisse**
  So könnte Person A infolge der wahrgenommenen Schlechterstellung ihren Arbeitseinsatz in Qualität und/oder Quantität reduzieren oder aber um eine Gehaltserhöhung bitten. Person C könnte, insofern sie die vergleichsweise Besserstellung wahrnimmt, ihre Leistung oder die Qualität ihrer Arbeit erhöhen.
- **Veränderung der Beiträge oder Ergebnisse der Referenzperson**
  So könnte sich Person A bei dem Vorgesetzten von Person C beschweren in der Hoffnung, dass dieser eine höhere Arbeitsleistung von Person C einfordert oder aber die Ergebnisse über Gehaltskürzungen oder eine Reduzierung der Arbeitsplatzsicherheit senken wird. Person C könnte hingegen Person A dahingehend beeinflussen, weniger Ehrgeiz an den Tag zu legen.
- **Veränderung der Wahrnehmungen über Beiträge und Ergebnisse von sich selbst oder der Referenzperson**
  Person A könnte die Situation umdeuten und denken, dass in Cs Kundenstamm mehr Ansprechpersonen zu bedienen und die Kundinnen und Kunden schwerer zu betreuen sind als bei A. Person C hingegen könnte die relative Besserstellung ebenfalls gegenüber sich selbst rechtfertigen, beispielsweise mit der Öffentlichkeitswirkung, die sie über ihre politische Karriere für das Kreditinstitut bewirkt und die dem Unternehmen zugutekommen könnte.
- **Wechsel der Referenzperson**
  Person A könnte C als ungeeignete Referenzperson deklarieren und entscheiden, sich besser mit einer anderen Person zu ver-

gleichen, da C mit der vorgesetzten Person eng befreundet ist.

- **Eigener Stellen- bzw. Arbeitgeberwechsel oder Drängen auf Stellenwechsel der Referenzperson**
  Person A könnte motiviert sein, bei einem anderen Kreditinstitut eine Anstellung zu finden, oder sie könnte versuchen, eine Kündigung von bzw. durch Person C zu bewirken. In Konsequenz würde die bestehende Referenzperson wegfallen. Am häufigsten wird in Situationen einer wahrgenommenen relativen Schlechterstellung ein Arbeitgeberwechsel gewählt.

Sowohl die relative Besser- als auch die relative Schlechterstellung sind *meist dysfunktional,* also unzweckmäßig für die Beteiligten, da sie nicht zu einer Erhöhung der Beiträge von Mitarbeitenden führen. Wenngleich die Beschäftigten im Falle einer relativen Besserstellung manchmal motiviert sein können, ihre Beiträge zu erhöhen, um die Gerechtigkeit wiederherzustellen (funktional), werden sie eher lediglich ihre Wahrnehmungen von den Beiträgen und Ergebnissen anpassen. Im Falle einer relativen Schlechterstellung könnten benachteiligte Mitarbeitende geneigt sein, ihre Beiträge zu reduzieren, das Unternehmen zu verlassen oder gar in der Öffentlichkeit negativ über die arbeitgebende Organisation zu sprechen und destruktives Verhalten zu zeigen. Selektive Wahrnehmung könnte zudem dazu führen, dass Personen beim Vergleich ihrer Beiträge und Ergebnisse mit denjenigen Dritter dazu neigen, die eigenen Beiträge wie auch die Ergebnisse, die andere erhalten, zu überschätzen. Auf das Gefühl der Schlechterstellung trifft man in der Praxis tendenziell sehr viel häufiger als auf das Gefühl, gerecht behandelt oder gar bessergestellt zu sein. Angesichts der intensiveren Reaktionen auf eine wahrgenommene Schlechterstellung im Vergleich zur Besserstellung, beispielsweise in Form der Leistungssenkung, ist dieser Effekt bedenklich (Greenberg, 1989; Peters, van den Bos & Bobocel, 2004). Bedeutsam für die Steuerung der Leistungsbereitschaft ist somit eine transparente und gerechte Relation zwischen Beitrag und Ergebnis.

Die Motivation ist folglich am höchsten, wenn Gerechtigkeit gegeben ist und die Ergebnisse auf Basis der Leistungen verteilt werden. Mitarbeitende mit hohen Beiträgen und Ergebnissen werden motiviert sein, das Niveau zu halten. Mitarbeitende mit niedrigen Beiträgen und Ergebnissen wissen tendenziell, dass sie ihre Beiträge steigern müssen, wenn sie die Ergebnisse erhöhen wollen.

Merke

Der Vergleich von Beitrag und Ergebnis ist subjektiv (von der individuellen Einschätzung abhängig) und relativ (von dem Vergleich zweier Ergebnis-Beitrags-Verhältnisse abhängig). Eine *faire* Belohnung ist wesentlicher für die Arbeitsmotivation als eine *hohe* Belohnung. Die Theorie der Verteilungsgerechtigkeit spezifiziert in dieser Hinsicht die Handlungsempfehlung der VIE-Theorie.

Unterschiedliche Belohnungen für ungleiche Leistungen innerhalb der Belegschaft bedeuten lediglich, dass die Zuteilung der Belohnungen *ungleich* ist, nicht aber, dass diese notwendigerweise *ungerecht* ist. Gerecht erscheint die Verteilung von Belohnungen dann, wenn die individuell unterschiedliche Belohnung relativ zu der jeweiligen Leistung erfolgt, wenn diese Leistung ausschließlich einem Individuum zuschreibbar und nicht durch externe Faktoren verzerrt ist (Trevor, Reilly & Gerhart, 2012) und wenn die Unterschiede in den Ergebnis-Beitrags-Verhältnissen mehrerer Personen angemessen sind.

Die **Prozessgerechtigkeit** betrifft die wahrgenommene Fairness des Verfahrens, das man bei der Verteilung von Belohnungen innerhalb einer Organisation zur Entscheidungsfindung nutzt (Ambrose & Arnaud, 2005). Im Blickpunkt steht somit nicht die tatsächliche Verteilung, sondern der Prozess, beispielsweise der Leistungsmessung, der Umgang mit Beschwerden oder die Verteilung von Belohnungen, zum Beispiel von Beförderungen (Folger & Konovsky, 1989). Mitarbeitende werden motivierter sein, Beiträge zu leisten, wenn sie die Prozesse als gerecht ansehen und die Möglichkeit haben, ihre eigenen Ansichten und Meinungen darüber auszudrücken (Colquitt, 2001; Colquitt & Shaw, 2005).

Wahrgenommene Prozessgerechtigkeit ist immer dann besonders bedeutsam, wenn die Ergebnisse, wie Bezahlung und Zusatzleistungen, relativ gering sind, wenn es also nur wenige Belohnungen zu verteilen gibt. Wenn Individuen die Möglichkeit haben, hohe Ergebnisse zu erzielen, können sie diese unabhängig davon als gerecht ansehen, ob die angewandten Prozesse zur Verteilung der Ergebnisse tatsächlich fair sind. Geringe Ergebnishöhen sehen sie hingegen nur dann als gerecht an, wenn die Verteilungsmethoden tatsächlich fair sind (Greenberg, 1987).

Folgende Aspekte tragen dazu bei, die Prozessgerechtigkeit zu gewährleisten (Colquitt, 2001; Colquitt & Shaw, 2005):

- Die Prozesse werden konsistent über alle Mitarbeitenden angewandt.
- Es wird auf genaue Informationen gebaut (z. B. hinsichtlich der erbrachten Leistungen).
- Die Prozesse sind ergebnisoffen und unbefangen.
- Es besteht die Möglichkeit, gegen getroffene Entscheidungen ein Veto einzulegen.
- Es besteht Gewissheit, dass die in einer Organisation genutzten Prozesse dem Ethikkodex des Unternehmens entsprechen.

Die Wahrung der Prozessgerechtigkeit ermöglicht es Führungskräften, einen Ausgleich für eine wahrgenommene Ungerechtigkeit hinsichtlich der Verteilung zu schaffen. So können sie die Motivation ihrer Geführten aufrechterhalten.

Arbeitsmotivation – Zusammenspiel von Faktoren

Mehrere Faktoren tragen somit zur Entstehung der Arbeitsmotivation bei, die zum einen das Individuum und zum anderen die Arbeitssituation betreffen. Zugleich hängen die individuellen Beiträge auch von den persönlichen Zielen ab, denn Ziele lenken das Verhalten.

Mitarbeitende werden ein hohes Anstrengungsniveau zeigen, wenn sie eine starke Beziehung zwischen ihrer Anstrengung und ihrer Leistung, zwischen ihrer Leistung und den organisationalen Belohnungen sowie zwischen der Belohnung und der Befriedigung ihrer persönlichen Ziele wahrnehmen (siehe VIE-Theorie). Jede dieser Beziehungen wird wiederum von anderen Faktoren beeinflusst. Damit Anstrengung zu Leistung führt, müssen Mitarbeitende die Fähigkeiten zur Erbringung der Leistungen haben (Können) und das Leistungsbeurteilungssystem als fair und objektiv wahrnehmen. Der Zusammenhang zwischen der Leistung und der Belohnung ist dann besonders stark, wenn das Individuum wahrnimmt, dass diese Leistung (eher als z. B. Seniorität, persönliche Begünstigungen oder andere Kriterien) belohnt wird. Die Motivation ist außerdem hoch, wenn die Belohnungen für hohe Leistung die dominanten Bedürfnisse befriedigen, die mit den individuellen Zielen konsistent sind.

Die Beschäftigten werden den Wert ihrer Ergebnisse (z. B. Entlohnung) danach beurteilen, wie diese Ergebnisse relativ zu den Ergebnissen anderer Mitarbeitender sind (Verteilungsgerechtigkeit), und auch danach, wie sie von der Arbeitgeberin bzw. dem Arbeitgeber behandelt werden. Wenn Individuen von ihren Ergebnissen (und damit vom Grad ihrer Zielerreichung) enttäuscht sind, werden sie umso sensibler sein, was die Gerechtigkeit der verwendeten Prozesse anbetrifft, wie sie diese wahrnehmen, und was die Aufmerksamkeit anbetrifft, die ihnen die Führungskraft entgegenbringt (siehe Theorien organisationaler Gerechtigkeit).

Beispiel: Person A glaubt, dass sie fähig ist, Leistungen auf einem hohen Niveau zu erbringen (hohe Erwartung). Allerdings ist sich A nicht sicher, dass sie anschließend eine hohe Leistungsbewertung erhält (Instrumentalität), denn sie stuft das Personalbeurteilungssystem als unfair ein (geringe wahrgenommene Prozessgerechtigkeit). Von diesem Personalbeurteilungssystem hängt es aber ab, ob sie Ergebnisse erzielt, die für sie wertvoll sind. Demzufolge wird A nicht motiviert sein, sich stark anzustrengen.

Auch aus der Perspektive der Equity-Theorie wird die Motivation leiden, wenn die wahrgenommene Prozessgerechtigkeit gering ist. Das folgende Beispiel illustriert dies:

Person A glaubt, dass ihre Beiträge nicht gerecht bewertet oder dass die Ergebnisse (z.B. Boni, Beförderungen) nicht basierend auf den relativen Beiträgen verteilt werden. Weil es keine Garantie gibt, dass ihre Beiträge in Ergebnisse münden, die sie aus ihrer Sicht verdient hat, ist sie nicht motiviert, Beiträge zu leisten.

Abbildung 6 fasst die zentralen Faktoren zusammen, die zur Entstehung der Arbeitsmotivation beitragen. Einige der hier genannten Faktoren weisen über das in diesem Kapitel Erläuterte hinaus. So richtet sich die individuelle Leistung immer auch an den Leistungskriterien aus (vgl. Kapitel 1 „Grundlagen individueller Leistungsfähigkeit"), die als Anreiz wirken. Auf die Rolle des Jobdesigns für das Transformieren individueller Anstrengung in das Erreichen persönlicher Ziele und darauf, wie Ziele Verhalten lenken, kommen wir an späterer Stelle in diesem Kapitel zurück (siehe Abschnitt 2.2 „Praktische Anwendung").

Abbildung 6: Integration ausgewählter Motivationstheorien (in Anlehnung an Robbins & Judge, 2013, S. 261)

2.1.3 Arbeitszufriedenheit

Motivation und Arbeitszufriedenheit

Arbeitszufriedenheit wird gewöhnlich als Einstellung definiert (Six & Felfe, 2004). Sie ist zum einen durch eine **kognitive** Komponente gekennzeichnet, im Sinne der positiven Bewertung der eigenen Arbeit in Bezug auf individuelle Motive. Zum anderen hat sie einen **affektiven** Aspekt durch die daraus resultierenden positiven Gefühle (Judge & Kammeyer-Müller, 2012). Durch die Befriedigung aktivierter Motive eines Beschäftigten entsteht Arbeitszufriedenheit. Je wichtiger die befriedigten Motive für den Beschäftigten sind, desto höher ist in der Regel die Zufriedenheit (Rosenstiel, 2015). Demnach ist Arbeitszufriedenheit eine Folge der Motivation (Neuberger, 1974).

Beeinflusst wird die Arbeitszufriedenheit durch die Persönlichkeit (z. B. Leistungsmotivation, emotionale Stabilität; Judge, Thoresen, Bono & Patton, 2001), aber auch durch die betriebliche Situation (z. B. Aufgabeninhalt, Führungsverhalten). Sie hat somit sowohl eine stabile als auch eine dynamische Komponente. Führungskräften muss es darum gehen, Zufriedenheit herbeizuführen und Unzufriedenheit zu vermeiden. Das ist ihnen über die situativen Variablen möglich.

Die situativen Variablen lassen sich wie folgt unterscheiden (vgl. Abschnitt 2.1.1 „Grundfragen der Motivation“; vgl. auch Herzberg, Mausner & Snyderman, 2017). Zufriedenheit erzeugen sogenannte **Motivatoren,** die insbesondere intrinsische Arbeitsmotive befriedigen. Dazu gehören Leistungserlebnisse, Anerkennung, Arbeitsinhalt, übertragene Verantwortung, beruflicher Aufstieg und das Gefühl, sich in der beruflichen Tätigkeit entfalten zu können. Unzufriedenheit wird vor allem durch sogenannte **Hygienefaktoren** verhindert, durch die extrinsische Arbeitsmotive befriedigt werden. Zu den Hygienefaktoren zählen das Gehalt, Statuszuweisungen, die Beziehung zu Untergebenen, zu Kollegen und Kolleginnen sowie zu Vorgesetzten, die Führung durch die Vorgesetzte bzw. den Vorgesetzten, die Unternehmenspolitik und -verwaltung, konkrete Arbeitsbedingungen, persönliche, mit dem Beruf verbundene Bedingungen sowie die Sicherheit des Arbeitsplatzes. Wegen der Trennung von Motivatoren und Hygienefaktoren als zwei voneinander unabhängige Faktoren bezeichnet man diese Theorie auch als **Zwei-Faktoren-Theorie** (Herzberg et al., 2017). Ihr zufolge entsteht aus einer Nichterfüllung der Motivatoren keine Unzufriedenheit, sondern ein neutraler Zustand der Nichtzufriedenheit. Umgekehrt führt das Erfüllen von Hygienefaktoren nicht notwendigerweise zur Zufriedenheit mit der Arbeit.

Die Zuordnung zu den Faktoren ist jedoch nicht immer eindeutig, insbesondere was einige der Hygienefaktoren anbetrifft. So kann Gehalt auch als Anerkennung gedeutet werden und wirkt dann als Motivator (vgl. z. B. Nerdinger, 2011a). Gleichwohl belegen empirische Studien eine geringe Wirkung des Gehalts: Bezahlungshöhe und allgemeine Arbeitszufriedenheit hängen nur schwach miteinander zusammen (Judge, Piccolo, Podsakoff, Shaw & Rich, 2010).

Für die Zufriedenheit und Motivation von Mitarbeitenden hat folglich vor allem die Tätigkeit selbst besondere Bedeutung. Das **Flow-Modell** beschreibt, welche psychischen Prozesse diese Wirkungen der Tätigkeit auf die Zufriedenheit vermitteln (vgl. **Abb. 7**).

Zufriedenheit entsteht nach dem Flow-Modell (Csikszentmihalyi, 2010) aus der **aktiven Herausforderung** während der Ausübung der Arbeitstätigkeit und dem daraus resultierenden Kompetenzerleben. Die Einbindung in interessante, herausfordernde und subjektiv bedeutsame Arbeitstätigkeiten, welche den individuellen Fähigkeiten und Leidenschaften entsprechen, ist daher die wesentliche Quelle der Arbeitszufriedenheit. Erhebliche Über- oder Unterforderungen in der Arbeit reduzieren dagegen die Arbeitsmotivation und in der Folge die Arbeitszufriedenheit. Zudem verursachen sie Stress, der langfristig in körperliche Krankheiten münden (Kemeny, 2003) und die Leis-

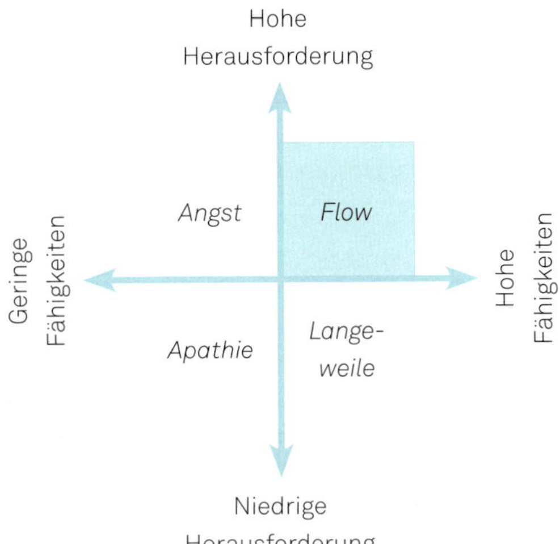

Abbildung 7: Flow-Modell (Csikszentmihalyi, 2010)

tungsfähigkeit mindern kann (vgl. Kapitel 3 „Stress und Ressourcen im Arbeitskontext").

Merke

Die Ausübung interessanter, herausfordernder und subjektiv bedeutsamer Arbeitstätigkeiten, welche den individuellen Fähigkeiten und Leidenschaften entsprechen, wirken motivierend. Arbeitszufriedenheit ist eine Folge der Motivation.

Einfluss der Arbeitszufriedenheit auf die Leistung

Hinsichtlich des Wirkungszusammenhangs zwischen Arbeitszufriedenheit und Leistung finden sich inkonsistente Ergebnisse (Fisher, 2003; Rosenstiel, 2015). Judge und Kollegen (2001) bestimmten in einer Metaanalyse insgesamt einen moderaten, aber durchaus beachtlichen positiven Zusammenhang beider Konstrukte. Allerdings sagt eine Korrelation noch nichts über die Kausalität aus.

Eine auf die Human-Relations-Bewegung zurückführbare Standardannahme ist, dass Arbeitszufriedenheit, möglicherweise als Ergebnis eines guten Personalmanagements, zu höherer Leistung führt (vgl. z.B. Schneider, Hanges, Smith & Salvaggio, 2003). Diese Annahme wird auch als „Happy-Productive-Worker-Hypothese" bezeichnet (Cropanzano & Wright, 2001).

Arbeitszufriedenheit → Arbeitsleistung

Doch auch ein umgekehrter Zusammenhang ist grundsätzlich denkbar, indem eine hohe Arbeitsleistung die Zufriedenheit von Mitarbeitenden fördert (Nerdinger, 2011a; Rosenstiel, 2015).

Arbeitsleistung → Arbeitszufriedenheit

Bowling (2007) wiederum konnte keine Beziehung zwischen Zufriedenheit und Leistung ermitteln. Stattdessen könnten dritte Variablen die Leistung und die Zufriedenheit beeinflussen.

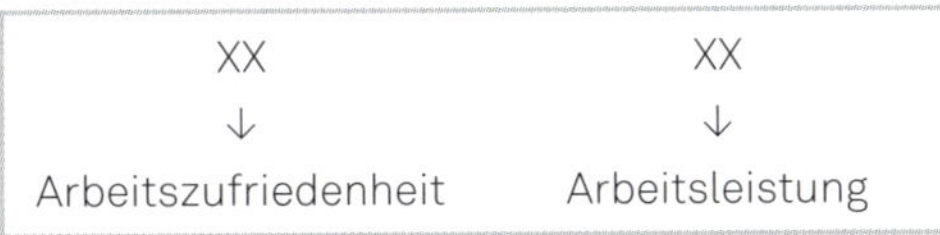

So weisen Berufsgruppen mit anspruchsvolleren Tätigkeiten bei höherer **Autonomie** stärkere Zusammenhänge zwischen Zufriedenheit und Leistung auf (Judge et al., 2001). Wright, Cropanzano und Bonett (2007) argumentieren, dass der Einfluss der Arbeitszufriedenheit auf die Leistung durch das **subjektive Wohlergehen** moderiert wird (vgl. Kapitel 3 „Stress und Ressourcen im Arbeitskontext"). Demnach beeinflusst eine hohe Arbeitszufriedenheit die Arbeitsleistung positiv, wobei die Beziehung unter der Voraussetzung hohen subjektiven Wohlergehens gestärkt und unter der Bedingung niedrigen subjektiven Wohlergehens geschwächt wird. Das subjektive Wohlergehen der Arbeitnehmenden könnte somit einen Schlüssel zur Erhöhung ihrer Leistung darstellen. Auch ist eine positive Korrelation zwischen der Arbeitszufriedenheit und dem subjektiven Wohlergehen empirisch vielfach belegt (Bowling, Eschleman & Wang, 2010). Überdies besteht die Möglichkeit, dass beide Größen sich wechselseitig beeinflussen (Fischer & Fischer, 2005).

Arbeitsleistung ⟷ Arbeitszufriedenheit

Führungskräfte sollten daher bei allen Führungsmaßnahmen vorab erwägen, welchen Einfluss diese auf die Arbeitszufriedenheit und auf die Arbeitsleistung haben. Eine Maßnahme, welche die Arbeitszufriedenheit erhöht, sagt noch nichts über ihren Einfluss auf die Arbeitsleistung der Mitarbeitenden aus. Kann die Führungskraft davon ausgehen, dass eine Maßnahme die Arbeitsleistung steigert, ist ihr Einfluss auf die Arbeitszufriedenheit offen. Entscheidet sich eine Führungskraft schließlich für eine spezifische Maßnahme, sollte sie sicherstellen, dass diese sowohl der Arbeitszufriedenheit als auch der Arbeitsleistung dient und nicht nur einem der beiden Ergebnisse auf Kosten des anderen (Rosenstiel, 2015).

2.1.4 Emotion und Motivation

Affekt, Emotionen und Stimmungen

Menschliches Verhalten wird nicht nur durch motivationale, sondern auch durch emotionale Prozesse bestimmt. Emotionen sind eine ausschlaggebende Voraussetzung für rationales Denken, auch hinsichtlich der beschriebenen Abwägungen beim Entstehen der Motivation (siehe Abschnitt 2.1.3 „Arbeitszufriedenheit“). Der Schlüssel für gute Entscheidungsfindung besteht darin, Denken und Fühlen in unseren Entscheidungen zu berücksichtigen (Blanchette & Richards, 2010).

Affekt, Emotionen und Stimmungen sind miteinander verknüpfte, aber doch unterschiedliche Aspekte. **Affekt** ist ein generischer Fachbegriff, der eine Bandbreite an menschlichen Gefühlen abdeckt, einschließlich Emotionen und Stimmungen. Positiver Affekt (z.B. Begeisterung, Vergnügtheit) und negativer Affekt (z.B. Nervosität, Stress) beeinflussen über unsere Wahrnehmungen und über unser daraus resultierendes Verhalten unsere Arbeit. **Emotionen** sind die intensiven, durch ein konkretes Ereignis ausgelösten Gefühle. So kann das Treffen einer lieben Kollegin eine Person glücklich, der Umgang mit einem ruppigen Kunden kann sie wütend machen. Zu den grundlegenden Emotionen zählen Freude, Überraschung, Angst, Traurigkeit, Wut und Ekel. **Stimmungen** sind im Vergleich zu Emotionen weniger intensive, aber länger andauernde Gefühle, die häufig (wenngleich nicht immer) ohne ein spezifisches Ereignis entstehen (Judge & Kammeyer-Müller, 2012). Einige Forscherinnen und Forscher nehmen an, dass Emotionen stärker handlungsorientiert sind, indem sie uns zu einer unmittelbaren Handlung führen – wohingegen Stimmungen eher kognitiv sind: Sie können uns eine Zeit lang zum Denken oder Grübeln veranlassen (z.B. Ekman & Davidson, 1994). **Abbildung 8** zeigt den Zusammenhang zwischen den drei Begriffen.

Abbildung 8 zeigt, dass Emotionen und Stimmungen eng miteinander verbunden sind und sich gegenseitig beeinflussen können. Emotionen können sich in Stimmungen wandeln, wenn der Fokus auf das Ereignis oder Objekt, welches das Gefühl auslöste, verschwindet. Erhält beispielsweise eine Person ihren Traumjob, kann dies eine Emotion der Freude auslösen, die wiederum die Person für einige Tage in gute Stimmung versetzt. Umgekehrt können gute oder schlechte Stimmungen eine Person bei einem Ereignis emotionaler reagieren lassen. Beispielsweise kann schlechte Stimmung eine Person in Reaktion auf einen Kollegenkommentar „zum Platzen bringen“, während derselbe Kommentar normalerweise lediglich zu einer milden Reaktion geführt hätte. Insbesondere negative Emotionen begünstigen negative Stimmungen: Menschen denken über Ereignisse, die starke negative Emotionen auslösen, fünfmal länger nach als über Ereignisse, die starke positive Emotionen bewirken (Baumeister, Bratslavs-

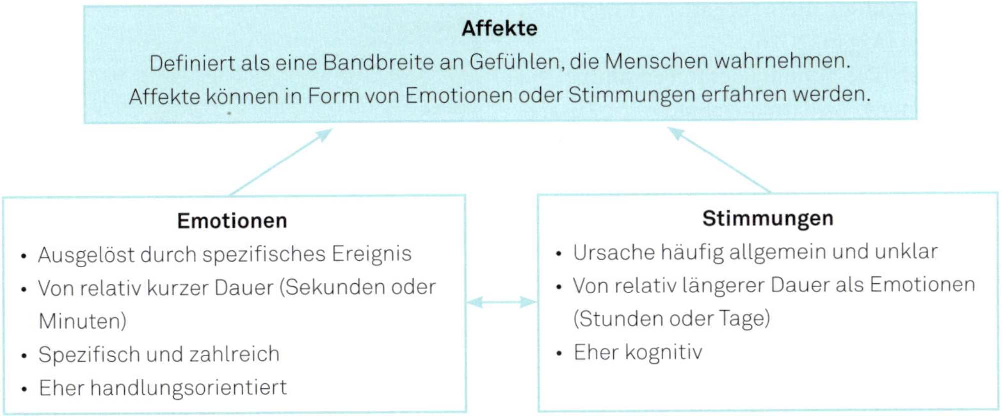

Affekte
Definiert als eine Bandbreite an Gefühlen, die Menschen wahrnehmen.
Affekte können in Form von Emotionen oder Stimmungen erfahren werden.

Emotionen
- Ausgelöst durch spezifisches Ereignis
- Von relativ kurzer Dauer (Sekunden oder Minuten)
- Spezifisch und zahlreich
- Eher handlungsorientiert

Stimmungen
- Ursache häufig allgemein und unklar
- Von relativ längerer Dauer als Emotionen (Stunden oder Tage)
- Eher kognitiv

Abbildung 8: Affekte, Emotionen und Stimmungen

ky, Finkenauer & Vohs, 2001; Norris, Larsen, Crawford & Cacioppo, 2011). Ein Grund dafür ist möglicherweise, dass für die meisten von uns negative Erfahrungen ungewohnter sind. Denn die meisten Individuen zeigen eine Tendenz zu „positivem Denken“, sie haben bereits im Grundzustand (also wenn nichts Besonderes vor sich geht) eine leicht positive Stimmung (Norris et al., 2011; siehe auch Schütz & Hoge, 2007). Das positive Denken zeigt sich auch im Arbeitskontext, indem positive Stimmungen bei der Arbeit insgesamt überwiegen.

Weitere Faktoren wirken auf die sich wechselseitig beeinflussenden Emotionen und Stimmungen ein:

- **Persönlichkeit:** Häufigkeit und Intensität erlebter Emotionen hängen von der individuellen Persönlichkeit ab. Unter denselben Bedingungen erleben verschiedene Persönlichkeiten Emotionen völlig unterschiedlich (George, 2013). Unterschieden wird in der Persönlichkeitspsychologie zwischen positiver und negativer Affektivität als emotionalem Grundmuster. Dieses Grundmuster ist Teil der Persönlichkeit des Menschen. Positive Affektivität bezeichnet eine optimistische Grundstimmung; Ereignisse werden tendenziell in eine positive Richtung umgedeutet. Negative Affektivität umfasst eine negative Grundeinstellung und Interpretation der Realität (Kaplan, Bradley, Luchman & Haynes, 2009).
- **Wochentag und Tageszeit:** Menschen tendieren dazu, die im Zeitverlauf schlechteste Stimmung (den höchsten negativen und niedrigsten positiven Affekt) zu Beginn einer Woche zu haben und die beste Stimmung am Ende der Woche (Stone, Schneider & Harter, 2012). Am Abend ist das Niveau des negativen Affekts im Vergleich zum Morgen tendenziell höher und das Niveau des positiven Affekts niedriger (English & Carstensen, 2014). Für den Arbeitskontext bedeutet dies tendenziell, dass sich das Ende der Arbeitswoche besser dazu eignet, einer Person schlechte Nachrichten zu überbringen oder sie um einen Gefallen zu bitten. Interaktionen am Arbeitsplatz sind eher am Vormittag und gegen Ende der Woche positiver.
- **Stress:** Belastende Arbeitsereignisse beeinflussen Stimmungen negativ und kumulieren im Laufe der Zeit. So haben selbst geringfügig stressende, aber konstant erfolgende, andauernde Ereignisse das Potential, nach und nach die Beanspruchung von Beschäftigten zu steigern (Fuller et al., 2003; vgl. Kapitel 3 „Stress und Ressourcen im Arbeitskontext“). Ansteigende Stresslevels können unsere Stimmung beeinträch-

tigen und zu mehr negativen Emotionen führen (Asgari, 2016).

- **Schlaf:** Die Schlafqualität beeinflusst die Stimmung. Schlafmangel steht im Zusammenhang mit Gefühlen der Müdigkeit, Wut und Feindseligkeit. Ein Grund dafür ist, dass schlechter oder reduzierter Schlaf die Entscheidungsfindung beeinträchtigt, die Kontrolle der Emotionen erschwert und die Selbstregulation insgesamt schwächt (Miller & Cohen, 2001). Auch beeinträchtigt schlechter Schlaf die Arbeitszufriedenheit, weil ermüdete, gereizte Menschen weniger wachsam sind (Scott & Judge, 2006).

Zusammenhänge zwischen Emotion und Motivation

Emotionen haben im motivationalen Prozess mindestens zwei verschiedene Funktionen: Zum einen *folgen* die in bestimmten Situationen entstehenden Emotionen einer bestehenden Motivation. Eine hohe Motivation erhöht somit das Niveau positiver Emotionen und wird wiederum durch diese Emotionen aufrechterhalten oder gesenkt (vgl. dazu auch die Selbstbestimmungstheorie nach Ryan, 2007; Ryan, Rigby & Przybylski, 2006). Zum anderen helfen Emotionen uns dabei, in einer konkreten Situation unter mehreren Motivationen zu *priorisieren,* das motivationale Interesse zu *lenken* und das Verhalten zu *verändern* (Gendolla, 2017; Oatley, 1992). Beispielsweise kann motiviertes Handeln in einer Situation einhergehen mit Erfahrungen einer netten kollegialen Zusammenarbeit, einer schönen und angenehmen Arbeitsumgebung, einem guten Arbeitsessen und nicht zu anspruchsvollen Aufgaben, die eine positive Erinnerung an diese Arbeitserfahrung erzeugen. Daran kann unsere Motivation anknüpfen und sich erweitern, indem wir bestimmte Arbeitserlebnisse als interessant oder wertvoll empfinden, wodurch sich unsere spätere Motivation erhöht (vgl. auch die Aufbau- und Erweiterungstheorie nach Fredrickson, 2004).

Merke

Positive Emotionen sind mit hoher Motivation, negative Emotionen mit niedriger Motivation am Arbeitsplatz verbunden. Emotionen haben mindestens zwei verschiedene Funktionen: (a) Emotionen folgen einer bestehenden Motivation und können diese stützen, und (b) sie können das motivationale Interesse neu ausrichten und das Verhalten verändern.

Zusammenhänge von Arbeitsaffekt mit Arbeitszufriedenheit und Arbeitsleistung

Emotionen und Stimmungen sind wesentliche Aspekte unseres Arbeitslebens. Wie sie ausgelöst werden und welchen Einfluss sie speziell auf die Arbeitsleistung und die Arbeitszufriedenheit haben, erklärt die Theorie der affektiven Ereignisse (Weiss & Cropanzano, 1996; vgl. **Abb. 9**). Sie betont die Zusammenhänge zwischen „Arbeitsaffekt" und kurzfristigem oder zustandsartigem Verhalten, wie zum Beispiel die Arbeitsleistung oder das OCB (vgl. Kapitel 1 „Grundlagen individueller Leistungsfähigkeit"). Im Gegensatz dazu steht das eher geplant-durchdachte, langfristige Verhalten (wie ein Arbeitgeberwechsel), das mit Arbeitszufriedenheit zusammenhängt.

Die **Arbeitsumgebung** umfasst alle Dinge rund um den Job, wie die Bandbreite an Tätigkeiten, das Ausmaß der Autonomie, Tätigkeitsanforderungen und das Erfordernis, emotionale Arbeit zu leisten. Die Arbeitsumgebung wiederum prägt tägliche **Arbeitsereignisse**. Hierbei kann es sich sowohl um *Probleme* handeln (z. B. ein Kollege weigert sich, seinen Teil der Arbeit auszuführen; widersprüchliche Anweisungen von verschiedenen Vorgesetzten; exzessiver Arbeitsdruck) als auch um *positive Erfahrungen* (z. B. das Erreichen eines Ziels; Unterstützung durch eine Kollegin oder einen Kollegen; Anerkennung für eine Leistung; Basch & Fisher, 2000).

Diese Arbeitsereignisse lösen positive oder negative **affektive Reaktionen** aus. Die Stärke der affektiven Reaktionen bei der Arbeit wird

Abbildung 9: Die Theorie der affektiven Ereignisse (Weiss & Cropanzano, 1996, dargestellt nach Ashkanasy & Daus, 2002, S. 77)

von **individuellen Dispositionen** beeinflusst, etwa von der Persönlichkeit und der individuellen Stimmung (Fisher, 2003; Pirola-Merlo, Härtel, Mann & Hirst, 2002). So neigen Menschen mit niedriger emotionaler Stabilität zu stärkeren Reaktionen auf negative Ereignisse (vgl. Kapitel 1 „Grundlagen individueller Leistungsfähigkeit"). Und die persönliche Stimmungslage verändert die emotionale Reaktion auf ein bestimmtes Ereignis.

Die Arbeitsemotionen wiederum wirken direkt auf eine Reihe von Variablen der **Arbeitsleistung** und **Arbeitszufriedenheit,** zum Beispiel auf OCB, organisationales Commitment, Arbeitgeberwechsel-Intention oder abweichendes (sogenanntes deviantes und kontraproduktives) Arbeitsverhalten (Harvey, Martinko & Borkowski, 2017; O'Neill, 2009; Siu, Cheung & Lui, 2015; Ziegler, Schlett, Casel & Diehl, 2012).

Beispiel: Person A erfährt, dass als Nachwirkung einer wirtschaftlichen Krise mehrere Tausend Mitarbeitende entlassen werden sollen. Die Entlassungen könnten auch A betreffen. Die Nachricht löst bei A negative Emotionen aus, insbesondere da sie befürchtet, dass sie als Hauptverdienerin in ihrer Ehe ihren Job verliert. Weil A dazu tendiert, sich starke Sorgen zu machen und sich in Probleme hineinzusteigern, erhöht diese Nachricht ihr Gefühl der Unsicherheit. Die Entlassungen setzen eine Reihe von kleineren Ereignissen in Bewegung: Person A spricht mit ihrer Vorgesetzten, die ihr versichert, dass ihr Arbeitsplatz sicher sei; sie hört indes Gerüchte, dass ihre Abteilung hoch oben auf der Liste der zu schließenden Einheiten steht; und A trifft eine ehemalige Kollegin, die vor sechs Monaten entlassen wurde und immer noch keine neue Arbeitsstelle gefunden hat. Diese Ereignisse wiederum lösen emotionale Hochs und Tiefs bei Person A aus. An einem Tag ist sie optimistisch gestimmt, dass sie von den Entlassungen nicht betroffen sein wird; am anderen Tag ist sie niedergeschlagen und verunsichert. Diese emotionalen Stimmungsschwankungen lenken ihre Aufmerksamkeit von der Arbeit weg und senken ihre Arbeitsleistung und ihre Arbeitszufriedenheit.

Über die affektiven Reaktionen lassen sich somit einige Fragen hinsichtlich der Arbeitsleistung beantworten, die über kognitive Bewertungen nicht zu beantworten wären. Emotionen geben wertvolle Einblicke, wie Ärgernisse und Erbauliches am Arbeitsplatz die Arbeitsleistung und die Aurbeitszufriedenheit beeinflussen. Angestellte und Führungskräfte sollten folglich sowohl die Emotionen als auch die Ereignisse, welche Emotionen auslösen, mitberücksichtigen, auch wenn diese einzeln betrachtet unbedeutend erscheinen mögen, da sich diese Ereignisse beim Beschäftigten kumulieren können.

Merke

Die Theorie der affektiven Ereignisse trifft zwei Annahmen. (1.) Die Zufriedenheit am Arbeitsplatz unterscheidet sich vom Affekt. Affekt trägt zur Arbeitszufriedenheit bei. Zudem beeinflusst Affekt die Arbeitsleistung – gegebenenfalls positiv, häufig aber auch negativ, indem Emotionen Ressourcen aus anderen Bereichen nicht nur der Motivation, sondern auch der kognitiven Verarbeitung und der Aufmerksamkeit abziehen. (2.) Im Zeitverlauf erfolgen in der Regel mehrere Ereignisse, welche das affektive Erleben in positiver oder negativer Weise verändern.

2.2 Praktische Anwendung

Wie wissenschaftliche Erkenntnisse zeigen, werden Arbeitsmotivation, Arbeitszufriedenheit und Arbeitsleistung nicht nur durch individuelle Merkmale (z.B. positive und negative Affektivität, Persönlichkeit), sondern auch durch die Situation beeinflusst. Im Folgenden betrachten wir Möglichkeiten, wie Führungskräfte die Arbeitstätigkeit gestalten können (Jobdesign), um die Motivation ihrer Mitarbeitenden zu fördern.

Wenngleich die Entlohnung ein häufig eingesetztes Mittel zur Motivierung von Mitarbeitenden ist (Anreiz für ein extrinsisches Arbeitsmotiv), ist Geld nicht der einzige oder beste Weg (siehe Abschnitt 2.1.1 „Grundfragen der Motivation“). Nachhaltiger ist die Förderung intrinsischer Motive, zum Beispiel über die motivierende Gestaltung der Arbeitstätigkeit.

Das Modell der Arbeitsmerkmale von Hackman und Oldham (1980) zielt darauf ab, diejenigen Arbeitsmerkmale zu bestimmen, welche zu einer intrinsisch motivierenden Arbeit beitragen, und die Konsequenzen dieser Merkmale zu beschreiben (vgl. **Abb. 10**).

Jede Arbeitstätigkeit kann durch fünf Kernmerkmale beschrieben werden:

- **Vielfalt der geforderten Fähigkeiten bzw. Fertigkeiten.** Dieses Merkmal bezieht sich

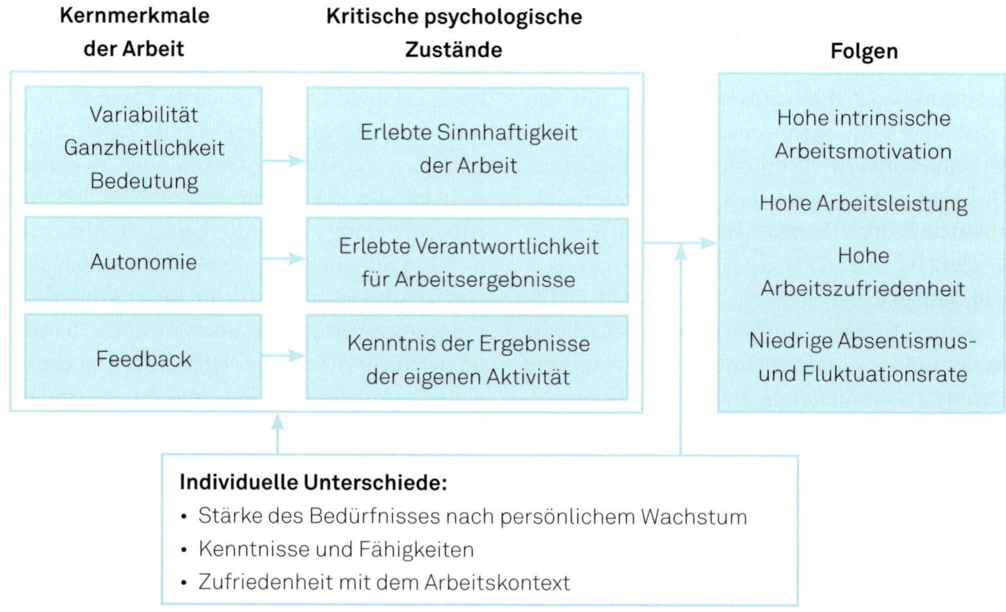

Abbildung 10: Modell der Arbeitsmerkmale (nach Hackman & Oldham, 1980, und Oldham & Fried, 2016)

auf das Ausmaß, in dem Mitarbeitende im Rahmen ihrer Tätigkeit eine Vielzahl unterschiedlicher Aufgaben ausfüllen und dafür unterschiedliche Fertigkeiten und Fähigkeiten einsetzen können. Mitarbeitende sind höher intrinsisch motiviert, wenn eine hohe Varianz hinsichtlich des Fähigkeitseinsatzes besteht.

- **Ganzheitlichkeit.** Je stärker eine Tätigkeit das Erbringen einer Gesamtleistung von Beginn bis Ende ermöglicht, desto höher die Ganzheitlichkeit der Aufgabe und desto höher die intrinsische Motivation der Mitarbeitenden.
- **Bedeutung der Aufgabe.** Beschäftigte motiviert die Ausübung ihrer Tätigkeit umso mehr, je deutlicher sie wahrnehmen, dass ihre Aufgabenerfüllung einen positiven Einfluss auf das Leben, auf die eigene Arbeit oder die Arbeit anderer Individuen innerhalb und außerhalb der Organisation hat.
- **Autonomie.** Hohe Autonomie gibt Mitarbeitenden die Freiheit und Unabhängigkeit, ihre Arbeit selbst zu planen und zu bestimmen, wie sie ausgeführt wird. Hohe Autonomie trägt zur Erhöhung der intrinsischen Motivation bei.
- **Feedback.** Der Erhalt von Feedback, d.h. von klarer Information über die eigene Leistung im Sinne einer Lernförderung anstelle von Leistungskontrolle, übt einen positiven Effekt auf die intrinsische Motivation aus. Auch Stimmungen stehen im Zusammenhang mit der Motivation, insbesondere über Feedback.

In dem Maße, in dem eine Arbeit diese fünf Kernmerkmale aufweist, werden die einzelnen Mitarbeitenden angeregt sein, ihre Arbeit motiviert zu verrichten. Das Bedürfnis danach, wie stark diese Merkmale ausgeprägt sein sollten, kann jedoch individuell sehr unterschiedlich sein. Je höhere Werte ein Individuum, bezogen auf die eigenen Bedürfnisse, bei jedem Merkmal wahrnimmt, desto höher das Niveau der intrinsischen Motivation:

$$\textit{Motivationspotential} = \frac{\text{Variabilität} + \text{Ganzheitlichkeit} + \text{Bedeutung}}{3} \times \text{Autonomie} \times \text{Feedback}$$

Die fünf Kernmerkmale der Arbeit tragen zu drei kritischen psychologischen Zuständen bei, die wiederum bestimmen, wie Beschäftigte auf ein bestimmtes Design ihres Jobs reagieren:

- **Erfahrene Bedeutsamkeit der Arbeit.** Die Vielfalt der benötigten Fähigkeiten und Fertigkeiten sowie die Ganzheitlichkeit und Bedeutung der Aufgabe beeinflussen das Ausmaß, in dem eine Arbeit als wichtig und wertvoll erlebt wird.
- **Erfahrene Verantwortung für das Arbeitsergebnis.** Die Autonomie bestimmt das Ausmaß, in dem Mitarbeitende fühlen, dass sie für ihre Arbeitsergebnisse verantwortlich sind bzw. diese kontrollieren. Die Verantwortung lässt sich zum Beispiel über eine stärkere Delegation von Aufgaben erhöhen.
- **Kenntnis der Ergebnisse.** Das Ausmaß, in dem Mitarbeitende verstehen, wie effektiv ihre Leistung war, wird von der Kerndimension Feedback gesteuert.

Je stärker die drei psychologischen Zustände erfüllt sind (gemessen an den jeweils individuellen Bedürfnisniveaus), desto höher wird die Motivation und in der Konsequenz die Arbeitszufriedenheit und Arbeitsleistung des bzw. der Einzelnen sein, da Mitarbeitende so mehr Möglichkeiten zum persönlichen Wachstum und Entwickeln erfahren (Eby, Freeman, Rush & Lance, 2010). Die mit den psychologischen Zuständen im Zusammenhang stehende kognitive Flexibilität (Kreativität und Problemlösung) in der Arbeit kann Beschäftigte dazu motivieren, neues berufsspezifisches Wissen zu erwerben, was wiederum zu verbesserter Leistung führt (Bowling, 2014). Absentismus und Arbeitgeberwechsel-Intention sinken, da die Beschäftigten ihre Tätigkeit gerne ausüben. Individuelle Unterschiede (z.B. Stärke des Bedürfnisses nach persönlichem Wachstum, Kenntnisse und Fertigkeiten, Zufriedenheit mit dem Arbeitskontext) bestimmen wiederum mit, wie Beschäftigte auf das Design ihres Jobs reagieren.

Merke

Abwechslungsreiche, ganzheitliche und bedeutende Arbeitsaufgaben, gekoppelt mit hoher Autonomie und Feedback, fördern Mitarbeitende in ihrem Bewusstsein (Kenntnis der Ergebnisse), dass sie persönlich (erfahrene Verantwortung) eine Aufgabe, die ihnen wichtig ist (erfahrene Bedeutsamkeit), erfolgreich bewältigt haben, und erhöhen damit das Motivationspotential. Arbeitszufriedenheit ist nicht nur Ergebnis der Motivation, sondern hat selbst über die daraus resultierenden positiven Emotionen motivierende Wirkung, indem die Emotionen Mitarbeitenden die Energie und Motivation geben, die sie zur Ausübung einer anstrengenden Tätigkeit benötigen (Bowling, 2014). Arbeitszufriedenheit wirkt sich positiv auf die Leistung aus.

Zur Erhöhung von Arbeitsmotivation, Arbeitszufriedenheit und Arbeitsleistung können Führungskräfte beispielsweise folgende Instrumente nutzen.

2.2.1 Redesign mittels Job Rotation

Wenn Beschäftigte eine Über-Routinisierung ihrer Arbeit wahrnehmen, bietet sich als eine Möglichkeit die Job Rotation an, also ein periodischer Aufgaben- oder Arbeitsplatzwechsel. Denkbar ist das vorübergehende Übernehmen sowohl einer ranggleichen als auch einer ranghöheren Aufgabe.

Nicht nur in der Fertigung wird Job Rotation angewandt, sondern auch auf Managementebene. Der Wechsel ermöglicht den Beschäftigten, zusätzliche Fachkenntnisse zu erwerben (Vielfalt der geforderten Fähig- bzw. Fertigkeiten), bereichsübergreifende Zusammenhänge kennenzulernen (Ganzheitlichkeit) und die soziale Kompetenz durch den Umgang mit neuen Kolleginnen und Kollegen und Vorgesetzten zu erhöhen. Job Rotation ermöglicht es Beschäftigten, besser zu verstehen, wie ihre Arbeit zur Gesamtorganisation beiträgt (Bedeutung der Aufgabe), verringert Langeweile und erhöht die Motivation. Ein indirekter Vorteil besteht darin, dass Führungskräfte mittels Job Rotation die Arbeit flexibler planen, sie leichter an Veränderungen anpassen und Vakanzen intern leichter ausgleichen können. Allerdings können durch Job Rotation die Trainingskosten steigen, und die Produktivität kann nach einem Wechsel zunächst sinken: Arbeitsgruppen müssen sich mit neuen Mitgliedern abstimmen, Mitarbeitende können sich bei zu häufiger Rotation belastet fühlen, und auch Vorgesetzte müssen mehr Zeit für Fragen und Monitoring aufbringen.

2.2.2 Alternatives Arbeitsarrangement via Home Office

Führungskräfte können die von ihnen geführten Personen auch motivieren, indem sie ihnen ein auf die individuellen Bedürfnisse abgestimmtes Arbeitsort- und Arbeitszeitmodell anbieten. Mittels Home Office können Beschäftigte ihre Arbeit autonom von zu Hause aus erledigen und die Arbeitszeiten innerhalb vorgegebener Grenzen variieren. Zu den Vorteilen des Home Office für die Führungskraft zählen verringerter Absentismus, häufig erhöhte Produktivität, erhöhte Autonomie und Verantwortlichkeit der Beschäftigten, die wiederum die Arbeitsmotivation erhöhen können. Mitarbeitende können durch die Flexibilität ihre Arbeitszeiten an ihre persönlichen Belange anpassen, ihre Work-Life-Balance verbessern und zu Zeiten arbeiten, zu denen sie am produktivsten sind.

Ein Arbeiten im Home Office eignet sich jedoch nicht für jeden Beschäftigten und jede Tätigkeit. Insbesondere bei Tätigkeiten mit hoher Interdependenz der Mitarbeitenden sind Limitationen gesetzt, ebenso bei Personen, die Berufs- und Privatleben lieber klar trennen.

2.2.3 Alternatives Arbeitsarrangement via Job Sharing

Eine weitere Möglichkeit für Führungskräfte, die Arbeitszeit zu flexibilisieren und gleichzeitig die Mitarbeitenden zu fördern, ist Job Sharing. Job Sharing erlaubt es zwei oder mehr Beschäftigten (einschließlich Führungskräften), sich einen traditionellen Vollzeitjob zu teilen. Die Job Sharer teilen sich nicht nur die Arbeitszeit, sondern auch die Aufgaben und Verantwortungsbereiche und erreichen dadurch gemeinsam eine hohe Ganzheitlichkeit ihrer Aufgabe.

Die Zusammenarbeit erfordert (zusätzliche) Zeit für Absprachen innerhalb des Tandems. Ein wichtiger Erfolgsfaktor besteht darin, einen passenden Tandempartner mit ähnlichen Vorstellungen zu finden. Job Sharing eröffnet Führungskräften die Chance, von Menschen mit unterschiedlichen Talenten zu profitieren, und erlaubt Zugang zu Personengruppen, die nicht in Vollzeit arbeiten können oder wollen (z.B. wegen Erziehungs- und Pflegeaufgaben oder einer weiteren Arbeitstätigkeit). Einige Firmen nutzen Job Sharing auch, um bei Überbesetzung Entlassungen zu vermeiden. Bei altersgemischten Tandems lässt sich zudem ein Wissenstransfer zwischen den Generationen fördern. Mitarbeitende profitieren von der zeitlichen Flexibilität (Autonomie) und der Möglichkeit, bestimmte – wie zum Beispiel auf Vollzeitpräsenz ausgelegte – Positionen, auch auf Führungsebene, in Teilzeit auszuführen (Bedeutung der Aufgabe).

2.2.4 Partizipation

Über eine Mitarbeiterbeteiligung profitiert die Führungskraft von dem Input ihrer Beschäftigten. Die Beteiligung der Mitarbeitenden an sie betreffenden Entscheidungsprozessen kann das Autonomie- und Kontrollerleben sowie die von den Beschäftigten wahrgenommene Bedeutung ihrer Tätigkeit positiv unterstützen. Weiterhin lässt sich das Bedürfnis der Mitarbeitenden nach Verantwortung, Leistung, Anerkennung, Wachstum und Selbstwertschätzung durch Partizipation befriedigen, so dass Motivation, organisationales Commitment, Produktivität und Arbeitszufriedenheit steigen.

2.2.5 Positiver sozialer und physischer Arbeitskontext

Auch die interessantesten Arbeitsplatzmerkmale können nicht immer zur Arbeitsmotivation beitragen, nämlich dann, wenn ein Individuum sich in der Kollegenschaft oder von Vorgesetzten isoliert oder in deren Gesellschaft unwohl fühlt; umgekehrt können gute soziale Beziehungen auch sehr langweilige Aufgaben als erfüllend wirken lassen. Zu den sozialen Merkmalen, welche die Arbeitsleistung erhöhen, zählen Interdependenz, soziale Unterstützung sowie Interaktionen mit Menschen auch außerhalb der Arbeit. Soziale Interaktionen verbessern die Stimmung und geben Beschäftigten Gelegenheiten, ihre Arbeitsrolle zu klären und im Vergleich abzuschätzen, wie gut sie ihre Arbeit verrichten. Auch können sie dadurch eher Unterstützung bei der Arbeit und Feedback erhalten.

Soziale Aspekte sind ebenso wichtig wie andere Merkmale: Ansätze wie Job Rotation und Partizipation der Mitarbeitenden können sich (insbesondere bei offenen, extravertierten Mitarbeitenden) auch positiv auf die Produktivität auswirken, indem sie die Kommunikation erhöhen und zu einem positiven sozialen Umfeld beitragen. Auch der physische Arbeitskontext beeinflusst die Motivation und Zufriedenheit der Mitarbeitenden. Heiße, laute und gefährliche Arbeit geht mit geringerer Motivation und Zufriedenheit einher als eine Arbeit, die man in einem klimatisierten, relativ leisen und sicheren Umfeld erbringt.

2.2.6 Beeinflussung von Stimmungen

Emotionen und Stimmungen beeinflussen die Entstehung von Motivation, wie in Abschnitt 2.1.4 „Emotion und Motivation" in diesem Kapitel gezeigt (Aufbau- und Erweiterungstheorie nach Fredrickson, 2004). Emotionen von Mitarbeitenden sollten daher nicht ignoriert, sondern beachtet werden, und man sollte nicht davon ausgehen, dass das Verhalten anderer vollständig rational wäre.

Sicher gibt es praktische und ethische Grenzen, innerhalb derer Führungskräfte die Stimmung ihrer Mitarbeitenden fördern können. Beispielsweise können das alltägliche Gesten der Anerkennung und Wertschätzung sein. Wichtig ist dabei aber, dass solche Gesten als authentisch erlebt werden, denn sonst führen sie tendenziell das Gegenteil herbei. Eine Führungskraft, die selbst guter Stimmung ist, beeinflusst die Stimmung ihrer Teammitglieder positiv, und sie werden demzufolge stärker kooperieren (Sy, Côté & Saavedra, 2005). Auch die Aufnahme von Mitgliedern mit positiver Affektivität in das Team kann einen Ansteckungseffekt haben, da sich positive Stimmungen unter Teammitgliedern übertragen können (Totterdell, 2000).

Führungskräfte, die die Rolle von Emotionen und Stimmungen verstehen, werden ihre Fähigkeit, das Verhalten anderer zu erklären und vorherzusagen, signifikant verbessern. So ließ sich zeigen, dass Führungskräfte mit hoher emotionaler Intelligenz bessere Ergebnisse hinsichtlich Arbeitszufriedenheit, Arbeitsleistung, organisationalem Commitment und Arbeitsstress ihrer Mitarbeitenden aufweisen (Lam & O'Higgins, 2012).

2.3 Handlungsimplikationen

Ansatzpunkt zur Steigerung von Motivation und Leistungsbereitschaft ist die Bestimmung der Arbeitsmotive von Beschäftigten, zum Beispiel über folgende zwei Wege (Rosenstiel, 2015):

- **Introspektion.** Motive sind nicht direkt beobachtbar. Nur der oder die Mitarbeitende selbst weiß davon. Sie sind aber der Führungskraft als Antworten auf gezielte Fragen hin mitteilbar, zum Beispiel im Rahmen eines Mitarbeitergesprächs oder über die Durchführung eines Tests. Beim Multi-Motiv-Gitter (MMG; Sokolowski, Schmalt, Langens & Puca, 2010) zeigt man Mitarbeitenden mehrdeutig interpretierbare Bilder (z.B. eine Gesprächsrunde) mit jeweils mehreren erklärenden Aussagen, und sie sollen sich für die aus ihrer Sicht passendste Aussage entscheiden. Beispielsweise weist die Wahl der Aussage „Man hofft, dem anderen näher zu kommen" auf ein hohes Anschlussmotiv der befragten Person hin.
- **Fremdbeobachtung.** Das beobachtbare Verhalten der Beschäftigten lässt sich auf motivationale Hintergründe hin analysieren. Beispiel: Wie verhalten sich Mitarbeitende während der Betriebsfeier? Eine machtmotivierte Person wird sich während der Betriebsfeier in den Vordergrund drängen, die Aufmerksamkeit auf sich ziehen und missliebige Kolleginnen und Kollegen auszustechen versuchen. Eine anschlussmotivierte Person wird vor allem daran denken, neue Kolleginnen und Kollegen kennenzulernen und Kontakte zu knüpfen.

Je nach Motiv sind auf die Individuen abgestimmte *Anreize* zu wählen. Zu den geeigneten Anreizen zählen günstige Aufstiegsmöglichkeiten, mitarbeiterorientierter Führungsstil, Mitbestimmung am Arbeitsplatz, abwechslungsreiche Arbeit, Einflussmöglichkeit der Mitarbeitenden auf die Arbeitsmethoden und den Arbeitsrhythmus, Kontaktmöglichkeiten zur Kollegenschaft und leistungsgerechte Entlohnung. Wichtig für die Anreizwirkung ist nicht der absolute Wert, sondern die relative Höhe der Belohnung.

Das Mitarbeitergespräch sollte man nutzen, um die Emotionen der Beschäftigten positiv zu beeinflussen und um die erlebte Beziehung zwischen Belohnung und Leistung zu verstärken und so die Grundlage dafür zu schaffen, dass die gewährten Belohnungen als Leistungsanreiz wirken.

2.4 Zusammenfassung

Motivation entsteht, wenn individuelle Motive durch passende Anreize aktiviert werden, also immer dann, wenn Situationen eintreten, die eine Befriedigung der Bedürfnisse ermöglichen. Motivation mündet beispielsweise in Arbeitsleistung oder auch anderem Verhalten (wie z.B. sozialer Kontaktpflege), insofern Wollen, Können und Dürfen gegeben sind. Zur Steigerung von Motivation sind insbesondere intrinsische, also in der Arbeit liegende Faktoren wichtig, und kompetenz- und bedürfnisgerechte Arbeitsanforderungen fördern ein „Flow-Erleben". Die Motivation ist umso höher, je höher die Zuversicht der Mitarbeitenden ist, dass sie über ihre Arbeitsanstrengung ein gewisses Leistungsniveau erreichen können (Erwartung), welches es ihnen wiederum ermöglicht, mit hoher Wahrscheinlichkeit für sie wünschenswerte Arbeitsergebnisse zu erzielen (Instrumentalität, Valenz). Das Ergebnis-Beitrags-Verhältnis muss zudem im Vergleich mit anderen als gerecht wahrgenommen werden. Eine zunächst als ungerecht bewertete Verteilung kann eine Person gleichwohl als gerecht wahrnehmen, wenn die Führungskraft Prozessgerechtigkeit herstellt. Wahrgenommene Ungerechtigkeit wirkt sich negativ auf die Leistung und die Motivation aus.

Aus den Motiven entstehen Erwartungen. Zufriedenheit tritt ein, wenn diese Erwartungen erfüllt werden. Arbeitszufriedenheit ist nicht nur Ergebnis der Motivation, sondern hat selbst über die aus der Arbeitszufriedenheit resultierenden positiven Emotionen motivierende Wirkung, indem Emotionen den Mitarbeitenden die Energie und Motivation geben, die sie zur Ausübung einer anstrengenden Tätigkeit benötigen.

Will man Arbeitszufriedenheit und auch Arbeitsleistung positiv beeinflussen, sind Arbeitsbedingungen und -ereignisse so zu gestalten, dass sie sowohl positiv bewertet werden, zum Beispiel hinsichtlich ihrer wahrgenommenen organisationalen Gerechtigkeit, als auch positive affektive Wertungen der Beschäftigten auslösen. Hackman und Oldham (1976) zeigen in ihrer Motivationstheorie, dass das Arbeitsumfeld (Variabilität, Ganzheitlichkeit und Bedeutung der Aufgabe, Autonomie und Feedback) die affektive Reaktion der Mitarbeitenden und infolgedessen deren Leistung positiv beeinflusst.

2.5 Reflexionsfragen

Inwieweit wenden Sie diese Punkte bereits im Rahmen Ihrer Mitarbeiterführung an? Die folgenden Fragen dienen Ihrer Selbstreflexion:

- Welche motivierenden Anreize schaffen Sie für Ihre Mitarbeitenden?
- Haben Ihre Mitarbeitenden den Eindruck, dass ihre Erfahrung, ihre Fertigkeiten, Fähigkeiten, ihre Anstrengung und andere sichtbare Unterschiede in der Leistung sich auszahlen in der Bezahlung, der Zuweisung von Aufgaben und anderen von ihnen wertgeschätzten Belohnungen (Instrumentalität, Valenz)? Prüfen Sie die Situation mit Hilfe der VIE-Theorie.
- Insofern die Zahl der weiblichen Führungskräfte in Ihrem Unternehmen verhältnismäßig gering ist, prüfen Sie, ob kompetente Frauen Angebote ablehnen, eine Führungsposition zu übernehmen. Wie können Sie diesen motivationalen Prozess von weiblichen Beschäftigten mittels des Erwartungswerts erklären? Welche Möglichkeiten sehen Sie, um die Motivation von Mitarbeiterinnen

zur Übernahme von Führungspositionen zu erhöhen (Valenz, Instrumentalität, Erwartung)?

- Es gibt Situationen, in denen Beschäftigte ganz in ihrer Aufgabe aufgehen, die Zeit vergessen und wie in einem Rausch („Flow") arbeiten. Welche Bedingungen begünstigen ein derartiges Arbeitserleben?
- Denken Sie an Ihre eigene Tätigkeit. Haben Sie die Möglichkeit, an unterschiedlichen Aufgaben zu arbeiten, oder erfahren Sie hohe tägliche Routine? Haben Sie die Möglichkeit, unabhängig zu arbeiten, oder stehen Sie unter konstanter Beobachtung seitens Ihres Vorgesetzten oder der Kollegenschaft? Erhalten Sie Feedback für Ihre Arbeitsergebnisse? Was, meinen Sie, sagt Ihre Antwort auf diese Fragen über die Motivationskraft Ihres Jobs aus?
- Verknüpfen Sie die Entlohnung Ihrer Beschäftigten mit deren individueller Arbeitsleistung, und können Ihre Mitarbeitenden diesen Zusammenhang nachvollziehen?
- Binden Sie Mitarbeitende in sie betreffende Entscheidungen mit ein, wie beispielsweise in das Setzen von Arbeitszielen, die Wahl des Zusatzleistungspakets oder das Lösen von Produktivitäts- und Qualitätsproblemen? Partizipation kann die Mitarbeiterproduktivität, das Commitment, die Motivation und die Arbeitszufriedenheit erhöhen.
- Wie schätzen Sie die Emotionen in Ihrer Arbeitsgruppe ein? Wie können Emotionen Ihre Mitarbeitenden motivieren?

3 Stress und Ressourcen im Arbeitskontext

Theresa Fehn

Was Sie hier erfahren

Ziel dieses Kapitels ist es, Ihnen einen Überblick über Stress, seine Relevanz und seine Entstehungsbedingungen im Arbeitskontext sowie über kurz- und langfristige Stressfolgen zu verschaffen. Wir möchten Ihnen die präventive Bedeutung von Ressourcen sowie Möglichkeiten vorstellen, wie sich solche Ressourcen in der Arbeitspraxis gezielt aufbauen lassen, und Ihnen praxisnahe Strategien zur Stressbewältigung an die Hand geben.

3.1 Wissenschaftliche Basis

Nach der Definition der Weltgesundheitsorganisation umfasst der Begriff „Gesundheit“ sowohl körperliches als auch geistiges und soziales Wohlergehen (WHO, 1946). Diese Konzeptualisierung impliziert, dass wohl niemand jederzeit „absolut“ gesund ist; angemessener ist die Vorstellung von einem Kontinuum zwischen Gesundheit und Krankheit. Einer der größten gesundheitlichen Risikofaktoren für Arbeitnehmerinnen und Arbeitnehmer ist Stress am Arbeitsplatz (Lohmann-Haislah, 2012). Über die Hälfte der Erwerbstätigen in Deutschland gab 2013 an, häufig oder sogar sehr häufig arbeitsbedingten Stress zu empfinden (European Agency for Safety and Health at Work, 2013). Eine Hauptursache für diese Entwicklung liegt nach Angaben des Stressreports Deutschland im Anstieg der psychischen Arbeitsanforderungen wie beispielsweise dem zunehmenden Termin- und Leistungsdruck, einem wahrgenommenen Missverhältnis zwischen Arbeitsmenge und zur Verfügung stehender Zeit, häufigen Unterbrechungen im Arbeitsprozess und vermehrtem Multi-Tasking (Lohmann-Haislah, 2012).

Enorme und stetig steigende Arbeitsbelastungen und der daraus resultierende Stress haben nicht nur für die Betroffenen selbst negative Folgen, sondern lassen auch auf Unternehmensseite hohe Kosten entstehen, da Belastungen sich auf Zufriedenheit, Krankheit und Produktivität auswirken (zusammenfassend Bartholdt & Schütz, 2010). Zudem fordert das Arbeitsschutzgesetz (§ 5 Abs. 3) seit Ende 2013 neben der Berücksichtigung von körperlichen Belastungen explizit auch die Ermittlung von Gefährdungen, die sich aus der psychischen Belastung bei der Arbeit ergeben. Es ist daher für Arbeitnehmende und ihre Vorgesetzten von enormer Bedeutung, Kenntnisse darüber zu erwerben, wie sie Stress vorbeugen bzw. wirksam mit Belastungen umgehen können.

3.1.1 Was ist Stress?

Im alltäglichen Sprachgebrauch verwenden wir den aus dem Lateinischen stammenden Begriff „Stress“ (lat. *stringere* ‚zusammendrücken, zusammenziehen') in unterschiedlicher Weise: Wir beschreiben damit zum einen auslösende Bedingungen von Stress, meinen beispielsweise, dass zu viel zu tun ist – „Der Zeitdruck bei meiner Arbeit stresst mich". Stress wird so zum Synonym für Zeit- und Leistungsdruck. Zum anderen verwenden wir den Begriff, um die Reaktion auf diese auslösenden Bedingungen und unseren aktuellen Zustand zu beschreiben – „Ich fühle mich gestresst". Auch in der psychologischen Stressforschung gibt es unterschiedliche Definitionen von Stress, die sich in ihrer Schwerpunktlegung unterscheiden. Im Alltag spricht man manchmal von positivem Stress. Demgegenüber ist der Begriff Stress in der Forschung im Sinne der Klarheit für belastende Erfahrungen reserviert.

Stress als Reiz

Stress kann verstanden werden als **äußeres Ereignis,** welches eine Anpassungsreaktion erfordert. Dabei lassen sich gravierende Ereignisse („life-events"; Holmes & Rahe, 1967) und alltägliche Widrigkeiten („daily hassles"; Kanner, Coyne, Schaefer & Lazarus, 1981) unterscheiden. Summieren sich derartige potentiell stressauslösenden Ereignisse (Stressoren), sind die Anpassungsmöglichkeiten der betroffenen Person eventuell erschöpft. Kritisiert wird an dieser Konzeption, dass die individuelle Bedeutung und Bewertung solcher Ereignisse vernachlässigt wird (vgl. Laux, 1983).

Stress als Reaktion

Der Begriff „Stress" kann sich auch auf die unmittelbare Stressreaktion beziehen, die **körperlichen und psychischen Reaktionen** auf Umweltereignisse. Stress in diesem Sinne wäre also nicht die Ansprache vor Publikum (reizorientierte Konzeption), sondern der damit einhergehende erhöhte Puls, die schwitzenden Hände oder die Denkblockade. Nach Hans Selye, einem der prominentesten Vertreter der reaktionsbasierten Stresskonzeption, ist Stress die unspezifische körperliche Antwort auf jegliche Anforderung (Selye, 1976).

Sowohl die Einengung auf das Betrachten von Stress als Reiz als auch die Fokussierung auf die Reaktion wurde kritisiert, da beide Aspekte in wechselseitiger Beziehung stehen und vermittelnde Prozesse sowie die individuelle Komponente des Stressgeschehens – also Einflüsse von Persönlichkeitseigenschaften, Erfahrungen, Werten, Motiven etc. auf das Stressgeschehen – relevant für ein fundiertes Verständnis sind (vgl. Laux, 1983). Eine Alternative ist die Perspektive von Stress als Transaktion (Lazarus, 1966): Unter diesem Blickwinkel ist Stress ein dynamischer Prozess, der Wechselwirkungen zwischen Merkmalen der Situation und der Person umfasst.

Stress als Transaktion

Das **transaktionale Stressmodell** von Lazarus und Kollegen (Lazarus, 1966; Lazarus & Folkman, 1984; Lazarus & Launier, 1981; siehe **Abb. 11**) betrachtet Stress nicht ausschließlich auf der Reiz- oder Reaktionsebene, sondern fokussiert auf die *subjektive Bewertung* einer Situation und die jeweils verfügbaren Bewältigungsmöglichkeiten als ausschlaggebende Aspekte für ein Verständnis des Phänomens Stress.

Stress entsteht nach Auffassung von Lazarus und Kollegen als Folge einer *dynamischen Beziehung* (Transaktion) zwischen äußeren und inneren Anforderungen. Die jeweils betroffene Person bewertet die an sie gestellten Anforderungen und ihre einschlägigen Bewältigungsmöglichkeiten und gelangt gegebenenfalls zu dem Schluss, dass die Anforderungen ihre Anpassungsfähigkeit auslasten oder übersteigen und ihr Wohlbefinden gefährden (Lazarus & Folkman, 1984). *Externe Anforderungen* sind in diesem Modell Ereignisse, die eine Anpassung erforderlich machen und im Falle des Misserfolgs oder wenn sie ignoriert werden zu negativen Konsequenzen führen. *Interne Anforderungen* umfassen zum Beispiel angestrebte Ziele oder Werte. Stress stellt somit ein akutes Ungleichgewicht zwischen wahrgenommenen Anforderungen und verfügbaren Ressourcen

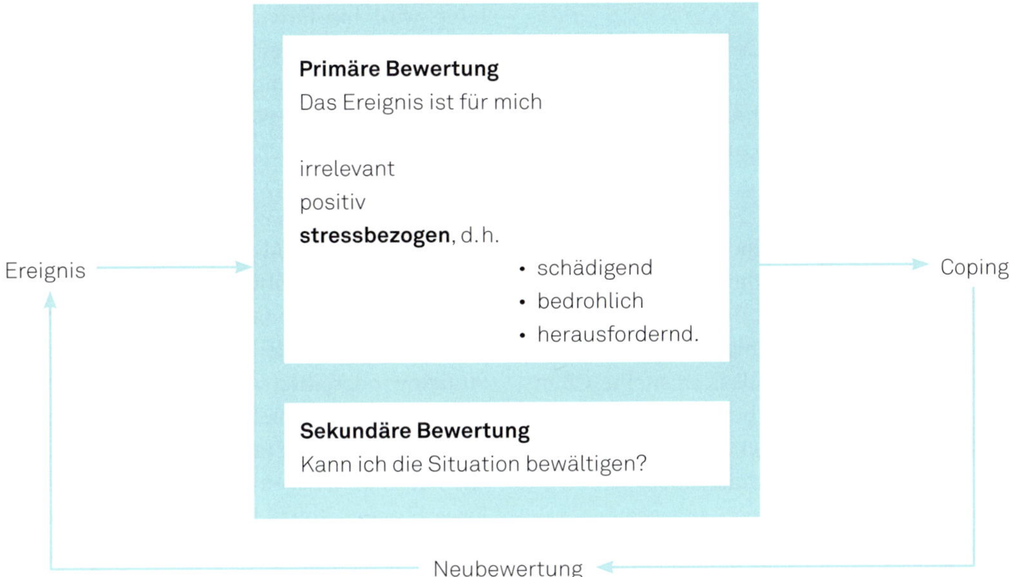

Abbildung 11: Das transaktionale Stressmodell (nach Lazarus und Folkman, 1984, dargestellt in Anlehnung an Bartholdt & Schütz, 2010)

dar. Chronischer Stress tritt dann auf, wenn die Anpassungsreaktion nicht zur Bewältigung des Stressors führt und das Ungleichgewicht bestehen bleibt.

Stress kann definiert werden als ein Ungleichgewicht zwischen Anforderungen einer Situation und den subjektiv wahrgenommenen Bewältigungskompetenzen einer Person. Relevant für die Entstehung von Stress sind zwei Bewertungsprozesse:

Die **primäre Bewertung** ist die Einschätzung der aktuellen Situation im Hinblick auf persönlich bedeutsame Werte, Bedürfnisse und Ziele (z.B. physische Unversehrtheit, intakter Selbstwert, sozialer Anschluss). Das Ereignis kann dabei als *irrelevant* für das eigene Wohlbefinden, als *positiv* oder als *stressbezogen* beurteilt werden. Wird die Situation als irrelevant oder positiv eingeschätzt, ist keine Bedrohung zu befürchten, und es ist keine Reaktion notwendig. Situationen, die als stressbezogen bewertet werden, erfordern jedoch eine Anpassungsreaktion. Stressbezogene Bewertungen können drei Ausprägungen annehmen:

- *Verlust* (wenn eine Schädigung bereits eingetreten ist)
- *Bedrohung* (wenn eine Schädigung noch nicht eingetreten ist, aber antizipiert wird)
- *Herausforderung* (wenn erwartet wird, dass sich die Situation meistern lässt, wobei deren Bewältigung große Anstrengung erfordert).

Hierzu ein Beispiel:
Frau S. ist seit wenigen Wochen als Vertriebsmitarbeiterin bei einem Automobilzulieferer beschäftigt. Sie hatte bislang nur wenig Zeit zur Einarbeitung in die internen Firmenabläufe und zum Austausch mit den anderen Teammitgliedern. Nach nur einer Woche an ihrer neuen Stelle betraut sie ihr Vorgesetzter mit einem umfangreichen Auftrag für den wichtigsten Kunden der Firma. Dabei lässt er zusätzlich folgende Bemerkung fallen: „Enttäuschen Sie mich nicht!“

Dieses Ereignis kann Frau S. ganz unterschiedlich bewerten:

- *irrelevant:* „Geht in Ordnung. Alles Routine!"
- *positiv:* „Interessanter Auftrag! Endlich mal was Neues. Gut, dass mein Chef mich ausgewählt hat."
- *stressbezogen:*
  - Verlust: „Immer ich. Die nächsten Wochenenden sind damit gestorben."
  - Bedrohung: „Wenn das mal gutgeht. Ich darf jetzt keinen Fehler machen."
  - Herausforderung: „Das ist meine Chance, mich hier zu beweisen! Ich werde mich sehr anstrengen."

  (vgl. Bartholdt & Schütz, 2010)

Die **sekundäre Bewertung** betrifft die Einschätzung der *Bewältigungsfähigkeiten und -möglichkeiten* (Lazarus & Folkman, 1984; vgl. Abschnitt 3.1.4. „Prävention und Coping"). Kommt man zu dem Schluss, dass ausreichende Bewältigungsmöglichkeiten vorhanden sind, wird man keinen Stress erleben. Stress entsteht jedoch, wenn man die eigenen Fähigkeiten und Möglichkeiten als unzureichend zur Bewältigung der Situation einschätzt.

Merke

Stress entsteht aus einer subjektiven Bewertung von Situationen im Hinblick auf das eigene Wohlbefinden und der Einschätzung, ob ausreichende Bewältigungsfähigkeiten und -möglichkeiten zur Verfügung stehen.

Primäre und sekundäre Bewertung müssen nicht nacheinander erfolgen, sind aber insofern eng verbunden, als eine Anforderung in der Regel nur dann als Bedrohung gesehen wird, wenn man den Eindruck hat, keine ausreichenden Bewältigungsmöglichkeiten zur Verfügung zu haben. Ist eine Person dagegen von Anfang an überzeugt, dass sie eine Aufgabe sehr gut bewältigen kann, wird sie diese nicht als bedrohlich einschätzen. Beide Bewertungen beeinflussen, welche Bewältigungsstrategien eine Person wählen wird. Bedrohung wird insofern nicht nur unter extrem hohen Anforderungen erlebt, sondern auch bei geringer Bewältigungskapazität: Was belastend ist, ist individuell sehr verschieden.

Im transaktionalen Stressmodell wird zwischen problembezogenen und emotionsbezogenen Bewältigungs- oder Coping-Strategien unterschieden (vgl. Abschnitt 3.1.4 „Prävention und Coping"). **Problembezogene Bewältigungsstrategien** umfassen konkrete Handlungen, die darauf abzielen, die stressauslösende Situation oder ihre Ursachen zu verändern. Hierzu zählen beispielsweise die Veränderung von Arbeitsstrategie und -organisation, die Suche nach zusätzlichen Informationen oder der Erwerb neuer Kompetenzen. **Emotionsbezogene Bewältigungsstrategien** wie Ablenkung, Verdrängung oder Entspannung haben hingegen zum Ziel, das mit dem Stress einhergehende negative Erleben zu regulieren (Lazarus & Folkman, 1984).

Bewältigungsstrategien sind allerdings nicht immer ausschließlich der einen oder anderen Form zuzuordnen; häufig sind sie miteinander verknüpft und ergänzen sich wechselseitig. So kann ein klärendes Gespräch mit Kollegen und Kolleginnen auf der einen Seite einen problembezogenen Bewältigungsversuch darstellen, weil die Ursache des Konfliktes angegangen wird; auf der anderen Seite lässt sich auf diese Weise die emotionale Belastung reduzieren. Meist werden im Rahmen eines Stressbewältigungsprozesses mehrere Strategien gleichzeitig oder nacheinander genutzt (vgl. Laux & Weber, 1990).

Nach Bewältigungsversuchen oder bei Veränderungen der Situation kann es schließlich zu einer **Neubewertung** der Situation kommen. Waren die Versuche erfolgreich, wird man derartige Ereignisse auch in Zukunft als weniger bedrohlich einschätzen und zuversichtlicher an ähnliche Situationen herangehen.

Der Fokus auf der **subjektiven Bewertung** von Situationen und Bewältigungsmöglichkeiten im transaktionalen Stressmodell zeigt, dass

Stress eine sehr individuelle Angelegenheit ist: Je mehr wir persönlich wichtige Ziele und Motive gefährdet sehen, desto stärker empfinden wir Stress. So kann beispielsweise eine Person ihre anstehende Beförderung als herausfordernd erleben (z. B. neue Aufgaben und mehr Verantwortung), eine andere Person als bedrohlich (z. B. Rollenkonflikte und organisationspolitische Auflagen). Eine dritte Person nimmt ein und dieselbe Situation wiederum sowohl als Herausforderung als auch als Bedrohung wahr *(interindividuelle Unterschiede)*. Ebenso kann eine Person, die Präsentationen vor einer Gruppe im Normalfall als Herausforderung empfindet, diese an einem Tag, an dem sie übermüdet, schlecht vorbereitet oder durch familiäre Konflikte belastet ist, als sehr negativ empfinden *(intraindividuelle Unterschiede)*.

Außerdem spielt unsere persönliche Bewertung der **Kontrollierbarkeit** einer Situation eine Rolle (vgl. Dickerson & Kemeny, 2004). Solange wir sicher sind, eine Anforderung meistern zu können, werden wir zwar unter Umständen massiv Ressourcen mobilisieren müssen, dabei aber keinen Stress erleben.

Stress erleben wir also immer dann, wenn wir eine Diskrepanz zwischen den an uns herangetragenen Anforderungen und unseren Bewältigungskompetenzen wahrnehmen. Die Ursache von Stress kann somit niemals allein einer Person oder ihrer Umwelt zugeschrieben werden, sondern ist stets auf *fehlende Übereinstimmung* zwischen Möglichkeiten der Person und Erfordernissen der Situation zurückzuführen.

Diese Sichtweise findet sich auch in der arbeitswissenschaftlichen Differenzierung von Belastung und Beanspruchung wieder: **Psychische Belastungen** werden hier verstanden als „Gesamtheit aller erfassbaren Einflüsse, die von außen auf den Menschen zukommen und auf ihn psychisch einwirken" (DIN, 2015). **Psychische Beanspruchung** hingegen meint „die unmittelbare (nicht die langfristige) Auswirkung der psychischen Belastung im Individuum in Abhängigkeit von seinen jeweiligen überdauernden und augenblicklichen Voraussetzungen, einschließlich der individuellen Bewältigungsstrategien" (DIN, 2015). Belastungen können demnach zu Beanspruchung führen, müssen es aber nicht: Je nach subjektiver Interpretation einer Situation und der eigenen Bewältigungskompetenzen werden unterschiedliche Belastungen Individuen in unterschiedlichem Ausmaße beanspruchen.

Stress als Prozess

Wichtig ist in Bezug auf Stress auch die **zeitliche Dimension**, denn Stress beschreibt im weiteren Sinne den gesamten Prozess vom Eintreten eines potentiell stressauslösenden Ereignisses (Stressor) über die unmittelbare Stressreaktion bis hin zu den mittel- und langfristigen Folgen.

Der Versuch, mit Belastungen umzugehen, kann wiederum selbst zu neuen Belastungen führen. So kann das Leisten von Überstunden als Reaktion auf Zeitdruck zu familiären Belastungen und Konflikten beitragen, die dann ihrerseits als Stressoren wirken. Auch können gesundheitliche Folgen von Belastungen zeitaufwendige und kostspielige Behandlungen nach sich ziehen und somit neue Belastungen produzieren. Das verweist darauf, wie vergangener Stress das aktuelle Belastungserleben beeinflussen kann. So beeinflusst erlebte Belastung auch, inwiefern eine Person neue Belastungen meistern kann. Zwar kann einerseits die erfolgreiche Bewältigung von Belastungen die eigene Resilienz – die individuelle Widerstandskraft angesichts belastender Situationen – erhöhen, andererseits aber erschöpft chronischer Stress die Bewältigungsressourcen einer Person, so dass diese womöglich nicht mehr konstruktiv mit Belastungen umgehen kann.

3.1.2 Was führt zu Stress?

Stressoren im Arbeitskontext

Ganz konkret verstehen Greif und Kollegen (1991) unter Stressoren alle äußeren und inneren **Anforderungsbedingungen**, die Stressreaktionen auslösen. In Bezug auf den Arbeitskontext können sich Stressoren zum Beispiel auf die Arbeitsumwelt, die Arbeitsaufgabe oder aber auf Erlebens- und Verhaltensmuster des Arbeitnehmers, der Arbeitnehmerin selbst beziehen. Die Vielzahl von möglichen Stressoren lässt sich in fünf Kategorien einteilen, die in **Tabelle 5** anhand von Beispielen veranschaulicht sind.

Merke

Stressoren sind äußere und innere Einflussfaktoren, die Stressreaktionen auslösen können.

Ausgewählte aufgabenbezogene, soziale und organisationale Stressoren im Arbeitskontext stellen wir im Folgenden dar.

Aufgabenbezogene Stressoren

Im Arbeitskontext wie auch im Privatleben erfüllen wir bestimmte Rollen, die sich aus den Erwartungen an das Verhalten in bestimmten Positionen ergeben. So bestehen Erwartungen darüber, wie sich Führungskräfte verhalten sollten und was Versicherungskaufleute tun und unterlassen sollten. Sind die Erwartungen des Rolleninhabers und der Personen, die mit ihm interagieren, inkompatibel oder unklar oder überfordern sie den Rolleninhaber, entsteht sogenannter **Rollenstress**. Empirisch zeigen sich unter anderem negative Zusammenhänge zwischen Rollenstress und Arbeitszufriedenheit, Arbeitsleistung und emotionalem Befinden (Örtqvist & Wincent, 2006).

Auch Über- und Unterforderung stellen aufgabenbezogene Stressoren dar. Überforderung kann dann auftreten, wenn eine zu große Arbeitsmenge in zu kurzer Zeit bewältigt werden muss *(quantitative Überforderung)* oder wenn die Arbeitsanforderungen die wahrgenommenen eigenen Kompetenzen übersteigen *(qualitative Überforderung)*. Häufig ist psychische Ermüdung die Folge: Tätigkeiten werden weniger effizient ausgeübt, man arbeitet weniger konzentriert und aufmerksam und empfindet die Arbeit als immer anstrengender und mühsamer. Ebenso kann die Arbeitsmenge als zu gering empfunden werden *(quantitative Unterforderung)*, oder die Anforderungen können unter dem Qualifikationsniveau des Bearbeitenden liegen *(qualitative Unterforderung)*. Folgen sind meist Langeweile und Monotonie; es entsteht ein Zustand herabgesetzter Aktivität mit abnehmender Reaktionsfähigkeit, Müdigkeit und Leistungsminderung. Sich ständig wiederho-

Tabelle 5: Einteilung von Stressoren im Arbeitskontext (in Anlehnung an Bartholdt und Schütz, 2010, sowie Richter und Hacker, 1998)

Art des Stressors	Beispiele
Physisch	Kälte, Hitze, Lärm, einseitige Körperhaltung, giftige Stoffe
Sozial	Konflikte mit Vorgesetzten oder Kolleginnen und Kollegen, Emotionsarbeit, Mobbing, Selbstwertbedrohungen, Umgang mit schwierigen Kunden
Personal	Extreme Gewissenhaftigkeit oder Perfektionismus, Selbstzweifel, ungünstige Ursachenzuschreibung
Aufgabenbezogen	Zeitdruck, Überstunden, Rollenstress, Unter- oder Überforderung (quantitativ/qualitativ), Probleme in der Arbeitsorganisation (z. B. fehlendes Material)
Organisational	Problematische Informationspolitik, erlebte organisationale Ungerechtigkeit, Konflikt zwischen Arbeit und Privatleben

lende Aufgaben können auch zu Frustration und Widerwillen gegenüber der Tätigkeit führen.

Sowohl Über- als auch Unterforderung sind Stressoren im Arbeitskontext, so dass der Königsweg nicht in der Reduktion aller Anforderungen bestehen kann. Ziel sollte vielmehr eine *Beanspruchungsoptimierung* sein, eine optimale Passung zwischen den Fähigkeiten und Bedürfnissen einer Person und den Anforderungen und Angeboten der auszuführenden Aufgabe (Poppelreuther & Mierke, 2005).

Soziale Stressoren

Zu fast jeder Tätigkeit gehört in gewissem Maße der Umgang mit Kolleginnen und Kollegen, Kundschaft, Mitarbeitenden und Vorgesetzten. Besonders in Dienstleistungsberufen besteht die Erwartung, dass im Kundenkontakt positive Emotionen ausgedrückt und negative Emotionen unterdrückt werden (Herpertz, Nizielski, Hock & Schütz, 2016). Diese willentliche Regulation der eigenen Emotionen im Arbeitskontext bezeichnet man als **Emotionsarbeit.** Nach Morris und Feldman (1996) sind hierbei vier Dimensionen zu unterscheiden:

- *Häufigkeit:* Ein Flugbegleiter muss beinahe ununterbrochen mit Fluggästen interagieren und dabei Emotionsarbeit leisten, wohingegen eine Produktionsarbeiterin vergleichsweise selten Emotionsarbeit leistet.
- *Variabilität:* Je größer die Bandbreite der Emotionen, die ausgedrückt werden müssen, als desto anstrengender wird Emotionsarbeit empfunden. Eine Richterin beispielsweise sollte möglichst keine Emotionen zeigen, wohingegen ein Lehrer je nach Situation ein breites Spektrum sowohl positiver als auch negativer Emotionen ausdrücken sollte.
- *Dauer und Intensität:* Während Therapeut/-innen oder Personen in beratenden Funktionen ihren Emotionsausdruck meist über einen langen Zeitraum regulieren müssen und häufig mit sehr intensiven Emotionen konfrontiert werden, sind die Interaktionen mit Kundschaft an einer Supermarktkasse eher kurz und routinemäßig.
- *Emotionale Dissonanz:* Die erlebten und die ausgedrückten Emotionen können in bewusst erlebtem Widerspruch zueinander stehen (Hochschild, 1983). Muss sich ein Dienstleister nach einem Konflikt mit der Kollegin freundlich lächelnd einer Kundin zuwenden, wird dies emotionale Dissonanz auslösen. Diese Dimension hängt am stärksten mit psychosomatischen Beschwerden und verminderter Arbeitszufriedenheit zusammen (Holz, 2006; Zapf & Semmer, 2004).

Mobbing als extremer sozialer Stressor (Knorz & Zapf, 1996) umfasst das systematische und zielgerichtete Schikanieren, Belästigen, Drangsalieren, Beleidigen oder Ausgrenzen einzelner unterlegener Personen am Arbeitsplatz durch einen oder mehrere Kollegen, Vorgesetzte oder Mitarbeitende. Solche Vorkommnisse gelten dann als Mobbing, wenn sie häufig und wiederholt auftreten und sich über einen längeren Zeitraum erstrecken (mehr als sechs Monate; Zapf, 1999). Ein Eingreifen ist allerdings schon bei ersten Anzeichen von Mobbing ratsam. Zapf (1999) differenziert folgende Mobbing-Strategien:

- Verbreiten von *Gerüchten* als häufigste Mobbing-Strategie (Meschkutat, Stackelbeck & Langenhoff, 2002)
- *Organisationale Maßnahmen,* zum Beispiel gezieltes Vorenthalten wichtiger Informationen
- *Soziale Isolation*
- *Angriffe* auf eine Person und ihre Privatsphäre, zum Beispiel durch öffentliches Bloßstellen
- *Verbale Aggression*
- Androhen oder Ausüben *körperlicher Gewalt*

Mobbing geht einher mit Beeinträchtigungen des körperlichen und psychischen Wohlbefindens und steht beispielsweise im Zusammenhang mit einem erhöhten Risiko für kardiovaskuläre (Herz und Gefäße betreffende) Erkrankungen (Kivimäki, Virtanen, Vartia, Elovainio, Vahtera & Keltikangas-Järvinen, 2003), verminderter Arbeits- und Lebenszufriedenheit sowie Burnout und Depression (Bowling & Beehr, 2006).

Organisationale Stressoren

Nach dem Modell beruflicher **Gratifikationskrisen** (Siegrist, 1996) investieren Arbeitnehmende Anstrengungen bei der Arbeit und erwarten im Gegenzug Belohnung in Form von Bezahlung, Anerkennung und Sicherheit. Ist diese Reziprozität gewahrt, stellt Arbeit eine wichtige Quelle für Selbstwert und soziale Integration dar. Besteht jedoch ein subjektiv wahrgenommenes *Ungleichgewicht* zwischen der eigenen Anstrengung und der Belohnung, entstehen sogenannte Gratifikationskrisen, die mit intensiven negativen Emotionen einhergehen.

Es sei angemerkt, dass hier neben der extern beeinflussten Arbeitssituation auch die individuelle Verausgabungsneigung eine Rolle spielt. Untersuchungen zeigen, dass das empfundene Ungleichgewicht zwischen investierter Anstrengung und Belohnung mit einem erhöhten Risiko für kardiovaskuläre Erkrankungen (Siegrist & Dragano, 2008), mit emotionaler Erschöpfung (van Vegchel, de Jonge, Bosma & Schaufeli, 2005) und mit Depressionen zusammenhängt (Siegrist & Dragano, 2008).

Organisationale (Un-)Gerechtigkeit bezeichnet die wahrgenommene (Un-)Fairness, mit der Ressourcen verteilt, Entscheidungen getroffen und Arbeitnehmende behandelt werden (vgl. den Passus „Die Rolle der Gerichtigkeit" in Kapitel 2.1.2). Bei negativer Ausprägung wird auch sie mit einem nach eigener Einschätzung schlechten Gesundheitszustand, erhöhtem Risiko für kardiovaskuläre Erkrankungen und erhöhtem Depressionsrisiko in Verbindung gebracht (Kivimäki, Ferrie, Head, Shipley, Vahtera & Marmot, 2004; Kivimäki, Vahtera, Elovainio, Virtanen & Siegrist, 2007).

Immer präsenter in der öffentlichen Diskussion werden im Rahmen des Wertewandels auch erlebte Konflikte zwischen Arbeit und Familie bzw. Privatleben. Häufig untersucht ist der Konflikt zwischen Berufs- und Privatleben, etwa die erlebte Beeinträchtigung des Privat- und Familienlebens aufgrund von Anforderungen in der Arbeit. Bekannt sind Situationen, in denen die Konzentration für ein ernstes Gespräch in der Partnerschaft oder die Ruhe für das sorglose Spielen mit den Kindern fehlt, weil die Gedanken um eine nicht abgeschlossene Arbeitsaufgabe kreisen oder nach einem langen Tag alle Energiereserven verbraucht sind. Auf der anderen Seite können natürlich auch private Anforderungen negativ auf arbeitsbezogene Aufgabenerfüllung wirken, wenn beispielsweise die gedankliche Beschäftigung mit einem Partnerschaftskonflikt von der Arbeitsaufgabe ablenkt (Carlson, Kacmar & Williams, 2000).

Das Erleben von Konflikten zwischen Arbeit und Familie wird unter anderem mit verminderter Lebens-, Partnerschafts- und Arbeitszufriedenheit, geringerem Wohlbefinden, verminderter Leistung und Absentismus in Zusammenhang gebracht (Amstad et al., 2011; Ford et al., 2007). Durch sogenannte *Spillover-Effekte* können sich arbeitsbezogene Stressoren (z. B. Überstunden aufgrund einer nahenden Deadline) negativ auf das Privatleben auswirken (z. B. weil weniger Zeit für die Familie bleibt): Man nimmt den Stress sprichwörtlich mit nach Hause. Aber auch positive Effekte können sich ergeben, wenn eine Tätigkeit beispielsweise hohe Autonomie und soziale Unterstützung bietet. Durch *Crossover-Effekte* kann sich dann das eigene Stress- oder Wohlempfinden auf nahestehende Personen übertragen. Aufzeigen ließ sich bisher eine Übertragung von Symptomen von Angst, Burnout, Depression und körperlichen Beschwerden in Partnerschaften (Bakker & Demerouti, 2013).

Stressoren und Ressourcen – das Job-Demands-Resources-(JD-R-)Modell

Bereits das transaktionale Stressmodell hat neben subjektiven Bewertungen der Stresssituation die Bedeutung von Ressourcen im Stressprozess integriert. Ein Modell, welches den Ressourcenaspekt bei der Erklärung von Stress konkret im Arbeitskontext fokussiert, stellt das **JD-R-Modell** dar (Bakker & Demerouti, 2007; Demerouti, Bakker, Nachreiner & Schaufeli, 2001; Schaufeli & Bakker, 2004; vgl. **Abb. 12**). Dieses gut untersuchte und praktisch relevante Modell der psychologischen Forschung versuchte in seiner Ursprungsform, die Entstehung von Burnout zu erklären, und grenzt den Ressourcenbegriff speziell auf Arbeitsressourcen ein.

Arbeitsressourcen sind körperliche, psychische, soziale oder organisationsbezogene Aspekte der Arbeit, die Arbeitsanforderungen *(job demands)* und die damit verbundenen körperlichen und psychologischen Kosten reduzieren, persönliches Wachstum, Lernen und Entwicklung fördern und einer Person helfen, ihre Arbeitsziele zu erreichen (Bakker & Demerouti, 2007). Zu nennen sind etwa Handlungsspielraum, Aufstiegsmöglichkeiten, Unterstützung durch Vorgesetzte und Kolleg/-innen, Partizipation bei Entscheidungen, konstruktives Feedback oder Abwechslung und Autonomie.

Arbeitsanforderungen wie hohe Arbeitsbelastung, Zeitdruck oder Rollenkonflikte erfordern hingegen anhaltende körperliche oder psychische Anstrengung oder Fähigkeiten und sind daher mit negativen körperlichen oder psychischen Konsequenzen (z.B. Erschöpfung) und so letztendlich auch mit negativen organisationalen Folgen verbunden (Bakker & Demerouti, 2007).

Ressourcen können den Stressprozess vielfältig beeinflussen: Die meisten Ressourcen stehen in *direktem positivem Zusammenhang mit Gesundheit.* Zudem wirken sie positiv auf die Motivation, können so das Engagement erhöhen und damit zu Arbeitszufriedenheit und Leistung beitragen.

Indirekt entfalten Ressourcen ihre Wirkung über die *Reduktion von Stressoren:* Sie ermöglichen die Verminderung oder Vermeidung von Belastungen und erhöhen so das Wohlbefinden. Das gilt beispielsweise dann, wenn Beschäftigte Arbeitsaufträge ablehnen, delegieren oder verschieben können, die zeitlich nicht zu bewältigen sind, und so Überforderung und Zeitdruck vermeiden.

Häufig lassen sich Stressoren allerdings nicht reduzieren oder vermeiden, weil der oder die Arbeitnehmende wenig Kontrolle über die entsprechende Situation hat. Doch auch in solchen Fällen können Ressourcen die negativen Folgen von Arbeitsanforderungen häufig abpuffern. Die *Pufferwirkung* von Ressourcen kann sich auf zweierlei Weise äußern. Zum einen erweitern Ressourcen das Spektrum möglicher Bewältigungsstrategien, verbessern also die *Bewältigungsmöglichkeiten.* Vor allem Ressourcen wie Autonomie, soziale Unterstützung durch Vorgesetzte oder Teammitglieder und das An-

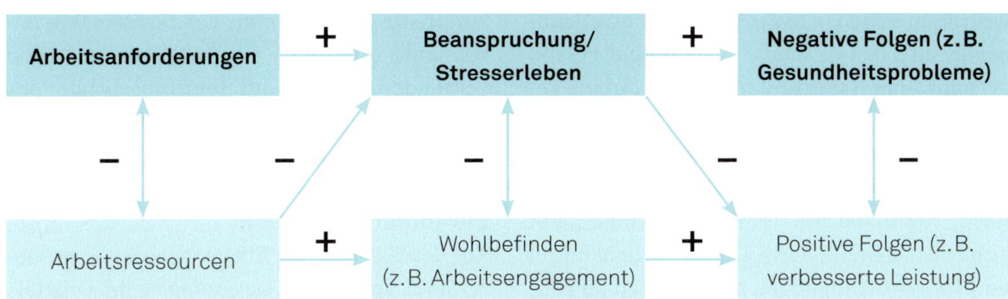

Abbildung 12: Das JD-R-Modell (in Anlehnung an Schaufeli & Taris, 2014, S. 46)

gebot professioneller Weiterbildung sind in diesem Zusammenhang bedeutsam (Xanthopoulou, Bakker, Demerouti & Schaufeli, 2007). Autonomie ermöglicht den Beschäftigten, im Fall großer Anforderungen selbst zu entscheiden, in welcher Reihenfolge sie bestimmte Aufgaben erledigen und wann sie Pausen machen, um neue Kräfte zu sammeln (Bakker, Hakanen, Demerouti & Xanthopoulou, 2007).

Zum anderen beeinflussen Ressourcen auch die *Bewertung* von Stressoren. Allein der Gedanke, eine Stresssituation beeinflussen zu können, dämpft im Allgemeinen die Wirkung potentieller Stressoren, weil diese dann als weniger bedrohlich wahrgenommen werden (vgl. Abschnitt 3.1.1 „Was ist Stress?“). Stehen Ressourcen zur Verfügung, wird der Zusammenhang zwischen Stressor und Stressreaktion bzw. -folgen schwächer.

Merke

Ressourcen können Stressoren vermeiden oder reduzieren, deren Bewertung beeinflussen und Bewältigungsmöglichkeiten verbessern.

Erhalt und Aufbau von Ressourcen sind daher im Rahmen der Stressprävention und -bewältigung zu berücksichtigen (vgl. Abschnitt 3.1.4 „Prävention und Coping“). Dabei sind externe Ressourcen, die aufgrund der Arbeitssituation gegeben sind, ebenso bedeutsam wie personale Ressourcen.

Wichtige **externe Ressourcen** sind *soziale Unterstützung* (Halbesleben, 2006; Lee & Ashforth, 1996; Thorsteinsson & James, 1999; Viswesvaran, Sanchez & Fisher, 1999) und *Autonomie,* also das Ausmaß, in dem eine Person verschiedene Aspekte der eigenen Arbeit gestalten kann (Bosma, Marmot, Hemingway, Nicholson, Brunner & Stansfeld, 1997; Bosma, Peter, Siegrist & Marmot, 1998; Lee & Ashforth, 1996; Spector, 1986). Autonomie kann sich beispielsweise darin äußern, Arbeitsmittel und Arbeitsbedingungen beeinflussen zu können (z.B. Lärmbelastungen oder Körperhaltungen bei der Arbeit). Haben die Betroffenen Handlungsspielräume, so können sie zum Beispiel komplexe Aufgaben in Zeiten erledigen, in denen ungestörtes Arbeiten möglich ist, und einfache Tätigkeiten für Zeiten einplanen, in denen häufige Störungen zu erwarten sind. Auch können sie die Wahl der Aufgabe auf die aktuelle Leistungsfähigkeit abstimmen.

Personale Ressourcen umfassen alle relativ *stabilen Merkmale* einer Person, deren Vorliegen eine konstruktive Bewältigung von Stress erleichtert und dessen Auswirkungen abmildert. Dazu zählen Kompetenzen, Fähigkeiten, allgemeine und generalisierte Einstellungen und Bewertungs- und Bewältigungsstile. Neben *Bildung* sind *Selbstwirksamkeit* (die Erwartung, bestimmte Anforderungen bewältigen zu können), *Optimismus* und *Selbstwert* (die Bewertung der eigenen Person) bedeutsame personale Ressourcen.

Merke

Die wechselseitige Abhängigkeit unterschiedlicher Arten von Ressourcen impliziert, dass eine einseitige Förderung personaler oder externer Ressourcen nur bedingt erfolgreich sein wird. Maßnahmen zum erfolgreichen Umgang mit Stress sollten im Allgemeinen sowohl an der Person als auch an der Arbeitssituation bzw. am Umfeld ansetzen.

3.1.3 Folgen von Stress

Stress ist, wie zu Beginn bereits erwähnt, mit kurzfristigen – im Sinne der Stressreaktion – aber auch mit mittel- und langfristigen Folgen verbunden, die sich auf der körperlichen, der emotionalen, der gedanklichen und der Verhaltensebene äußern können.

Die körperliche Ebene

Auf der körperlichen Ebene bewirkt die Stressreaktion kurzfristig Anpassungen im Organismus, die dabei helfen, auf einen Stressor zu reagieren: Energie wird mobilisiert, der Körper wird aktiviert und in **Alarmbereitschaft** versetzt (Selye, 1978). Diese Reaktion entstand im Laufe der Evolution als sinnvoller Mechanismus, um in Sekundenschnelle auf eine Gefahr reagieren zu können, zum Beispiel zu kämpfen oder aber zu fliehen. Typisch sind vielfältige körperliche Reaktionen, wie erhöhter Blutdruck und Puls, erhöhte Versorgung mit Sauerstoff durch schnellere Atmung, erhöhter Muskeltonus und verminderte Schmerzempfindlichkeit. Gleichzeitig werden Prozesse gehemmt, die für die kurzfristige Auseinandersetzung mit einem Stressor in Form einer großen motorischen Aktion weniger wichtig sind, wie beispielsweise Verdauungsprozesse.

Zentral bei der körperlichen Stressreaktion sind **hirnphysiologische Prozesse**: Informationen werden über Sinnesorgane aufgenommen und im Thalamus schnell und grob verarbeitet, bevor sie in der Großhirnrinde genauer verarbeitet werden. Bei Wahrnehmung potentiell bedrohlicher Situationen wird die Erregung in das limbische System, welches unter anderem für die Entstehung von Emotionen verantwortlich ist, weitergeleitet und gelangt schließlich in den Hirnstamm, wo Noradrenalin ausgeschüttet wird. Dies bewirkt eine Stimulierung des Sympathikus, eines Nervenstranges des autonomen Nervensystems, was wiederum körperliche Aktivierung und die Ausschüttung von Adrenalin aus dem Nebennierenmark zur Folge hat (sogenannte *1. Stressachse,* Sympathikus-Nebennierenmark-Achse).

Die tiefere Verarbeitung in der Großhirnrinde kann, gewissermaßen in einer „Kurzschlussreaktion", auch übersprungen werden, wenn deutliche Gefahrensignale erkannt sind – wenn beispielsweise ein Teil einer Maschine weggeschleudert wird. Bewusstes Nachdenken wäre in dieser Situation nachteilig, da es zu viel zu langsam ist.

Wird die als bedrohlich eingestufte Situation schnell bewältigt, sinkt die körperliche Aktivierung zügig. Ist eine Situation allerdings schwer kontrollierbar oder nur allmählich zu bewältigen, breitet sich die Aktivierung im Gehirn weiter aus, unter anderem auf den Hypothalamus, welcher grundlegende vegetative Funktionen wie Körpertemperatur und Hungergefühl sowie den Hormonhaushalt steuert. Dessen Aktivierung triggert dann die Stimulierung der sogenannten *2. Stressachse,* der Hypothalamus-Hypophysen-Nebennierenrinden-Achse, welche letzten Endes die Ausschüttung von Kortisol und damit die Bereitstellung von Ressourcen zur längerfristigen Auseinandersetzung mit Stressoren bewirkt.

Die durch einen Stressor ausgelöste körperliche Aktivierung ist an sich nicht gesundheitsschädigend; ein mittleres Aktivierungsniveau optimiert vielmehr die persönliche Leistungsfähigkeit (Yerkes & Dodson, 1908). Bleibt die körperliche Aktivierung jedoch aufgrund andauernder oder immer wiederkehrender Belastungssituationen über einen längeren Zeitraum aufrechterhalten, führt dies langfristig zu Gesundheitsschäden. Die **gesundheitsschädigende Wirkung** von länger andauerndem Stress unterteilt Kaluza (2011, 2012) in vier Bereiche:

- *Aufgestaute Energie:* Die unspezifische Aktivierung des Körpers als Vorbereitung auf eine Kampf- oder Fluchtreaktion kann in der heutigen Gesellschaft häufig nicht mehr ausagiert werden, da man wohl in den seltensten Fällen in dieser Art und Weise auf „moderne" Stressoren reagieren kann. Die bereitgestellte Energie kann also nicht mehr abgebaut werden.
- *Chronische Belastungen:* Da Stressoren in der heutigen Welt häufig länger andauernd und wiederkehrend sind (z. B. Zeitdruck am Arbeitsplatz, Beziehungskonflikte, Rollenunsicherheit), sind die notwendigen Entspannungsphasen, in denen die körperliche Aktivierung wieder abgebaut wird, häufig zu kurz und/oder zu selten. Der Organismus passt sich an die kontinuierliche Belastung an und agiert quasi auf einem höheren Stresslevel – und das kostet Energie und

kann auf lange Sicht zu organischen und neuronalen Schäden führen.

- *Geschwächte Abwehrkräfte:* In der akuten Stresssituation wird das Immunsystem „hochgefahren", um zum Beispiel Infektionen nach Verletzungen zu verhindern. Bei länger andauernder Belastung kommt es zu einer Gegenregulation, um überschießende Immunreaktionen zu verhindern, was auf Dauer zu einer erhöhten Krankheitsanfälligkeit führt.
- *Gesundheitliches Risikoverhalten:* Gesundheitsschädigendes Verhalten, wie der Konsum von Zigaretten, Alkohol oder Betäubungsmitteln, kann in der akuten Stresssituation als Bewältigungsmechanismus eingesetzt werden. Diese Risikoverhaltensweisen erhöhen das Krankheitsrisiko und vermindern die allgemeine Belastbarkeit des Organismus.

Häufige körperliche Folgen lang andauernder Stressbelastung sind Schlafstörungen, Verdauungsstörungen, Kopf- und Rückenschmerzen, verminderte Immunkompetenz und kardiovaskuläre Erkrankungen. Zahlreiche Zivilisationskrankheiten werden mit chronischem Stress in Verbindung gebracht (Oetting, 2008). Dabei kann Stress zum Auslöser einer Erkrankung werden, deren Verlauf aufrechterhalten oder beschleunigen oder Symptome verstärken (Hasselhorn, 2007). Dieser Zusammenhang wird durch persönliche und situationale Risikofaktoren und Ressourcen verstärkt oder abgeschwächt.

Merke

Chronischer Stress kann zu gesundheitlichen Schäden führen und bestehende Symptome aufrechterhalten oder verstärken.

Die emotionale Ebene

Stress ist auf der emotionalen Ebene vor allem mit **negativen Emotionen** verbunden: Man fühlt sich nervös oder ängstlich, niedergeschlagen, hilflos, apathisch oder auch ärgerlich und frustriert (Allenspach & Brechbühler, 2005; Bamberg et al., 2003; Kaluza, 2012; Litzcke & Schuh, 2007; Zapf & Semmer, 2004). Dauerhafter Stress führt nicht nur zu erhöhten Risiken für die körperliche Gesundheit, sondern steigert auch die Wahrscheinlichkeit für das Auftreten psychischer Erkrankungen (z.B. Hakanen, Schaufeli & Ahola, 2008).

Burnout als langfristige psychische Auswirkung von berufsbezogenem Stress wurde in den letzten Jahrzehnten im Arbeitskontext verstärkt diskutiert (Lee & Ashforth, 1996; Maslach, Schaufeli & Leiter, 2001). Burnout stellt keine eigenständige Krankheit nach dem medizinischen Diagnosesystem ICD-10 dar (World Health Organization, 1992), sondern weist symptomatische Überlappungen mit depressiven und psychosomatischen Erkrankungen auf.

Wörtlich übersetzt bedeutet Burnout so viel wie „ausgebrannt sein" – eine anhaltend negative mentale Verfassung, die durch emotionale Erschöpfung, Zynismus und ein Gefühl reduzierter Effektivität gekennzeichnet ist (Maslach et al., 2001; Schaufeli & Enzmann, 1998). *Emotionale Erschöpfung* beschreibt dabei das Gefühl, den Anforderungen des Berufes nicht gewachsen zu sein. *Zynismus* – auch Depersonalisation oder Entfremdung genannt – zeigt sich in einer distanzierten und spöttischen Haltung gegenüber der Arbeitstätigkeit oder gegenüber Personen, mit denen man während der Arbeitstätigkeit in engem Kontakt steht. Das *Gefühl reduzierter Effektivität* bezieht sich auf die subjektive Einschätzung, ineffektiv und unproduktiv zu sein. Weiterführende Informationen finden sich in Burisch (2014).

Merke

Burnout umfasst die drei Symptome emotionale Erschöpfung, Zynismus und wahrgenommene reduzierte Effektivität.

Die gedankliche Ebene

Auch auf gedanklicher Ebene äußert sich die Stressreaktion auf bestimmte Art und Weise. Zum einen bezieht sich dies auf die **Wahrnehmung** in der konkreten Stresssituation: Die Aufmerksamkeit fokussiert sich auf Reize, die relevant für die Auseinandersetzung mit dem Stressor sind (Hasselhorn, 2007). Aufgrund unserer begrenzten kognitiven Ressourcen schränkt dies unsere Aufmerksamkeit für andere Reize sowie die Fähigkeit, diese zu verarbeiten, beträchtlich ein – wir entwickeln einen sogenannten Tunnelblick. Zum anderen führt die gedankliche Fokussierung auf die Stresssituation dazu, dass andere Gedankenprozesse gestört werden und es zu Konzentrationsproblemen, Wortfindungsstörungen oder Denkblockaden kommt (Litzcke & Schuh, 2007). Häufig werden automatische stressbezogene **Denkmuster** und Einstellungen aktiviert, wie „Das schaffe ich nie!“, die wiederum negative Emotionen mit sich bringen. Wenn man in solchen Situationen Entscheidungen trifft, beruhen diese häufig auf Heuristiken, also gedanklichen „Short Cuts“ ohne tiefere Betrachtung verschiedener Handlungsmöglichkeiten und -konsequenzen (van der Linden, Frese & Meijman, 2003).

Die Verhaltensebene

Häufig kann man in belastenden Situationen spezifische Verhaltensweisen beobachten, die der Stressreaktion zuzuschreiben sind. Typisch für die akute Stresssituation ist **motorische Unruhe,** die sich beispielsweise in Fingertrommeln, Wippen mit dem Bein oder Hin- und Hergehen äußert. Auch zeigt sich häufig hastiges, ungeduldiges Verhalten, welches sich im Kontakt mit anderen in Aggressivität oder Gereiztheit äußern kann – man „explodiert“ schneller. Im Arbeitskontext lässt sich ferner beobachten, dass Pausen ausgelassen und Arbeitszeiten verlängert werden, die aber mit unkoordiniertem, chaotischem Arbeitsverhalten gefüllt werden. Auch **dysfunktionale Regulationsstrategien** wie vermehrter Alkohol-, Tabak- oder Medikamentenkonsum sind sowohl für akute Stresssituationen als auch für länger andauernde Belastungen typisch (Kouvonen et al., 2008). Der Aspekt der Bewältigungsstrategien wird in Abschnitt 3.1.4 „Prävention und Coping“ näher ausgeführt.

Langfristig zeigen sich gerade im Arbeitskontext **Absentismus und Kündigungen** aufgrund stressbedingter gesundheitlicher Beeinträchtigung, teils als Bewältigungsstrategie mit dem Versuch, sich Stresssituationen zu entziehen. Allerdings sind die Gründe für das Fernbleiben vom Arbeitsplatz vielschichtig und komplex (vgl. Frieling & Sonntag, 1999). Häufig ist bei langfristiger Stressbelastung überdies eine **Einschränkung des Sozial- und Freizeitverhaltens** zu beobachten – was wiederum potentielle Ressourcen entziehen und somit Stress aufrechterhalten oder verstärken kann.

Die vier Ebenen, auf denen sich Stressfolgen äußern, beeinflussen sich gegenseitig: Es kann zu Verstärkungen oder Kompensationen kommen. So kann der Abbau der körperlichen Stressreaktion durch Bewegung auch kognitiv und emotional beruhigend wirken, und ein emotional klärendes Gespräch kann körperliche Erregung reduzieren.

3.1.4 Prävention und Coping

Prävention

Die langfristigen negativen Folgen von andauerndem Stress auf psychischer wie körperlicher Ebene sind nicht nur für die Betroffenen selbst und ihr privates Umfeld, sondern auch für berufliche Bezugspersonen sowie Unternehmen oft weitreichend. Der effektive Umgang mit Stress – auf präventiver wie reaktiver Ebene – ist daher von enormer Bedeutung.

Wie bereits anhand des transaktionalen Stressmodells dargestellt (vgl. Abschnitt 3.1.1 „Was ist Stress?“), entsteht Stress durch ein Wechselspiel von Personen- und Situationsfaktoren. Es ist also wichtig, (1.) welche Eigenschaften, Denk- und Verhaltensmuster sowie Bewältigungskompetenzen eine Person mitbringt und (2.) welche Merkmale die konkrete Situation und die Umgebungsfaktoren kennzeichnen. Entsprechend kann Stressprävention an der Person oder an der Situation ansetzen und wird dementsprechend als Verhaltens- versus Verhältnisprävention bezeichnet. Die **Verhaltensprävention** bezieht sich auf *Personenfaktoren* wie Verhaltensweisen, Einstellungen und Denkmuster. Bei der Prävention in diesem Bereich geht es um den Aufbau und den Erhalt personaler Ressourcen. Die **Verhältnisprävention** fokussiert dagegen auf *Situationsfaktoren,* beispielsweise Arbeitsbedingungen oder Aufgaben, also externale Ressourcen. Beide Interventionsformen sollten im Rahmen des betrieblichen Gesundheitsmanagements eines Unternehmens berücksichtigt und aufeinander abgestimmt werden.

Verhaltensprävention: Ansatzpunkt Mitarbeiterinnen und Mitarbeiter

Bei der Verhaltensprävention steht das Individuum im Mittelpunkt: Mitarbeitende werden darin unterstützt, ihr Verhalten, aber auch ihre Denkmuster, Einstellungen und Gewohnheiten so zu verändern, dass sie mit belastenden Arbeitsbedingungen erfolgreich umgehen können.

Wie bereits im Rahmen des JD-R-Modelles erläutert (vgl. Abschnitt 3.1.2 „Was führt zu Stress?“), sind Ressourcen entscheidend daran beteiligt, ob und in welchem Ausmaß eine Person Stress erlebt. Im Folgenden wird kursorisch erläutert, welche personalen Ressourcen sich mit Hilfe welcher verhaltenspräventiver Maßnahmen erweitern lassen. Typische Ansätze sind sogenannte kognitiv-behaviorale Methoden, Kompetenztrainings sowie Entspannungsverfahren (vgl. Barthold & Schütz, 2010).

Kognitiv-behaviorale Verfahren bieten sich an, wenn dem Stresserleben *inadäquate Bewertungsprozesse* vorausgehen. Die Maßnahme fokussiert also auf Gedanken und das resultierende Verhalten. Durch das Erlernen verschiedener Methoden will man etwa eine Neubewertung von stressauslösenden Situationen sowie einen erfolgreichen Umgang mit diesen erreichen. Der Prozess der Neubewertung, etwa durch Gedankenexperimente, wird auch als *kognitive Umstrukturierung* bezeichnet. Dabei werden stressverstärkende automatisierte Gedanken („Das werde ich nie schaffen!“) reflektiert und gezielt durch positive und motivierende ersetzt („Bis jetzt habe ich es immer geschafft!“; Meichenbaum, 1985). Das verringert das Stresserleben oder vermeidet es gar. Personale Ressourcen, die sich mit kognitiv-behavioralen Methoden ausbauen lassen, sind Selbstwert, Selbstwirksamkeit, Optimismus und Widerstandsfähigkeit.

Neben der Wertschätzung vonseiten anderer sind arbeitsbezogene Erfolgserlebnisse wichtig für das Kompetenzerleben. **Kompetenztrainings** zielen daher darauf ab, bestimmte *Fertigkeiten* von Personen im Umgang mit Arbeitsanforderungen zu stärken. Auf diese Weise will man potentielle Stressoren vermeiden oder ihre Wirkung reduzieren, was wiederum Erfolgserlebnisse ermöglicht und die *Selbstwirksamkeit* fördert. Kompetenztrainings können alle vier Bereiche beruflicher Handlungskompetenz abdecken: *Fachkompetenz* (z. B. EDV-Weiterbildung), *Methodenkompetenz* (z. B. Zeitmanagement- oder Problemlösetrainings), *Selbstkompetenz* (z. B. Resilienztraining) und *Sozialkompetenz* (z. B. Konfliktmanagementtraining).

Als eine weitere Methode zur Stressprävention, aber auch zur Verminderung der Stressreaktion können **Entspannungsverfahren** angewandt werden. Sie können dazu verhelfen, in potentiell stressauslösenden Situationen bewusst Abstand zu gewinnen und die Situation rational zu bewerten. Die bekanntesten Verfahren sind die Progressive Muskelentspannung, das Autogene Training und verschiedene Formen von Atemtechniken. Möglichkeiten der Entspannung bieten sich mittlerweile in einigen Unternehmen in sogenannten Entspannungsräumen ohne PC und Telefon.

Merke

Die Verhaltensprävention versucht, Einstellungen, Bewertungen, Verhaltensweisen oder Gewohnheiten bei einzelnen Personen gesundheitsförderlich zu verändern. Nützliche Maßnahmen sind beispielsweise

- kognitiv-behaviorale Methoden,
- Kompetenztrainings und
- Entspannungsverfahren.

In vergleichenden Untersuchungen haben sich vor allem die kognitiv-behavioralen Methoden zur Stressreduktion als wirksam erwiesen (Richardson & Rothstein, 2008; van der Klink, Blonk, Schene & van Dijk, 2001). Am häufigsten eingesetzt werden allerdings Entspannungsverfahren (Richardson & Rothstein, 2008).

Bei der Gestaltung von Stressmanagementtrainings, die typischerweise mehrere Verfahren kombinieren, ist eine vorangehende **Analyse der individuellen Belastungssituation** hilfreich, beispielsweise mit dem AVEM (Arbeitsbezogenes Verhaltens- und Erlebensmuster; Schaarschmidt & Fischer, 2008), um maßgeschneiderte Interventionen anbieten zu können (vgl. Kapitel 7 „Nachhaltige Personalentwicklung“).

Verhältnisprävention: Ansatzpunkt Arbeitsumfeld

Um langfristige Wirksamkeit zu gewährleisten, ist es im betrieblichen Gesundheitsmanagement wichtig, neben verhaltensbezogenen Maßnahmen auch Veränderungen auf Situationsebene zu realisieren. Die **Arbeitssituation** lässt sich durch Maßnahmen verbessern, die eine Optimierung von *Arbeitsinhalt* (z. B. Anforderungsvielfalt, Autonomie, Rückmeldung), *Arbeitsorganisation* (z. B. flexible Gestaltung von Arbeits- und Pausenzeiten) oder *Ausführungsbedingungen* (z. B. Reduktion von Lärm- oder Schmutzbelastung, ergonomische Gestaltung von Computerarbeitsplätzen) anstreben (Bartholdt & Schütz, 2010).

Neben der Implementierung und Förderung von arbeitsgestalterischen Maßnahmen in Bezug auf die Arbeitsumgebung oder die Arbeitsaufgabe können gerade Führungskräfte auch durch die positive **Gestaltung sozialer Beziehungen** auf die Gesundheit ihrer Mitarbeitenden Einfluss nehmen (Graen & Uhl-Bien, 1995). Authentisches Lob und Anerkennung einer Führungskraft sind Zeichen der *Wertschätzung* (Jacobshagen & Semmer, 2009) und wichtig für den Selbstwert einer Person, da sie die persönliche Bewertung einer anderen, hierarchisch höhergestellten Person widerspiegeln. Die erhaltene Wertschätzung stellt ein positives arbeitsbezogenes Erlebnis dar, das zur Steigerung des Selbstwerts (Semmer et al., 2007) und der Arbeitszufriedenheit (Stocker, Jacobshagen, Semmer & Annen, 2010) beitragen kann.

Anlass für Lob und Anerkennung ist in den meisten Fällen die Arbeitsleistung (Jacobshagen & Semmer, 2009). Lob und Dank für erbrachte Leistungen sollte man nicht nur auf einmalige und große Aufgaben wie den Abschluss eines wichtigen Kundenprojektes beziehen, sondern auch kleine, alltägliche Ereignisse berücksichtigen. So ließ sich beispielsweise feststellen, dass die von Mitarbeitenden an einem Arbeitstag erfahrene tägliche Wertschätzung (durch Kundinnen und Kunden, Kolleginnen und Kollegen und Führungskräfte) zu Gelassenheit am Ende dieses Arbeitstages führen kann. Gelassenheit wiederum kann Erholung und somit Gesundheit und Leistung positiv beeinflussen (Stocker, Jacobshagen, Krings, Pfister & Semmer, 2014).

Merke

Wertschätzung vor allem durch Vorgesetzte spielt eine große Rolle für die Arbeitszufriedenheit und hängt mit der Gesundheit der Beschäftigten zusammen. Vor allem positives Feedback und Dankbarkeit werden als Wertschätzung wahrgenommen.

Neben dem direkten Einfluss auf die Gesundheit der Mitarbeitenden durch Anerkennung und Feedback können Führungskräfte auch auf andere Art und Weise Einfluss auf die Gesundheit ihrer Mitarbeitenden nehmen: indirekt zum Beispiel durch das Gewähren von angemessenen Handlungsspielräumen oder variierenden Aufgaben, durch ihre eigene Betroffenheit von stressreichen Situationen sowie durch ihre Rolle als Gesundheitsvorbild (Franke, Ducki & Felfe, 2015). Diese vier Wirkweisen gesundheitsförderlicher Führung wurden im **Health-oriented Leadership-(HoL-) Ansatz** integriert (Franke, Felfe & Pundt, 2014; vgl. **Abb. 13**).

Der HoL-Ansatz berücksichtigt, dass die Gesundheit von Mitarbeitenden weder ausschließlich vom eigenen Verhalten noch einzig vom Verhalten der Führungskraft abhängt. Vielmehr wird die Gesundheit der Beschäftigten sowohl von einer *gesundheitsförderlichen Mitarbeiterführung* der Führungskraft (StaffCare) als auch von einer *gesundheitsförderlichen Selbstführung* (SelfCare) der Mitarbeiterinnen und Mitarbeiter bestimmt. „Gesundheitsförderlich" meint, dass man der Gesundheit Aufmerksamkeit schenkt (Achtsamkeit), dass man sie als wichtiges Gut betrachtet (Wichtigkeit) und in positivem Gesundheitsverhalten umsetzt (Verhalten). Neben der gesundheitsbezogenen Selbstführung der Mitarbeitenden spielt nach dem HoL-Ansatz die *gesundheitsbezogene Selbstführung der Führungskraft* eine entscheidende Rolle. Sie bildet das Fundament für gesundheitsförderliche Mitarbeiterführung der Führungskraft und gesundheitsförderliche Selbstführung der Mitarbeitenden. Achtet die Führungskraft also auf ihre eigenen Grenzen und Energieressourcen und lebt das gesundheitsbewusste Verhalten vor, welches er oder sie auch von anderen fordert, so wirkt sie als positives Vorbild, und das Führungsverhalten wird glaubwürdiger, was in höherer Mitarbeitergesundheit resultiert (Franke et al., 2015; Franke et al., 2014; Franke, Vincent & Felfe, 2011). So ließ sich beispielsweise zeigen, dass Führungskräfte, die emotional sehr erschöpft sind, weniger gesundheitsförderliches Führungsverhalten an den Tag legen und ihre Mitarbeitenden wiederum von mehr körperlichen Beschwerden berichten (Köppe, Kammerhoff & Schütz, 2018).

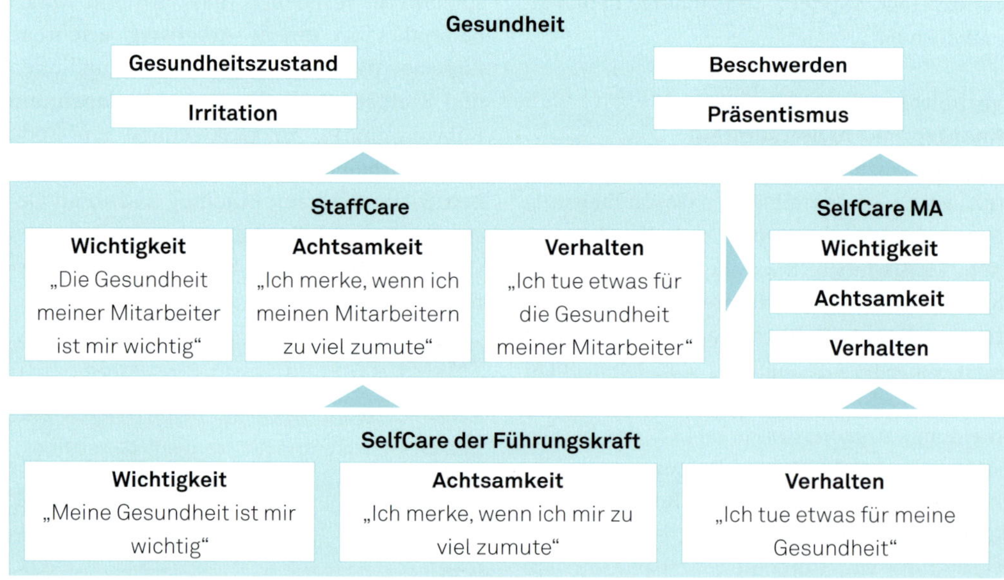

Abbildung 13: Das HoL-Modell (nach Franke, Felfe & Pundt, 2014)

Merke

Wie Führungskräfte in Bezug auf ihre Gesundheit denken, fühlen und handeln, wirkt sich erstens darauf aus, wie gesundheitsförderlich sie selbst ihre Mitarbeitenden behandeln, und zweitens darauf, wie ihre Mitarbeitenden mit ihrer eigenen Gesundheit umgehen. Gesundheitsförderliche Mitarbeiterführung beeinflusst die Gesundheit der Mitarbeiterinnen und Mitarbeiter positiv.

Merke

Die Verhältnisprävention beschäftigt sich mit der Veränderung von Umgebungsbedingungen. Im Arbeitsumfeld kann sie unter anderem auf zwei Wegen vonstatten gehen:

- durch Verbesserung der Arbeitssituation mittels Optimierung von Arbeitsinhalt, Arbeitsorganisation oder Ausführungsbedingungen und
- durch gesundheitsförderliche und wertschätzende Führung.

Coping

Wenn Menschen den Eindruck haben, dass Anforderungen ihre Ressourcen übersteigen, wenn sie also Stress erleben, versuchen sie meist, die wahrgenommene Diskrepanz zwischen den zur Verfügung stehenden Bewältigungsmöglichkeiten und den Anforderungen zu reduzieren.

Nach Lazarus und Launier (1981, S. 244) beschreibt der Begriff **Coping** (*to cope with* – ‚bewältigen, meistern, gewachsen sein') „Anstrengungen [...], mit umweltbedingten und internen Anforderungen sowie zwischen ihnen bestehenden Konflikten fertig zu werden (d. h. sie zu meistern, zu tolerieren, zu reduzieren, zu minimieren)".

Diese Definition widerspricht unserem Alltagsverständnis des Begriffes „Bewältigung" in zweierlei Hinsicht. Während „Bewältigung" im alltäglichen Sprachgebrauch häufig mit aktivem und beobachtbarem Handeln gleichgesetzt wird, umfasst „Coping" auch intrapsychische Prozesse (Lazarus & Launier, 1981) wie das Verdrängen einer aversiven Situation oder deren kognitive Neuinterpretation. Zudem impliziert unser Alltagsverständnis von Bewältigung, dass diese erfolgreich und effektiv verlaufen ist. Der Coping-Begriff hingegen impliziert keinerlei Bewertung darüber, wie angemessen oder erfolgversprechend ein Bewältigungsversuch ist; so gelten auch das Vermeiden oder Verleugnen einer Problemsituation als Coping-Strategien.

Coping-Strategien

Coping-Strategien können nach dem transaktionalen Stressmodell zwei Funktionen erfüllen: Sie können zur Änderung der stressverursachenden Situation dienen, oder sie können darauf abzielen, die von der Situation ausgelöste emotionale Reaktion zu verändern (Lazarus & Folkman, 1984). Der Fokus kann bei beiden Funktionen auf einer Veränderung der Umweltgegebenheiten oder einer Veränderung der eigenen Person liegen, zum Beispiel im Hinblick auf individuelle Ziele, Überzeugungen oder Gewohnheiten (Lazarus & Launier, 1981). Eine Herangehensweise zur Klassifikation von Coping-Strategien unterteilt diese in intrapsychische, aktionale und expressive Formen (Laux & Weber, 1990).

Intrapsychische Coping-Strategien umfassen Denk-, Wahrnehmungs- und Interpretationsprozesse und können defensiv sein (z. B. Verdrängung, Bagatellisierung), sie können positive Selbstinstruktion oder aber Selbstabwertung oder Selbstbemitleidung enthalten.

Aktionale Coping-Strategien umfassen die konfrontative Bewältigung, aktive Vermeidung, zum Beispiel durch Flucht, Suche nach Ersatzbefriedigung oder Unterstützung, Entspannung sowie problemlöseorientiertes Handeln.

Expressive Coping-Strategien können von der vollständigen Unterdrückung der emotionalen Stressreaktion über den konstruktiven Ausdruck von Stressemotionen bis hin zu deren unkontrolliertem Ausdruck reichen.

Zu bemerken ist, dass alle diese Formen sowohl *problembezogen* als auch *emotionsbezogen* anwendbar sind: Die Inanspruchnahme sozialer Unterstützung kann einesteils durch Trost und Ablenkung dabei helfen, negative Emotionen abzubauen (emotionsbezogen), sie kann anderenteils aber auch bei der gezielten Suche nach Problemlösungen hilfreich sein (problembezogen). Der Wutausbruch des Vorgesetzten kann der „emotionalen Entladung“ dienen (emotionsbezogen) und gleichzeitig seinen Mitarbeitenden verdeutlichen, dass stärkere Anstrengung erwartet wird (problembezogen). Mit einer Bewältigungsreaktion lassen sich also mehrere Ziele gleichzeitig verfolgen. Bewältigungsformen sind somit – und das ist zentral – nicht ausschließlich einer der beiden Funktionen von Coping-Strategien zuzuordnen (Laux & Weber, 1990).

Situative Coping-Strategien und typische Coping-Stile können beispielsweise mit dem *Stressverarbeitungsfragebogen* (SVF; Erdmann & Janke, 2008) erfasst werden. Unter den 20 erfassten Coping-Strategien finden sich unter anderem Bagatellisierung („Es geht schon alles wieder in Ordnung“), Ersatzbefriedigung („Ich tue mir selbst etwas Gutes“), Resignation, Aggression und Entspannung.

Wirksamkeit unterschiedlicher Coping-Strategien

Einzelne Coping-Strategien sind nicht per se gut oder schlecht. Ihre Wirksamkeit ist **kontextabhängig** und von der subjektiven Einschätzung der handelnden Person bestimmt. Was die Bewertung der Effizienz verschiedener Strategien anbetrifft, lassen sich beispielsweise die subjektive und objektive Beurteilung von *Wohlbefinden, Gesundheit, Sozialverhalten* sowie *Kosten-Nutzen-Aspekte* berücksichtigen. Generell sollte man hier beachten, dass es nur darum gehen kann, welche Form der Bewältigung in einer bestimmten Situation für eine bestimmte Person hinsichtlich eines festgelegten Kriteriums erfolgreich sein kann; ändert man einen dieser Parameter, muss die Effizienz neu bewertet werden.

Strategien, die mehrheitlich als negativ bewertet werden, sind realitätsfliehende Wunschphantasien (inkl. Alkohol- oder Medikamentenkonsum), Selbstbeschuldigung und Selbstabwertung. Als positiv bewertet werden demgegenüber problemlösezentriertes Handeln, positive Neubewertung sowie die Inanspruchnahme sozialer Unterstützung. Hinsichtlich expressiver Strategien ist die Befundlage uneinheitlich; es scheint, dass sowohl das unkontrollierte Ausagieren stressbezogener Emotionen (Wutausbrüche) als auch das „Herunterschlucken“ dieselben negativen Effekte hat (Laux & Weber, 1990).

Beispiel: Herr Z. bekommt wieder einmal mit, wie drei seiner Angestellten während der Arbeitszeit gemeinsam am PC sitzen und sich Videos ansehen, die definitiv nichts mit dem aktuellen Projekt zu tun haben. Er schreit die Mitarbeitenden an, was das denn für eine Arbeitsmoral sei, wenn das so weitergehe, werde es ernstliche Konsequenzen geben. Als er zurück in sein Büro läuft, geht es ihm besser: Mal Dampf abzulassen, hat richtig gutgetan! – Als er beim Abendessen seiner Frau von der Situation erzählt, fühlt er sich allerdings schon nicht mehr so gut. Je mehr Zeit seit dem Vorfall verstrich, desto größer wurde sein schlechtes Gewissen. War seine Reaktion wirklich angemessen? In den nächsten Tagen wird im Büro eine ziemlich angespannte Stimmung herrschen.

Aggressives Ausagieren ist im Beispiel von Herrn Z. zwar zunächst mit erlebter Befriedigung verbunden. Später zeigen sich jedoch negative Aspekte. Wäre Herr Z. ein Mensch, dem gute Beziehungen zu seinen Mitarbeitenden unwichtig sind, würde sich die verschlechterte Atmosphäre weniger deutlich auf sein Wohlbefinden auswirken.

Eine Strategie kann in einer bestimmten **Situation** erfolgreich sein, in einer anderen nicht. Ein Beispiel: Das unhöfliche Verhalten eines schwierigen Kunden so weit wie möglich zu ignorieren und nicht persönlich zu nehmen, stellt vermutlich eine sinnvolle Strategie dar. Dagegen ist das Ignorieren wiederholter Mobbing-Angriffe nur in den seltensten Fällen effektiv. Merkmale der Situation, wie beispielsweise die Belastungsintensität, beeinflussen also unter anderem, wie erfolgreich eine Bewältigungsstrategie ist (Laux & Weber, 1990). Mit anderen Worten, wie effektiv eine Strategie ist, hängt auch vom jeweiligen Kontext ab.

Ein weiterer wichtiger Faktor ist der **zeitliche Verlauf**. Da sich Situationen in Abhängigkeit von anfänglichen Reaktionen ändern, kann ein und dieselbe Strategie zu Beginn des Coping-Prozesses erfolgreich, später aber wenig wirksam sein. Anders formuliert: Einige Stressbewältigungsstrategien können kurzfristig stressreduzierend, langfristig aber stresserhöhend wirken. So kommt eine Metaanalyse (Suls & Fletcher, 1985) zu dem Schluss, dass vermeidende Coping-Strategien wie das Verlassen einer Situation, Ablenkung oder Verdrängung kurzfristig durchaus vorteilhaft sein können, dass bei länger andauernden Belastungen problembezogene Strategien jedoch sinnvoller sind.

Auch das Verhältnis zwischen **Kosten und Nutzen** einzelner Coping-Strategien bestimmt deren Wirksamkeit. Hat man hohe Arbeitsmengen und Zeitdruck durch vermehrte Anstrengung und Überstunden zu bewältigen, kann dies die Leistungsfähigkeit auf lange Sicht einschränken, da weniger Zeit für Erholung und Regeneration zur Verfügung steht. Zudem kann das Familienleben Schaden nehmen (vgl. Abschnitt 3.1.2 „Was führt zu Stress?“). Die eingesetzte Coping-Strategie hat in diesem Fall also unerwünschte Nebeneffekte und trägt zur Entstehung bzw. Verstärkung von Stress bei. Auch das Fernbleiben vom Arbeitsplatz mit dem Ziel, sich zu erholen und verbrauchte Reserven aufzufüllen, ist mit Kosten verbunden: Arbeit bleibt liegen, die Beziehungen im Team sind unterbrochen, und bei längerem Fernbleiben kann sich dies negativ auf Leistungsbeurteilungen auswirken. Die Konsequenzen einer Bewältigungsstrategie können somit ihrerseits zu Stressoren werden.

Dass die Wirksamkeit von Bewältigungsstrategien von Situation, Zeitpunkt und Kosten-Nutzen-Verhältnis abhängt, bedeutet, dass es keine Patentrezepte für die effektive Bewältigung von Stresssituationen gibt (vgl. Weber, 1997). In vielen Situationen stehen uns manche Bewältigungsstrategien vielleicht gar nicht zur Verfügung, wenn beispielsweise ein aktives Einflussnehmen auf eine herausfordernde Situation nicht oder nur in begrenztem Maße möglich ist (z.B. organisationsübergreifende Arbeitszeitregelungen). Es erscheint daher sinnvoll, ein breites Spektrum unterschiedlicher Strategien zur Verfügung zu haben, die sich flexibel und situationsangemessen anwenden lassen. So ist beispielsweise bei kontrollierbaren Stresssituationen problembezogenes Coping angemessen, wohingegen in unveränderbaren Situationen emotionsbezogenes Coping die bessere Wahl sein kann (Perrez & Reicherts, 1992).

Merke

Ein breites Repertoire an Coping-Strategien und deren *flexible und kontextspezifische Anwendung* sind bei der Stressbewältigung hilfreich.

Dieses Kapitel hat Stress, seine Ursachen und mögliche Formen des Umgangs mit Stress behandelt. Verschiedene Strategien der Bewältigung und ihre möglichen Konsequenzen wurden diskutiert. Welche Implikationen ergeben sich hieraus für Sie und Ihr Team?

3.2 Praktische Anwendung

Wie die theoretischen Grundlagen zum Thema Stressentstehung und Stressbewältigung im Unternehmenskontext konkret genutzt werden können, stellen wir im Folgenden an zwei Herangehensweisen vor. Sie zielen darauf ab, die Passung zwischen individuellen Ressourcen und Anforderungen einer Stelle zu optimieren.

3.2.1 JD-R-Monitor

Das in Abschnitt 3.1.2 erläuterte JD-R-Modell (Demerouti et al., 2001; Schaufeli & Bakker, 2004) bietet vielfältige Ansatzpunkte zur praktischen Anwendung im beruflichen Alltag. Besonders der allgemeingültige konzeptuelle Rahmen, der sich auf unterschiedlichste Unternehmenskontexte zuschneiden lässt, sowie der positiv ausgerichtete Fokus auf Ressourcen (statt Stressoren) macht das Modell für Unternehmen und deren Führungskräfte interessant.

Wie bereits in vorherigen Abschnitten dieses Kapitels erwähnt, spielen bestehende Ressourcen für den Umgang mit Stress eine entscheidende Rolle. Sie können negative Effekte von Arbeitsanforderungen auf die Gesundheit abpuffern und den Aufbau neuer Ressourcen unterstützen (Bakker, Demerouti, Taris, Schaufeli & Schreurs, 2003). Führungskräfte haben die Möglichkeit, vor allem den Erhalt und den Aufbau neuer Ressourcen aktiv zu fördern und selbst Ressource für ihre Mitarbeitenden zu sein. Am Anfang steht dabei das Wissen über individuell vorhandene Arbeitsanforderungen und Ressourcen der einzelnen Mitarbeitenden. Schaufeli und Dijkstra (2010) entwickelten zu diesem Zweck ein onlinebasiertes Feedbacktool, den sogenannten **JD-R-Monitor**, der allgemein nutzbar ist und derzeit in den Niederlanden bereits breit angewendet wird. Der JD-R-Monitor erfasst – mittels verschiedener, je nach Erfordernis ausgewählter Kurzskalen – aktuelle Arbeitsanforderungen und Arbeitsressourcen der Mitarbeitenden eines Unternehmens und gibt Auskunft über deren psychologische Zustände (z. B. Arbeitsstress, Arbeitszufriedenheit, emotionale Erschöpfung). Das Onlinetool ist Teil eines 7-stufigen Beratungsprozesses (vgl. Schaufeli & Taris, 2014), der individuell auf das Anliegen eines Unternehmens zugeschnitten werden kann. Um zum Beispiel eine Antwort auf die allgemeine Frage „Wie erleben unsere Mitarbeitenden ihre Arbeit?“ zu finden, stellen die im Unternehmen festgelegten Schlüsselpersonen (Human-Resource-Management, Geschäftsleitung, Betriebsrat usw.) einen speziell für das Unternehmen und seine Bedürfnisse passenden JD-R-Monitor zusammen. Dieser kann Fragebogen zu den wichtigsten Arbeitsstressoren und Arbeitsressourcen enthalten sowie Informationen über deren Folgen und Wirkzusammenhänge. Über einen Link können die Mitarbeiterinnen und Mitarbeiter auf den JD-R-Monitor zugreifen und diesen individuell für sich bearbeiten. Unmittelbar anschließend an die Bearbeitung erhalten die Mitarbeitenden ein Feedback über ihre persönlichen Stressoren und Ressourcen. Die Rückmeldung orientiert sich an einer Vergleichsgruppe, die für das Unternehmen und seine Mitarbeitenden repräsentativ ist. Neben dem ausführlichen Echtzeitfeedback für die einzelnen Mitarbeitenden (Individuumsebene) kann eine aggregierte, zeitverzögerte Rückmeldung für einzelne Einheiten des Unternehmens (Abteilungsebene) bzw. das Unternehmen insgesamt erfolgen (Organisationsebene). Aus dem Wissen darüber, wie sich Mitarbeitende in Bezug auf ihre Arbeit fühlen, lassen sich gezielt Interventionen auf den verschiedenen Ebenen ableiten – individuell, abteilungs- bzw. teamspezifisch oder organisational.

Wann aber ist nun die Führungskraft gefragt? Schaufeli und Taris (2014) merken an, dass Mitarbeitende meist nicht ausschließlich eigenständig versuchen, ihre Arbeitsressourcen zu vergrößern bzw. ihre Arbeitsanforderungen zu verringern, sondern aktiv die Unterstützung ihrer Vorgesetzten oder ihrer Teammitglieder suchen.

Beispiel: Zeigt das Ergebnis der Mitarbeiterin Frau K., dass sie bei der Arbeit ein hohes

Ausmaß an Autonomie erlebt, also Entscheidungen hinsichtlich Arbeitsinhalt, Arbeitsausführung und Arbeitsgeschwindigkeit unabhängig treffen kann (Hackman & Oldham, 1975), sich jedoch wenig von ihrem Vorgesetzten Herrn M. unterstützt fühlt, so kann Herr M. dieses Wissen für den Aufbau dieser wichtigen Ressource nutzen (Viswesvaran, Sanchez & Fisher, 1999). Herr M. könnte unter anderem in einem gemeinsamen Gespräch erfragen, welche Art von Unterstützung Frau K. genau fehlt, zum Beispiel instrumentell (Arbeitsmaterialien, Informationen) oder emotional (Aufmerksamkeit, Wertschätzung), und in welchem Umfang Frau K. diese benötigt. Herrn M. stehen damit Möglichkeiten zur Verfügung, gezielt auf die individuellen Bedürfnisse und Präferenzen von Frau K. einzugehen und auf diese Weise ihre Arbeitssituation zu verbessern.

Teilweise fällt es Mitarbeitenden schwer, proaktiv Unterstützung einzufordern. Wenn Führungskräfte in solchen Situationen den Eindruck haben, dass ein Unterstützungsangebot notwendig ist, kann ein offenes Gesprächsangebot ein erster wichtiger Schritt sein.

3.2.2 Job Crafting

Häufig sind aber auch die Möglichkeiten der Führungskräfte begrenzt, vor allem wenn es um die Umsetzung struktureller Veränderungen geht (z.B. Partizipation bei Entscheidungen). Umso wichtiger ist es daher, dass man die Mitarbeitenden dazu anregt, ihre Arbeitssituation auch selbst aktiv mitzugestalten.

Das individuelle, selbstständig initiierte (Um-)Gestalten des Arbeitsplatzes durch Mitarbeitende wird als **Job Crafting** bezeichnet (Tims & Bakker, 2010). Dabei werden individuell bedeutsame Aspekte der Arbeit geändert oder angepasst, um eine möglichst gute Passung zwischen eigenen Interessen, Motiven und Kompetenzen und dem jeweiligen Arbeitsplatz zu erzielen. Job Crafting kann sich auf die Arbeitsaufgaben, die Arbeitsbeziehungen oder die Bedeutung der Arbeit richten (Tims & Bakker, 2010). Es zielt darauf ab, Arbeitsressourcen zu erhöhen, herausfordernde Arbeitsanforderungen zu vergrößern und belastende zu reduzieren (Tims, Bakker & Derks, 2012). Studien zeigen, dass sich vor allem der Ausbau von Ressourcen durch aufgabenbezogenes und soziales Job Crafting positiv auf das Wohlbefinden der Job Crafter auswirkt (Tims, Bakker & Derks, 2013).

Job Crafting findet beispielsweise statt, wenn der Verwaltungsangestellte Herr L. erkennt, dass er Spaß daran hat, anderen den Umgang mit einem neuen Softwaresystem zu erklären. Er bietet erst in seinem Team, dann auch abteilungsübergreifend an, eine kurze Einführung am Arbeitsplatz zu geben. Als dies auf große Resonanz stößt, schlägt er seiner Vorgesetzten vor, eine zweistündige Schulung für Interessierte durchzuführen.

Dass ihre Mitarbeitenden Job Crafting betreiben, ist für viele Führungskräfte häufig nicht sofort ersichtlich. Das verstärkte unternehmensinterne Netzwerken von Frau K. als soziale Job-Crafting-Strategie kann für ihre Führungskraft beispielsweise zunächst unbemerkt bleiben. Auch die Software-Unterstützung durch Herrn L. fällt seiner Vorgesetzten vorerst nicht auf. Für Führungskräfte ist es in einem ersten Schritt wichtig, aktuelle und potentielle Job Crafter zu erkennen und die Bemühungen der betreffenden Mitarbeitenden zu fördern. Veränderungsvorschläge sollte man konstruktiv diskutieren und die Mitarbeitenden durch Feedback zur Weiterentwicklung anregen. Das Wissen um vorhandene Arbeitsressourcen und Anforderungen der Mitarbeitenden kann sich dabei als hilfreich erweisen.

Um ein erfolgreiches Job Crafting ihrer Mitarbeitenden zu unterstützen, können Vorgesetzte einen Arbeitsplatzkontext schaffen, der Job Crafting innerhalb der unternehmerischen Grenzen zulässt und Handlungsspielräume schafft. So kann Herrn L.s Vorgesetzte ihm beispielsweise die Zeit für die zweistündige Schulung inklusive der notwendigen Vorbereitungszeit zur Verfügung stellen. Die Unterstützung durch die Führungskraft kann auch das explizite Freistellen eines bestimmten Zeitkontingentes für die individuelle Weiterbildung umfassen, ebenso das Einrichten informeller abteilungsübergreifender Treffen zum Netzwerken und Ideenaustausch. Eine offene, verständnisvolle Kommunikation ist hier unabdingbar, um Änderungsvorschläge und Wünsche der Mitarbeitenden im möglichen Rahmen annehmen und in die Tat umsetzen zu können.

3.3 Handlungsimplikationen

Stress ist subjektiv. Menschen fühlen sich durch unterschiedlichste Dinge belastet, erleben Stress unterschiedlich intensiv und nutzen unterschiedliche Strategien, um diesem kurz- oder langfristig zu begegnen. Führungskräfte haben einen enormen Einfluss auf das Stresserleben ihrer Mitarbeiterinnen und Mitarbeiter – im positiven wie im negativen Sinne. Wichtig für jede Führungskraft ist daher, die individuellen Stressoren der Mitarbeitenden zu beachten. Das Wissen um stressauslösende Bedingungen kann als Ansatzpunkt dienen, aus dem sich Maßnahmen zur präventiven Stressbewältigung ableiten lassen. Maßnahmen zur Stressbewältigung können verhaltensbezogen (z. B. Zeitmanagementtrainings zur Kompetenzerweiterung) und auch verhältnisbezogen sein (z. B. Vergrößerung des Handlungsspielraums).

Im Rahmen der Verhältnisprävention können Führungskräfte zum einen bestehende **Anforderungen reduzieren** und zum anderen vorhandene **Ressourcen stärken** und den Aufbau neuer Ressourcen fördern. Dabei können sie meist selbst Ressource für ihre Mitarbeitenden sein. Durch ihr **Verhalten** können Führungskräfte direkt Einfluss auf die Gesundheit ihrer Mitarbeitenden nehmen. Eine gesundheitsförderliche Mitarbeiterführung beispielsweise kann helfen, Belastungen zu vermeiden und leistungsförderliche Bedingungen herzustellen. Der Ausdruck von Wertschätzung in Form von **authentischem Lob und Anerkennung** stellt eine weitere Möglichkeit dar, die Mitarbeiterinnen und Mitarbeiter aktiv beim Gesundbleiben zu unterstützen. Solche Wertschätzung sollte dabei weniger dem Grundsatz „Nicht geschimpft ist genug gelobt" entsprechen, sondern vielmehr klar, authentisch und hochfrequent zum Ausdruck gelangen. Neben direktem Führungsverhalten können Führungskräfte auch durch eine **gesundheitsförderliche Selbstführung** (SelfCare) die Gesundheit ihrer Mitarbeitenden indirekt beeinflussen, indem sie ihre eigene Gesundheit stärken und als gutes Vorbild in Gesundheitsfragen vorangehen. Und nicht zuletzt spielt die **Gestaltung von Arbeitsaufgaben** auch im Rahmen der Gesundheitsförderung der Mitarbeitenden eine wichtige, nicht zu unterschätzende Rolle.

Führungskräfte können durch arbeitsplatzgestalterische Maßnahmen Aufgaben ihrer Mitarbeitenden gesundheitsförderlich gestalten. Jedoch gelingt dies nicht immer – dann sind die Mitarbeitenden selbst gefragt!

Eine Form der Arbeitsgestaltung, die von den Mitarbeitenden selbst initiiert und durchgeführt wird und der Stärkung von individuellen Ressourcen dient, ist das bereits genannte **Job Crafting.** Auf diese Weise verbessern Mitarbeitende ihr Wohlbefinden (Tims et al., 2013). Obwohl Job Crafting zunächst Sache jedes Einzelnen ist, können Führungskräfte ihren Mitarbeitenden auch hierbei unterstützend zur Seite stehen: indem sie mit gutem Beispiel vorangehen und zeigen, dass Job Crafting erlaubt und erwünscht ist; indem sie einen Konsens darüber schaffen, in welchen unternehmerischen Grenzen Job Crafting erfolgen kann; aber auch indem sie aktive Job Crafter erkennen und ihnen helfen, ihren Job zum Besseren hin zu verändern.

3.4 Zusammenfassung

Stress – ein in der Presse vielfach besprochenes Phänomen. Ein fundiertes Begriffsverständnis fehlt jedoch häufig. Stress entsteht, wenn subjektiv wahrgenommene Anforderungen die individuellen Bewältigungsmöglichkeiten übersteigen. Reize, die potentiell Stress auslösen können, sind physischer, sozialer, personaler, aufgabenbezogener oder organisationaler Natur. Die unmittelbare Antwort auf Stressoren in Form von psychischen und körperlichen Reaktionen wird als Stressreaktion bezeichnet. Stress hat aber auch mittel- und langfristige Folgen, die sich auf der körperlichen, der emotionalen, der gedanklichen und der Verhaltensebene äußern können.

Ob ein potentiell belastendes Ereignis tatsächlich Stress erzeugt, hängt von der subjektiven Bewertung des Ereignisses sowie den wahrgenommenen Ressourcen der Person ab. Auch die Wirksamkeit von Coping-Strategien ist abhängig von der subjektiven Einschätzung der handelnden Person und darüber hinaus vom jeweiligen Kontext und vom betrachteten Erfolgskriterium.

Um Stress präventiv anzugehen, stehen neben Maßnahmen, die die Person selbst in den Mittelpunkt rücken (Verhaltensprävention), auch Maßnahmen zur Verbesserung der Arbeitssituation zur Verfügung (Verhältnisprävention). Zur Verhältnisprävention zählt gesundheitsförderliches Führungsverhalten. Eng verknüpft mit dem Thema Gesundheit ist das Thema Wertschätzung. Alltägliche Wertschätzung durch Führungskräfte in Form von Anerkennung kann die Gesundheit der Mitarbeiterinnen und Mitarbeiter in effektiver Weise förderlich beeinflussen.

Im Rahmen der Stressprävention und auch darüber hinaus bildet die Stärkung von Ressourcen ein wichtiges Ziel von Mitarbeitenden, Führungskräften und Unternehmen. Ressourcen können die negativen Auswirkungen von Arbeitsanforderungen abschwächen und motivationale Prozesse anstoßen, die zu positiven leistungsbezogenen Konsequenzen führen. Der Gebrauch des JD-R-Monitors auf Führungs- und Organisationsebene sowie des Job Craftings auf Individuumsebene sind zur Ressourcenstärkung nutzbar.

3.5 Reflexionsfragen

- Welche Arbeitsanforderungen erleben Ihre Mitarbeitenden?
- Wie drücken Sie Anerkennung und Wertschätzung für die Leistung Ihrer Mitarbeitenden aus?
- Welchen Stellenwert nimmt das Thema Gesundheit am Arbeitsplatz bei Ihnen ein? Für Sie selbst? Für Ihre Mitarbeitenden?
- Merken Sie, wenn Ihr eigenes Belastungsniveau zu hoch wird?
- Wie könnten Sie gesundheitsbeeinträchtigende Belastungen an Ihrem eigenen Arbeitsplatz reduzieren?
- Nehmen Sie wahr, wenn Ihre Mitarbeitenden überlastet sind?
- Wie sorgen Sie dafür, die Belastungen Ihrer Mitarbeitenden zu reduzieren?
- Welches sind die wichtigsten Ressourcen innerhalb Ihrer Abteilung (z.B. gutes Teamklima) und Ihres Unternehmens (z.B. flexibles Arbeitszeitmodell)?
- Betreiben oder unterstützen Sie Job Crafting? Wenn ja, wie?
- Wer in Ihrem direkten Arbeitsumfeld nutzt Ihrer Meinung nach Job Crafting und auf welche Weise?

Teil 2:
Führung – Die Ebene der Gruppe

4
Erfolgreiche Beziehungsgestaltung als Führungsaufgabe

Was Sie hier erfahren

Wodurch ist erfolgreiche Führung gekennzeichnet? Welche Eigenschaften und Führungsverhaltensweisen einer Führungskraft wirken sich positiv auf den Führungserfolg aus, und wie lässt sich die Führungssituation – unter besonderer Berücksichtigung der Erwartungen und Eigenschaften der Geführten – erfolgsfördernd gestalten? Das ist Gegenstand dieses Kapitels. Insbesondere geht es darum, wie Führungskräfte eine vertrauensvolle Führungsbeziehung entwickeln und diese aktiv gestalten und wertschätzend mit den Geführten kommunizieren. Wir zeigen, dass ein gutes Mitarbeitergespräch neben geschickter Gesprächsführung auch einer gewissen Strukturierung bedarf.

4.1 Wissenschaftliche Basis

Führung als komplexer interpersonaler Prozess kann als essentiell für den Unternehmenserfolg gelten. Dabei geht es nicht nur um das Strukturieren von Prozessen und Aufgaben, sondern immer mehr und vor allem auch um erfolgreiche Beziehungsgestaltung. Wie diese gelingen und wie weitreichend sie sich auswirken kann, ist eine intensiv beforschte und für die Praxis hochrelevante Frage.

4.1.1 Definitionen von Führung

Zahlreiche Führungsansätze wurden entwickelt, die eine große Bandbreite an Merkmalen guter Führung und Führungsprozessen widerspiegeln, von denen wir einige in diesem Kapitel vorstellen werden. Gemeinsam ist den meisten Führungsansätzen ein Beeinflussungsprozess.

Personalführung umfasst die absichtliche soziale Einflussnahme auf und Kontrolle über andere Personen mit dem Ziel, im Kontext einer strukturierten Arbeitssituation das Erfüllen gemeinsamer Aufgaben und Erreichen organisationaler Ziele zu fördern (Rosenstiel, 2011a). Ob Führung erfolgreich ist, hängt folglich wesentlich von den Geführten und ihren Leistungen ab. Ein(e) oder mehrere Führende interagieren mit einem oder mehreren Geführten. Die Interaktionsprozesse können von jedem Organisationsmitglied ausgehen als „Führung von oben", „laterale Führung" unter Gleichgestellten (Wegge, 2002) oder „Führung von unten" (Wunderer, 2009).

Wie **Abbildung 14** verdeutlicht, kommen die überdauernden **Eigenschaften der Führenden** im **Führungsverhalten** zum Ausdruck. Da jegliches Verhalten eine Funktion nicht nur der Person, sondern auch der **Situation** ist (vgl. Kapitel 2 „Faktoren individueller Leistungsbereitschaft"), sind außerdem die situativen Gegebenheiten zu berücksichtigen, die einen Einfluss auf den Zusammenhang von

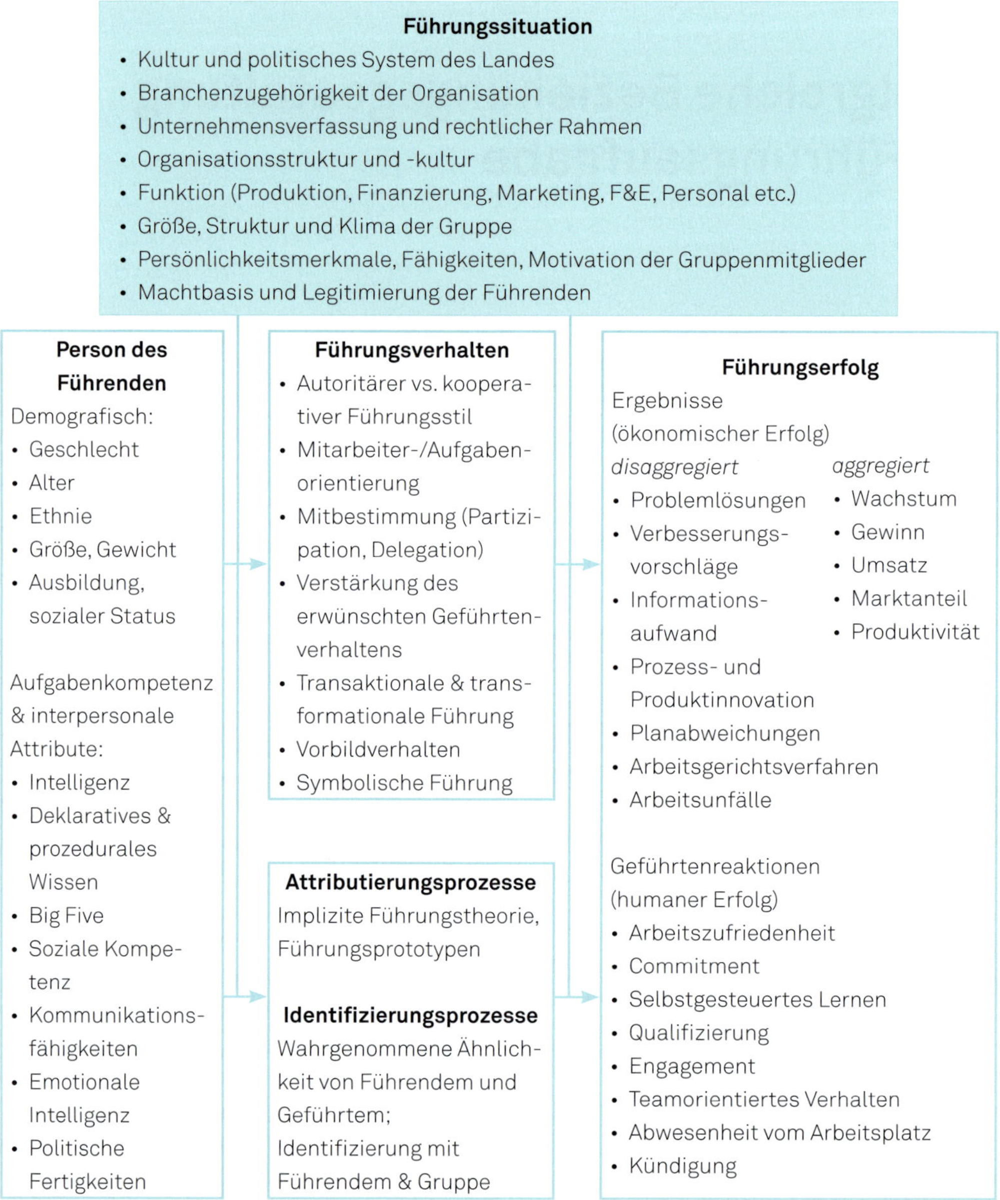

Führungssituation
- Kultur und politisches System des Landes
- Branchenzugehörigkeit der Organisation
- Unternehmensverfassung und rechtlicher Rahmen
- Organisationsstruktur und -kultur
- Funktion (Produktion, Finanzierung, Marketing, F&E, Personal etc.)
- Größe, Struktur und Klima der Gruppe
- Persönlichkeitsmerkmale, Fähigkeiten, Motivation der Gruppenmitglieder
- Machtbasis und Legitimierung der Führenden

Person des Führenden

Demografisch:
- Geschlecht
- Alter
- Ethnie
- Größe, Gewicht
- Ausbildung, sozialer Status

Aufgabenkompetenz & interpersonale Attribute:
- Intelligenz
- Deklaratives & prozedurales Wissen
- Big Five
- Soziale Kompetenz
- Kommunikationsfähigkeiten
- Emotionale Intelligenz
- Politische Fertigkeiten

Führungsverhalten
- Autoritärer vs. kooperativer Führungsstil
- Mitarbeiter-/Aufgabenorientierung
- Mitbestimmung (Partizipation, Delegation)
- Verstärkung des erwünschten Geführtenverhaltens
- Transaktionale & transformationale Führung
- Vorbildverhalten
- Symbolische Führung

Attributierungsprozesse

Implizite Führungstheorie, Führungsprototypen

Identifizierungsprozesse

Wahrgenommene Ähnlichkeit von Führendem und Geführtem; Identifizierung mit Führendem & Gruppe

Führungserfolg

Ergebnisse (ökonomischer Erfolg)

disaggregiert
- Problemlösungen
- Verbesserungsvorschläge
- Informationsaufwand
- Prozess- und Produktinnovation
- Planabweichungen
- Arbeitsgerichtsverfahren
- Arbeitsunfälle

aggregiert
- Wachstum
- Gewinn
- Umsatz
- Marktanteil
- Produktivität

Geführtenreaktionen (humaner Erfolg)
- Arbeitszufriedenheit
- Commitment
- Selbstgesteuertes Lernen
- Qualifizierung
- Engagement
- Teamorientiertes Verhalten
- Abwesenheit vom Arbeitsplatz
- Kündigung

Abbildung 14: Rahmenmodell der Führung (in Anlehnung an DeRue et al., 2011; Rosenstiel, 2015)

Führungseigenschaften und Führungsverhalten ausüben. Beispiele für situative Faktoren sind Organisationskultur, umgebendes Rechtssystem, Größe und Struktur der geführten Gruppe, Machtverhältnisse, aber auch Merkmale der Geführten wie deren Leistungsfähigkeit und Leistungsmotivation. Das Führungsverhalten wiederum ist maßgeblich für den Führungserfolg, wobei auch hier situative Bedingungen die Beziehung verstärken oder abschwächen können. Eine Führungskraft, charakterisiert durch ein Bündel von Eigenschaften, kann ein breites Spektrum von Führungsverhaltensweisen an den Tag legen; je nach Situation kann sie einmal autoritär und ein anderes Mal kooperativ führen, und je nach Situation wird ein bestimmtes Führungsverhalten unterschiedlich erfolgreich sein.

Die Eigenschaften der Führungskraft beeinflussen den Führungserfolg nicht nur über das Führungsverhalten, sondern auch darüber, wie die Geführten diese Eigenschaften wahrnehmen. **Attribuierungs- und Identifizierungsprozesse** finden statt. Die Attributionen enthalten subjektive Annahmen der Geführten über die individuellen Merkmale einer Führungskraft. Die Attribuierung beinhaltet, dass die Geführten das Verhalten der Führungsperson beobachten und es auf bestimmte Eigenschaften und Ursachen zurückführen, um sich zu erklären, warum die Führungskraft auf eine bestimmte Art und Weise handelt. Geführte, die Ähnlichkeiten zwischen sich und der Führungskraft wahrnehmen, identifizieren sich stärker mit der Führungsperson und beurteilen diese tendenziell positiver.

Führungserfolg kann zum einen als ökonomischer Erfolg im Sinne objektiver Erfolgsgrößen des Unternehmens definiert werden und zum anderen als humaner Erfolg, der sich an Verhaltensindikatoren der Geführten zeigt (DeRue, Nahrgang, Wellman & Humphrey, 2011; Rosenstiel & Nerdinger, 2011b). Abbildung 14 zeigt die Zusammenhänge zwischen den wesentlichen Elementen des Rahmenmodells der Führung (Führungsperson, Führungsverhalten, Führungssituation, Führungserfolg, Attribuierungs- und Identifizierungsprozesse) und ausgewählte Faktoren für jedes Element.

Merke

Erfolgreiche Personalführung ist Ergebnis eines Zusammenwirkens mehrerer Faktoren: der Eigenschaften und des Verhaltens der Führungskraft sowie der situativen Gegebenheiten, in denen geführt wird. Der Erfolg hängt auch davon ab, wie die Geführten die Führungsperson wahrnehmen und welche Erwartungen sie an gute Führung knüpfen.

Wir betrachten das Rahmenmodell der Führung nun näher in seinen einzelnen Bestandteilen und beleuchten insbesondere die einflussreichsten Faktoren.

4.1.2 Führungserfolg

Wenn es einer Organisation schlecht geht, dann wird dies am häufigsten den Führungskräften angelastet. Umgekehrt schreibt man Führungskräften besonders gute Leistungen zu, wenn Organisationen besonders erfolgreich sind. Beiden Attribuierungen ist gemeinsam, dass Führungskräfte ihnen zufolge „einen Unterschied machen" und großen Einfluss auf den Erfolg von Menschen, Gruppen und einer ganzen Organisation ausüben. Ausgangspunkt der Führungsforschung ist dementsprechend die Frage, was erfolgreiche Führung ausmacht. Die Antworten darauf sind ebenso vielfältig wie die Definitionen von Führung (Yukl, 2010).

Zum einen soll die Führung zum ökonomischen Erfolg des Unternehmens beitragen. Zu den *ökonomischen Erfolgskriterien* zählen Marktanteil, Wachstum, Umsatz, Produktivität, Gewinn, Rendite und anderes mehr. Um zur ökonomischen Zielerreichung beitragen zu können, sind Führungskräfte von der langfristigen Leistungsbereitschaft und den Kompetenzen ihrer Mitarbeitenden abhängig (vgl. Kapitel 2 „Faktoren individueller Leistungsbereitschaft"). Für diese langfristige Motivierung von Mitarbeitenden bedarf es nachhaltiger Führung, welche sich an den Motiven der Mitarbeitenden orientiert. Folglich sollte Personalführung nicht nur den ökonomischen Unternehmenszielen dienen, sondern auch *humane Ziele* verfolgen. Zu den humanen Zielen zählt das Wohlbefinden oder allgemein die Arbeitszufriedenheit der Mitarbeitenden. Beispiele für Kriterien zur Bestimmung des humanen und ökonomischen Erfolgs finden sich in Abbildung 14. Ob der humane Erfolg als ein Mittel zum Erreichen ökonomischen Erfolgs gilt (Rosenstiel, 2011a) oder aber als ein eigenständiges Ziel, hängt vom Wertesystem der jeweiligen Organisation ab.

Der *Erfolg der Führungskraft* stellt eine weitere Dimension des Führungserfolges dar. Im Rahmenmodell der Führung, das auf den Unternehmenserfolg abstellt, ist dieser Faktor nicht enthalten. Für die Einzelperson und das Karrieremanagement ist diese Erfolgskomponente gleichwohl von Bedeutung (vgl. Kapitel 9 „Karriere und Karriereentwicklung“). Kriterien zur Messung des objektiven (Karriere-)Erfolgs der Führungskraft auf individueller Ebene sind die absolute und relative Gehaltshöhe, die Gehaltsentwicklung, der Rang und die Funktion, die relative Beförderungsgeschwindigkeit, die Zahl der unmittelbar unterstellten Mitarbeitenden, die Budgetverantwortung und die Entscheidungskompetenz (DeRue et al., 2011; Witte, 1995). Auch subjektive Kriterien könnten einbezogen werden, beispielsweise die Arbeits- und Karrierezufriedenheit der Führungskraft (Arnold & Cohen, 2008), wobei die Kriterien für den subjektiven Erfolg interindividuell stark variieren können (Briscoe, Hall & Mayrhofer, 2012).

In Kombination erklären Merkmale der Führungsperson und ihr Führungsverhalten einen hohen Anteil (mindestens 31 Prozent) der Varianz des Führungserfolgs, verstanden als Führungseffektivität, Gruppenleistung und Zufriedenheit der Geführten mit der Arbeit und mit der Führungskraft (DeRue et al., 2011). Obgleich Metaanalysen das Führungsverhalten als wesentlichen Einflussfaktor für Führungseffektivität belegen (Judge & Piccolo, 2004), gibt es kein allgemeingültiges Rezept für erfolgreiches Führungsverhalten, das immer und in jeder Situation zu hoher Leistung und Zufriedenheit der Mitarbeitenden führt. Studien belegen zudem, dass situative Variablen (wie beispielsweise Merkmale der Geführten und die Aufgabenkomplexität) spezifizieren, unter welchen Bedingungen Eigenschaften der Führungskraft ein bestimmtes Führungsverhalten auslösen, das wiederum den Führungserfolg beeinflusst (Rosenstiel, 2015).

Merke

Der Führungserfolg spiegelt sich in Organisationen auf zwei Ebenen wider: auf Organisationsebene in ökonomischen Erfolgsgrößen, auf Geführtenebene in humanen Erfolgsgrößen. Darüber hinaus bewertet eine Führungskraft ihre eigene Tätigkeit auf individueller Ebene in persönlichen (Karriere-)Erfolgsgrößen. Der ökonomische und humane Führungserfolg wird insbesondere vom Führungsverhalten bestimmt; daneben beeinflussen Eigenschaften des Führenden und die Führungssituation den Erfolg.

4.1.3 Eigenschaften der Führungskraft

Empirische Studien zeigen, dass von Persönlichkeitseigenschaften der Führungskraft Einfluss auf den Führungserfolg ausgeht (DeRue et al., 2011). Die Eigenschaften umfassen unter anderem Persönlichkeitsmerkmale, Motive und Werte. Die Kenntnis der konsistenten Eigenschaften ist ein Ansatzpunkt für die Auswahl von Führungspersonen.

Wenngleich es nicht möglich ist, universell günstige Führungseigenschaften zu bestimmen, erhöhen doch bestimmte Eigenschaften die Wahrscheinlichkeit eines Führungserfolgs, garantieren diesen aber nicht (Judge, Piccolo & Kosalka, 2009; Schütz, 2005; Yukl, 2010):

- hohe individuelle Durchsetzungsfähigkeit,
- stabil hoher Selbstwert,
- hohe internale Kontrollüberzeugung,
- hohes Energieniveau,
- hohe Stresstoleranz,
- moderate Leistungsmotivation,
- hohe Machtmotivation,
- bei gleichzeitig gering ausgeprägtem Anschlussmotiv.

Außerordentlich **durchsetzungsfähige Führungskräfte** verschaffen sich und der Arbeitsgruppe Vorteile und nützliche Ressourcen

(Ames & Flynn, 2007) und sind als „First Mover" für das Überleben der Gruppe oftmals wesentlich (Van Vugt, Hogan & Kaiser, 2008). Allzu gewagte Aktionen können hingegen vermessen wirken und die Führungskraft sowie die geführte Gruppe unerwünschter Aufmerksamkeit, Gegenangriffen und Ressourcenabbau aussetzen (Judge et al., 2009). Individuen mit **hohem Selbstwert**, also positivem Selbstbild und hoher Selbsteinschätzung, wirken tendenziell sympathisch und attraktiv und äußern sich in Gruppen eher als Menschen, die nicht so stark von sich überzeugt sind (Baumeister, Campbell, Krueger & Vohs, 2003). Führungskräfte mit **hoher internaler Kontrollüberzeugung**, die positive oder negative Ereignisse tendenziell als Konsequenz ihres eigenen Verhaltens wahrnehmen, verfolgen mit besonderer Effizienz Strategien der Innovation und Produktdifferenzierung (Hiller & Hambrick, 2005). Ein **hohes Energieniveau und hohe Stresstoleranz** erlauben es Führungskräften, ihre Ziele nachhaltig und mit Nachdruck auch gegen Widerstände zu verfolgen (Yukl, 2010). Das **Leistungsmotiv** beschreibt das Anstreben von schwierigen oder einzigartigen persönlichen Zielen. Das **Machtbedürfnis** kommt in der Handlungsstärke und dem Streben nach emotionalem Einfluss, Ruhm und Reputation zum Ausdruck. Das **Bedürfnis nach Zugehörigkeit** motiviert Individuen dazu, enge soziale Beziehungen zu suchen und aufrechtzuerhalten.

Ein hohes Leistungsbedürfnis kann *in traditionellen Organisationen* kontraproduktiv sein, weil es das Erreichen von Zielen eher durch persönliche Anstrengung als durch die Bemühungen anderer motiviert; deshalb gilt für Führungskräfte ein mittleres Leistungsbedürfnis als optimal. In diesen Organisationen, die durch lange Weisungsketten und die Notwendigkeit von Handlungsstärke charakterisiert sind, hilft Führungspersonen eine hohe Machtmotivation, das erforderliche Verhalten auszuführen. Das Bedürfnis nach Macht motiviert sie, ihre Ziele mittels Beeinflussung anderer zu erreichen. Die in diesen Organisationen erforderlichen Handlungen – etwa das Treffen von Entscheidungen, das Konkurrieren um Ressourcen und Einfluss und das Einnehmen immer einflussreicherer Positionen im Laufe der Zeit – liefern Führungskräften Anreize, die ihr Machtbedürfnis befriedigen. Ein hohes Bedürfnis nach Zugehörigkeit beeinträchtigt hingegen die Fähigkeit der Führungskraft, objektive Entscheidungen über andere zu treffen, und begünstigt Günstlingswirtschaft und Korruption, weshalb ein gering ausgeprägtes Anschlussmotiv als optimal anzusehen ist (McClelland, 1992; Spangler, Tikhomirov, Sotak & Palrecha, 2014).

Auch kognitive Fähigkeiten, also **Intelligenz**, erwiesen sich als bedeutsam für den Führungserfolg (Judge et al., 2009). Darüber hinaus zeigen sich Zusammenhänge zwischen Führungseffektivität und **Persönlichkeitseigenschaften** wie den sogenannten Big Five (z. B. Judge, Bono, Ilies & Gerhardt, 2002; Judge et al., 2009; vgl. Kapitel 1 „Grundlagen individueller Leistungsfähigkeit"). So bilden sich Personen mit geringem Neurotizismus sowie hoher Extraversion, Gewissenhaftigkeit und Offenheit eher zur Führungskraft heran und sind in dieser Position auch erfolgreicher (Bono & Judge, 2004; Judge et al., 2002; Silversthorne, 2001), wobei sich *Gewissenhaftigkeit* als konsistentester Eigenschaftsprädiktor für Führungseffektivität erweist (DeRue et al., 2011). Weitere Befunde zeigen, dass hochintelligente und gewissenhafte Führungskräfte ihren Geführten eher Rollenklarheit, Aufgabenstruktur und Ziele vermitteln, was diesen die Aufgabenausführung erleichtert. Hinsichtlich beziehungsorientierter Effektivitätskriterien der Führung sind hingegen Extraversion und Verträglichkeit von größerer Bedeutung. Sie helfen dabei, starke emotionale Bindungen und hochqualitative Beziehungen mit den Geführten aufzubauen, was sich wiederum positiv auf die Zufriedenheit der Mitarbeitenden mit der Führungskraft auswirkt (DeRue et al., 2011; Judge, Colbert & Ilies, 2004; Nahrgang, Morgeson & Ilies, 2009).

Neben den Eigenschaften von Führungskräften üben verhaltensbezogene und situative Variablen einen Einfluss auf den Führungserfolg aus. Davon soll nun die Rede sein.

Merke

Die Eigenschaften der Führungskraft beeinflussen den Führungserfolg und gelten als notwendiger, aber nicht hinreichender Erfolgsfaktor.

4.1.4 Mitarbeiter- und Aufgabenorientierung im Führungsverhalten und die Rolle der Situation

Effektive und ineffektive Führungskräfte unterscheiden sich in ihrem Führungsverhalten. Kenntnisse hierüber sind dazu nutzbar, (angehenden) Führungskräften durch Personalentwicklung effektive Führungsverhaltensweisen zu vermitteln.

Das Führungsverhalten wird entlang zweier Dimensionen kategorisiert (Fleishman, 1953):

- **Mitarbeiterorientierung** („consideration"): Wärme, Vertrauen, Freundlichkeit, Achtung der Mitarbeitenden, und
- **Aufgabenorientierung** („initiating structure"): aufgabenbezogene Organisation und Strukturierung, Aktivierung und Kontrolle der Mitarbeitenden.

Eine mitarbeiterorientierte Führungskraft berücksichtigt die persönlichen Bedürfnisse der Mitarbeitenden, ist um ihr Wohlergehen besorgt und respektiert ihre Vorstellungen. Eine aufgabenorientierte Führungskraft richtet sich in ihrem Verhalten an den Zielen der Organisation aus und daran, diese zu erreichen. Der jeweiligen Orientierung folgend, setzen Führungskräfte gemeinsam mit ihren Mitarbeitenden Ziele, unterstützen Kooperationen in der Arbeitsgruppe und geben Anregungen zur Aufgabenerledigung (Nerdinger, 2011b).

In **Tabelle 6** finden sich Beispielfragen zur Messung der Mitarbeiter- und Aufgabenorientierung aus dem deutschen Fragebogen zur Vorgesetzten-Verhaltens-Beschreibung (FVVB, Fittkau-Garthe & Fittkau, 1971), die sich auch zur Selbstreflexion nutzen lassen.

Als besonders erfolgversprechend gilt, wenn hohe Ausprägungen auf beiden Dimensionen gegeben sind. Untersuchungen zeigen, dass ein moderater, aber deutlicher Zusammenhang zwischen Führungsverhalten – erfasst über die beiden grundlegenden Dimensionen der Mitarbeiter- und der Aufgabenorientierung – und Führungserfolg besteht (z. B. DeRue et al., 2011; Judge et al., 2004). So korreliert die Mitarbeiterorientierung der Führungskraft eng mit der Arbeitszufriedenheit und Arbeitsmotivation der Beschäftigten sowie mit der Zufriedenheit und Effektivität der Führungskraft und die Aufgabenorientierung mit der Leistung der Gruppe und der Leistung der Führungskraft. Über alle Kriterien hinweg liegen die Zusammenhänge mit der Aufgabenorientierung überwiegend auf niedrigerem Niveau (Judge et al., 2004), was die Notwendigkeit der Abgrenzung beider Konstrukte verdeutlicht. Kurz gesagt tragen beide Dimensionen zum Erfolg bei, jedoch je nach zugrundeliegendem Erfolgskriterium in unterschiedlichem Ausmaß.

Merke

Hinsichtlich des Führungsverhaltens tragen sowohl Mitarbeiterorientierung als auch Aufgabenorientierung zum Führungserfolg bei. Die Mitarbeiterorientierung steht insbesondere mit Zufriedenheit im Zusammenhang und die Aufgabenorientierung mit Leistungsergebnissen.

Am Beispiel der transaktionalen und der transformationalen Führung sowie des Leader-Member-Exchange-(LMX-)Ansatzes betrachten wir im Folgenden die Dimension der

Tabelle 6: Beispielitems aus dem Fragebogen zur Vorgesetzten-Verhaltens-Beschreibung (FVVB; Fittkau-Garthe & Fittkau, 1971)

	1 = oft	2 = relativ häufig	3 = manchmal	4 = selten	5 = niemals
Mitarbeiterorientierung: freundliche Zuwendung					
Er behandelt seine Mitarbeiter als gleichberechtigte Partner.					
In Gesprächen mit seinen unterstellten Mitarbeitern schafft er eine gelöste Stimmung, sodass sie sich frei und entspannt fühlen.					
Er ist freundlich und man hat leicht Zugang zu ihm.					
Auch wenn er Fehler entdeckt, bleibt er freundlich.					
Aufgabenorientierung: mitreißende Aktivität					
Er bemüht sich, langsam arbeitende unterstellte Mitarbeiter zu größeren Leistungen zu ermuntern.					
Er weist seinen unterstellten Mitarbeitern spezifische Aufgaben zu.					
Er reißt durch seine Aktivität seine unterstellten Mitarbeiter mit.					
Er passt die Arbeitsgebiete genau den Fähigkeiten und Leistungsmöglichkeiten seiner unterstellten Mitarbeiter an.					

Mitarbeiterorientierung noch vertiefter. Diesen Konzeptionen ist gemeinsam, dass sie die Führungsbeziehung als einen Austausch zwischen zwei interagierenden Partner/-innen, der Führungsperson und der geführten Person, betrachten. Der Austausch bezweckt die Realisierung gemeinsamer Anliegen oder Ziele mittels wechselseitigen Gebens und Nehmens. So bemisst sich der Erfolg der Führungskraft an den Leistungen ihrer Geführten, und die Geführten sind auf die Führungskraft angewiesen, wenn es um die Verwirklichung ihrer beruflichen Chancen und ihre gegenwärtigen Entfaltungsmöglichkeiten geht.

4.1.5 Führung als Austauschbeziehung zwischen Führungsperson und Geführten

Transaktionale und transformationale Führung

Die transformationale und die transaktionale Führung beschreiben unterschiedliche Austauschbeziehungen zwischen Führungskraft und Geführten (Burns, 1978).

Die **transaktionale Führung** knüpft an das Prinzip der operanten Konditionierung und Vrooms (1964) Erwartungstheorie der Motivation an (vgl. Kapitel 2 „Faktoren individueller Leistungsbereitschaft“). Die operante Konditionierung beschreibt ein Reiz-Reaktions-Lernen: Bestimmte Verhaltensweisen werden erlernt, indem die oder der Lernende von ihrer Umwelt Verstärkung dafür erhält. Die transaktionale Führung folgt diesem Lernprinzip der Verstärkung. Dabei kontrolliert die Führungskraft sowohl den Bearbeitungsweg, den die Geführten zur Zielerreichung wählen, als auch die Zielerreichung (Nerdinger, 2011b). Die Mitarbeitenden erhalten bei Zielerreichung eine Belohnung und bei Zielverfehlung eine Bestrafung (Neuberger, 2002). Die Erwartungstheorie scheint insofern in der transaktionalen Führung auf, als transaktionale Führungskräfte abklären, welche Bedürfnisse die Geführten haben und wie sich diese im Austausch für die Erfüllung der Arbeitsanforderungen erfüllen lassen. Die Geführten agieren – im Bewusstsein ihrer persönlichen Bedürfnisse – aus Eigeninteresse gemäß den Erwartungen der Führungskraft (Bass, 1985; Bono & Judge, 2004; Burns, 1978).

Transaktionale Führung drückt sich in folgenden beiden Prinzipien aus:

- **Führung nach dem Ausnahmeprinzip („Management by Exception")**
  Aktives Management by Exception bedeutet, dass die Führungskraft die Leistungen kontrolliert und aktiv eingreift, wenn ein Fehler auftritt bzw. wenn die ausgehandelten Prozesse nicht mehr richtig funktionieren und somit von den Standards abgewichen wird. Bei der passiven Form verzichtet die Führungskraft auf aktive Kontrolle der Leistungen und Abläufe und greift nur in Notfällen ein.
- **Bedingte Belohnung**
  Die Führungskraft klärt Erwartungen bzw. vereinbart genau definierte Ziele und vergibt eine festgelegte Anerkennung (Entgelt, Lob, Aufstieg etc.) für ein als positiv im Sinne der Unternehmensziele bewertetes Verhalten der Geführten (Bass & Avolio, 1993).

Der Austausch zwischen Führenden und Geführten gewährleistet, dass sich Mitarbeitende im Rahmen des Vereinbarten anstrengen, und ermöglicht deshalb der Führungskraft eine verlässliche Planung. Wird den Geführten allerdings der Zusammenhang von Leistung und Belohnung nicht deutlich (Yankelovich & Immerwahr, 1983) oder bewerten sie das Belohnungssystem als unfair oder manipulativ, kann dies die Leistung beeinträchtigen (Avolio & Bass, 1987), wie die Erwartungstheorie der Motivation von Vroom (1964) es vorhersagt (vgl. Kapitel 2 „Faktoren individueller Leistungsbereitschaft").

Die transaktionale Führung wird ergänzt durch die **transformationale Führung** (Bass, 1985; Bass & Avolio, 1993): Mittels transaktionaler Führung fördert eine Führungsperson zunächst aus dem Tauschkalkül heraus eine *erwartete Anstrengung* seitens der Geführten. Mittels transformationalen Führungsverhaltens bewirkt sie eine *erhöhte Motivation* seitens der Geführten, die darauf abzielt, einen über die Rollenerwartung hinausragenden Erfolg zu erreichen (Tracey & Hinkin, 1998). Eine erfolgreiche Führungskraft wendet sowohl transaktionales als auch transformationales Führungsverhalten an (Avolio & Bass, 1987).

Der Erfolg der transformationalen Führung in der Praxis hängt insbesondere mit den gesellschaftlichen und ökonomischen Entwicklungen zusammen. Mitarbeitende müssen vor dem Hintergrund verschärften Wettbewerbs und kürzerer Veränderungszyklen schnell und flexibel reagieren und selbstständig Organisationsinteressen vertreten. Damit sie selbstständig arbeiten können, bedarf es der Übertragung notwendiger Kompetenzen an sie. Dieser Kontext erfordert ein Führungsverhalten, das nicht allein auf Kontrolle und Belohnung beruht. Auch kooperatives, an den Bedürfnissen der Mitarbeitenden orientiertes Führungsverhalten allein stellt nicht sicher, dass die Geführten selbstständig Organisationsziele verfolgen. Stattdessen müssen transformational Führende den Geführten Sinn in der zu verrichtenden Arbeit vermitteln, so dass – im Unterschied zu den Annahmen der transaktionalen Führung – die Geführten ihr Eigeninteresse zugunsten des Wohls der Organisation überwinden (Avolio, Walumbwa & Weber, 2009). Auf diesem Wege zielt die Führungskraft darauf ab, die Einstellungen der Geführten zu verändern bzw. zu transformieren und sie dazu anzuregen, dass sie über die Erwartungen des/der Vorgesetzten hinausreichende Leistungen erbringen.

Transformational Führende zeigen auf dieser Basis vier Verhaltensmuster (vier „I's"; Judge & Piccolo, 2004):

- **Idealisierter Einfluss**
  Die Führungskraft vermittelt den Geführten erreichbare Missionen, bietet stimulierende Visionen an und bringt ihr Vertrauen in die Fähigkeit ihrer Mitarbeitenden zum Ausdruck, diese Visionen zu verwirklichen. Sie zeigt symbolisches Verhalten (z.B. Rhetorik; direkte persönliche Mitteilung einer betrieblichen Entscheidung anstelle eines allgemeinen Routineschreibens etc.) und geht mit gutem Beispiel voran. Daraufhin fassen die Mitarbeitenden Vertrauen und eifern der Führungskraft nach.
- **Inspirierende Motivierung**
  Die Führungskraft artikuliert eine ideologische Zukunftsvision, die den Mitarbeitenden zusagt. Symbole und emotionale Appelle steigern das Bewusstsein für die Vision und die angestrebten Ziele. Sie achtet auf die Emotionen ihrer Mitarbeitenden und kommuniziert offen, persönlich und zeitnah.
- **Intellektuelle Stimulierung**
  Die Führungskraft spornt innovatives Denken an und ermuntert die Mitarbeitenden dazu, die eigenen Werte, Überzeugungen und Erwartungen wie auch die der Führenden und der Organisation in Frage zu stellen.
- **Individuelle Unterstützung**
  Die Führungskraft bietet Beratung, Förderung und Unterstützung an, berücksichtigt die Bedürfnisse der Mitarbeitenden und kümmert sich darum, dass die Geführten ihre beruflichen Herausforderungen bewältigen können.

Die transformationale Führung setzt bei der vorgefundenen Anstrengung der Geführten an und zielt darauf ab, dieses Anstrengungsniveau zu erhöhen, indem Mitarbeitende zu einer Extra-Anstrengung motiviert werden (Avolio et al., 2009). Als Ergebnis des Führungsverhaltens (vier „I's") vertrauen die Geführten der Führungskraft, respektieren diese und sind motiviert, sich selbst höhere Ziele zu setzen, Verzicht zu üben und Opfer zu erbringen, um zur Verwirklichung der Vision der Führungsperson beizutragen (House & Shamir, 1993).

Beispielitems in **Tabelle 7** verdeutlichen, wie transformationale Führung in Erscheinung tritt:

Für die Ausübung transformationalen Führungsverhaltens erweisen sich bei den Persönlichkeitseigenschaften hohe Extraversion und niedriger Neurotizismus als besonders günstig (Bono & Judge, 2004). Der transformationale Führungsstil wirkt sich positiv auf den Führungserfolg aus (Bono & Judge, 2004; Felfe, 2009), beispielsweise auf die Zufriedenheit, das Vertrauen und das Commitment der Geführten (Braun, Peus, Weisweiler & Frey, 2013; Judge et al., 2004), auf deren Arbeitsleistung (Banks, McCauley, Gardner & Guler, 2016; Felfe & Heinitz, 2010; Wang, Oh, Courtright & Colbert, 2011) und auf die Innovationsfähigkeit des Unternehmens (Jung, Wu & Chow, 2008).

Vorsichtig muss die transformational arbeitende Führungskraft mit einer engen emotionalen Beziehung zwischen ihr und den Geführten umgehen, die sich nachteilig entwickeln kann, wenn sie den wichtigen kritischen Diskurs reduziert und in Verehrung der Führungsperson mit der Folge einer „Infantilisierung der Geführten" mündet (Wegge & Rosenstiel, 2004, S. 498). Dann birgt transformationale Führung die Gefahr, dass Mitarbeitende manipuliert und zum Spielball persönlicher Interessen der Führungskraft werden (etwa der Befriedigung von Machtstreben, Autorität, Dominanz, Impulsivität, Narzissmus etc.), in-

Tabelle 7: Beispielitems zur Messung transformationaler Führung (MLQ5; Felfe, 2006)

Meine Führungskraft, die ich einschätze ...	
... stellt die eigenen Interessen zurück, wenn es um das Wohl der Gruppe geht.	**Idealisierter Einfluss**
... macht mich stolz darauf, mit ihr zu tun zu haben.	
... spricht mit anderen über ihre wichtigsten Überzeugungen und Werte.	
... macht klar, wie wichtig es ist, sich 100-prozentig für eine Sache einzusetzen.	
... äußert sich optimistisch über die Zukunft.	**Inspirierende Motivierung**
... spricht mit Begeisterung über das, was erreicht werden soll.	
... schlägt neue Wege vor, wie Aufgaben/Aufträge bearbeitet werden können.	**Intellektuelle Stimulierung**
... bringt mich dazu, Probleme aus verschiedenen Blickwinkeln zu betrachten.	
... hilft mir, meine Stärken auszubauen.	**Individuelle Unterstützung**
... erkennt meine individuellen Bedürfnisse, Fähigkeiten und Ziele.	

dem sie Normen und Werte für kommerzielle Ziele instrumentalisiert (Bass, 1998). Transformationales Führungsverhalten erfordert daher von dem oder der Vorgesetzten sehr hohe moralische und ethische Standards.

Auch wenn transformationale Führung mit den besten Absichten ausgeübt wird, kann sie bei den Mitarbeitenden zu Stresserleben beitragen. So können hohe Leistungserwartungen und das Zuteilen herausfordernder Aufgaben bewirken, dass solcherart Geführte zu hohe Verpflichtungen übernehmen (Over-Commitment) und sich aufopfern, was eine Überlastung zur Folge hat (Felfe, 2006; Franke & Felfe, 2011). Zudem gibt es Hinweise darauf, dass transformationales Führungsverhalten auch bei diesen Führungskräften selbst emotionale Erschöpfung bewirken kann (Zwingmann, Wolf & Richter, 2016).

Die in **Abbildung 15** dargestellten Elemente der transaktionalen und transformationalen Führung können mit dem gut getesteten MLQ (Multifactor Leadership Questionnaire) zuverlässig erfasst werden (Felfe & Goihl, 2002). Der Augmentations-Hypothese zufolge besteht ein additiver Effekt der transformationalen Führung über die transaktionale Führung hinweg (Bass & Avolio, 1993). So zeigt sich beispielsweise, dass durch Kombination beider Führungsansätze die individuelle und gruppenbezogene Leistung steigt (Wang et al., 2011).

Merke

Erfolgreiches Führungsverhalten umfasst Elemente sowohl der transaktionalen als auch der transformationalen Führung.

Interaktionsbasierte Führung

Die Austauschbeziehung zwischen Führungsperson und Geführten wird in den interaktionsbasierten Führungsansätzen noch weiter heruntergebrochen. Es wird die Annahme in Frage gestellt, dass derselbe Führungsstil bei allen Geführten gleich effektiv sein kann. Das richtet die Aufmerksamkeit auf die einzigartigen Zweierbeziehungen (Dyaden) zwischen einer Führungsperson und jeder einzelnen geführten Person (Graen & Uhl-Bien, 1995).

Das zentrale Prinzip des „LMX-Ansatzes“ (Graen & Uhl-Bien, 1995) besteht darin, dass Führungskräfte („Leader“) qualitativ unterschiedliche Austauschbeziehungen mit ihren Geführten („Members“) entwickeln (Graen &

Cashman, 1975; Graen & Scandura, 1987). Die **Beziehungsqualität** beeinflusst den Führungserfolg maßgeblich (Gerstner & Day, 1997). Entsprechend der Beziehungsqualität entwickeln sich sogenannte In-Groups und Out-Groups (vgl. **Abb. 16**):

- Mitglieder der *In-Group* befinden sich in einer Austauschbeziehung hoher Qualität, die durch ein hohes Maß an Vertrauen, Zuneigung und Respekt gekennzeichnet ist. Die Führungskraft bietet den Geführten gewünschte Ergebnisse wie interessante Aufgaben, zusätzliche Verantwortung und höhere Belohnungen im Austausch für ihre Loyalität gegenüber der Führungskraft und die Bereitschaft, Leistungen über das arbeitsvertraglich zu erwartende Maß hinaus zu erbringen.
- Geführte der *Out-Group* befinden sich in einer Austauschbeziehung geringer Qualität. Von ihnen wird lediglich die Erfüllung der formalen Arbeitsanforderungen erwartet, und die Führungskraft bietet ihnen keine Zusatzleistungen an (Graen & Uhl-Bien, 1995; Weibler, 2016).

Im ersten Falle übt die Führungskraft „Einfluss ohne Autorität" aus, die durch höhere gegenseitige Unterstützung und Spielräume gekennzeichnet ist, die sie den Geführten einräumt. Im zweiten Fall hat die Führungskraft „Einfluss mit Autorität", welcher primär auf stärker

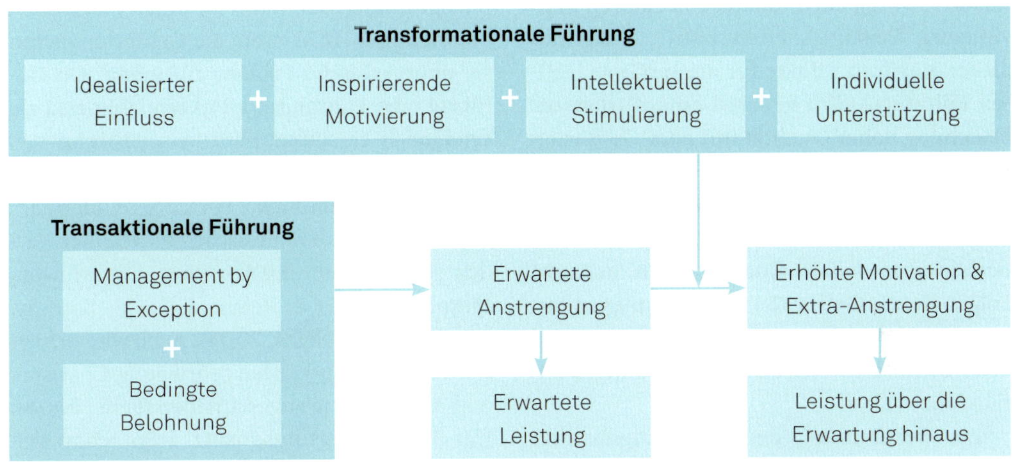

Abbildung 15: Der additive Effekt transformationaler Führung (in Anlehnung an Neuberger, 2002)

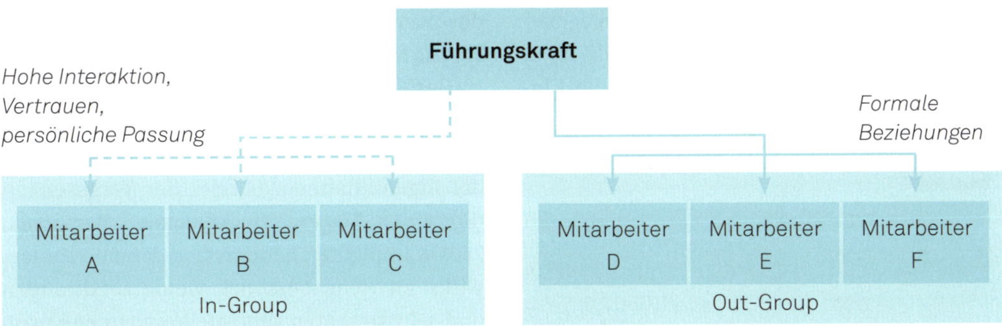

Abbildung 16: Leader-Member-Exchange-Ansatz (nach Graen & Uhl-Bien, 1995)

formalen Aufsichtsrollen und -techniken basiert (Dansereau et al., 1975; Graen & Uhl-Bien, 1995; Rosen, Harris & Kacmar, 2010).

Während die Beziehung zur In-Group dem Gedanken des sozialen Austauschs entspricht, trägt das Austauschverhältnis mit der Out-Group ökonomische Grundzüge (vgl. Walumbwa, Cropanzano & Goldman, 2011). Das reziproke Verhalten der In-Group-Mitglieder äußert sich im Vergleich zu Geführten der Out-Group in höherer Ausprägung von Arbeitszufriedenheit, organisationalem Commitment, Innovation, aufgabenbezogener Leistung und Extra-Rollen-Leistung sowie geringerer Ausprägung von arbeitsbezogenem Stress und Fluktuation (Cogliser, Schriesheim, Scandura & Gardner, 2009; Erdogan & Liden, 2002; Gerstner & Day, 1997; Graen & Uhl-Bien, 1995; vgl. auch Kapitel 2 „Faktoren individueller Leistungsbereitschaft"). Aufgrund dieser positiven Effekte für die In-Group sollten Führungskräfte generell eine Austauschbeziehung hoher Qualität mit *allen* Geführten anstreben und entwickeln (Graen & Uhl-Bien, 1995). Harris und Kacmar (2006) weisen allerdings kritisch darauf hin, dass Austauschbeziehungen hoher Qualität auch negative Folgen für die Geführten haben können, nämlich ein höheres Stressniveau, das sich auf das höhere Maß an Druck und Verpflichtungen zurückführen lässt.

Zur Bestimmung der Beziehungsqualität kann man Fragebogen verwenden (Graen & Uhl-Bien, 1995), die von Mitarbeitenden und Führungskräften zu beantworten sind (Schyns & Paul, 2014). Der in **Tabelle 8** wiedergegebene LMX7-Fragebogen (Graen & Uhl-Bien, 1995) ist ein Beispiel dafür, wie sich die Einschätzungen der Geführten erheben lassen.

Merke

Die Effektivität der Führung hängt von der Beziehungsqualität zwischen einer Führungsperson und jeder einzelnen geführten Person ab.

4.1.6 Implizite Führungstheorien der Geführten

Auch die impliziten Führungstheorien stellen die Bedeutung der **Geführtenperspektive** für den Führungserfolg in den Vordergrund (Lord, 1985). *Attributionen,* sprich die subjektiven Annahmen der Geführten über gute Führung und erforderliche Eigenschaften der Führungskraft, und auch die von den Geführten wahrgenommene Ähnlichkeit mit ihrer Führungsperson, aufgrund derer sie sich mit ihr identifizieren, beeinflussen den Führungserfolg (Conger & Kanungo, 1987; DeRue et al., 2011; Hogg, Hains & Mason, 1998). Diese subjektiven Annahmen über gute Führung beruhen auf persönlichen Erfahrungen, Stereotypen, Sozialisationsprozessen oder auf von anderen Personen übernommenem Wissen; die Geführten halten sie ohne kritische Prüfung für gültig. Ob Geführte eine Führungskraft akzeptieren und als erfolgreich einstufen, wird beispielsweise von der Reife und Attraktivität der Führungsperson beeinflusst (Cherulnik, Turns & Wilderman, 1990) oder von deren Geschlecht (Männer werden eher mit Führung assoziiert; z.B. Johnson, Murphy, Zewdie & Reichard, 2008; Sczesny, Bosak, Neff & Schyns, 2004). Auch wird erfolgreichen Führungskräften sehr häufig Charisma und Ausstrahlung zugeschrieben (Felfe, 2006). Der **Identifizierungsansatz** zeigt, dass sich Geführte, die Ähnlichkeiten zwischen sich und der Führungskraft wahrnehmen, stärker mit der Führungsperson identifizieren und diese positiver beurteilen (Engle & Lord, 1997; Liden, Wayne & Stilwell, 1993; Turban & Jones, 1988).

Geführte entwickeln also ihre jeweils individuelle Theorie über gute Führung und schließen von ihrer impliziten Führungstheorie auf die Eigenschaften des oder der Vorgesetzten (Stemmler, Hagemann, Amelang & Bartussek, 2010). Implizite Theorien sind dann besonders wirksam, wenn Personen wenig Erfahrungen und sehr stereotyp geprägte Vorstellungen von einem Konzept haben. DeRue et al. (2011) ver-

Tabelle 8: LMX7-Fragebogen (in Anlehnung an Graen & Uhl-Bien, 1995)

Instruktion:
Im Folgenden geht es um Ihre Vorgesetzte. Bitte kreuzen Sie die Zahlen neben den Sätzen entsprechend Ihrer Einschätzung an. Bitte lassen Sie keinen Satz aus.

Wissen Sie im Allgemeinen, wie Ihre Vorgesetzte Sie einschätzt?	*1 = nie*	*2 = selten*	*3 = gelegent-lich*	*4 = oft*	*5 = immer*
Wie gut versteht Ihre Vorgesetzte Ihre beruflichen Probleme und Bedürfnisse?	*1 = gar nicht*	*2 = wenig*	*3 = mittel-mäßig*	*4 = gut*	*5 = sehr gut*
Wie gut erkennt Ihre Vorgesetzte Ihre Entwicklungsmöglichkeiten?	*1 = gar nicht*	*2 = wenig*	*3 = mittel-mäßig*	*4 = gut*	*5 = sehr gut*
Wie hoch ist die Chance, dass Ihre Vorgesetzte ihren Einfluss nutzt, um Ihnen bei Arbeitsproblemen zu helfen?	*1 = gering*	*2 = eher gering*	*3 = mittel*	*4 = eher hoch*	*5 = hoch*
Wie groß ist die Wahrscheinlichkeit, dass Ihre Vorgesetzte Ihnen auf ihre Kosten aus der Patsche hilft?	*1 = gering*	*2 = eher gering*	*3 = mittel*	*4 = eher hoch*	*5 = hoch*
Ich habe genügend Vertrauen in meine Vorgesetzte, um ihre Entscheidungen zu verteidigen.	*1 = trifft gar nicht zu*	*2 = trifft wenig zu*	*3 = mittel-mäßig*	*4 = über-wiegend*	*5 = völlig*
Wie würden Sie das Arbeitsverhältnis mit Ihrer Vorgesetzten beschreiben?	*1 = sehr ineffektiv*	*2 = schlechter als Durchschnitt*	*3 = durch-schnittlich*	*4 = besser als Durchschnitt*	*5 = sehr effektiv*

Anmerkungen: *Übersetzung der Items von Graen und Uhl-Bien (1995). In den Items wird die weibliche Formulierung gewählt. Die Formulierung sollte an die jeweiligen Befragten angepasst werden.*

Auswertungshinweise: *Die Summenwerte werden durch Addition der codierten Antworten generiert. Ein hoher Wert bedeutet eine gute Bewertung der Beziehungsqualität zur Führungskraft.*

muten daher, dass Attributions- und Identifizierungsprozesse über die Zeit abnehmen, indem die Geführten das Führungsverhalten näher kennenlernen. Im Zuge dieses Erfahrungslernens seitens der Geführten wird das Führungsverhalten selbst als wichtiger eingestuft als die wahrgenommenen Eigenschaften, um den Führungserfolg zu erklären.

Merke

Implizite Führungstheorien sind subjektive Annahmen darüber, welche Eigenschaften, Verhaltensweisen oder Merkmale eine Führungskraft typisieren.

4.2 Praktische Anwendung

Eine wesentliche Basis für die Beziehung und Interaktion zwischen Führungskraft und Geführten ist neben der wahrgenommenen Gerechtigkeit (vgl. Kapitel 2 „Faktoren individueller Leistungsbereitschaft“) gegenseitiges Vertrauen. So wird bei transformationaler Führung das besondere Vertrauen des oder der Geführten in die Führungskraft betont. Hohes gegenseitiges Vertrauen, Respekt und ein sozialer Austausch sind auch im LMX-Ansatz kennzeichnend für eine qualitativ hochwertige Austauschbeziehung.

Die Forschung zu impliziten Führungstheorien zeigt, dass wahrgenommene Ähnlichkeit vertrauensfördernd sein kann (Weibler, 2016). So ließ sich der positive Zusammenhang zwischen Vertrauenswürdigkeit (als von den Mitarbeitenden zugeschriebene Disposition) und Führungserfolg empirisch vielfach belegen (vgl. z. B. Caldwell, Hayes & Long, 2010; Mahembe & Engelbrecht, 2013). Vertrauen wiederum verbessert in einer Führungsbeziehung die Kommunikation. Der tagtäglich praktizierte Führungsstil muss die Kommunikation zwischen Führungskraft und Geführten gewährleisten und ermöglicht die Verdichtung einer Beziehung (Weibler, 2016). Aus diesem Grund beschäftigen wir uns im Folgenden näher mit Vertrauen und Kommunikation in der Führungsbeziehung.

4.2.1 Vertrauen und Führung

Vertrauen bezeichnet die „Erwartungen, Annahmen oder Überzeugungen einer Person über die Wahrscheinlichkeit, dass die künftigen Handlungen eines anderen vorteilhaft, günstig oder zumindest nicht schädlich für seine Interessen sein werden“ (Robinson, 1996, S. 576; eigene Übersetzung). Vertrauen ist zentraler Bestandteil einer Führungsbeziehung: Mitarbeitende, die ihrer Führungskraft vertrauen, sind zuversichtlich, dass ihre Rechte und Interessen geachtet werden (Schoorman, Mayer & Davis, 2007).

Wie entwickelt sich Vertrauen? In der Psychologie konzentrierte sich die Forschung hauptsächlich auf die Identifizierung von Eigenschaften, die Menschen dazu qualifizieren, vertrauenswürdig zu sein (Simpson, 2007). Drei Schlüsselmerkmale führen dazu, eine Führungskraft für vertrauenswürdig zu halten (Colquitt, Scott & LePine, 2007):

- **Integrität**
  Integrität bezieht sich auf Ehrlichkeit und Wahrhaftigkeit. Integrität bedeutet auch Konsistenz zwischen dem, was eine Führungskraft tut und was sie sagt.
- **Wohlwollen**
  Wohlwollen bedeutet, dass die Person, der man vertraut, die Interessen der anderen berücksichtigt, auch wenn sie nicht unbedingt im Einklang mit den eigenen Interessen stehen. Das wohlwollende und unterstützende Verhalten ist Teil der emotionalen Bindung zwischen Führungskräften und Mitarbeitenden.
- **Befähigung**
  Die Befähigung umfasst das fachliche und interpersonelle Wissen und die Kompetenzen eines Menschen. Auch einer hoch prinzipientreuen Führungskraft mit den besten Absichten trauen die Geführten nur dann zu, ein positives Ergebnis für die Mitarbeitenden zu erreichen, wenn sie an die Befähigung der Führungskraft glauben, eine Aufgabe zu meistern. Um der Führungskraft dieses Vertrauen entgegenzubringen, müssen die Geführten Respekt vor deren Fähigkeiten haben.

Diese individuellen Unterschiede sind wichtig, doch da Vertrauen ein genuin zwischenmenschliches Phänomen darstellt, ist der jeweilige Interaktionspartner ebenfalls ein wichtiger Faktor. Daher gilt es, nicht nur die Merkmale des Akteurs, des Vertrauensgebers, zu berücksichtigen, sondern auch die des Partners, des Vertrauensnehmers. Die **Vertrauensneigung** bestimmt, wie wahrscheinlich es ist, dass eine Person anderen vertraut. Mitarbeitende, die jede Zusage oder jedes Gespräch mit der Führungskraft sorgfältig dokumentieren, zeigen eine geringe Vertrauensneigung. Diejenigen, die fest daran glauben, dass die meisten Menschen im Grunde ehrlich und aufrichtig sind, werden mit höherer Wahrscheinlichkeit Belege dafür finden, dass sich ihre Führungskraft in vertrauenswürdiger Weise verhalten hat. Vertrauensneigung steht in engem Zusammenhang mit dem Persönlichkeitsmerkmal Verträglichkeit, wohingegen Menschen mit geringerem Selbstwertgefühl anderen mit geringerer Wahrscheinlichkeit vertrauen (Simpson, 2007; vgl. auch Abschnitt 4.1.3 „Eigenschaften der Führungskraft" und Kapitel 1 „Grundlagen individueller Leistungsfähigkeit").

Darüber hinaus ist Zeit ein wichtiger Faktor. Vertrauen in eine Person basiert auf den Erfahrungen mit dem Verhalten des anderen über eine Zeitspanne hinweg (Simpson, 2007). Führungskräfte müssen sich des **Vertrauens würdig erweisen,** indem sie zeigen, dass sie in verschiedenen Situationen, in denen Vertrauen wesentlich ist, integer, wohlwollend und fähig agieren, zum Beispiel indem sie sich nicht opportunistisch verhalten und Mitarbeitende nicht fallenlassen, obgleich sie dies in der jeweiligen Situation tun könnten. Bezogen auf die Befähigung lässt sich Vertrauen auch über die Demonstration von Kompetenz erlangen (Robbins & Judge, 2013). Vertrauen ist folglich ein **Prozess**, der unter anderem die in **Abbildung 17** gezeigten Outcomes zur Folge hat.

Welche Vorteile resultieren aus Vertrauen? Zu den wichtigen Vorteilen zählen die folgenden (vgl. Abb. 17):

- **Förderung von Risikobereitschaft**
  Wann immer Mitarbeitende – angeleitet von der Führungskraft – von den üblichen Prozessen abweichen oder eine neue Richtung einschlagen, gehen sie ein Risiko ein. Eine vertrauensvolle Beziehung kann diesen Sprung erleichtern.
- **Erleichterung von Informationsaustausch**
  Mitarbeitende zögern teilweise, ihre Ideen am Arbeitsplatz mitzuteilen. Einer der Hauptgründe dafür ist, dass sie sich insbesondere bei Kritik unsicher fühlen, ob ihre Ansichten auf Wohlwollen treffen. Wenn Führungskräfte zeigen, dass sie den Ideen der Mitarbeitenden Gehör schenken und auf diese reagieren, sind die Mitarbeitenden eher bereit, Informationen zu teilen (Detert & Burris, 2007).
- **Steigerung der sozialen Effektivität**
  Eine vertrauensvolle Atmosphäre trägt auch zur Bereitschaft bei, Informationen zu tei-

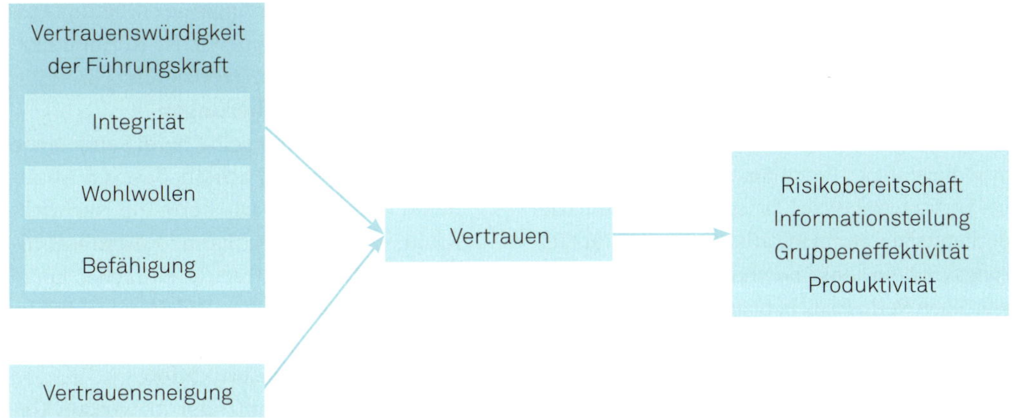

Abbildung 17: Vertrauen als Prozess (Robbins & Judge, 2013)

len. So sind Mitarbeitende innerhalb einer Arbeitsgruppe in solcher Atmosphäre eher dazu bereit, sich zu unterstützen und gegenseitig zu helfen, was wiederum die Effektivität des Teams steigert.

- **Steigerung der Produktivität**
  Mitarbeitende, die ihren Vorgesetzten vertrauen, sind in der Regel leistungsstärker und erhalten höhere Leistungsbewertungen (Colquitt, Scott & LePine, 2007). Auf eine Situation des Misstrauens hingegen reagieren Menschen, indem sie Informationen verschleiern und insgeheim ihre eigenen Interessen verfolgen, worunter die Produktivität des Unternehmens leidet.

Führungskräfte, die als nicht vertrauenswürdig wahrgenommen werden, stellen bald fest, dass negative Konsequenzen folgen: Die Mitarbeitenden sind weniger zufrieden und „committed", sie sind eher bereit, das Unternehmen zu wechseln, und zeigen weniger aufgabenbezogene Leistung und Extra-Rollen-Verhalten (Zhao, Wayne, Glibkowski & Bravo, 2007).

Ist das Vertrauen verletzt, kann es unter bestimmten Umständen zurückgewonnen werden. Unabhängig von der Verletzung ist ein Sich-in-Schweigen-Hüllen, das Verweigern einer Bestätigung oder eine Schuldleugnung keine effektive Strategie, um Vertrauen zurückzugewinnen. Liegt der Grund in der mangelnden Fähigkeit, ist es normalerweise am besten, sich zu entschuldigen und anzuerkennen, dass man es hätte besser machen müssen, aber nicht konnte. Ist ein Mangel an Integrität oder Wohlwollen Ursache des Problems, wird eine Entschuldigung wenig bringen, wenn sie nicht mit einem grundlegenden Richtungswechsel verbunden ist. Vertrauen lässt sich beispielsweise dann wiederherstellen, wenn Mitarbeitende an ihrer Führungskraft ein konsequentes Muster vertrauenswürdigen Verhaltens beobachten. Hat hingegen Betrug stattgefunden, wird das Vertrauen in die Integrität der Führungskraft wohl nie vollständig zurückkehren, auch nicht nach Entschuldigungen, Versprechungen oder einem konsistent vertrauenswürdigen Verhaltensmuster (Schweitzer, Hershey & Bradlow, 2006).

Merke

Hohe Vertrauenswürdigkeit der Führungskraft wirkt sich positiv auf das Arbeitsverhalten der Mitarbeitenden aus, auf deren Effektivität und auf die Zusammenarbeit im Team. Vertrauenswürdigkeit basiert darauf, dass die Führungskraft als integer, wohlwollend und fähig wahrgenommen wird.

4.2.2 Kommunikation der Mitarbeitenden

Kommunikation als Grundlage

Die wichtigste Weise, in der Führungskräfte auf ihre Mitarbeitenden einwirken und dadurch das Entstehen einer positiven Beziehung unterstützen können, ist die Kommunikation. Anleiten, delegieren, überzeugen, kritisieren, Wertschätzung und Anerkennung ausdrücken sind zentrale Mittel zielgerichteter Kommunikation und beeinflussen die Beziehung (Felfe, 2009). In vielen Organisationen zählt dementsprechend die Kommunikationsfähigkeit zur Gestaltung von Führungsbeziehungen zu den wichtigsten Kriterien bei der Auswahlentscheidung für eine Führungsposition.

Infolge von Interpretationen und subjektiven Wahrnehmungen der Kommunizierenden ist eine Nachricht allerdings nie eindeutig. Folgende Techniken verhelfen dazu, Kommunikationsschwierigkeiten zu reduzieren:

- **Prägnante Formulierungen**
  Eine Führungskraft sollte beim Senden von Nachrichten darauf achten, dass der Mitarbeiter oder die Mitarbeiterin die Nachricht leicht entschlüsseln kann. Kommunikationsförderlich sind relativ einfache, kurze und mit verständlichen Wörtern formulierte Sätze.
- **Nonverbale Kommunikation**
  Darüber hinaus hilft der bewusste Gebrauch nonverbaler Kommunikation, also

von Tonfall, Gestik und Mimik, um die Kommunikation beziehungs- und persönlichkeitsgerecht zu gestalten (Schulz von Thun, 2010). Nicken signalisiert beispielsweise „Das habe ich begriffen". Körpersprache und gegenseitige Sympathie hängen eng zusammen, was sich darin widerspiegelt, dass Menschen, die in einem harmonischen Verhältnis zueinander stehen, unbewusst Mimik und Bewegung ihres Gesprächspartners teilweise imitieren.

- **Erläuterungen**
  Auch das Ergänzen beispielsweise von Begründungen für kommunizierte Entscheidungen und eine strukturierte Argumentation erhöhen die Verständlichkeit.
- **Offene Fragetechnik**
  Offene Fragen (z.B. „Wie wollen Sie zur Stärkung des Vertriebs vorgehen?") erhöhen im Vergleich zu geschlossenen Fragen (z.B. „Sollen wir das Vertriebspersonal im Gebiet Nord verstärken oder beibehalten?") den Informationsgewinn, da die Antworten sich nicht auf ein „Ja" oder „Nein" beschränken, und unterstützen die Gesprächsdynamik und den flüssigen Gesprächsverlauf.
- **Aktives Zuhören**
  Dem aktiven Zuhören liegen zwei Techniken zugrunde, die dazu dienen, die Aussagen und Sichtweisen des Gesprächspartners besser zu verstehen und Unstimmigkeiten zu vermeiden.
  - Über die erste Technik, das *Paraphrasieren* (d.h. Zusammenfassen des Gesagten in eigenen Worten), zeigt man dem Gesprächspartner, dass man wirklich zuhört. Zudem kann man selbst über das zusammenfassende Wiederholen prüfen, ob man sein Gegenüber richtig verstanden hat (vgl. Kapitel 5 „Konfliktmanagement als Führungsaufgabe").
  - Die zweite Technik, das *Verbalisieren von Emotionen,* zielt darauf ab, seinem Gegenüber zu verdeutlichen, welche Gefühle man bei ihr bzw. ihm heraushört (vgl. Kapitel 2 „Faktoren individueller Leistungsbereitschaft"). Wichtig bei dieser Technik ist das Nachfragen, ob man die Emotion richtig verstanden hat („Verstehe ich Sie da richtig?"), und ein Senden von Ich-Botschaften, bei dem man deutlich macht, dass man lediglich eigene Wahrnehmungen spiegelt („Auf mich wirken Sie gerade sehr verärgert" anstelle von „Sie sind verärgert"). Das folgende Beispiel verdeutlicht die Techniken des Paraphrasierens und Verbalisierens:

  Frau M. arbeitet mit Herrn S. in einem gemeinsamen Projekt. Sie sucht das Gespräch mit ihrer Vorgesetzten Frau B. und beklagt: „Ich mache das Projekt quasi alleine, weil Herr S. seine Sachen einfach nicht liefert oder das, was er macht, nicht brauchbar ist. Wenn ich nicht alles übernehmen würde, würde das Projekt an die Wand fahren. Es reicht mir jetzt langsam – ich kann nicht mehr."

  Die Vorgesetzte, Frau B., könnte wie folgt paraphrasieren und offene Fragen stellen: „Sie sagen also, dass Sie häufiger zusätzlich zu Ihren eigenen Aufgaben diejenigen von Herrn S. ausführen, weil er nicht so arbeitet, wie Sie es erwarten. Was genau meinen Sie denn damit?" Zwecks Verbalisierung von Emotionen könnte sie sagen: „Sie sind also hauptsächlich verärgert über Herrn S. und fühlen sich überlastet, weil er seinen Aufgabenbereich nicht ausfüllt und Sie daher seine Aufgaben übernehmen. Verstehe ich Sie da richtig?"

Eine empathische und offene Grundhaltung ist insbesondere in schwierigen Gesprächssituationen notwendig (vgl. Kapitel 5 „Konfliktmanagement als Führungsaufgabe"). In diesen Fällen ist es zunächst meist erforderlich, im Rahmen des Gesprächs das eigentliche Problem und die dem Problem zugrundeliegende Frage herauszuarbeiten, bevor nach Lösungswegen gesucht werden kann.

Merke

Gelungene Kommunikation ist für eine erfolgreiche Führungszusammenarbeit elementar. Zahlreiche Hilfestellungen und Techniken können zum Gelingen der Kommunikation beitragen. Eine wertschätzende Grundhaltung jedem einzelnen Mitarbeitenden gegenüber ist zentral.

Feedback

Voraussetzung für den Aufbau gemeinsamen Verständnisses als Basis für eine gute Führungsbeziehung ist eine übereinstimmende Selbst- und Fremdwahrnehmung beider Interaktionspartner/-innen. In der Realität zeigen sich indes häufig Unterschiede zwischen den Wahrnehmungen. Ein Modell für das Verstehen von Bewusstseinsunterschieden zwischen Interagierenden und der Bedeutung von Feedback (im Sinne eines Vergleichs von Selbst- und Fremdbild) ist das **Johari-Fenster** (Luft, 1970), eine zweidimensionale Matrix mit vier unterschiedlichen Bewusstseinsquadranten (vgl. **Abb. 18**).

Die vier Quadranten haben Folgendes zum Gegenstand:

- **Öffentlicher Bereich:** die Informationen, die sowohl einem selbst als auch anderen zur Verfügung stehen. Dies ist der Bereich des gemeinsamen Verständnisses und des Vertrauens.
- **Blinder Fleck:** Informationen, die einem selbst nicht bewusst sind, aber anderen.
- **Privater Bereich:** Informationen, die man selbst nicht publik machen möchte.

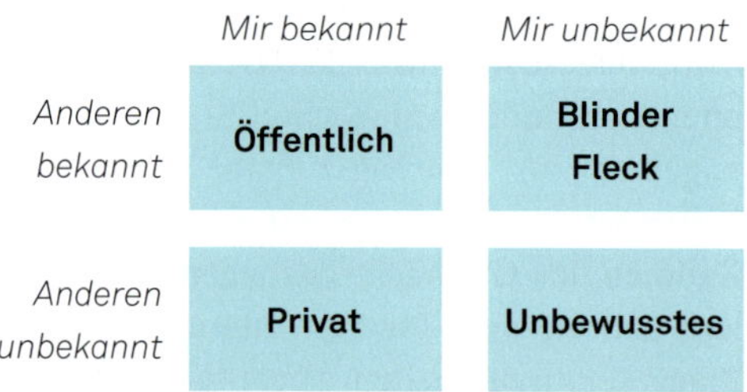

Abbildung 18: Johari-Fenster (nach Luft, 1970)

- **Unbewusster Bereich:** Informationen, die noch zu entdecken sind. Weder man selbst noch andere haben bisher Zugang zu diesen Informationen, aber in einem Kommunikationskontext lassen sie sich erforschen.

Wenn Führungskräfte selbst laufend Informationen suchen, aber selten Informationen im Austausch weiterreichen, entsteht ein großer privater Bereich. Führungskräfte, die viel offenlegen, aber wichtigen Informationen anderer nicht vertrauen oder die Meinungen anderer nicht abrufen, werden in der Regel als autokratisch oder arrogant wahrgenommen. Konsequenz ihres Verhaltens ist das Entstehen versteckter Informationen („blinder Flecken"). In analoger Weise entstehen aufseiten der Geführten große private Bereiche und blinde Flecken.

Damit Kommunikation erfolgreich sein kann, muss der öffentliche Bereich beider Interaktionspartner/-innen groß genug sein, welcher das Vertrauen zu anderen ermöglicht. Wie in **Abbildung 19** dargestellt, gibt es zwei Möglichkeiten, mit denen sich der öffentliche Bereich erweitern lässt: Offenlegung und Feedback. Bei der Offenlegung privater Informationen reduzieren Führungskräfte und Geführte ihre „Fassade", also den privaten Bereich. Indem sie um Feedback bitten und dieses akzeptieren, können sie ihre blinden Flecken reduzieren.

Das Geben konstruktiven Feedbacks, positiv oder negativ, kann eine ziemlich schwierige Aufgabe sein (vgl. Kapitel 1 „Grundlagen individueller Leistungsfähigkeit"). Während sowohl Führungskräfte als auch Geführte tendenziell die Gelegenheit wahrnehmen, positives Feedback zu erhalten, vermeiden viele negatives Feedback eher oder zögern dieses hinaus. Auch halten sich Mitarbeitende tendenziell – je nach Organisationskultur – beim Geben ehrlichen Feedbacks an die Führungskraft zurück, was im schlechtesten Falle zu einer „organisationalen Stille" führt und weitere Kommunikations-, Lern- und Veränderungsprozesse behindert (Morrison & Milliken, 2000).

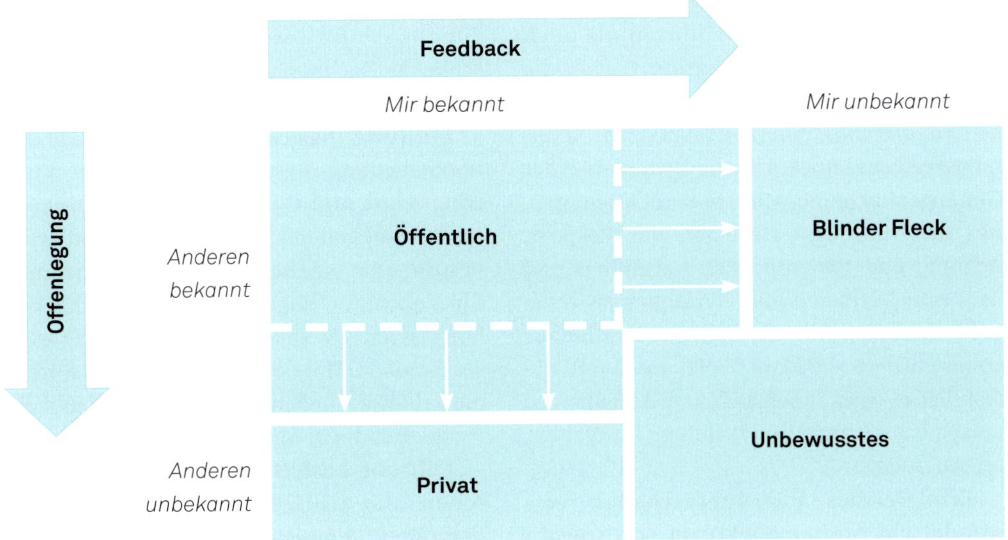

Abbildung 19: Wirkung von Feedback und Offenlegung auf das Johari-Fenster

Negatives Feedback wird eher akzeptiert, wenn es von handfesten Daten gestützt wird und von einer Person mit hoher Glaubwürdigkeit in der Organisation stammt (Sparr & Sonnentag, 2008). Um die Effektivität der Rückmeldung von der Führungskraft an die Geführten wie auch von den Geführten an die Führungskraft zu erhöhen, gibt es nützliche Regeln (vgl. z.B. von der Heyde & von der Linde, 2009; Weibler, 2016; vgl. auch Kapitel 1 „Grundlagen individueller Leistungsfähigkeit“). Ein Beachten dieser Regeln hilft, den blinden Fleck zu reduzieren und auf diese Weise Selbst- und Fremdwahrnehmung einander anzunähern. Sowohl die Führungskraft als auch die Geführten sollte man idealerweise entsprechend diesen Regeln anleiten bzw. schulen.

Merke

Für eine vertrauensvolle Beziehung ist es von Nutzen, dass so viele Informationen wie möglich allen Beteiligten bekannt sind. Das Offenlegen von Informationen und das Geben und Holen von Feedback helfen, diesen öffentlichen Bereich auszuweiten.

4.3 Handlungsimplikationen

Mehrere Führungsprinzipien erweisen sich als vorteilhaft:

Der Führungsstil muss passen. Effektive Führungskräfte analysieren zunächst die situativen Faktoren, die mit der Aufgabe, den Geführten und der Organisation zusammenhängen, und wählen dann den passenden Führungsstil aus. Eine Führungskraft muss folglich ein tiefes und zeitgemäßes Verständnis davon haben, wie die von ihr Geführten denken und handeln und wie die Organisation funktioniert. Der Führungsstil muss gleichzeitig aber auch zur Führungskraft passen, damit sie überzeugend agieren und authentisch sein kann. Hierzu braucht die Führungsperson ein klares Bewusstsein von der eigenen Person, von ihren Eigenschaften, ihrem Verhalten und ihrer Wirkung auf andere. Feedback durch Geführte oder professionelles Coaching sind mögliche Instrumente, welche die Führungskraft zur Verringerung des blinden Flecks nutzen kann (vgl. Johari-Fenster).

Führung bezieht sich sowohl auf persönliche Bedürfnisse der Geführten als auch auf die Ziele einer Organisation. Sowohl die Mitarbeiterorientierung als auch die Aufgabenorientierung einer erfolgreichen Führungskraft sind hoch. Um die Bedürfnisse der Geführten angemessen zu berücksichtigen, tritt die Führungskraft ihnen mit Respekt, Achtung und Freundlichkeit gegenüber und baut eine vertrauensvolle Beziehung zu ihnen auf (Mitarbeiterorientierung). Darüber hinaus kommuniziert sie klare Ziele, motiviert die Geführten, weist ihnen adäquate Aufgaben zu und gewährleistet deren Erfüllung (Aufgabenorientierung).

Erfolgreiches Führungsverhalten verwendet ein breites Spektrum von sowohl transaktionalen als auch transformationalen Elementen. Effektive Führungskräfte nutzen häufig und aktiv sowohl Elemente der transformationalen Führung (individuelle Unterstützung, intellektuelle Stimulierung, inspirierende Motivierung und idealisierter Einfluss) als auch Elemente der transaktionalen Führung (Management by Exception und bedingte Belohnung).

Führung bedarf einer Vision, die gelebt wird. Führungskräfte sollten eine klare, den Mitarbeitenden zusagende Vision formulieren, das Vertrauen in die Fähigkeit ihrer Mitarbeitenden zum Verwirklichen dieser Vision ausdrücken, konsequent als gutes Beispiel vorangehen, die Mitarbeitenden fair behandeln, Bevorzugung Einzelner vermeiden und Erfolge und Errungenschaften feiern.

Führung basiert auf inspirierender Motivierung. Führungskräfte können nicht vollständig kontrollieren, was in ihrer Umgebung geschieht, aber sie können kommunikativ beeinflussen, wie die Geführten diese Umgebung wahrnehmen, um ihr Verständnis zu erhöhen. Führungskräfte sollten ihre Botschaft den spezifischen Zielgruppen anpassen und sie inspirieren. Anstatt Emotionen zu ignorieren, sollten Führungskräfte auf die Gefühle ihrer Mitarbeitenden achten und diese im Sinne des aktiven Zuhörens offen ansprechen. Gute Führungskräfte sollten außerdem auch schlechte Nachrichten persönlich und ohne zu zögern überbringen.

Führung basiert auf einer qualitativ hochwertigen Beziehung zwischen Führungskraft und Geführten. Eine Führungskraft entwickelt mit jeder einzelnen geführten Person eine spezielle Austauschbeziehung. Eine qualitativ hochwertige Austauschbeziehung ist nach Möglichkeit mit allen Geführten anzustreben. Hohe Beziehungsqualität fördert die Arbeitszufriedenheit, die Bindung und die Produktivität der Mitarbeitenden.

Führung basiert auf sehr hohen moralischen und ethischen Standards und auf Vertrauen. Konsistentes Verhalten, Ehrlichkeit und Fairness tragen dazu bei, dass Führungskräfte respektiert und als glaubwürdig wahrgenommen werden. Die Handlungen und Verhaltensweisen einer Führungskraft spielen für die Entwicklung von Vertrauen eine entscheidende Rolle: Verhaltensintegrität, Verhaltenskonsistenz, partizipative Entscheidungsfindung, Kommunikation und das Bekunden von Interesse sind erfolgversprechende Verhaltensbeispiele, die geeignet sind, Vertrauen aufzubauen. Sie widmen der Aufrechterhaltung des Vertrauens ihrer Mitarbeitenden Zeit und Aufmerksamkeit, das leichter aufzubauen als nach einer Störung wiederherzustellen ist.

Führung verlangt ständiges Hinterfragen der Sache und der eigenen Person. Vielen anfänglich erfolgreichen Führungskräften steigt die Macht zu Kopfe. Grundhaltungen, um dies zu verhindern, sind eine gewisse Demut und die Fähigkeit, negative Rückmeldungen zu akzeptieren und Fehler zuzugeben. Führungskräfte entwickeln sich selbst weiter, indem sie auch Feedback von ihren Mitarbeitenden einholen und Bereiche, in denen sie sich selbst verbessern müssen, offen diskutieren.

4.4 Zusammenfassung

Führung ist der Prozess, durch den eine Person eine andere Person oder Personengruppe beeinflusst und ihr Verhalten zielorientiert lenkt, um Gruppen- oder Organisationsziele zu erreichen. Führung ist folglich ein sozialer Prozess und in einer Führungsbeziehung verortet. Der Führungserfolg wird von den *Eigenschaften* der Führungskraft positiv beeinflusst; insbesondere hohe Extraversion, Gewissenhaftigkeit und Offenheit für Erfahrungen als Persönlichkeitsmerkmale sowie Stresstoleranz, interne Kontrollorientierung, mittlere Leistungs- und hohe Machtorientierung erweisen sich als wirkungsvoll. Darüber hinaus wirkt sich das *Führungsverhalten* positiv auf den Führungserfolg aus, wenn die Führungskraft äußerst aufgaben- und mittarbeiterorientiert vorgeht sowie transaktionale und transformationale Führungstechniken kombiniert. Der jeweils optimale Führungsstil ist *situativ anzupassen,* zum Beispiel entsprechend der zu bearbeitenden Aufgabe.

Mit jeder geführten Person entsteht im Laufe der Zeit eine qualitativ einzigartige Austauschbeziehung (LMX), und diese Beziehungsqualität beeinflusst den Führungserfolg maßgeblich. Grundlage einer guten Führungsbeziehung ist, dass der Führungsstil seitens der Geführten *Akzeptanz* erfährt (implizite Führungstheorie). Notwendige Basis der Interaktion ist *Vertrauen,* was die Vertrauenswürdigkeit der Führungskraft und seitens der Geführten eine Vertrauensneigung voraussetzt.

Zum aktiven Beziehungsaufbau mit den Geführten ist die Kommunikation wesentlich. Förderlich für die Kommunikation sind bestimmte Gesprächstechniken wie beispielsweise das aktive Zuhören. Durch Feedback und Offenbarung lassen sich Diskrepanzen von Selbst- und Fremdwahrnehmung abbauen.

4.5 Reflexionsfragen

- Woran messen Sie Ihren Führungserfolg? An der Motivation der Mitarbeitenden? Oder an der Zufriedenheit der Kunden und Kundinnen? In welchen Situationen sind bestimmte Kriterien wichtiger als andere?
- Schätzen Sie sich selbst im Führungsalltag als eher aufgaben- oder eher mitarbeiterorientiert ein? Welche der beiden Beschreibungen charakterisiert Ihr Verhalten besser?
- Welche Implikationen leiten Sie aus Ihrem LMX-Wert für Ihre Führung ab (vgl. LMX7, Tabelle 8 in Abschnitt 4.1.5)?
- Inwieweit befolgen Sie die folgenden Leitsätze (Yukl, 2010) transformationaler Führung?
  - Geben Sie eine klare und ansprechende Vision vor.
  - Erklären Sie, wie diese Vision erreicht werden kann.
  - Handeln Sie optimistisch und selbstsicher.
  - Zeigen Sie, dass Sie Ihren Mitarbeitenden vertrauen.
  - Nutzen Sie dramatische, symbolhafte Aktionen, um Schlüsselwerte zu vermitteln.
  - Gehen Sie mit gutem Beispiel voran.
- Welche impliziten Theorien könnten Ihre Mitarbeitenden über Sie haben? Welche Eigenschaften und welches konkrete Verhalten sind aus Sicht der Geführten notwendig, damit sie eine Person als Führungskraft anerkennen? Haben auch Sie implizite Theorien über Ihre Mitarbeitenden? Wenn ja, welche?
- Führen Sie sich eine konkrete Führungssituation mit einer Mitarbeiterin oder einem Mitarbeiter vor Augen. Wie würden Sie Ihre Kommunikation beschreiben? Was haben Sie konkret gesagt oder getan? Welche Kommunikationsmethoden haben Sie angewandt?
- Wann haben Sie das letzte Mal Feedback von Ihren Mitarbeitenden erhalten bzw. aktiv eingefordert?

5 Konfliktmanagement als Führungsaufgabe

Was Sie hier erfahren

Wenn Menschen zusammenarbeiten, treffen unterschiedliche Persönlichkeiten, Motivationen, Einstellungen, Erfahrungen und Wertesysteme aufeinander, die nicht unbedingt miteinander im Einklang stehen. Zudem sind Ressourcen zur Zielerreichung wie Zeit, Budget, Material, Hilfe durch andere Personen etc. begrenzt, so dass Mitarbeitende häufig um dieselben Ressourcen konkurrieren. Für Führungskräfte ist der erfolgreiche Umgang mit Konflikten eine der größten Herausforderungen ihrer Position. Konflikte müssen aber nicht zwangsläufig negative Folgen nach sich ziehen; vielmehr können sie – je nach Umgang damit – auch positive Effekte hervorbringen, beispielsweise indem sie Veränderungen anstoßen oder die Motivation und Kreativität der Mitarbeiter und Mitarbeiterinnen erhöhen.

In diesem Kapitel stellen wir grundlegende Theorien und Modelle zu Konflikten vor und beleuchten sowohl negative als auch positive Folgen für Arbeitsgruppen. Daran anknüpfend werden Ansätze zum Konfliktmanagement behandelt. Auf dieser Basis erhalten Sie schließlich praxisorientierte Anregungen zum Umgang mit Konflikten in Ihren Teams.

5.1 Wissenschaftliche Basis

Konflikte im Arbeitskontext können vielfältige Folgen haben – positiver und negativer Art. Die Forschung zu Konfliktentstehung, -verlauf und -folgen kann in der Praxis dazu verhelfen, Konflikte konstruktiv zu lösen oder gar nicht erst entstehen zu lassen.

5.1.1 Konfliktarten

Fragt man Arbeitnehmende nach negativen Ereignissen am Arbeitsplatz, werden häufig zwischenmenschliche Konflikte und Kommunikationsprobleme genannt. Lediglich Hindernisse bei der Aufgabenerfüllung, wie zum Beispiel Zeitprobleme, treten noch häufiger auf (Ohly & Schmitt, 2015). Konflikte sind also keine Seltenheit, sie gehören zum Arbeitsalltag. Umso wichtiger ist es, möglichst konstruktiv mit ihnen umzugehen.

Eine allgemeine Definition beschreibt Konflikte als „das Erleben von Unvereinbarkeit und alle wie auch immer gearteten Versuche, die erlebte Unvereinbarkeit zu bewältigen" (Blickle & Solga, 2014, S. 995). Diese Begriffserklärung umfasst sowohl innere Konflikte einer einzelnen Person (intrapersonelle Konflikte) als auch Konflikte zwischen Personen (interpersonelle Konflikte).

Merke

Ein Konflikt ist eine wahrgenommene oder tatsächliche Unvereinbarkeit.

Ein **intrapersoneller Konflikt** besteht, wenn eine Person mindestens zwei Handlungstendenzen erlebt, die für sie momentan unvereinbar sind. Wenn jemand sich während einer Verhandlung fair verhält, gleichzeitig aber besser als das Gegenüber abschneiden möchte, handelt es sich um einen sogenannten Zielkonflikt. Zu intrapersonellen Konflikten zählen auch individuelle Motivationskonflikte (z.B. das Rauchen aufgeben wollen versus zwecks Stressreduktion zur Zigarette greifen wollen) sowie Konflikte zwischen Berufs- und Privatleben in Bezug auf die persönliche Zeiteinteilung (vgl. Kapitel 3 „Stress und Ressourcen im Arbeitskontext").

Intrapersonelle Konflikte können sich beträchtlich auf das Wohlbefinden und die Leistung am Arbeitsplatz auswirken (Amstad, Meier, Fasel, Elfering & Semmer, 2011) und sind daher häufig Gegenstand von Coachingmaßnahmen mit dem Ziel, das Auftreten von intrapersonellen Konflikten zu vermindern bzw. den Lösungsprozess zu unterstützen (vgl. Seeg & Schütz, 2016).

Weil das Eingreifen von Führungskräften vornehmlich bei interpersonellen (zwischenmenschlichen) Konflikten nötig ist (vgl. Abschnitt 5.1.4 „Verhalten in Konfliktsituationen"), fokussiert das vorliegende Kapitel auf zwischenmenschliche Konflikte.

Bei einem **interpersonellen Konflikt** stehen sich zwei oder mehr Konfliktparteien gegenüber, die voneinander abhängig sind und unvereinbare Handlungspläne verfolgen. Zwei Ingenieure wollen beispielweise ein gemeinsames Projekt mit unterschiedlicher Zielsetzung bearbeiten. Während der eine ein möglichst innovatives Ergebnis erzielen möchte, steht für den anderen ein möglichst schneller Abschluss im Vordergrund. Die Zusammenarbeit der beiden wäre durch die zwei entgegenstehenden Ziele erschwert. Allerdings können sich zwischenmenschliche Konflikte auch auf mehrere Parteien und Gruppen beziehen, etwa wenn man sich im Großraumbüro uneins über die gewünschte Raumtemperatur ist.

Merke

Man unterscheidet zwischen intrapersonellen Konflikten, die sich innerhalb einer Person abspielen, und interpersonellen, also zwischenmenschlichen Konflikten.

Bei zwischenmenschlichen Konfliktkonstellationen ist es in der Regel hilfreich, die Konfliktgegenstände, also die Angelegenheiten, über die Uneinigkeit besteht, detailliert zu analysieren. Auf die Analyse der Konfliktumstände und -gegenstände stützt sich die Auswahl angemessener Lösungsansätze.

Wie einleitend erwähnt, entsteht gerade im Arbeitskontext immer wieder Konkurrenz um begrenzte Ressourcen (z.B. Budget, Personal, Prämien), und sogenannte **Verteilungskonflikte** kommen auf. In der psychologischen Literatur werden häufig zwei weitere übergeordnete Konfliktarten unterschieden: Beziehungs- und Aufgabenkonflikte (Jehn & Bendersky, 2003; vgl. **Abb. 20**). Unter einem **Beziehungskonflikt** versteht man zwischenmenschliche Uneinigkeiten, die nichts mit der gemeinsamen Aufgabe zu tun haben. Auslöser können unterschiedliche Persönlichkeitseigenschaften, Meinungen, Werte oder Weltanschauungen sein (Jehn & Bendersky, 2003).

Wenn Konflikte sich hingegen unmittelbar auf eine gemeinsame Aufgabe beziehen, spricht man von **Aufgabenkonflikten**. Bei Aufgabenkonflikten kann die Einschätzung und Interpretation von Inhalten, Zielen oder Anforderungen unvereinbar sein *(Beurteilungskonflikt)*. Dies ist im obigen Beispiel der Fall, denn über das Ziel der gemeinsamen Arbeit liegt Uneinigkeit vor: innovative Lösung

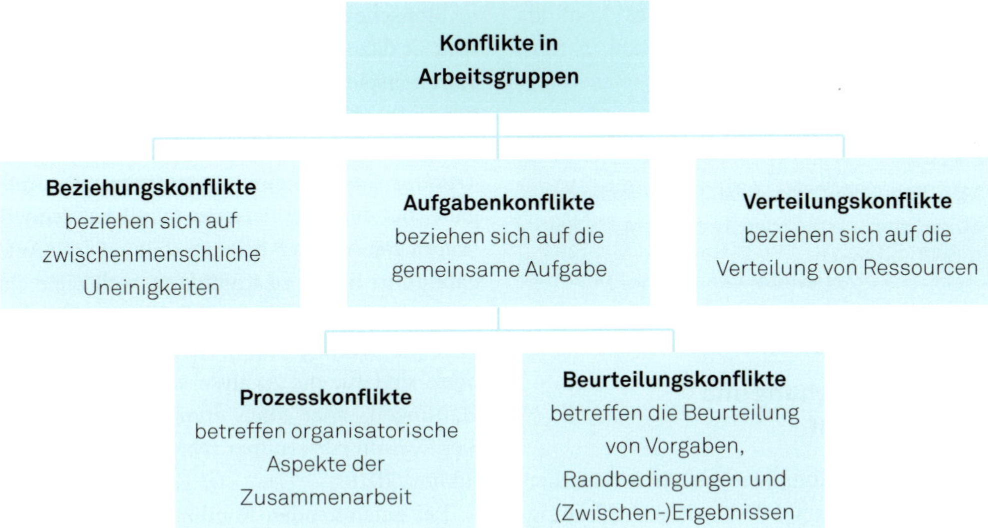

Abbildung 20: Konflikte in Arbeitsgruppen (nach Nerdinger, Blickle & Schaper, 2014, S. 121)

versus schneller Abschluss. Bestehen dagegen unterschiedliche Ansichten darüber, wie die gemeinsame Zusammenarbeit zu gestalten ist – wie soll ein Ziel erreicht werden, welche Ressourcen braucht es dazu, wer ist wofür verantwortlich? –, so liegt ein *Prozesskonflikt* vor (Jehn & Mannix, 2001).

Konflikte sind dynamisch. So hat die Forschung gezeigt, dass zu aufgabenbezogenen Differenzen im Verlaufe der Auseinandersetzung auch Probleme auf der Beziehungsebene hinzutreten können, vor allem dann, wenn das Vertrauen in der Gruppe gering ist (Curseu & Schruijer, 2010) und wenn keine geeigneten Bewältigungsstrategien angewandt werden, um die Beziehungskonflikte zu verhindern (Pluut & Curseu, 2012). Greer, Jehn und Mannix (2008) untersuchten Studierende, die über ein Semester hinweg in Teams zusammenarbeiten mussten, und stellten fest, dass Prozesskonflikte zu Beginn der Zusammenarbeit häufig mit Beziehungs- und Aufgabenkonflikten in späteren Phasen zusammenhingen.

Merke

Aufgabenkonflikte (Beurteilungs- und Prozesskonflikte) beziehen sich auf eine gemeinsame Aufgabe, Beziehungskonflikte bestehen unabhängig davon auf zwischenmenschlicher Ebene. Verteilungskonflikte entstehen aus der Konkurrenz um begrenzte Ressourcen.

Aus dem **Verhalten der Konfliktparteien** (siehe Abschnitt 5.1.4 „Verhalten in Konfliktsituationen") ergibt sich eine weitere Möglichkeit der Konfliktklassifikation. Bei einem *„heißen" Konflikt* gehen die Konfliktparteien aktiv gegeneinander vor, und es kommt zu offenen Konfrontationen und Auseinandersetzungen. Im Unterschied dazu beschreibt der Begriff *„kalter" Konflikt* eine Situation, in der die Streitenden den Kontakt zueinander meiden und sich gegenseitig blockieren, ohne dass emotional geladene Auseinandersetzungen ausbrechen (Glasl, 2013). Diese Unterscheidung wird wichtig, wenn es um die Wahl von Methoden zur Bearbeitung bzw. Lösung des Konflikts geht (vgl. Abschnitt 5.1.4 „Verhalten in Konfliktsituationen").

> **Merke**
>
> Man kann Konflikte danach unterscheiden, ob sie „heiß" (aktiv) oder „kalt" (passiv) ausgetragen werden.

5.1.2 Konfliktentstehung und Konfliktverlauf

Interpersonelle Konflikte entstehen typischerweise in Kontexten **wechselseitiger Abhängigkeit.** Die Art, wie die Abhängigkeit voneinander wahrgenommen wird, ist dabei ein entscheidender Faktor. Die *Soziale Interdependenztheorie* von Deutsch (1949) unterscheidet zwischen positiver und negativer Abhängigkeit (Interdependenz). Bei *positiver Abhängigkeit* werden die Ziele beider Personen oder Gruppen als vereinbar wahrgenommen, was die Kooperation begünstigt. Dies ist beispielsweise der Fall, wenn die Mitglieder eines Projektteams das gleiche Ziel verfolgen (Projektabschluss in zwei Monaten), allerdings unterschiedliche Pläne zur Zielerreichung favorisieren (Aufstocken von Hilfskräften, Überstunden machen, Teile des Projekts auslagern und dergleichen). In solchen Situationen entsteht häufig eine *konstruktive Kontroverse* (Johnson, 2015; Tjosvold, 1998), bei der die Konfliktparteien offen kommunizieren und sich gegenseitig in der Zielerreichung unterstützen. Bei *negativer Abhängigkeit* kann nur eine Partei ihr Ziel verwirklichen, und zwar nur dann, wenn das Gegenüber sein Ziel verfehlt. Die Situation wird als *Win-Lose-Situation* oder *Nullsummenspiel* erlebt („zero-sum situation"). In diesem Fall entsteht eine kompetitive Situation, die zu Unterwerfung bzw. Aufgeben einer Seite oder zum Konflikt führt. Wenn beispielsweise zwei Teammitglieder um die Beförderung auf dieselbe Stelle konkurrieren, sind Konflikte wahrscheinlich.

Menschen unterscheiden sich darin, inwieweit sie dazu tendieren, eine Situation als Nullsummenspiel zu sehen, oder wie leicht es ihnen fällt, Kompromisse oder gar mögliche Win-Win-Lösungen zu sehen. Das *Bamberg Trucking Game* ist eine computerbasierte Aufgabe, bei der zwei Parteien möglichst schnell Waren von A nach B bringen sollen. Diese Aufgabe führt häufig zu Konflikten, weil Ziele als unvereinbar gesehen werden, obwohl eine Win-Win-Lösung möglich ist. Solche Simulationen sind für die Analyse konfliktbezogener Haltungen, aber auch zum Training neuer Sichtweisen verwendbar (Nalis, Schütz & Pastukhov, 2018).

Bei entstehenden Konflikten kommunizieren die betroffenen Parteien in der Regel immer weniger, werden in ihrer Interaktion misstrauischer und nehmen am Gegenüber vor allem negative Aspekte wahr. Die Zusammenarbeit leidet, beispielsweise weil Aufgaben nicht mehr sinnvoll aufgeteilt, sondern konkurrierend womöglich gar doppelt bearbeitet werden (Johnson & Johnson, 2005). Eine Abwärtsspirale kann beginnen.

> **Merke**
>
> Negative Abhängigkeit zwischen Individuen oder Gruppen kann zu Konflikten führen.

Zusätzliche Komplexität bei der Konfliktentstehung bringen **multiple Zielsetzungen** mit sich, von denen manche mit den Zielen anderer vereinbar sind, andere aber nicht. Selbst wenn zwei Personen um eine Beförderung konkurrieren, können sie beispielsweise beide das gemeinsame Ziel verfolgen, den Kunden zufriedenzustellen, und wissen möglicherweise, dass sie einander für die Erreichung dieses Zieles wechselseitig brauchen. So ist es in der Praxis häufig zweifelhaft, ob eine positive oder eine negative Abhängigkeit zwischen den Zielen unterschiedlicher Parteien vorliegt.

Ein Mechanismus, der Konfliktsituationen im weiteren Verlauf eskalieren lassen kann, ist die sogenannte **sich selbst erfüllende Prophezeiung** („self-fulfilling prophecy"; Simons & Peterson, 2000): Erwarten wir ein bestimmtes Verhalten oder Ergebnis, so führt dies dazu, dass wir selbst dazu beitragen, dieses tatsächlich eintreten zu lassen, und dann setzt gegebenenfalls ein Negativzyklus ein. In diesem Zusammenhang ist es wichtig, sich bewusst zu machen, dass die eigene Wirklichkeit subjektiv und zum Teil von uns selbst konstruiert ist (Watzlawick, Helmick Beavin & Jackson, 2011) – und dass andere sie in dieser Form nicht zwangsläufig teilen. Allzu häufig nehmen Menschen aber an, dass ihre Sicht der Dinge auch die Sicht anderer Menschen wäre. Oft sehen wir uns überdies im Dienste des Selbstwertschutzes gerade bei Konflikten als reagierend, nicht als agierend (Schütz, 1999). So ist es typisch für Konflikte, dass eine Partei ihr Verhalten als notwendige Reaktion auf das aktive Verhalten des Gegenübers interpretiert, während die andere Partei das aber umgekehrt sieht. Das Durchdenken und Überdenken derartiger subjektiver Perspektiven und die Kommunikation darüber kann zur Konfliktlösung beitragen (Röhner & Schütz, 2016).

Merke

Eine „sich selbst erfüllende Prophezeiung" bezeichnet den psychologischen Vorgang, bei dem man durch Vorannahmen und daraus resultierendes Verhalten letztlich das Eintreten dieser Annahmen begünstigt.

Beispiel: Die Kollegen Frau S. und Herr M. buhlen um eine Beförderung. Frau S. befürchtet, dass Herr M. ihr Informationen über das gemeinsame Projekt vorenthalten könnte, um seine eigene Position zu stärken. Als Frau S. wichtige Projektinformationen zugespielt werden, leitet sie aus dieser Befürchtung heraus diese Informationen nicht an Herrn M. weiter. Im nächsten Projektmeeting erkennt Herr M., dass Frau S. ihm Informationen vorenthalten hat. Für Herrn M. ist klar: Frau S. versucht, seine Position zu untergraben! Darauf reagierend reduziert er seine Unterstützung im Projekt merklich, was Frau S. in ihrer Ursprungsannahme bestätigt. Die Eskalation beginnt.

In einem Modell zur Dynamik des Konfliktverlaufes beschreibt Glasl (2013) neun **Konflikteskalationsstufen,** die in drei Phasen eingebettet sind. Das Modell verdeutlicht, wie sich Denken und Verhalten der Parteien mit zunehmender Konflikteskalation immer weiter verengen (vgl. **Abb. 21**).

In der ersten Phase ist es dem Modell nach noch möglich, einen Konflikt gewinnbringend für beide Parteien zu lösen *(Win-Win),* da sich zwar bereits klar gegensätzliche Standpunkte gebildet haben, aber noch keine persönlichen Angriffe oder Drohungen geschehen sind. Anders ist es in Phase 2: Die Konfliktparteien versuchen nun, ihr eigenes Selbstbild aufzuwerten, indem sie die Gegenpartei abwerten. Bei der Lösung des Konflikts kann in dieser Phase nur noch *eine* der Konfliktparteien gewinnen *(Win-Lose).* In der letzten Eskalationsphase kann niemand gewinnen, alle verlieren *(Lose-Lose).* Aufgrund der stark eingeengten Wahrnehmung und der damit verbundenen Fixierung auf den Konflikt versuchen die Parteien nur noch, einander möglichst großen Schaden zuzufügen, und das eigene Angriffspotential wird vollkommen ausgeschöpft.

Die Wortwahl des Modells mag für den Wirtschaftskontext auf den ersten Blick extrem klingen. Glasl (2013) beschreibt daher die letzten Konfliktstufen anhand eines Beispiels, bei dem das Management eines Unternehmens mit Gewerkschaften infolge von mehreren Streiks in Konflikt steht: „Die Strategie [des Managements] sollte die Gewerkschaftsfunktionäre von ihren Mitgliedern völlig trennen. Hierzu wurden Skandalgeschichten in Umlauf gebracht, in denen die Gewerkschaftsvertreter als bestechlich und nur auf den eigenen Vorteil ausgerichtet dargestellt wurden. Die eigenen Mitglieder sollten sich von ihren Vertretern lossagen. [...] Diese Attacken wurden von den Gewerkschaften sofort mit Ver-

win-win	• Verhärtung: verhärtete Standpunkte, aber Überzeugung, dass Lösung möglich • Polarisation und Debatte: verbale Konfrontation, gegenseitige Abwertung • Taten statt Worte: Versuch, vollendete Tatsachen zu schaffen, Drohgebärden
win-lose	• Images und Koalitionen: Selbstaufwertung und Abwertung der Gegenseite, Koalitionen mit Unbeteiligten werden gesucht • Gesichtsverlust: Versuch, die öffentlich wahrgenommene Integrität der Gegenseite zu schädigen, Ideologisierung des Konflikts • Drohstrategien und Erpressung: Gewaltandrohungen, um Kontrolle zu erhalten
lose-lose	• Begrenzte Vernichtungsschläge: Eigene kleine Verluste werden akzeptiert, wenn Gegenpartei höheren Schaden davonträgt • Zersplitterung, totale Zerstörung: Versuch, Existenzgrundlage der Gegenpartei zu vernichten • Gemeinsam in den Abgrund: Konfrontation ohne Rücksicht auf eigene Verluste

Abbildung 21: Phasen der Konflikteskalation (nach Glasl, 2013)

geltungsaktionen beantwortet, indem sie versuchten, zwischen die Aktionäre und das Management einen Keil zu treiben und damit die Machtbasis ihrer Gegner zu zerschlagen.“ (S. 300).

Das Modell verdeutlicht, wie Konflikte eskalieren und im schlimmsten Fall Verluste für beide Seiten nach sich ziehen können. Um eine Eskalation hin zur Lose-Lose-Phase zu vermeiden, ist es wichtig, möglichst frühzeitig eine Konfliktlösung anzustreben. Insbesondere in der ersten Phase können Konflikte so sogar zu einer Bereicherung der Zusammenarbeit werden (vgl. Abschnitt 5.1.5 „Konfliktmanagement als Führungsaufgabe“).

5.1.3 Folgen von Konflikten

Dass Konflikte sich auch positiv auswirken können, mag im ersten Moment unplausibel erscheinen. Auch Konfliktforscher und -forscherinnen konzentrierten sich häufig auf negative Effekte von Teamkonflikten, zum Beispiel auf Leistung, Zufriedenheit oder Wohlbefinden (Brown, 1983; Wall & Callister, 1995). Konflikte können beispielsweise Angst und Frustration verstärken und gegebenenfalls auch zu körperlichen Beschwerden führen (Spector, Chen & O’Connell, 2000).

Bereits Deutsch (1969) wies darauf hin, dass sich ein gewisses Konfliktlevel positiv auf das Erleben und Verhalten von Arbeitsgruppen auswirken kann. Erwünschte Effekte können entstehen, wenn Konflikte Menschen dazu bewegen, kreative Lösungen zu suchen und unterschiedliche Perspektiven einzunehmen (Levine, Resnick & Higgins, 1993). Auch ist es möglich, dass ein Team erst durch einen Konflikt ungünstige oder ineffiziente Arbeitsabläufe bemerkt. So stellten Schulz-Hardt, Jochims und Frey (2002) fest, dass sich Teams, deren Präferenzen und Zielvorstellungen sich zunächst unterschieden, ein umfassenderes Bild von der Aufgabe machten als andere und dadurch letztlich bessere Entscheidungen trafen. Teams mit gleichen Präferenzen hingegen suchten in der Regel lediglich solche Informationen, die diese Präferenz zu bestätigen geeignet waren.

Befunde über die Auswirkungen von Konflikten zeigen, dass drei situative Faktoren zu berücksichtigen sind: Konfliktintensität, Aufgabenkomplexität und die Art des Konflikts.

Konfliktintensität und Konfliktfolgen

Meinungsverschiedenheiten können die Problemlöse- und die Innovationsfähigkeit von Gruppen begünstigen. Doch verliert sich dieser positive Effekt, wenn die **Konfliktintensität** zunimmt.

In einer Studie betrachtete De Dreu (2006) die Innovationskraft von Arbeitsgruppen in Abhängigkeit von der selbstberichteten Konfliktintensität. Die Innovationskraft war bei moderaten Konfliktintensitätswerten am höchsten. Sowohl völlige Abwesenheit von Konflikten als auch zu intensive Reibungen verringerten dagegen die Innovationskraft – wobei Letzteres deutlich negativere Auswirkungen hatte. Diese Ergebnisse beziehen sich jedoch nur auf Aufgaben-, nicht auf Beziehungskonflikte. Mit steigender Konfliktintensität werden immer mehr kognitive Ressourcen für den Konflikt an sich benötigt, was zu sinkender kognitiver Flexibilität und Kreativität führt. Somit sinkt bei steigender Konfliktintensität die Gruppenleistung (De Dreu & Weingart, 2003a; de Wit et al., 2012).

Massive Konflikte können auch auf individueller Ebene gravierende langfristige Folgen haben, wie Studien über die Zusammenhänge von Konfliktintensität mit Burnout (De Dreu, 2011) und körperlichen Beschwerden (Spector & Jex, 1998; Spector, Chen & O'Connell, 2000) zeigen.

Aufgabenkomplexität und Konfliktfolgen

Neue oder nichtroutinierte Aufgaben zeichnen sich typischerweise durch **hohe Komplexität** aus. Sie erfordern vom bearbeitenden Team keine Standardlösungen, sondern ein erhöhtes Maß an innovativen Überlegungen. Konflikte können die Tendenz von Gruppenmitgliedern fördern, eine Aufgabe genau zu prüfen und sich tiefgründig mit ihr auseinanderzusetzen. Das wiederum begünstigt die Verarbeitung aufgabenrelevanter Informationen und unterstützt so Lernprozesse und die Entwicklung von neuen, mitunter sehr kreativen Erkenntnissen. Als Resultat des Prozesses kann die Arbeitsgruppe langfristig effektiver und innovativer werden (De Dreu & West, 2001). Im Gegensatz dazu erfordern **Routineaufgaben** stark entwickelte und effektive Standardvorgehensweisen. Für dieses Vorgehen sind Konflikte eher hinderlich und beeinträchtigen die Teamleistung (Amason, 1996; De Dreu & Weingart, 2003a, 2003b).

Konfliktarten und Konfliktfolgen

Während Aufgabenkonflikte differenzierte, von der Aufgabe abhängige Effekte zu erzeugen scheinen, gibt es deutliche Hinweise darauf, dass **Beziehungskonflikte** durchweg die Gruppenzufriedenheit senken und die Erfüllung der Aufgaben stören. Sie schränken die Fähigkeit der Gruppe zu umfassender Informationsverarbeitung ein, weil die Mitglieder ihre Zeit und Energie auf den Konflikt statt auf die Aufgabenbewältigung (Jehn & Bendersky, 2003).

Auch wenn die vorherrschende Annahme, dass Konflikte negativ sind, nicht grundsätzlich zutrifft, sollte man mögliche positive Folgen von Konflikten nicht überschätzen. Dies bestätigen eine umfassende, zweiteilige Überblicksarbeit von De Dreu und Weingart (2003a, 2003b) sowie eine neuere Analyse von De Wit und Kollegen (2012). Ihre Ergebnisse zeigen für Beziehungskonflikte deutlich negative Zusammenhänge mit der Teamleistung.

Weniger eindeutig ist das Bild für **Aufgabenkonflikte.** Auf der Ebene des Top-Managements hatten Aufgabenkonflikte positivere Auswirkungen als auf niedrigeren Ebenen und traten seltener gemeinsam mit oder als Vorläufer von Beziehungskonflikten auf. Die Kombination beider Konfliktarten erwies sich insgesamt als besonders schädlich für die Leistung. Für die Zufriedenheit der Teammitglieder sind jedoch beide Konfliktarten als nachteilig einzustufen (De Dreu & Weingart, 2003a).

Um negative Folgen abzufangen und eine Eskalation von Konflikten zu verhindern, ist es für die Führungskraft folglich unabdingbar, Konflikte in Arbeitsgruppen zu erkennen, zu thematisieren und sich aktiv um deren Lösung zu bemühen.

Merke

Negative Konsequenzen von Konflikten überwiegen im Vergleich zu potentiell positiven Auswirkungen.

5.1.4 Verhalten in Konfliktsituationen

Konfliktmanagement (siehe Abschnitt 5.1.5 „Konfliktmanagement als Führungsaufgabe") können Führungskräfte nur dann steuernd betreiben, wenn sie das Verhalten der Konfliktparteien miteinbeziehen. Zunächst ist es sinnvoll, sich die verschiedenen **Verhaltensmöglichkeiten** von Menschen vor Augen zu führen, wenn sie sich in einer Konfliktsituation befinden. Van de Vliert (1997) entwickelte eine Taxonomie des Konfliktverhaltens, die fünf Verhaltensmuster differenziert:

- *Vermeiden*
  Rückzug und Hoffnung auf Besserung
- *Sich anpassen bzw. Nachgeben*
  Erfüllen der Forderungen der anderen Konfliktpartei
- *Kompromisse schließen*
  Treffen in der Mitte, beiderseitiges Verringern der Forderungen
- *Problemlösen*
  Innovatives Lösen mit Erfüllen der Forderungen beider Seiten
- *Sich durchsetzen bzw. Kämpfen*
  Drohungen, Angriffe, Suche nach Koalitionen

Im **Dual-Concern-Modell** (Pruitt & Carnevale, 1993) werden diese Verhaltensoptionen darüber hinaus im Hinblick darauf zueinander in Beziehung gesetzt, wie stark das *Eigeninteresse* (Selbstbehauptungsmotiv) und die *Fremdinteressen* (Kooperationsmotiv) berücksichtigt sind (vgl. **Abb. 22**). Abhängig von der Ausprägung dieser beiden Motive treten unterschiedliche Verhaltensweisen auf. Während ein hohes Eigeninteresse das Streben nach Verwirklichung der eigenen Ziele darstellt, ist mit Fremdinteresse das Bemühen gemeint, dass auch die Gegenseite ihre maximalen Ziele erreichen kann. Im Modell wird angenommen, dass diese Motive unabhängig voneinander sind.

Ein Kompromiss stellt für beide Parteien eine akzeptable, aber nicht perfekte Lösung dar. Es gibt also weder einen Gewinner noch einen Verlierer, und keiner der beiden erreicht zur Gänze sein Ziel. Beide Motive weisen in diesem Fall eine mittlere Ausprägung auf; deswegen ist diese Option in der Mitte des Modells verzeichnet.

Das Dual-Concern-Modell stellt allerdings nur ein Rahmenmodell dafür dar, wie sich Personen während eines Konfliktes verhalten könnten. Im Umgang mit Konflikten werden häufig mehrere Strategien gleichzeitig oder nacheinander angewandt. Welche Strategie man wählt, hängt davon ab, inwiefern sie als geeignet dafür wahrgenommen wird, die eigenen Ziele durchzusetzen.

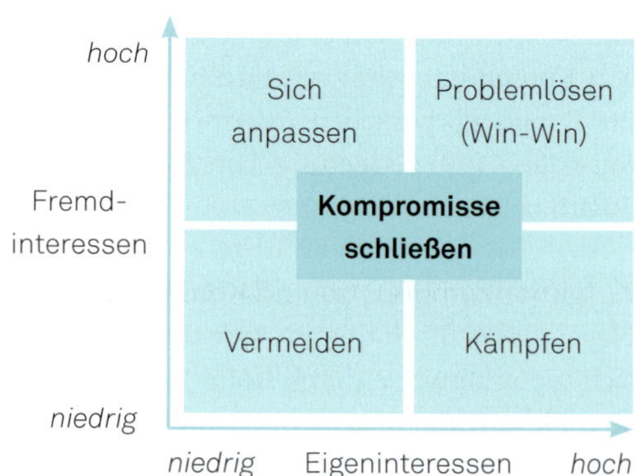

Abbildung 22: Das Dual-Concern-Modell (Pruitt & Carnevale, 1993)

Merke

Welche Verhaltensoptionen man in Konflikten wählt, hängt zum einen davon ab, inwieweit eigene und fremde Interessen berücksicht werden, und zum anderen davon, als wie geeignet man die verschiedenen Strategien zur Erreichung dieser Ziele wahrnimmt.

Nötig wird Konfliktmanagement immer dann, wenn die Beteiligten nicht von sich aus Kompromisse schließen oder Probleme gemeinsam lösen können oder wollen. Das Ziel des Konfliktmanagements besteht darin, das Verhalten in diese beiden Bereiche zu verschieben, vorzugsweise in den Bereich des Problemlösens. Die passende Form des Konfliktmanagements für die individuelle Situation und die jeweiligen Beteiligten auszuwählen, ist dabei essentiell.

5.1.5 Konfliktmanagement als Führungsaufgabe

Dass Führungskräfte für das konstruktive Lösen von Konfliktsituationen so gut wie unentbehrlich sind, ist in der wissenschaftlichen Literatur unumstritten. In ihrer Vorbildfunktion formen sie unter anderem durch den eigenen Umgang mit Konflikten und ihre Haltung gegenüber anderen Organisationsmitgliedern (z. B. wertschätzend versus abwertend) die Unternehmenskultur und geben diese an ihre Mitarbeitenden weiter (Proksch, 2014). Auch der Führungsstil einer Führungskraft hat Einfluss darauf, ob in einer Abteilung oder einem Team leicht Konflikte entstehen (Doucet, Poitras & Chênevert, 2009).

Vor allem transformationale Führung (siehe Kapitel 4 „Erfolgreiche Beziehungsgestaltung als Führungsaufgabe") kann zu einer kooperativen Einstellung in Konfliktsituationen motivieren (Zhang, Cao & Tjosvold, 2011). Transformationale Führung wirkt sich positiv auf Arbeitszufriedenheit und Leistung aus (Braun, Peus, Weisweiler & Frey, 2013). Teilweise beruht dieser Einfluss vermutlich darauf, dass Mitarbeitende seltener Aufgaben- und Beziehungskonflikte auftreten sehen, wenn ihre Führungskräfte stärker transformational führen (Kammerhoff, Lauenstein & Schütz, 2019). Es ist Teil der Führungsaufgabe, die Zufriedenheit und die Leistungsfähigkeit des Teams sicherzustellen und zu gewährleisten, dass Konflikte weder das eine noch das andere beeinträchtigen.

Formen von Konfliktmanagement

Unter „Konfliktmanagement" fasst man alle Strategien zusammen, die Konflikte erkennen, steuern und lösen helfen. Studien zeigen, dass frühzeitiges Einleiten eines effektiven Konfliktmanagements Teamleistung und Zufriedenheit verbessern (LePine, Piccolo, Jackson, Mathieu & Saul, 2008) und sich die erfolgreiche Bewältigung eines Konfliktes langfristig positiv auf das Gemeinschaftsgefühl einer Arbeitsgruppe auswirken kann (Tekleab, Quigley & Tesluk, 2009). Durch das Thematisieren von Konflikten lässt sich zum Beispiel eine offene, kommunikative und konstruktive Atmosphäre im Team fördern. Dabei ist auch der Aufbau eines Vertrauensklimas in der Gruppe von Bedeutung, da dies im Kontext von Aufgabenkonflikten Innovation und Kreativität anregt (Hempel, Zhang & Tjosvold, 2009; Simons & Peterson, 2000).

Formen des Konfliktmanagements lassen sich zunächst danach unterscheiden, ob man sie in einem formellen Konfliktbearbeitungsrahmen durchführt oder zunächst im Gespräch zwischen Führungskraft und dem oder der Mitarbeitenden bespricht. Ein **formelles Konfliktmanagement** ist zum Beispiel als Moderation oder Mediation durchführbar.

Bei der *Moderation* geht es vor allem um die Behandlung von Unstimmigkeiten auf der Aufgabenebene. Das Ziel einer Moderation besteht darin, dass die Parteien nach einigen Interventionen die aufkommenden Konflikte selbst bewältigen können. Bis dahin werden sie von einem (internen oder externen) allparteilichen Moderator bzw. einer allparteilichen

Moderatorin unterstützt, die sich den Anliegen und Erwartungen aller Parteien gleichermaßen verpflichtet fühlt. Sie ist – und das ist wichtig – zur Verschwiegenheit verpflichtet. Verfügt eine Führungskraft über entsprechende kommunikative Kompetenzen und wird sie als neutral und allparteilich erlebt, so könnte sie die Konfliktmoderation selbst übernehmen. Eine Moderation als Vorgehensweise des Konfliktmanagements setzt jedoch voraus, dass die Konfliktparteien noch eine gemeinsame Basis von Zielen und Normen haben, so dass Kooperation möglich ist (Irle, 2001). Wenn die Teammitglieder dieselben „Teamziele" gutheißen und verfolgen, erleichtert das in der Regel die Auseinandersetzung mit aufgabenbezogenen Unstimmigkeiten.

Die *Mediation* hingegen ist eine geführte Konfliktlösung, durchgeführt von unternehmensinternen oder -externen Personen mit entsprechender Ausbildung. Generell sollte man eine solche Form des Konfliktmanagements immer dann einleiten, wenn das Zerwürfnis bereits so eskaliert ist, dass die Beteiligten den Konflikt nicht mehr aus eigener Kraft lösen können und das allgemeine Klima leidet. Eine Mediation hat eine stark verhandelnde Komponente, die auf verhärtete Positionen und Interessenkonflikte zugeschnitten ist (Irle, 2001). Mediatoren und Mediatorinnen bedienen sich dabei zusätzlich beispielsweise paradoxer Interventionen, Gesprächsführungstechniken wie des sokratischen Dialogs oder Perspektivübernahme- und Kreativitätstechniken, um die Bereitschaft der Beteiligten zur Konfliktbearbeitung aufrechtzuerhalten (Höhne, Loschelder, Gutenbrunner, Majer & Trötschel, 2016).

Merke

Moderation und Mediation sind Beispiele formeller Konfliktmanagementstrategien, die in unterschiedlichen Phasen der Konflikteskalation ansetzen.

Ablauf und Methoden des Konfliktmanagements

Die wichtigste Methode für das Konfliktmanagement ist – so simpel es klingen mag – das informelle **Gespräch** zwischen Führungskraft und Mitarbeitenden. Bevor ein Gespräch eingeleitet werden kann, ist es notwendig, einen Konflikt überhaupt wahrzunehmen – was nicht selbstverständlich ist. Bestenfalls werden Konflikte frühzeitig erkannt. Eine Führungskraft braucht also eine gewisse Sensibilität für entsprechende Symptome. Typische Symptome sind etwa plötzliche Verhaltensänderungen der involvierten Konfliktparteien; zum Beispiel wird der Kontakt mit der anderen Konfliktpartei vermieden, es fallen ironische Bemerkungen, oder es kommt zu Sabotagehandlungen (für eine umfassende Darstellung häufiger Konfliktsymptome siehe Kreyenberg, 2005). Damit eine Führungskraft dieses Verhalten als Abweichung vom gewöhnlichen Umgang im Team erkennen kann, benötigt sie Erfahrung mit dem Team und Kenntnisse über übliche Verhaltensmuster der Teammitglieder. Ist eine Führungskraft selbst Teil eines Konfliktes, sollte möglichst frühzeitig eine neutrale dritte Person in das Konfliktmanagement eingebunden werden, beispielsweise in Form einer Moderation oder Mediation.

Hat man Verhaltensänderungen bemerkt, ist es unerlässlich, ein klärendes Gespräch zu vereinbaren. Idealerweise sollte ein sicherer Rahmen geschaffen werden (dazu gehört z. B. ein geeigneter Raum), und mit etwas Vorlauf, um das Gespräch vorbereiten zu können, lädt man dazu ein. In sehr akuten Konfliktsituationen kann sich diese Vorbereitungszeit gegebenenfalls auf wenige Minuten beschränken, in denen sich die Beteiligten sammeln können.

Damit den Konfliktparteien ein möglichst genaues Bild von der Konfliktsituation vor Augen steht, beginnt das Gespräch mit einer umfassenden *Konfliktdiagnose*, die sich auf folgende fünf Punkte bezieht (angepasst nach Höher & Höher, 2000):

- *Parteien*

Wer ist direkt und indirekt am Konflikt beteiligt?
- *Thema*
  Welches sind die zentralen Konfliktinhalte?
- *Form*
  Welche Erscheinungsform hat der Konflikt? Ist es ein „heißer" oder ein „kalter" Konflikt?
- *Verlauf*
  Wie hat sich der Konflikt entwickelt? Was versprechen sich die Parteien von einer Fortsetzung des Konflikts?
- *Ressourcen*
  Haben die Konfliktparteien noch gemeinsame Ziele, Werte und Normen?

Merke

Die Konfliktdiagnose stellt den ersten wichtigen Schritt zur Konfliktlösung dar.

Im Anschluss an die Diagnose werden mit den Beteiligten zusammen *Lösungsoptionen gesammelt*. Dabei ist es im Gespräch sinnvoll, nicht nur das Was (worum geht es?), sondern auch das Wie (wie kommunizieren die Beteiligten miteinander, welche Gefühle zeigen die Parteien in welchen Situationen?) gleichwertig zu betrachten. Häufig vermitteln *nonverbale Signale* ebenso wichtige Informationen wie die inhaltlichen Aussagen der Parteien. Eine Methode, die bei der Lösungsfindung unterstützen und Verständnis fördern kann, ist das *aktive Zuhören* (Rogers & Farson, 1995; siehe Abschnitt 4.2.2 „Kommunikation der Mitarbeitenden").

Allen Konfliktbeteiligten sollte ausreichend Zeit eingeräumt werden, ihre Sichtweise zu schildern. Besonders wenn extravertierte und introvertierte Menschen aufeinandertreffen, ist darauf zu achten, dass kein Ungleichgewicht durch unterschiedliche Redeanteile entsteht.

Der Prozess kann, muss aber nicht in einer einzigen Sitzung ablaufen, ebenso wie es situationsabhängig manchmal sinnvoll ist, beide Konfliktparteien im selben Raum zu haben, und manchmal nicht.

Ansatzpunkte für Lösungen

Grundsätzlich hat sich in der Erarbeitung von Lösungen eine Kombination aus fordernder Konfrontation und partnerschaftlicher Problemlösung als erfolgreich erwiesen. Beispielsweise ließen Van de Vliert, Nauta, Giebels und Janssen (1999) Testpersonen vorgegebene Konfliktszenarien lösen. Sie zeigten, dass sich Konflikte am effektivsten mit einer Kombination aus **kooperativer Problemlösung** (Beachtung der Bedürfnisse beider Parteien) und **konfrontativer Herangehensweise** (Fokus auf Erreichen eigener Ziele durch Ausüben von Macht und Autorität) lösen ließen.

Sind die Konfliktparteien grundsätzlich bereit dazu, den Konflikt anzugehen, lässt sich bei der Konfliktlösung nach Glasl (2013) an unterschiedlichen Ebenen ansetzen:

- Wahrnehmungen und daraus entstehende Gedanken, Vorstellungen und Interpretationen
- Gefühle und Einstellungen
- Motive und Intentionen
- Äußeres Verhalten

Durch die Einengung des eigenen Denkens werden Informationen im Konfliktfall nur noch selektiv wahrgenommen, bevorzugt solche Ereignisse, die den eigenen Erwartungen entsprechen, während entgegengesetzte Informationen ausgeblendet werden (Glasl, 2013). Setzt man den Fokus des Gesprächs auf **Wahrnehmungsaspekte**, soll nach Glasl erarbeitet werden, inwiefern sich die Wahrnehmung der Konfliktparteien unterscheidet und worauf diese Diskrepanzen möglicherweise zurückzuführen sind. Im Blick auf die Zukunft soll das Bewusstsein für Verzerrungen vertieft und erweitert werden, um diese künftig zu verhindern.

Gefühlsbezogene Interventionen zielen darauf ab, dass Konfliktparteien einander ihre Gefühle und Einstellungen mitteilen und die Chance bekommen, das Gegenüber zu korrigieren, wenn es ihr Verhalten fehlinterpretiert hat. Negative Emotionen gilt es abzubauen und im Gegenzug ein grundsätzliches Vertrauen aufzubauen.

Weil bei Konflikten häufig vorschnell angenommen wird, das Gegenüber stehe eigenen Zielen im Wege, kann man neben den Wahrnehmungen auch **Motive und Intentionen** unter die Lupe nehmen. Die Konfliktparteien werden angeregt, ihre Bedürfnisse und Absichten zu reflektieren, und erstarrte Zielvorstellungen sollen gelockert werden.

Oft ist **Verhalten** nicht notwendigerweise die direkte Folge von Absichten, sondern geschieht auf der Basis gelernter und verfestigter Verhaltensmuster. Beispielsweise kann ein Teammitglied durchaus Partizipation aller Gruppenmitglieder befürworten, dann in Meetings aber doch aus Gewohnheit den größten Redeanteil beanspruchen. Interventionen können darin bestehen, klare, allgemeingültige Verhaltensregeln aufzustellen (z. B. begrenzte Redezeiten bei Meetings) oder mit den Konfliktparteien individuelle, selbstgesetzte Verhaltensziele zu erarbeiten. Dabei liegt das Augenmerk insbesondere auf konstruktiven Verhaltensweisen.

Merke

Interventionen zur Konfliktlösung können auf unterschiedlichen Ebenen ansetzen: bei Wahrnehmungen und Gedanken, Gefühlen und Einstellungen, Motiven und Bedürfnisse und auch bei Verhaltensweisen.

Konfliktmanagement – eine integrierte Übersicht

Siegert (1999) integrierte Aspekte der Konfliktdiagnose und Methoden des Konfliktmanagements in eine handhabbare Übersicht für den Umgang mit Konflikten, die hilfreich sein kann, wenn keine externe Hilfe hinzugezogen werden soll (vgl. **Abb. 23**). Sie zeigt eine sinnvolle zeitliche Abfolge auf und verdeutlicht, dass es unerlässlich ist, gegenseitige Akzeptanz zu etablieren, auf der Konfliktmanagementmaßnahmen aufbauen können. Zudem wird betont, dass auch Nachbereitung und Prüfung der Lösungsumsetzung nach den zentralen Gesprächen bedeutsam sind. Die Übersicht nach Siegert kann dabei unterstützen, die eigenen Konzepte des Konfliktmanagements zu reflektieren und gegebenenfalls anzupassen.

Konfliktprävention durch Kooperationsförderung

Konfliktmanagement ist eine wichtige Aufgabe von Führungskräften, die im Idealfall nur selten nötig wird, wenn man präventive Maßnahmen ergreift, um die Zusammenarbeit im Team zu fördern und Nullsummen-Denken zu minimieren (vgl. Abschnitt 5.1.2 „Konfliktentstehung und Konfliktverlauf“).

1. **Gegenseitige Akzeptanz** (Begegnung auf Augenhöhe)
2. **Aktives Zuhören**
3. **Ausdruck des Verständnisses** für die Rolle und Situation des Gegenübers
4. **Paraphrasieren des Konfliktes** (auch die Extraktion der Sicht- und Empfindungsweise des Gegenübers)
5. **Neuformulierung** der tatsächlichen Konfliktgegenstände
6. **Auffinden und Hervorheben des Gemeinsamen**
7. **Herauskristallisieren und Präzisieren des Trennenden**
8. **Neudefinition** der Konfliktursache
9. **Lösungsfindung** (möglichst mit schriftlicher Fixierung konkreter Verhaltensweisen)
10. **Festsetzung eines Termins** für die Überprüfung der Lösung (und die weitere Suche nach Optimierungsmöglichkeiten)

Abbildung 23: Regeln zum Umgang mit Konflikten (nach Siegert, 1999)

Präventives Konfliktmanagement kann an **Personenfaktoren des Kooperationsverhaltens** ansetzen. Die individuelle Kooperationsbereitschaft wird unter anderem von der sozialen Werteorientierung einer Person bestimmt. Ist die Kooperationsbereitschaft hoch ausgeprägt, so streben Personen in der Regel danach, gerechte Ergebnisse für sich und andere zu erzielen (Van Lange, 1999). Weber, Kopelman und Messick (2004) beobachteten, dass Personen mit hoher Kooperationsbereitschaft produktiver zusammenarbeiten als andere. Besonders wenn durch Nichtkooperieren höhere Gewinne zu erzielen sind, tendieren wettbewerbsorientierte Menschen dazu, nicht zusammenzuarbeiten und kooperierende Menschen als wenig intelligent einzuschätzen. Kooperative Personen hingegen legen in schwierigen Teamsituationen Wert darauf, sich „moralisch" zu verhalten. Sie neigen zu Teamarbeit und halten kooperierende Interaktionspartner und -partnerinnen für intelligent. Einflussfaktoren auf die Neigung zu kooperativem Verhalten sind Geschlecht, Vertrauen in das soziale Umfeld, eine persönliche Norm der Reziprozität und vorherige Erfahrungen mit kompetitiven und kooperativen Situationen. Diese Personenfaktoren sollten bei Personalentscheidungen beachtet werden.

Auch die **aktive Beziehungsgestaltung** durch die Führungskraft kann die Kooperationsbereitschaft der Mitarbeitenden erhöhen, indem sie den Bedürfnissen der Beteiligten Beachtung schenkt, so dass eine qualitativ hochwertigere Austauschbeziehung zwischen Mitarbeitenden und Führungskraft mit stärkerem wechselseitigem Commitment entsteht (vgl. Kapitel 4 „Erfolgreiche Beziehungsgestaltung als Führungsaufgabe"). Das proaktive Fragen nach Bedürfnissen der Mitarbeitenden verhilft Führungskräften dazu, zielgerichtet individuelle Maßnahmen abzuleiten und entsprechende Ressourcen zur Verfügung zu stellen. Wenn eine Führungskraft im Mitarbeitergespräch beispielsweise erfährt, dass eine Mitarbeitende unter der Geräuschkulisse im Großraumbüro leidet, kann sie ihr die Möglichkeit eröffnen, sich für Konzentrationsaufgaben in ein Einzelbüro zurückzuziehen. Gerade bei virtuellen Teams sollte man außerdem Wert darauf legen, dass auch persönliche Verbundenheit entsteht. Bewährt hat sich das Aufstellen von „Spielregeln" im Team, um so zu vermitteln, dass unkooperatives Verhalten wahrgenommen wird und Kooperation erwünscht ist. So kann ein positiver Kreislauf entstehen (ebenfalls im Sinne einer sich selbst erfüllenden Prophezeiung; vgl. Abschnitt 5.1.2 „Konfliktentstehung und Konfliktverlauf"), denn die Art und Weise, wie die Interaktionspartner und -partnerinnen auftreten, wirkt sich auf das Verhalten anderer Teammitglieder aus.

Präventives Konfliktmanagement kann also auch an **Kontextfaktoren** ansetzen, die Kooperation begünstigen. So kann die Gruppengröße mit bestimmen, wie wahrscheinlich es ist, dass kooperiert wird: Die Voraussetzungen für Kooperation werden mit steigender Mitgliederzahl ungünstiger. So fällt es wettbewerbsorientierten Personen in einem weniger überschaubaren Rahmen besonders leicht, unkooperatives Verhalten zu rechtfertigen (Weber et al., 2004).

Merke

Konflikte sind präventiv vermeidbar, wenn die Führungskraft Kooperation spezifisch fördert und würdigt.

5.2 Praktische Anwendung

Konfliktmanagement in der Praxis – ein Interview mit Lydia Pinneker

Um zu erfahren, ob Konfliktmanagement wie in der Theorie beschrieben in der Praxis tatsächlich angewendet wird, haben wir ein Interview mit Frau Lydia Pinneker geführt. Sie ist Trainerin und Systemischer Business Coach sowie Führungskraft bei der Würth Industrie Service GmbH & Co. KG (WIS) in Bad Mergentheim und darüber hinaus als ausgebildete Wirtschaftsmediatorin speziell für Konfliktthemen zuständig.

Guten Tag, Frau Pinneker, und vielen Dank, dass Sie sich die Zeit für dieses Gespräch nehmen. Wir freuen uns darauf, von Ihren Erfahrungen im Bereich Konfliktmanagement bei der WIS zu hören.

Zunächst würde uns interessieren, ob es besonders häufig auftretende Arten von Konflikten oder typische Konfliktsituationen in Ihrem Unternehmen gibt.

Wie in jedem Unternehmen gibt es verschiedene Formen von Konflikten: auf Aufgaben- und Beziehungsebene, sowohl zwischen Kollegen als auch zwischen Abteilungen. Zudem muss man auch unterscheiden, ob ein Konflikt zwischen Mitarbeitern besteht oder ob eine Führungskraft beteiligt ist.

Man kann sicherlich von typischen Konflikten zwischen Einkauf und Vertrieb sprechen, die häufig aufgrund eines Kommunikationsproblems entstehen. Zum Beispiel kann es sein, dass ein Vertriebsmitarbeiter einem Kunden verspricht, dass die Ware innerhalb eines bestimmten Zeitraums bei ihm ankommt, ohne zuvor mit dem zuständigen Mitarbeiter im Einkauf Rücksprache gehalten zu haben. Infolgedessen wird zum Beispiel eine längere Lieferzeit benötigter Teile nicht in Betracht gezogen, und es ist nicht möglich, das Versprechen an den Kunden zu halten, was für beide Seiten ärgerlich ist. Bei Konflikten wie diesem, die auf der Aufgabenebene stattfinden, kann es zudem vorkommen, dass sich die Unstimmigkeiten auch auf eine Beziehungsebene ausweiten. Dann wird die Zusammenarbeit zusätzlich durch die Verschiedenheit der Werte und Einstellungen erschwert.

Bei Konflikten zwischen Führungskraft und Mitarbeiter dreht es sich häufig um Themen wie Arbeitspensum, Gehalt, Arbeitszeit, Wertschätzung oder Wahrnehmungsunterschiede bezüglich der Leistung. Wie häufig Konflikte aber generell auftreten, lässt sich nur schwer sagen, weil nicht jeder mit seinen Problemen in die Personalabteilung kommt.

Gibt es bei der WIS Maßnahmen oder Projekte, um Konflikten präventiv entgegenzuwirken?

In unseren Unternehmensleitlinien ist die Wichtigkeit von gegenseitigem Respekt für die Kultur im Unternehmen festgehalten. Zudem gibt es regelmäßige Teambesprechungen, und zweimal pro Jahr sind Personalgespräche angesetzt, in denen aufkommende Probleme frühzeitig thematisiert werden können. Außerdem gibt es Schulungen zu diesem Thema, die für die jeweilige Zielgruppe angepasst sind und unsere Mitarbeiter dabei unterstützen sollen, Konflikten vorzubeugen und diese erfolgreich zu bewältigen. Das heißt, Führungskräfte werden spezifisch auf den Umgang mit Konflikten in ihrem Team, Ausbilder auf Konflikte mit Azubis, der Einkauf auf Konflikte mit Lieferanten vorbereitet und so weiter.

Gibt es formal definierte Leitlinien für das unternehmensinterne Konfliktmanagement?

Nein, aktuell noch nicht. Ein systematisches Konfliktmanagement wird aber für die Zukunft angestrebt. Ein solches wird in der Wirtschaft im Allgemeinen vermehrt als Wettbewerbsvorteil erkannt. Konflikte kosten Geld, da man dazu neigt, seine Energie eher in den Konflikt als in die eigentliche Arbeitstätigkeit zu stecken. Daher wird es in Zukunft für die Wirtschaft und folglich für alle Unternehmen wichtig sein, sich mit einem individuellen, auf das Unternehmen zugeschnittenen Konfliktmanagementsystem zu befassen.

Sie haben erwähnt, dass Führungskräfte spezifisch für den Umgang mit Konflikten geschult werden. Welche Rolle spielen Ihrer Ansicht nach Führungskräfte, wenn es um die Lösung von Konflikten geht, und mit welchen Weiterbildungen werden sie bei der WIS dabei unterstützt?

Sicherlich sind sie die ersten Ansprechpartner, wenn es in den einzelnen Abteilungen um Konflikte geht. Sie sind meist auch diejenigen, die dann Kontakt mit der Personalabteilung aufnehmen, um sich bei der Konfliktlösung Unterstützung zu holen. Eine Studie zu den Kosten von Konflikten von der KPMG[1] aus dem Jahr 2009 berichtete sogar, dass 30 bis 50 Prozent der Arbeitszeit von Führungskräften direkt oder indirekt mit Reibungsverlusten, Konflikten und Konfliktfolgen verbracht werden. Es ist dementsprechend wichtig, Führungskräfte darin zu schulen, Konflikte zu erkennen, zum Beispiel anhand eines Leistungsrückgangs, Krankheit oder der Fehltage der Mitarbeiter. Zudem geht es darum, Wissen zu vermitteln, wie Konflikte angesprochen werden sollten und wann man wen als Unterstützung dazuholen kann. Seminare zu Konfliktmanagement, die wir wie bereits erwähnt für unsere Führungskräfte anbieten, werden noch ergänzt mit Trainingsangeboten zu den Themen Kommunikation, Change Management oder emotionale Stabilität (KPMG, 2009).

Viele Führungskräfte kommen auch zum Beratungsgespräch zu mir, um neue Tools an die Hand zu bekommen und Kompetenzen zu entwickeln, die ihnen dabei helfen, Konflikte konstruktiv zu lösen. Das Ziel einer solchen Beratung ist die Begleitung von persönlicher und kompetenzbezogener Weiterentwicklung der Führungskräfte. Eine Ausnahmesituation besteht natürlich dann, wenn die Führungskraft selbst am Konflikt beteiligt ist. Sowohl das Erkennen des Konflikts als auch eine Mediation oder Moderation durch die Führungskraft selbst werden erschwert. Dass solche Konflikte vorkommen, ist aber nicht ungewöhnlich, denn in der Rolle als Führungskraft müssen manchmal Entscheidungen getroffen werden, die nicht allen passen.

1 KPMG, eine traditionsreiche, global tätige Wirtschaftsprüfungsgesellschaft, benannt nach den Firmengründern Klynveld, Peat, Marwick und Goerdeler.

Wie wird mit solchen Konflikten, also zwischen einer Führungskraft und ihren Mitarbeitenden, umgegangen?
Ist die Führungskraft selbst Teil des Konfliktes, ist es wichtig, eine dritte, neutrale Person, wie Vertreter des Vertrauensrats, der Personalabteilung oder den Mediator/die Mediatorin selbst zur Konfliktlösung hinzuzuziehen. Auf keinen Fall sollte versucht werden, einen Konflikt auszusitzen, da dieser – statt wie erhofft zu verschwinden – eskalieren kann. Es gab schon Fälle, in denen ein Konflikt erst sehr spät ans Licht gekommen ist und von der Führungskraft ein Gespräch erst gesucht wurde, nachdem der Mitarbeiter schon die Kündigung eingereicht hatte. Um solche ausgesprochen schwierigen Situationen zu vermeiden, ist es wichtig, Konflikte frühzeitig zu erkennen und zu thematisieren.

Frau Pinneker, Sie sind ausgebildete Mediatorin. Wie kann man sich die Ausbildung vorstellen?
Die Ausbildung zur Wirtschaftsmediatorin fand in meinem Fall an einem spezialisierten Beratungs- und Fortbildungsinstitut in Stuttgart statt und dauerte ein Dreivierteljahr. Der Inhalt von zertifizierten Ausbildungen ergibt sich in der Regel aus mehreren Modulen, von der Grundhaltung bei Mediation bis hin zu Online-Mediationstechniken. Im Rahmen der Ausbildung wird außerdem anhand realer Übungsfälle und begleitender Supervision geübt, was für die eigene Reflexion wichtig und hilfreich ist.

Was sind für Sie Qualitätsmerkmale eines – gegebenenfalls auch externen – Mediators/einer Mediatorin?
Als Qualifikation sollte man mindestens eine zertifizierte Mediatoren-Ausbildung haben. Im September 2017 trat ein Gesetz in Kraft, das eine Zertifizierung der Person des Mediators regelt. Über die Ausbildung hinaus müssen innerhalb von zwei Jahren nach deren Abschluss vier Mediationen durchgeführt und in einer Supervision thematisiert sowie alle vier Jahre

Weiterbildungen belegt werden. Dann kann ein Mediator/eine Mediatorin sich selbst als „zertifiziert" beschreiben. Über diese Formalien hinaus sollten die Prinzipien Allparteilichkeit und Verschwiegenheit gewährleistet sein. Konkret bedeutet das, dass zu keiner der beteiligten Personen eine engere Beziehung bestehen sollte, die es erschwert, neutral zu bleiben. Zudem dürfen auch keine eigenen Interessen verfolgt werden.

Wie sieht eine Mediation bei Ihnen aus, wenn sie in Anspruch genommen wird?
Im Ablaufplan sind – nach einem optionalen Vorgespräch mit beiden Parteien einzeln – zunächst eine Themensammlung und eine Einigung auf ein Startthema vorgesehen. Daraufhin werden die Interessen und Bedürfnisse der Beteiligten ergründet, mögliche Lösungen in einem Brainstorming konstruiert, und dann werden in einer Bewertungs- und Verhandlungsphase Lösungen ausgewählt, mit denen beide Konfliktparteien einverstanden sind. Das ist in einer Kurzzeitmediation von drei bis vier Stunden möglich oder kann auch in mehreren Sitzungen von je zwei bis drei Stunden passieren.

Worauf kommt es Ihrer Meinung nach an, damit ein Konflikt erfolgreich gelöst werden kann?
Der Konflikt muss klar angesprochen werden. Zudem kommt es auf Freiwilligkeit und die Bereitschaft aller an, den Konflikt lösen zu wollen. Weiterhin braucht es Zeit, um im Gespräch die Interessen und Bedürfnisse aller Parteien zu ergründen, und ein Verständnis dessen auf beiden Seiten.

Inwiefern konnte aus Ihrer Erfahrung heraus gutes Konfliktmanagement helfen, eine schwierige Situation zum Besseren zu wenden?
Ich nenne gerne ein Beispiel. In einem Fall, bei dem ein Mitarbeiter wegen Vernachlässigung seiner Aufgaben und häufigem Überziehen von Fristen ermahnt werden sollte und ein Gespräch mit der Führungskraft zunächst keine Besserung erzielte, wurde ich für eine Mediation dazugezogen. Inhalte waren dabei die Analyse der Ursachen des Verhaltens und das Entwickeln gemeinsamer Verhaltensregeln und Vorgehensweisen, um die Situation zu verbessern. Zum Beispiel wurde die Vereinbarung getroffen, verlässlich Rückmeldung zu geben, wenn eine Frist nicht eingehalten werden kann. Die Zusammenarbeit zwischen Führungskraft und Mitarbeiter hat sich für beide Seiten deutlich gebessert. In einem Monat ist zudem noch ein Nachgespräch angesetzt.

Vielen Dank für das interessante Interview! Wir wünschen Ihnen für Ihre zukünftigen beruflichen Aufgaben alles Gute und viel Erfolg.

5.3 Handlungsimplikationen

Was ergibt sich aus den dargestellten wissenschaftlichen Befunden und praktischen Anwendungen für den Alltag einer Führungskraft? Im Folgenden beschreiben wir Handlungsimplikationen für verschiedene Situationen, die im Alltag einer Führungskraft auftreten können.

Wenn man konstruktiv mit Konflikten im eigenen Team umgehen möchte,
> *dann* ist es unabdingbar, wachsam für Anzeichen eventueller Konflikte zu sein.

Wenn man einen Konflikt im eigenen Team bemerkt oder Teammitglieder einen Konflikt ansprechen,
> *dann* sollte im Rahmen eines wertschätzenden und vertraulichen Gesprächs eine systematische Konfliktdiagnose erfolgen, um die erforderlichen Informationen für eine konstruktive Bearbeitung des Konfliktes zu sammeln.

Wenn ein Mitarbeiter oder eine Mitarbeiterin sehr zurückhaltend ist und offene Konfrontationen vermeidet, *dann* wird der bzw. die Mitarbeitende wahrscheinlich nicht auf die Führungskraft zukommen und Probleme ansprechen. Deshalb ist es notwendig, zum Beispiel kleine Verhaltensänderungen und individuelle Auffälligkeiten zu beachten, die auf einen Konflikt hinweisen können.

Wenn eine Mitarbeiterin bzw. ein Mitarbeiter einen Konflikt nicht thematisieren will,
dann sollte man an die Änderungsmotivation appellieren und mögliche positive Konsequenzen einer Konfliktlösung aufzeigen.

Wenn ein Konflikt schon eskaliert ist,
dann sollte sofort ein Konfliktmanagement beginnen. Einer Konfliktdiagnose folgt die Suche nach Lösungen. Ansatzpunkte dafür sind die Wahrnehmung der Beteiligten, die oft stark verengt ist, Gefühle, Intentionen und das äußere Verhalten.

Wenn man das Gefühl hat, einen Konflikt nicht alleine angehen zu können,
dann sollte man sich Unterstützung holen, zum Beispiel in einer Beratung bei einem geschulten Mediator oder einer geschulten Mediatorin, und gegebenenfalls auf mögliche unternehmensinterne oder externe Schulungsangebote zum Thema Konfliktmanagement zurückgreifen, um sich für zukünftig auftretende Konfliktsituationen zu rüsten.

Wenn man nicht neutral und allparteilich sein kann,
dann ist es nötig, eine neutrale dritte Person hinzuzuziehen. Dies können Vertreter des Vertrauensrates oder der Personalabteilung oder Mediatoren bzw. Mediatorinnen sein.

Wenn man selbst Teil des Konfliktes ist,
dann sollte ebenfalls eine neutrale dritte Person involviert werden.

Wenn die Umsetzung einer Konfliktmanagement-Strategie nicht funktioniert,
dann sollte man nicht aufgeben, sondern stattdessen die Beteiligten dazu anregen, weitere Lösungsmöglichkeiten zu entwickeln, die an anderen Ebenen anknüpfen. Wichtig ist zudem, dass man Folgetermine vereinbart und Fortschritte prüft, um Verbindlichkeit zu vermitteln.

Wenn man Konflikten vorbeugen will,
dann kann man aktiv auf Mitarbeitende zugehen und positive Beziehungen gestalten, kooperatives Verhalten zwischen Mitarbeitenden fördern, Verhaltensregeln definieren oder Kommunikation optimieren.

5.4 Zusammenfassung

Konflikte sind keine seltenen Ausnahmen im Unternehmensalltag, sondern entstehen aus den tagtäglich bestehenden Abhängigkeiten zwischen Einzelpersonen oder Gruppen. Man kann im Wesentlichen zwischen intra- und interpersonellen Konflikten, Streitigkeiten auf Aufgaben- und Beziehungsebene sowie „heißen" und „kalten" Konflikten unterscheiden.

Unbehandelt können Konflikte eskalieren, bis es keine „Gewinner" und „Gewinnerinnen" mehr geben kann. Die Wahrnehmung engt sich immer mehr ein, und nur noch erwartungsbestätigendes Verhalten des Gegenübers wird registriert.

Die fünf grundlegenden Verhaltensmöglichkeiten von Personen in Konflikten – sich anpassen, vermeiden, Kompromisse schließen, das Problem lösen oder aber kämpfen – wurden im Dual-Concern-Modell in Bezug zu Eigen- und Fremdinteresse kategorisiert. Die beste Voraussetzung für das Lösen eines Konfliktes besteht, wenn die Interessen aller Konfliktparteien im Vordergrund stehen. Eine Konfliktlösung zeichnet sich dadurch aus, dass sie die Bedürfnisse aller Beteiligten erfüllt. Ein

Kompromiss, bei dem die Beteiligten in diesem Punkt Abstriche machen müssen, ist also nicht grundsätzlich der Königsweg.

Der Begriff Konfliktmanagement umfasst Strategien zum Erkennen, Steuern und Lösen von Konflikten. Hierbei kommt Führungskräften eine besonders wichtige Rolle zu. Unterschieden wird zwischen formellem und informellem Konfliktmanagement sowie zwischen Moderation und Mediation, wobei strategieübergreifend das Gespräch die wichtigste Methode darstellt. Kann man Konflikten nicht bereits präventiv begegnen (z. B. durch Förderung von Kooperation), beginnt erfolgreiches Konfliktmanagement stets mit einer systematischen Konfliktdiagnose. Darauf folgt das Entwickeln von Lösungen auf einer oder mehreren von vier Ebenen: Wahrnehmungen und Gedanken, Gefühle und Einstellungen, Motive und Intentionen sowie äußeres Verhalten.

Konflikte können auch positive Effekte für Arbeitsgruppen nach sich ziehen, indem sie zum Beispiel die Entscheidungsfindung anregend unterstützen. Vor allem bei intensiveren Konflikten oder Konflikten auf der Beziehungsebene überwiegen aber die negativen Folgen für Zufriedenheit und Leistung in Arbeitsgruppen, was die Notwendigkeit nach sich zieht, Konflikte frühzeitig zu thematisieren.

5.5 Reflexionsfragen

- Erinnern Sie sich an eine Situation, in der Ihnen Anzeichen eines möglichen Konflikts aufgefallen sind. Welche Vorboten konnten Sie ausmachen?
- Erinnern Sie sich an eine Situation, in der Sie einen Konflikt erlebt haben, zum Beispiel in Ihrem Team. Welche positiven Konsequenzen hat der Konflikt nach sich gezogen?
- Zu welcher der Verhaltensweisen, die im Dual-Concern-Modell beschrieben sind, tendieren Sie in Konfliktsituationen am ehesten?
- Wenn Sie an einen Konflikt zurückdenken, den Sie selbst erlebt haben: Haben Sie eine Konfliktdiagnose vorgenommen? Wenn ja, wie sind Sie vorgegangen? Wie sind Sie bei der Bewältigung des Konflikts vorgegangen?
- In welchem Fall würden Sie das Konfliktmanagement an eine externe Person abgeben?
- Welche Aspekte aus der Zusammenfassung nach Siegert (1999) sind für Sie besonders bedeutsam für den Erfolg von Konfliktmanagement?
- Wie können Sie in Ihrer Arbeitsgruppe Kooperation fördern?

Teil 3: Personalmanagement – Die Ebene der Organisation

6 Methoden und Verfahren der Personalauswahl

Was Sie hier erfahren

In diesem Kapitel stehen Verfahren der Personalauswahl und ihre Anwendung in der Praxis im Vordergrund. Bevor einzelne Verfahren vorgestellt und bewertet werden, behandeln wir die Anforderungsanalyse als zentrale Basis für eine zielgerichtete Personalauswahl. Darauf aufbauend erfahren Sie, welche aktuellen Trends in der Personalauswahl zu beobachten sind und wie Personalauswahl bei einem internationalen Konzern funktioniert. Auf dieser Grundlage erhalten Sie schließlich praktische Hinweise, wie sich die besprochenen Inhalte im Personalauswahlprozess konkret anwenden lassen.

6.1 Wissenschaftliche Basis

Gute Personalauswahl ist für Unternehmen von großer Bedeutung, denn Fehlentscheidungen führen zu erheblichen Kosten. Schätzungen gehen von durchschnittlichen Folgekosten einer Fehlbesetzung in Höhe von einem anderthalbfachen Jahresgehalt der jeweiligen Stelle aus. Diese Kosten setzen sich zusammen aus direkten Kosten, zum Beispiel durch Produktivitätsverluste, Trennungs- und Neueinstellungskosten, Einarbeitungskosten, und aus indirekten Kosten, beispielsweise durch Verzögerungen oder Fehler bei Projekten (vgl. Lorenz & Rohrschneider, 2009). Aktuelle psychologische Forschung liefert Informationen, welche Methoden und Verfahren gut und praktikabel sind, um die richtige Person für die richtige Stelle zu finden.

Führungskräfte sind in der Regel zentrale Akteure bei der Personalauswahl. Beispielsweise führen sie gemeinsam mit Personalabteilungen häufig die Einstellungsgespräche und fungieren als Beobachter/-innen im Assessment Center. Auch im Vorfeld spielen sie eine wichtige Rolle, wenn sie beispielsweise die konkreten Anforderungen für eine Stelle mit festlegen.

6.1.1 Anforderungsanalyse

Berufliche Anforderungen an Mitarbeitende in verschiedenen Positionen zu kennen, ist essentiell für gute Personalarbeit. Diese Kenntnisse sind erforderlich, um geeignete Bewerber und Bewerberinnen für eine bestimmte Stelle auszuwählen, Mitarbeitende gezielt weiterzuentwickeln (vgl. Kapitel 7 „Nachhaltige Personalentwicklung“) und sie im Rahmen einer Leistungsbeurteilung zu bewerten (vgl. Kapitel 1 „Grundlagen individueller Leistungsfähigkeit“).

Lucius Annaeus Seneca formulierte einmal: „Wer den Hafen nicht kennt, in den er segeln will, für den ist kein Wind der richtige.“ Anforderungsanalysen ermitteln in diesem Sinne die für den jeweiligen Zweck relevanten Anforderungen. Systematische und zielgerichtete Personalarbeit orientiert sich daran.

Die Relevanz von Anforderungsanalysen im Rahmen der Eignungsdiagnostik zeigt sich auch daran, dass diese Vorgehensweisen in eine DIN-Norm gefasst wurden: Die DIN 33430 liefert als Prozessnorm Hinweise auf Verfahren und deren Anwendung bei berufsbezogenen Eignungsbeurteilungsprozessen. Sie betont die Bedeutung qualitativ hochwertiger Anforderungsanalysen als unverzichtbarem Qualitätskriterium berufsbezogener Eignungsdiagnostik (DIN, 2016) – auch im Hinblick auf ihre Rechtssicherheit und den Schutz vor Konkurrentenklagen. Personalauswahlentscheidungen, die man ohne eine anforderungsbezogene Basis trifft, sind nichts weiter als Entscheidungen aus dem Bauch heraus, die zu Fehlbesetzungen führen können.

Im Folgenden werden die Begriffe „Anforderung" und „Anforderungsanalyse" näher erläutert und ausgewählte Verfahren der Anforderungsanalyse vorgestellt.

Die Begriffe Anforderung und Anforderungsanalyse

Anforderungen sind aus den Charakteristika einer Stelle ableitbare Merkmale einer Person, die für die Leistung erfolgsrelevant sind (Marcus, 2011; Schuler, 2014a). Die Prozesse und Methoden, die angewandt werden, um diese Charakteristika zu erfassen, werden als **Anforderungsanalyse** bezeichnet. Die **Arbeitsanalyse**, die eng mit der Anforderungsanalyse verbunden ist, beschäftigt sich im Unterschied dazu mit dem Ermitteln von Informationen in Bezug auf die Arbeitsaufgabe, die Arbeitsmittel und die Arbeitsumgebung und dient vor allem dem Arbeitsschutz (Marcus, 2011; Schuler, 2014a). Arbeits- und Anforderungsanalysen sollten stets aufeinander abgestimmt werden, denn das Ableiten von relevanten Arbeitsanforderungen setzt auch Kenntnisse über Aufgaben und Arbeitsbedingungen voraus.

Merke

Als Anforderungsanalyse bezeichnet man Prozesse und Methoden, welche die für eine bestimmte Tätigkeit erforderlichen erfolgsrelevanten Merkmale einer Person erfassen.

Klassifikation von Anforderungen

Betrachtet man beispielsweise eine Stellenanzeige für die Teamleitung in einem Logistikunternehmen, kann man eine Liste mit Anforderungen finden, die an den zukünftigen Mitarbeiter, die zukünftige Mitarbeiterin gestellt werden: mehrjährige Berufserfahrung im Logistikwesen, idealerweise Führungserfahrung, Bereitschaft zur Schicht-, Nacht- und Wochenendarbeit, analytische Denk- und Vorgehensweisen, Kommunikationsfähigkeit, Flexibilität, sehr gute Anwenderkenntnisse in warenwirtschaftlichen Systemen und MS-Office-Programmen, Fahrberechtigung für Flurförderfahrzeuge und Gabelstapler.

Anforderungen lassen sich auf unterschiedlichste Weise klassifizieren. Eine bekannte Einteilung folgt der KSAO-Logik (**K**nowledge, **S**kills, **A**bilities, **O**ther Characteristics; vgl. z. B. Marcus, 2011; Schuler, 2014a; vgl. Kapitel 1 „Grundlagen individueller Leistungsfähigkeit"). Zu den **Kenntnissen** zählt in der oben genannten Stellenanzeige beispielsweise das geforderte EDV-Knowhow (Warenwirtschaftssysteme, MS-Office). Sie können in Faktenwissen (deklaratives Wissen) und Handlungswissen (prozedurales Wissen) unterteilt werden. *Deklaratives Wissen* beschreibt erworbenes Sachwissen über Begriffe, Objekte, Fakten, aber auch Situationen *(wissen, was)*. *Prozedurales Wissen* ist als Handlungswissen zu verstehen *(wissen, wie)*. Mit Hilfe von prozeduralem Wissen lässt sich deklaratives Wissen nutzbar machen. **Fertigkeiten** hingegen bilden ab, inwieweit bestimmte Arbeitshandlungen praktisch beherrscht werden (Marcus, 2011), etwa das Fahren eines Gabelstaplers. Analytisches Denken und Kommunikationsfähigkeit werden demgegenüber der Klasse der **Fähigkeiten** zugeordnet. Fähigkeiten sind relativ stabile Persönlichkeitseigenschaften, die Leistung ermöglichen. In die Kategorie der **anderen Merkmale** fallen alle weiteren relativ stabilen Eigenschaften einer Person, die nicht den Fähigkeiten zuzuordnen, aber erfolgsrelevant sind. Dazu zählen zum Beispiel Persönlichkeitseigenschaften (wie Zuverlässigkeit), Einstellungen (wie Gesundheitsorientierung), Werte (wie Fairness) und Interessen (wie technisches Interesse). In der obigen Stellenanzeige gehören zum Beispiel die erwartete Flexibilität sowie die Bereitschaft zur Schichtarbeit zu dieser Sammelkategorie. Die beiden zuletzt genannten Anforderungsklassen spielen für die Personalauswahl eine besondere Rolle (vgl. Schuler, 2014a): Sie bilden die Basis für den Erwerb von Kenntnissen und Fertigkeiten und sind aufgrund ihrer Stabilität als Kriterien im Personalauswahlprozess entscheidend. Ergänzend zu den KSAOs, die sich auf Eigenschaften einer Person beziehen, unterscheidet Schuler (2014a) Verhalten und Aufgaben/Ergebnisse als weitere relevante Kategorien für die Anforderungsanalyse.

Merke

Anforderungen können im Hinblick auf Eigenschaften einer Person als KSAOs (Knowledge, Skills, Abilities, Other Characteristics) klassifiziert werden. Abstrakter sind sie in Verhaltens-, Eigenschafts- und Aufgabenanforderungen unterteilbar.

Methodische Zugänge

Im Rahmen der Anforderungsanalyse können die relevanten Anforderungen mit Hilfe unterschiedlicher Methoden erfasst werden. Man unterscheidet drei Ansätze: erfahrungsgeleitet-intuitiv, personenbezogen-empirisch und arbeitsplatzanalytisch-empirisch (Eckardt & Schuler, 1992).

Beim **erfahrungsgeleitet-intuitiven** Ansatz basiert die Bestimmung relevanter Anforderungen auf Erfahrungen von Experten, sogenannten Subject Matter Experts (SME). Diese schätzen aufgrund ihrer Erfahrung ein, welche KSAOs eine Person für das Erfüllen der Anforderungen und das erfolgreiche Ausüben einer Tätigkeit mitbringen muss. In der Praxis stellt sich oft die Frage, wer die Experten für eine Stelle sind. Häufig zieht man als Experten für eine Einschätzung der Stellenanforderungen die direkten Vorgesetzten heran. Vorgesetzte haben zwar oftmals eine genauere Vorstellung von den Erfolgskriterien, an denen die Stelleninhaber gemessen werden, aber meist nur ein eher allgemeines Bild vom Arbeitsalltag ihrer Mitarbeitenden; sie sehen bestimmte Aspekte manchmal als selbstverständlich und über- oder unterschätzen andere. Je komplexer die Tätigkeiten sind, desto schwieriger wird daher die Einschätzung der Anforderungen, was dazu führt, dass die Befragten vielfach dazu neigen, relativ unspezifische Merkmale aufzulisten. Häufig entstehen Worthülsen wie „Flexibilität", „Organisationsfähigkeit" oder „Kommunikationsfähigkeit", die großen Interpretationsspielraum lassen. Es gilt daher, die einschätzenden Personen mit entsprechender Expertise sorgfältig auszuwählen und neben Vorgesetzten zum Beispiel auch Personen einzubeziehen, die die jeweiligen Stellen seit langer Zeit oder seit Neuestem innehaben. Auf diese Weise sind zum Beispiel Anforderungen in der Anfangsphase und langfristige Anforderungen erfassbar.

Der **personenbezogen-empirische** Ansatz basiert auf der statistischen Ermittlung relevanter Zusammenhänge zwischen Merkmalen von Arbeitsplatzinhabern (z.B. Gewissenhaftigkeit) und verschiedenen Leistungskriterien (z.B. Leistungsbeurteilung durch Vorgesetzte, Arbeitszufriedenheit). Personenmerkmale, die in hohem Zusammenhang mit den Leistungsmaßen stehen, gelten als Basis für die Ableitung von relevanten Anforderungen. Dieser Ansatz ist auf große Stichproben und diagnostisch-statistisches Knowhow der Anwender angewiesen. Die Ergebnisse können durch Selektionsprobleme verzerrt sein – zur Stichprobe gehören ja nur die Personen, die eine Stelle erhalten haben, abgelehnte Bewerberinnen und Bewerber fehlen, was zu einer Varianzeinschränkung führt (vgl. Schuler, 2014a). Auch besteht das Problem, dass bestimmte Merkmale erst im Laufe der Tätigkeit erworben werden, dass also neue Mitarbeitende nicht alle Merkmale erfolgreicher Stelleninhaber bereits mitbringen müssen. Und schließlich repräsentieren langjährig Beschäftigte die zukünftige Belegschaft, die mit neuen Herausforderungen konfrontiert ist, womöglich nicht angemessen.

Der **arbeitsplatzanalytisch-empirische** Ansatz gilt in der Regel als Methode der Wahl. Mit standardisierten Instrumenten (z. B. Fragebogen, Interviews, Beobachtungen) wird zuerst eine Arbeitsanalyse durchgeführt. In einem zweiten Schritt verknüpfen SMEs die spezifischen Charakteristika einer Tätigkeit mit zuvor ausgewählten, empirisch bedeutsamen Anforderungen, zum Beispiel in einem von psychologischen Experten angeleiteten Workshop. Bei diesem Vorgehen ist zu beachten, dass die Ergebnisse der Arbeitsanalyse zum einen von den verwendeten Instrumenten abhängen – sehr komplexe Tätigkeiten lassen sich zum Beispiel nur schwer mittels standardisierter Verfahren akkurat abbilden – und zum anderen von den befragten Personen.

Merke

Bei einer Anforderungsanalyse kann man erfahrungsgeleitet-intuitiv, personenbezogen-empirisch oder arbeitsplatzanalytisch-empirisch vorgehen.

Im Folgenden werden ausgewählte Instrumente der Anforderungsanalyse vorgestellt, die sich im Rahmen der arbeitsplatzanalytisch-empirischen Methode anwenden lassen. Betont sei, dass die Durchführung der jeweiligen Methoden und die Auswertung der Ergebnisse Experten vorbehalten sein sollten (z. B. einem Personalpsychologen bzw. einer Personalpsychologin). Die Führungskräfte können zum Beispiel als Arbeitsplatzexperten und damit als Testteilnehmende fungieren. Diese Empfehlung gilt auch für alle weiteren Instrumente, die im Laufe dieses Kapitels genannt werden (siehe Abschnitt 6.1.2 „Verfahren der Personalauswahl“).

Ausgewählte Verfahren der Anforderungsanalyse

Anforderungen können auf der Eigenschafts-, Aufgaben- oder Verhaltensebene angesiedelt sein. Eine mögliche Variante, die Verfahren der Anforderungsanalyse zu strukturieren, ist die Zuordnung zu diesen drei Ebenen. Je nachdem, ob primär Aufgaben, Verhaltensweisen oder Eigenschaften ermittelt werden sollen, können unterschiedliche Verfahren angewendet werden. Im Folgenden stellen wir eine Auswahl von Verfahren vor.

Ein **eigenschaftsorientiertes Anforderungsanalyseverfahren**, das eine Vielzahl von Fähigkeiten und Fertigkeiten direkt bestimmt, ist das *Fleishman-Job-Analyse-System* (F-JAS; Kleinmann, Manzey & Schumacher, 2010). Es besteht aus fünf Bereichen: Kognition (z. B. mathematisches Schlussfolgern, räumliche Orientierung), Psychomotorik (z. B. Steuerungspräzision, Geschicklichkeit der Finger), physische Merkmale (z. B. Rumpfkraft, Beweglichkeit), Sensorik und Wahrnehmung (z. B. Fernsicht, Hörsensitivität) sowie soziale bzw. interpersonelle Fähigkeiten und Fertigkeiten (z. B. Verhandlungsgeschick, Frustrationstoleranz). Insgesamt 73 Fähigkeiten und Fertigkeiten werden durch Befragung für einzelne Aufgaben, Tätigkeitskomponenten (eine zusammenhängende Aufgabengruppe) oder gesamte Tätigkeiten ermittelt. Damit kann das F-JAS das Anforderungsspektrum von einfachen (z. B. Ware kommissionieren, Lagerist) bis hin zu eher komplexen Tätigkeiten (z. B. Flugzeug fliegen, Pilot) und Managementaufgaben erfassen. Befragte können Personen sein, die aktuell einen entsprechenden Arbeitsplatz innehaben, aber auch Vorgesetzte, Personalverantwortliche oder andere Personengruppen, die mit der jeweiligen Tätigkeit in Kontakt stehen. Die Befragungsergebnisse der verschiedenen Personen werden für jede beurteilte Fähigkeit beziehungsweise Fertigkeit gemittelt. Das Ergebnis ist ein Profil, das die erforderliche Ausprägung für die erfolgreiche Bewältigung einer Tätigkeit bzw. Aufgabe angibt. Das F-JAS wird in der Praxis häufig verwendet. Die Qualität des Verfahrens konnten die Autoren in Referenzstudien nachweisen (Kleinmann et al., 2010).

Eigenschaftsorientierte Instrumente sind wegen ihrer Vorstrukturierung dem intuitiven Zusammenstellen von Eigenschaftslisten (in der Praxis häufig gehandhabt) vorzuziehen. Dennoch sollte man bei der Auswahl der Verfahren stets in Erinnerung behalten, dass die Qualität der Analyse mit der Erfahrung und der Anzahl der befragten Experten (z. B. aktuell auf der Position Beschäftigte und Vorgesetzte) steht und fällt. Zudem lassen eigenschaftsorientierte Analysen die situativen Charakteristika eines Arbeitsplatzes (Arbeitsanalyse) unbeachtet.

Anders ist das bei rein **aufgabenorientierten Instrumenten.** Bei der Analyse von Aufgaben werden Tätigkeiten (z. B. Kommissionieren) oder einzelne Tätigkeitselemente (z. B. Benutzen von einfachen Werkzeugen) erfasst und hinsichtlich festgelegter Kriterien beurteilt (z. B. Bedeutung für die Arbeit, Häufigkeit, Dauer). Arbeitsanalyseverfahren sind als erster Schritt im Rahmen einer Anforderungsanalyse einsetzbar (z. B. *Functional Job Analysis – FJA;* Fine & Cronshaw, 1999). Das *Tätigkeitsbewertungssystem* (*TBS;* Pohlandt, Hacker & Richter, 1999) beispielsweise setzt sich unter anderem zum Ziel, arbeitsbezogene Beeinträchtigungen von Tätigkeiten zu erfassen und darauf aufbauend passende Arbeitsgestaltungmaßnahmen abzuleiten. Der *Job Diagnostic Survey* (deutsche Fassung: Schmidt & Kleinbeck, 1999) verfolgt streckenweise dasselbe Ziel, legt aber den Fokus auf die Analyse des Motivationsgehalts der jeweiligen Tätigkeiten und Tätigkeitselemente.

In Anforderungen übertragen werden die Ergebnisse der Arbeitsplatzanalyse bei den beschriebenen rein aufgabenorientierten Instrumenten nicht. Ein standardisiertes Verfahren, das Arbeits- und Anforderungsanalyse vereint und Verhaltensbeschreibungen liefert, ist der *Fragebogen zur Arbeitsanalyse* (*FAA;* Frieling & Hoyos, 1978). Der FAA umfasst 221 Items, sogenannte Arbeitselemente, die in vier Hauptabschnitte untergliedert sind:

- Informationsaufnahme und -verarbeitung
- Arbeitsausführung
- Arbeitsrelevante Beziehungen
- Umgebungseinflüsse und zusätzliche Arbeitsbedingungen

Durch Beobachtung und Befragung erfassen Fachleute der Arbeitsanalyse (z. B. Arbeits- und Organisationspsycholog/-innen) gemeinsam mit den Personen, die aktuell eine entsprechende Tätigkeit ausführen, verhaltensrelevante Aspekte ihres Arbeitsplatzes. Jedes Arbeitselement wird dabei hinsichtlich Häufigkeit, Dauer, Wichtigkeit oder anderer Sonderschlüssel bewertet.

In Eignungsanforderungen überträgt man diese Tätigkeitsmerkmale in einem systematischen Prozess, „synthetische Validierung" genannt. Ähnlich wie beim F-JAS schätzen Experten ein, wie relevant ein Eignungsmerkmal – aus einer Liste von 58 Merkmalen, die zuvor als erfolgsrelevant identifiziert wurden – für das jeweilige Arbeitselement ist. Aus diesen Einschätzungen entstehen Eignungsprofile.

Der FAA ist über verschiedene Branchen hinweg einsetzbar und empirisch eingehend untersucht (Frieling, 1999). Die Kombination aus Arbeits- und Anforderungsanalyse und der starke Verhaltensbezug machen das Verfahren für Anwender besonders interessant. Für nachteilig kann man es halten, dass die Durchführung des FAA Fachkenntnisse im Bereich der Arbeitsanalyse sowie der Statistik voraussetzt und somit nur von einem ausgewählten Personenkreis angewendet werden kann bzw. sollte. Der hohe Zeitaufwand (ein bis zwei Stunden pro Befragung) und die damit einhergehenden personalen Ressourcen schränken die ansonsten durchaus positive Bewertung des FAA ein.

Merke

Der Fragebogen zur Aufgabenanalyse ist breit einsetzbar und verbindet Arbeits- und Anforderungsanalyse miteinander. Er ist ein bei Anwendern beliebtes Verfahren.

Ein Verfahren zur Ermittlung von **Verhaltensanforderungen** ist die *Critical Incident Technique* (*CIT*, deutsch: Methode der kritischen Ereignisse; Flanagan, 1954). Stelleninhaber, Führungskräfte oder andere SMEs berichten erfolgskritische Situationen (sogenannte CIs), also solche Arbeitssituationen, die typisch und erfolgsrelevant sind und somit zwischen leistungsstarken und leistungsschwächeren Mitarbeitenden besonders gut differenzieren. Neben den CIs soll vor allem das konkrete Verhalten erfasst werden, das zur Bewältigung oder Nichtbewältigung der bedeutsamen Situation beigetragen hat. Auf Basis der aus den erfolgskritischen Situationen abgeleiteten Verhaltensweisen werden in einem weiteren Schritt – ähnlich wie beim FAA – tätigkeitsrelevante Anforderungen ermittelt: In Workshops beispielweise gruppieren die Teilnehmer und Teilnehmerinnen ähnliche Verhaltensweisen und fassen sie schließlich zu Anforderungen zusammen. Eine ausführliche Darstellung des Vorgehens der CIT nach der DIN 33430 am Beispiel einer Tätigkeit im Bereich Arbeitsschutz geben Koch und Kollegen (2006). Das *Task-Analysis-Tool (TAToo)* bietet außerdem eine ausführliche Anleitung, um eine auf der CIT basierende Anforderungsanalyse durchzuführen (Koch & Westhoff, 2012).

Die CIT hat den großen Vorteil, dass konkrete Verhaltensbeschreibungen den Kern der Anforderungen bilden. Allen am Prozess der Anforderungsanalyse beteiligten Personen ist so deutlich ersichtlich, was hinter einem eher abstrakten Begriff wie zum Beispiel „Teamfähigkeit" tatsächlich steckt. Eine zielgerichtete Handhabung der Anforderungen bzw. des Anforderungsprofils ist somit gewährleistet. Zudem kann man die mit der CIT gesammelten Situationen und Verhaltensweisen im weiteren Prozess der Eignungsdiagnostik vielfältig „wiederverwerten". So lässt sich beispielweise die Entwicklung von Personalauswahlverfahren optimieren, indem kritische Situationen die Basis für situative Fragen im Einstellungsinterview oder die Grundlage für die Konzeption eines Rollenspiels bilden. Die Verhaltensbeschreibungen können sich auch als verhaltensverankerte Beurteilungsskalen (vgl. Kapitel 1 „Grundlagen individueller Leistungsfähigkeit") zur Bewertung einer Antwort im Einstellungsinterview wiederfinden oder als Verhaltensanker im Beobachtungsbogen von Rollenspielen oder Gruppenübungen. Allerdings stellt die CIT ein im Vergleich zum FAA zeitlich sehr aufwendiges Verfahren dar, so dass in puncto Ökonomie und Praktikabilität gewisse Abstriche gemacht werden müssen, und wegen ihrer nur teilweisen Standardisierung ist ihre Qualität nicht gänzlich gesichert.

Merke

Die Critical Incident Technique liefert Anforderungsprofile, die durch konkretes Verhalten definiert sind.

Ein Fazit: Die Anforderungsanalyse nutzt unterschiedliche methodische Zugänge. Je nach zu ermittelnder Anforderungsart (Verhalten, Eigenschaft oder Aufgabe) können unterschiedliche Verfahren eingesetzt werden. Der **FAA** ist breit einsetzbar und kombiniert Arbeits- und Anforderungsanalyse miteinander, was ihn bei Praktikern beliebt macht. Auch aus wissenschaftlicher Perspektive ist der FAA ein geeignetes Verfahren zur Anforderungsanalyse (vgl. Marcus, 2011; Schuler, 2014a). Steht die Ermittlung von Verhaltensanforderungen explizit im Vordergrund, kann man die **CIT** als geeignetes Verfahren heranziehen. Allgemein ist die **Kombination verschiedener methodischer Ansätze** zu empfehlen, um die Nachteile einzelner Verfahren auszugleichen und so die Qualität der Ergebnisse zu erhöhen. Konkrete Empfehlungen, basierend auf aktuellen wissenschaftlichen Befunden und der Zusammenarbeit mit Anwendern, finden sich in verschiedenen Standards und Richtlinien, wie zum Beispiel in den Standards des Arbeitskreises Assessment Center e.V. oder der DIN 33430 (DIN, 2016). Es ist dringend davon abzuraten, gänzlich auf Anforderungsanalysen zu verzichten. Sie bilden die Grundlage für die Eignungsbeurteilung und bestimmen maßgeblich deren Güte und Erfolg (z.B. McDaniel, Whetzel, Schmidt & Maurer, 1994; Tett, Jackson & Rothstein, 1991).

Kompetenzmodelle und Berufsdatenbanken

So vielfältig die methodischen Möglichkeiten einer Anforderungsanalyse auch sind, bei fachgerechter Durchführung ist sie mit hohem personalem und zeitlichem Aufwand verbunden. Beachtet man darüber hinaus, dass stellenspezifische Anforderungen – bedingt zum Beispiel durch neue technologische Entwicklungen – sich in der heutigen Zeit in einem stetigen Wandel befinden, erklärt sich die Nachfrage von Unternehmen nach praktikableren, kostengünstigeren und flexibleren, aber dennoch qualitativen Mindeststandards genügenden Vorgehensweisen. Die Anwendung von Kompetenzmodellen und den Rückgriff auf vorhandene Berufsdatenbanken erörtern wir im Folgenden als zwei Möglichkeiten, das Verfahren der Anforderungsanalyse zu vereinfachen.

Die Entwicklung und Anwendung sogenannter **Kompetenzmodelle** erfreut sich seit geraumer Zeit immer größerer Beliebtheit (Krumm, Mertin & Dries, 2012). Kompetenzmodelle beschreiben eine Sammlung einzelner Einstellungen, Fähigkeiten und Fertigkeiten, die wichtig sind, um innerhalb eines Unternehmens erfolgreich zu sein. Eine einheitliche Definition für Kompetenzmodelle existiert jedoch nicht und scheitert bereits an dem vielfältig und unterschiedlich verstandenen Begriff der Kompetenz (Höft & Goerke, 2014).

Kompetenzmodelle können unterschiedliche Geltungsbereiche umfassen. Häufig sind sie von universellem Charakter – also weniger auf einzelne Mitarbeitergruppen bezogen (z.B. auf Mitarbeitende in Vertrieb, Einkauf oder Technik oder auf Führungskräfte oder Experten), sondern für alle Tätigkeitsbereiche relevant. Problematisch sind Kompetenzmodelle vor allem insofern, als sie häufig eben nicht auf Basis einer systematischen Anforderungsanalyse entwickelt werden, sondern einem erfahrungsgeleitet-intuitiven Vorgehen entspringen, indem Experten augenscheinlich relevante Merkmale zusammenstellen. Ausgehend von diesen stellenunspezifischen und abstrakten Kompetenzen schließt man zurück auf erfolgsrelevante Anforderungen für einzelne Positionen (Kanning, 2015).

Nach Schuler (2014a, 2014b) sind Kompetenzmodelle daher nichts weiter als ein Sammelsurium von KSAOs, die zwar bedeutsam klingen, jedoch einer empirischen Grundlage entbehren, sich teilweise nicht unterscheiden lassen, einzelnen Positionen im Unternehmen „übergestülpt“ werden und somit letztendlich keine Aussagekraft besitzen. So könnte man in ein beliebiges Kompetenzmodell beispielsweise statt der Kompetenz „Kundenorientierung“ auch die Kompetenz „Qualitätsorientierung“ mit aufnehmen, ohne dass das Modell dabei dem Augenschein nach weniger gültig erschiene. Die Begrifflichkeiten stellen reine Worthülsen dar, was unter „Kundenorientierung“ oder „Qualitätsorientierung“ zu verstehen ist, bleibt unklar.

Ein Vorteil von Kompetenzmodellen besteht sicherlich darin, dass sie einen umfassenden Überblick über die Kompetenzen bieten, die für das jeweilige Unternehmen wichtig sind. Sie sind also meist passgenau auf die Kultur und die Ziele des Unternehmens zugeschnitten.

Allerdings ist es fraglich, ob Kompetenzmodelle eine echte Alternative zur Anforderungsanalyse darstellen. Denn um tatsächlich aussagekräftig zu sein, sollten auch Kompetenzmodelle anforderungsbezogen entwickelt werden und angemessene Differenzierungen für verschiedene Schlüsselgruppen zulassen. Sie sind also idealerweise der nächste Schritt *nach* einer sorgfältigen Anforderungsanalyse, indem sie das Ergebnis einer systematischen Anforderungsanalyse verständlich und greifbar darstellen. So können sie auch wichtige Inhalte der Corporate Identity repräsentieren und eine Identifikationsgrundlage liefern.

Merke

Kompetenzmodelle können die Ergebnisse einer Anforderungsanalyse systematisieren, aber nicht ersetzen und sind eher subsidiärer Natur.

Den Rückgriff auf online frei zugängliche **Berufsdatenbanken** können Unternehmen dazu nutzen, relevante Anforderungen einer spezifischen Stelle zu identifizieren. Das international bekannteste und ausführlichste Beispiel ist das *Occupational Information Network,* kurz *O*NET* (https://www.onetcenter.org/content.html). Diese Datenbank, die mit Unterstützung des U. S. Department of Labor entwickelt wurde, enthält ausführliche Informationen über Anforderungen und Charakteristika für fast 1000 verschiedene Berufe. Sucht man beispielsweise nach einem „Human Resource Specialist", findet man eine detaillierte Auflistung typischer Aufgaben, zu bedienender Arbeitsgeräte und notwendiger technologischer Kenntnisse sowie Informationen über berufsspezifisches Wissen und übergreifende Merkmale.

Das deutschsprachige Pendant zum O*NET ist das von der Bundesagentur für Arbeit ebenfalls kostenlos online zur Verfügung gestellte *BERUFENET* (https://berufenet.arbeitsagentur.de).

Weil bei Berufsdatenbanken ein konkreter Bezug zum Unternehmen fehlt, wird empfohlen, sie lediglich in einer ersten Phase heranzuziehen, um sich einen Überblick und eine grundlegende Orientierung über das jeweilige Berufsbild oder die zu besetzende Stelle zu verschaffen. Auf dieser Basis lässt sich eine Anforderungsanalyse spezifisch an die Umstände im Unternehmen anpassen und so der Aufwand reduzieren.

Merke

Online frei verfügbare Berufsdatenbanken können eine erste Orientierung über eine Tätigkeit und ihre Anforderungen geben.

6.1.2 Verfahren der Personalauswahl

Personalrekrutierung ist der erste Schritt der Personalauswahl. Sie beschäftigt sich damit, aus der Gesamtheit aller potentiell interessierten Personen diejenigen anzusprechen und zu einer Bewerbung zu motivieren, die zum jeweiligen Anforderungsprofil passen. Die Personalauswahl knüpft daran an und wählt mit Hilfe unterschiedlicher diagnostischer Methoden aus der Gruppe tatsächlicher Bewerber und Bewerberinnen die für das Unternehmen und die Stelle geeignetste Person aus (vgl. Kanning & Staufenbiel, 2011). Im Folgenden stellen wir Personalauswahlverfahren vor, die eine fundierte Entscheidungshilfe bieten.

Klassifikation von Personalauswahlverfahren

Personalauswahlverfahren können im Hinblick auf drei methodische Ansätze klassifiziert werden (vgl. Schuler, Höft & Hell, 2014). Der *Eigenschaftsansatz* erfasst relativ stabile Merkmale, wie zum Beispiel Gewissenhaftigkeit oder

Intelligenz (vgl. Kapitel 1 „Grundlagen individueller Leistungsfähigkeit“), durch psychologische Tests. Der *Simulationsansatz* erfasst berufsrelevantes Verhalten durch Arbeitsproben und Aufgaben, die den zukünftigen Berufsalltag besonders realitätsnah abbilden. Der *biografische Ansatz* folgt dem Prinzip, dass vergangenes Verhalten zukünftiges Verhalten am besten vorhersagt. Informationen hierüber sammelt man unter anderem in Einstellungsinterviews. Wendet man Verfahren aus allen drei Ansätzen an, wie es zum Beispiel oft im Rahmen des AC realisiert wird, so lassen sich breite Informationen für eine optimale Entscheidungsgrundlage generieren.

Eigenschaftsorientierte Verfahren

Eigenschaftsorientierte Verfahren umfassen die ganze Bandbreite an psychologischen Testverfahren.

Nach einer Metaanalyse von Schmidt und Hunter (1998) sagen allgemeine **kognitive Fähigkeitstests**, sogenannte Intelligenztests, die spätere berufliche Leistung für eine Vielzahl von Berufen sehr gut vorher (vgl. **Tab. 9**). Sie stellen daher im Rahmen der Personalauswahl eine grundlegende Informationsquelle dar, sind allerdings aufgrund ihres häufig nicht eindeutigen Berufsbezugs und eines möglichen Eingriffs in die Persönlichkeitsrechte der Bewerber und Bewerberinnen nicht immer unproblematisch.

Ein Test für allgemeine kognitive Fähigkeiten, der aufgrund seines stärkeren Berufsbezugs insbesondere bei der Personalauswahl und -entwicklung angewendet wird, ist der *Wilde-Intelligenz-Test 2* (*WIT-2;* Kersting, Althoff & Jäger, 2008). Neben allgemeinen Fähigkeitstests setzen Unternehmen auch spezifische Fähigkeitstests oder Fachwissenstests gezielt ein. Von den spezifischen Anforderungen einer Stel-

Tabelle 9: Validität von Personalauswahlverfahren (Zusammenfassung der Metaanalysen-Ergebnisse von Schmidt & Hunter, 1998, in Anlehnung an Schuler, Höft & Hell, 2014)

Ansatz	Prädiktor für berufliche Leistung ermittelt durch die Leistungsbeurteilung des Vorgesetzten	Val	inkrV
Eigenschaft	Allgemeiner kognitiver Fähigkeitstest	.51	
	Integritätstests	.41	.14
	Gewissenhaftigkeit	.31	.09
	Interessen	.10	.01
Simulation	Arbeitsproben	.54	.12
	Probezeit	.44	.07
	AC	.37	.02
Biografie	Strukturiertes Interview	.51	.12
	Unstrukturiertes Interview	.36	.04
	Biografische Daten	.35	.01
	Grafologie	.02	.00

Anmerkungen: *Val = kriteriumsbezogene Validität – wie stark hängt der Prädiktor mit der Höhe der Leistungsbeurteilung zusammen? Wie gut sagt also z. B. das Ergebnis eines kognitiven Fähigkeitstests die berufliche Leistung vorher?; inkrV = inkrementelle Validität – welche* ***zusätzliche*** *Vorhersagekraft hat ein Prädiktor über das Ergebnis eines kognitiven Fähigkeitstests hinaus? (vgl. dazu auch Rentzsch, Schütz & Marcus, 2015).*

le hängt es ab, welchen Test man idealerweise verwenden sollte, um Personen zu identifizieren, die für diese Tätigkeit besonders geeignet sind. So ist das Abprüfen von Konzentrationsfähigkeit bei Fluglots/-innen oder das Erfassen emotionaler Intelligenz bei Flugbegleiter/-innen aufgrund des vorab erstellten Anforderungsprofils (siehe Schuler et al., 2014) wohl sinnvoll; in einem anderen Beruf wäre dies nicht nötig und sogar rechtlich problematisch, denn erfasst werden dürfen nur relevante Aspekte. Für Führungspositionen oder Dienstleistungsaufgaben kann beispielsweise die emotionale Intelligenz einer Person mit Hilfe des *Mayer-Salovey-Caruso Emotionale-Intelligenz-Tests* ermittelt werden (*MSCEIT;* Steinmayr et al., 2011; siehe Kapitel 1 „Grundlagen individueller Leistungsfähigkeit").

Merke

Intelligenz spielt für eine Vielzahl von Berufen eine wichtige Rolle. Intelligenztests sagen den späteren Berufserfolg sehr gut vorher.

Nach der Metaanalyse von Schmidt und Hunter (1998) können **Persönlichkeitstests** in Kombination mit Intelligenztests zusätzliche Informationen in Bezug auf den künftigen Berufserfolg liefern. Hierbei unterscheidet man „Breitbandverfahren", die eine ganze Fülle an verschiedenen Persönlichkeitsmerkmalen erfassen, und solche, die sich auf eine spezifische Eigenschaft bzw. eine spezifische Verhaltensorientierung konzentrieren. Stets sind dabei rechtliche Vorgaben zu berücksichtigen, etwa dass nur anforderungsrelevante Bereiche erfasst werden dürfen.

Das *Bochumer Inventar zur berufsbezogenen Persönlichkeitsbeschreibung* (*BIP;* Hossiep & Paschen, 2003) stellt ein Beispiel für ein Breitbandverfahren dar. Das BIP besticht vor allem durch seine Praktikabilität (durchführbar als Online-Version sowie als Selbst- und Fremdbeschreibung) und wird in der Praxis aufgrund seines Berufsbezugs gut akzeptiert. Insgesamt deckt das BIP 14 Dimensionen ab, die zu vier Persönlichkeitsbereichen gehören (berufliche Orientierung, Arbeitsverhalten, soziale Kompetenzen und psychische Konstitution). Gewissenhaftigkeit und emotionale Stabilität werden als zwei Vertreter der Big-Five-Persönlichkeitsvariablen erfasst (vgl. Kapitel 1 „Grundlagen individueller Leistungsfähigkeit"). Beide Merkmale stehen mit Leistung in engem Zusammenhang und sind daher für die Personalauswahl besonders relevant. Eine Weiterentwicklung des BIP ist der BIP-6F (Hossiep & Krüger, 2012), der im Vergleich durch seine Ökonomie (Reduzierung auf sechs Faktoren und damit verkürzte Durchführungszeit von 10 bis 15 Minuten) und verbesserte Zuverlässigkeit und Gültigkeit überzeugt (Abrell-Vogel & Gerstenberg, 2013). Den BIP-6F können berufserfahrene Fach- und Führungskräfte unter anderem zur Eignungsdiagnostik anwenden.

Integritätstests als Ergänzung zum Intelligenztest ermöglichen nach Schmidt und Hunter (1998) den größten Wissenszuwachs. Sie haben zum Ziel, Personen mit besonders gering ausgeprägter Integrität zu identifizieren, also solche, die das Unternehmen durch kontraproduktives Arbeitsverhalten (vgl. Kapitel 1 „Grundlagen individueller Leistungsfähigkeit") potentiell schädigen könnten. Ein Beispiel für ein im deutschsprachigen Raum verwendetes Testverfahren ist das *Inventar berufsbezogener Einstellungen und Selbsteinschätzungen (IBES)* von Marcus (2006). In Deutschland sind solche Tests bislang noch relativ unbekannt.

Alles in allem lässt sich sagen, dass Testverfahren sinnvolle Bestandteile eines Auswahlverfahrens sind. Insbesondere Intelligenztests bilden eine wichtige und berufsübergreifende Informationsquelle, die durch Persönlichkeitstests ergänzt werden kann. Während Fähigkeitstests nämlich abbilden, was die Personen tatsächlich können, geben Persönlichkeitstests Aufschluss darüber, wie sich die Personen selbst sehen. Wichtig sind Persönlichkeitseigenschaften, weil sie Voraussetzungen für den Gebrauch von Fähigkeiten darstellen.

Biografieorientierte Verfahren

Bewerbungsunterlagen und Einstellungsinterviews sind in der Personalauswahl die am häufigsten genutzten Verfahren (Schuler, Hell, Trapmann, Schaar & Boramir, 2007); man kann sie zu den biografieorientierten Verfahren zählen.

Bewerbungsunterlagen dienen, vor allem bei sehr zahlreichen Bewerbungen, der Vorauswahl, die im Sinne der Negativselektion durchgeführt wird. In der Praxis wird oftmals anhand formaler Kriterien – Länge des Anschreibens, Rechtschreibfehler, persönliche Anrede – entschieden, ob Personen aus dem Bewerberpool im Auswahlprozess voranschreiten, also zum Beispiel zum Einstellungsinterview eingeladen werden, oder nicht (Kanning, 2016b).

Obwohl Entscheidungen, die auf Basis der Sichtung der Bewerbungsunterlagen getroffen werden, weitreichend sind (einmal abgelehnt bleibt abgelehnt), sind Forschungsbemühungen in diesem Bereich sowie empirisch bestätigte Erkenntnisse noch relativ spärlich (Kanning, 2016b). Die Aussagekraft von Formfehlern, die oftmals als mangelndes Engagement oder auch geringe Gewissenhaftigkeit der Bewerber und Bewerberinnen interpretiert werden, ließ sich von Forschungsseite nicht bestätigen (vgl. Kanning, 2016b), da ja zum Beispiel unklar ist, wer die Unterlagen tatsächlich zusammengestellt oder geprüft hat. Nur wenige Elemente der Bewerbungsunterlagen besitzen eine nachgewiesene Aussagekraft hinsichtlich der Berufseignung (Kanning, 2016b).

Zur Vorhersagegüte des *Anschreibens* liegen beispielsweise keine Erkenntnisse vor (vgl. Kanning, 2016b).

Die Vorhersagekraft von *Arbeitszeugnissen* wurde selten untersucht (Kanning, 2016b). Die Interpretation gestaltet sich vor allem durch die in der Praxis häufig genutzte „Geheimsprache" als schwierig, die überdies möglicherweise nicht von allen Vorgesetzten gleichermaßen beherrscht und interpretiert wird. Hier ist zu bedenken, dass die Aussagekraft der Noten im Laufe der Zeit nachlässt: Je älter die Person, desto weniger relevant sind Zeugnisnoten. Wichtig werden stattdessen später erbrachte Leistungen.

Zur Aussagekraft des *Lebenslaufs* liegen zwar einige Befunde vor, jedoch sind auch Lebensläufe nicht uneingeschränkt als Kriterium zur (Vor-)Auswahl zu empfehlen (Frank & Kanning, 2014): Lebenslauflücken spielen beispielsweise nur dann eine Rolle, wenn man auch die spezifischen Gründe für deren Entstehen berücksichtigt. Die Vielfalt an Berufserfahrung (z.B. Anzahl an unterschiedlichen Aufgaben innerhalb eines Unternehmens) ist weitaus wichtiger als die Dauer (vgl. Kanning, 2015).

Bewerbungsfotos können Entscheidungen sogar verzerren. Untersuchungen zeigten, dass die physische Attraktivität (Bewerbungsfoto einer attraktiven versus Bewerbungsfoto einer unattraktiven Person) die Beurteilung von Sympathie und Leistung sowie die Einstellungsempfehlung beeinflusst. Attraktivere Personen hatten bessere Einstellungschancen und wurden eher empfohlen als unattraktive Personen, wobei qualifikationsbezogene Informationen die Einstellungsempfehlung stärker beeinflussten (Schuler & Berger, 1979; Watkins & Johnston, 2000). Gerade wenn es um die Bewerbung für Führungspositionen geht, greift häufig auch das *Think-Manager-think-Male-Phänomen* – spontan werden Männer oft als geeigneter für Führungspositionen wahrgenommen als Frauen (siehe Sczesny & Stahlberg, 2002), und geschlechtstypische Hinweisreize beeinflussen Entscheidungen im Bewerbungsprozess.

Auch Informationen über die ethnische Herkunft, die beispielsweise am Namen erkennbar sind, können die Bewertung der Bewerbungsunterlagen beeinflussen. So wurden in einer Studie Bewerbende, deren Namen auf eine türkische Herkunft hindeuteten, seltener eingeladen als Bewerbende offensichtlich deutscher Herkunft – und dies auf Grundlage ansonsten identischer Bewerbungsunterlagen (Kaas & Manger, 2010). Anonymisierte Bewerbungen sind daher eine gute Möglichkeit, die wirklich berufsrelevanten Informationen in den Fokus zu rücken und so einen fairen und qualitativ hochwertigeren Auswahlprozess zu realisieren (DIN, 2016; für weitere Informationen siehe u.a. http://www.din33430portal.de/).

Insgesamt ist zu empfehlen, die Unterlagen nicht per Bauchgefühl zu prüfen, sondern strukturiert vorzugehen und ein anforderungsbezogenes Punktesystem zu verwenden, das idealerweise zwei Personen unabhängig voneinander an die Unterlagen anlegen. Im Sinne eines Kaskadenmodells wäre die Auswahl aufgrund der Bewerbungsunterlagen der erste Schritt, dem dann beispielsweise Telefoninterviews, Gruppentests oder Online-Self-Assessments folgen können, bevor aufwendige Vor-Ort-Maßnahmen wie strukturierte Interviews oder Assessment Center erfolgen.

Online-Bewerbungen mittels standardisierter und unternehmensspezifischer Online-Bewerbungsformulare erleichtern die objektive Auswertung von Bewerbungsunterlagen in hohem Maße (vgl. Batinic & Appel, 2009). Angereichert durch Tests und Fragebogen, lassen sich relevante Informationen so relativ frei von verzerrenden Einflüssen wie Formfehlern oder Attraktivitätseinschätzungen ermitteln. Relevant bedeutet hierbei zum einen, dass man sich auf Elemente der Bewerbungsunterlagen konzentriert, die anforderungsanalytisch identifiziert wurden, und zum anderen, dass man nur solche Elemente in Auswahlentscheidungen miteinbezieht, die aufgrund ihrer Aussagekraft als brauchbar einzuschätzen sind.

Merke

Wissenschaftliche Erkenntnisse zeigen, dass die Aussagekraft von Bewerbungsunterlagen hinsichtlich der Eignung eines Bewerbers oder einer Bewerberin relativ gering ist.

Einstellungsinterviews sind die Klassiker unter den Personalauswahlverfahren und stoßen bei Bewerbenden und Personalverantwortlichen auf breite Akzeptanz (Hausknecht, Day & Thomas, 2004). Egal ob als Telefoninterview im Rahmen der Vorauswahl oder als Face-to-Face-Auswahlinstrument im voranschreitenden Auswahlprozess: Fast jedes Unternehmen setzt im Auswahlprozess auf die eine oder andere Art Einstellungsinterviews ein. Neben Personalverantwortlichen führen häufig Führungskräfte als zukünftige direkte Vorgesetzte Interviews durch, um sich ein umfassendes Bild von dem Bewerber bzw. der Bewerberin zu machen.

Merke

Einstellungsinterviews sind die am häufigsten eingesetzten Auswahlverfahren. Sie sind bei Bewerbenden und Unternehmen gleichermaßen beliebt.

Grundsätzlich kann man zwischen strukturierten und unstrukturierten Interviews unterscheiden. *Strukturierte Interviews* zeichnen sich durch einen hohen Grad an Standardisierung aus. Fragen werden auf Basis einer zuvor durchgeführten Anforderungsanalyse erstellt und in eine feste Reihenfolge gebracht, Antworten anhand klarer Kriterien bewertet (z.B. in Form von verhaltensverankerten Einstufungsskalen; vgl. Kapitel 1 „Grundlagen individueller Leistungsfähigkeit"). Was „Struktur" bei Interviews allerdings konkret bedeutet, ist nicht einheitlich definiert. Unterschiedliche Komponenten, die sich den Kategorien Inhalt und Bewertung zuordnen lassen, werden unterschieden. Die Forschung zeigt, dass strukturierte Interviews meistens durch sechs Strukturkomponenten charakterisiert sind (Levashina, Hartwell, Morgeson & Campion, 2014):

- Anforderungsbezogene Fragen
- Verwendung derselben Interviewfragen für alle Bewerbenden
- Gebrauch geeigneter Fragenarten

- Bewertung jeder einzelnen Frage
- Bewertung mit Hilfe verankerter Skalen
- Training der Interviewer

Darf von der Reihenfolge oder auch vom Wortlaut der Frage abgewichen werden und sind auch Nachfragen erlaubt, dann ist ein Interview als *teilstrukturiert* anzusehen. *Unstrukturierte Interviews*, um noch einen Schritt weiter zu gehen, lassen den Interviewenden jegliche Freiheit. Das hat zur Folge, dass diese Interviews sehr unterschiedlich ausfallen können. Während bei Bewerber A vielleicht die zweijährige Lücke im Lebenslauf ausgiebig besprochen wird, berichtet Bewerber B vor allem von seiner Tätigkeit als ehrenamtlicher Flüchtlingshelfer. Das gefährdet die Objektivität des Vorgehens und vor allem die Vergleichbarkeit der Bewerbereignungen. Im Sinne der Güte der Verfahren ist das (teil)strukturierte Interview dem unstrukturierten Interview vorzuziehen (siehe Tab. 9; Campion, Palmer & Campion, 1997; Huffcutt & Arthur, 1994; Schmidt & Hunter, 1998).

Merke

Strukturierte Interviews sind unstrukturierten Interviews vorzuziehen.

Wie bereits erwähnt, ist neben der Struktur die anforderungsbezogene Gestaltung ein wichtiger Faktor für die Qualität eines Interviews. Schuler (2002) stellt in seinem Buch *Das Einstellungsinterview* zusammenfassend fundierte Maßnahmen vor, die zu einer methodischen Verbesserung des Interviews führen (S. 33):

- Anforderungsbezogene Gestaltung
- Beschränkung auf diejenigen Merkmale, die nicht anderweitig zuverlässiger gesammelt werden können
- Durchführung in strukturierter bzw. teilstrukturierter Form
- Verwendung geprüfter und verankerter Skalen
- Empirische Prüfung (Itemanalyse, Validierung) von Einzelfragen
- Bei geringem Standardisierungsgrad Beteiligung mehrerer Interviewende
- Integration von Verfahrenskomponenten aus dem Assessment Center
- Trennung von Information und Entscheidung
- Standardisieren der Gewichtungs- und Entscheidungsprozedur
- Vorbereitung der Interviewenden durch verfahrensbezogenes Training

Die hier aufgelisteten Verbesserungsmöglichkeiten bilden den Ausgangspunkt für die Entwicklung des *Multimodalen Interviews* (*MMI;* Schuler, 1992, 2002). Das MMI besteht aus acht Phasen, deren Reihenfolge festgelegt ist. Fünf der acht Phasen werden bewertet; die restlichen drei Phasen dienen dazu, eine angenehme Gesprächsatmosphäre sowie einen natürlichen Gesprächsablauf zu ermöglichen (Phase 1 und Phase 8, Gesprächsbeginn und Gesprächsabschluss) und den Bewerbenden eine realistische Tätigkeitsvorschau zu vermitteln (Phase 6). Dem Gesprächsbeginn folgt die Selbstvorstellung (Phase 2). Informationen aus diesem Teil werden anschließend in Phase 3, dem freien Gesprächsteil, wieder aufgegriffen und durch Fragen zu den Bewerbungsunterlagen ergänzt. Es folgen Fragen zur Berufs- und Organisationswahl (Phase 4). Diese zielen vor allem darauf ab, Gründe für berufliche Entscheidungen herauszufinden. Vor und nach der realistischen Tätigkeitsvorschau durch den Interviewer bzw. die Interviewerin werden anforderungsbezogene Fragen gestellt, die zum einen biografischer (Phase 5), zum anderen situativer Art sind (Phase 7). Biografische Fragen beziehen sich auf vergangene Situationen und Verhalten, während situative Fragen potentielles Verhalten in einer fiktiven, aber für die Tätigkeit realitätsnahen Situation erfassen (vgl. **Tab. 10**).

Biografische und situative Fragen nehmen im MMI einen wichtigen Stellenwert ein, weil sie zwei methodische Ansätze von Personalauswahlverfahren widerspiegeln: Biografie-

Tabelle 10: Situative Beispielfrage für die Position als Flugbegleitung (inklusive verhaltensverankerter Bewertungsskala von 1 = weit unter den Anforderungen bis 5 = weit über den Anforderungen)

	Ein Fluggast hat offensichtlich Flugangst, bekommt Panik und macht die anderen Gäste nervös. Was würden Sie tun?
1	Ich sage dem Gast, dass Flugangst total unbegründet ist und er sich einfach ablenken soll.
2	
3	Ich versuche den Gast durch ruhige Worte und Informationen zur Sicherheit von Flugzeugreisen zu beruhigen.
4	
5	Ich versuche den Gast durch ruhige Worte und Informationen über die Sicherheit von Flugzeugreisen zu beruhigen und leite ihn gleichzeitig an, ruhig zu atmen. Während des Fluges schaue ich immer wieder nach dem Gast.

und Simulationsansatz. Wie der Name sagt, werden im Rahmen des MMIs verschiedene diagnostische Methoden verwendet, um vorab definierte Anforderungen zu erfassen. Beliebt ist das MMI nicht nur bei Unternehmen, sondern auch bei Bewerbenden. Obwohl der Gesamtablauf Struktur schafft, lässt das MMI genügend Raum, um ein natürliches Gespräch entstehen zu lassen, zum Beispiel durch die Selbstvorstellung der Bewerbenden und die realistische Tätigkeitsvorschau vonseiten der Interviewenden. Wissenschaftliche Evaluationsergebnisse konnten die Vorhersagekraft des MMIs im Sinne des späteren Berufserfolgs vielfach belegen (z.B. Schuler & Moser, 1995). Studien zeigen auch, dass das MMI über Fähigkeitstests hinaus relevante Informationen über die Bewerbenden liefert (Schuler, 2002).

Merke

Das Multimodale Interview ist eine effiziente und vorhersagekräftige Form des Einstellungsinterviews. Es liefert über den Intelligenztest hinaus relevante Eignungsinformationen.

Alles in allem lässt sich sagen, dass das Einstellungsinterview ein wichtiges Verfahren für die Personalauswahl darstellt. Wird es strukturiert durchgeführt, kann es wichtige Erkenntnisse liefern. Insbesondere das MMI bietet durch seine Multimodalität eine effiziente Möglichkeit, erfolgsrelevante Merkmale der Bewerbenden zu erfassen. Aufgrund seiner zusätzlichen Vorhersagekraft über Fähigkeitstests hinaus stellt es zudem eine sinnvolle Ergänzung zu einem Intelligenztest dar.

Anders allerdings als bei Testverfahren wird die Bewertung eines Bewerbers oder einer Bewerberin von der Interaktion im Gespräch beeinflusst. Dabei spielen die Eindrücke, die in dieser Situation entstehen, eine entscheidende Rolle. Zum Beispiel können implizite Theorien, also subjektive Annahmen der Interviewenden über die „ideale Person“, beeinflussen, wie er oder sie die jeweiligen Bewerbenden wahrnimmt, mit ihnen interagiert und sie bewertet (Dipboye, Macan & Shahani-Denning, 2012).

Im Regelfall ist ein Bewerber bzw. eine Bewerberin daran interessiert, den Eindruck zu hinterlassen, dass er oder sie die perfekte Wahl für die ausgeschriebene Stelle ist. Strategien, die Personen in sozialen Interaktionen nutzen, um den Eindruck Dritter von sich selbst zu beeinflussen, bezeichnet man als *Impression Management* (Schlenker, 1980). Es erstreckt sich von einer ehrlichen und authentischen Selbstdarstellung, die auch das Präsentieren eigener Stärken einschließt (Rüdiger & Schütz, 2016; Schütz & Marcus, 2004), bis hin zu falschen Aussagen über sich selbst. In letzterem Fall wird in der Literatur auch von „Faking“ gesprochen (z.B. Levashina & Campion, 2006). Während ehrliches Impression Management teilweise sogar als erwünschtes Verhalten gesehen wird, sind bewusst verfälschte Aussagen natürlich problematisch (McFarland, Ryan & Kriska, 2003). Die Interviewforschung zeigt, dass eine erhöhte Strukturierung von Interviews den Einfluss von Impression Management auf die Gesamtbewertung reduziert (z.B. Barrick, Shaffer & DeGrassi, 2009).

Simulationsorientierte Verfahren

Die **Arbeitsprobe** ist nach der Metaanalyse von Schmidt und Hunter (1998) das beste für sich stehende Auswahlverfahren (vgl. Tab. 9). Klassische Arbeitsproben testen beispielsweise die feinmotorischen Fähigkeiten eines Bewerbers oder einer Bewerberin. Ein bekanntes Beispiel für eine Arbeitsprobe für handwerkliche Berufe ist die sogenannte Drahtbiegeprobe, bei der ein Draht gemäß einer Vorlage bearbeitet werden muss.

Das **Assessment Center (AC)** wird ebenfalls den simulationsorientierten Verfahren zugeordnet. Neben praktischen Aufgaben werden in das AC oftmals auch Testverfahren und Interviews integriert, so dass Eigenschafts-, Biografie- und Simulationsansatz in einem Verfahren miteinander kombiniert sind. Im Rahmen eines ACs werden acht bis zwölf Mitarbeitende oder Bewerbende von Führungskräften und Personalfachleuten über ein bis drei Tage hinweg bei verschiedenen Aufgaben (z.B. Rollenspiel oder Fallstudie) beobachtet und beurteilt, die charakteristisch für die bestehende oder zukünftige Arbeitssituation sind (Obermann, 2018). Das AC als „aufwändigste und gleichzeitig [...] schillerndste Methode der Personalauswahl" (Kanning, 2015, S. 126) erfreut sich großer Beliebtheit. Dies spiegelt sich in der steigenden Anwendungshäufigkeit auch bei mittelgroßen Unternehmen wider (Obermann, 2018). Primär bei der Auswahl von (Nachwuchs-)Führungskräften führt man ein AC durch (Kanning, Pöttker & Gelléri, 2007; Obermann, 2018).

Einen Überblick über die verschiedenen Aufgabenarten im AC und deren Konzeption gibt Obermann (2018). Häufig verwendete Aufgaben sind Präsentationen, Rollenspiele, Interviews, Fallstudien und Gruppendiskussionen (Obermann, Höft & Becker, 2012). Im Schnitt werden circa fünf Aufgaben pro AC durchgeführt (Kanning et al., 2007). Dabei bestimmt eine vor dem AC durchgeführte Anforderungsanalyse, welche Anforderungen erfasst werden sollen *(Prinzip der Anforderungsorientierung)*. Jede Anforderungsdimension wird in mindestens zwei voneinander unabhängigen Aufgaben beobachtet (*Prinzip der Mehrfachbeobachtung*, vgl. **Tab. 11**). Die Bewer-

Tabelle 11: Beispiel für eine Aufgaben-Kompetenz-Matrix in einem AC für Nachwuchsführungskräfte

Kompetenzen	**Aufgaben**				
	Rollenspiel	**Präsentation**	**Fallstudie**	**Gruppendiskussion**	
Teamfähigkeit	X			X	2
Konfliktlösung	X			X	2
Kundenorientierung	X		X		2
Unternehmerisches Denken		X	X		2
Kommunikationsfähigkeit		X		X	2
	3	2	2	3	

ber und Bewerberinnen wissen dabei stets, welche Dimension mit einer Aufgabe erfasst werden soll *(Prinzip der Transparenz).* Die meisten Aufgaben folgen dem *Simulationsprinzip:* Tatsächliches Verhalten wird in alltagsrelevanten Berufssituationen erfasst. Treten zusätzlich klassische Verfahren wie Interviews hinzu, spricht man vom *Prinzip der Methodenvielfalt.*

Mit einem AC lässt sich beruflicher Erfolg recht gut prognostizieren (Schmidt & Hunter, 1998). Allerdings hängt die Güte eines ACs in starkem Maße von seiner methodischen Qualität ab (z.B. Boltz, Kanning & Hüttemann, 2009). Der Arbeitskreis AC e.V. hat Qualitätsstandards der Assessment-Center-Methode zusammengestellt, die auf wissenschaftlichen Erkenntnissen basieren und als Grundlage für die AC-Praxis gelten können. Die Standards sind in vollem Umfang auf den Webseiten des Vereins veröffentlicht (http://www.arbeitskreis-ac.de/).

Merke

Die Aussagekraft eines Assessment Centers hinsichtlich der Eignung eines Bewerbers bzw. einer Bewerberin hängt von der methodischen Qualität des Assessment Centers ab. Die Qualitätsstandards des Arbeitskreises Assessment Center e.V. liefern wichtige Hinweise, wie man ein Assessment Center entwickeln und gestalten sollte.

Ein zentrales AC-Qualitätsmerkmal bildet die systematische *Verhaltensbeobachtung.* Ähnlich wie beim Einstellungsinterview übernehmen auch hier Führungskräfte eine wichtige Funktion. Als Beobachtende im AC bestimmen sie dessen Ausgang maßgeblich mit. Die Beobachtung an sich ist ein sehr komplexer Prozess, den zahlreiche Beobachtungsfehler verzerren können (für eine Übersicht über die verschiedenen Beobachtungsfehler siehe Obermann, 2018). Gerade deshalb ist es wichtig, die Beobachtenden vor dem AC ausreichend zu schulen.

Beobachterschulungen führen die meisten Unternehmen durch (Kanning et al., 2007). Im Schnitt dauern sie 6½ Stunden (Kanning et al., 2007). Während die Aufklärung über Beobachterfehler fast immer Bestandteil eines Beobachtertrainings, wenn auch wenig wirksam ist (Woehr & Huffcutt, 1994), werden praktische Elemente nur in circa der Hälfte der Fälle trainiert (Kanning et al., 2007). Solche praktischen Elemente können Aufgaben zur Verhaltenszuordnung oder zum Bezugsrahmen sein und sind für die Güte der Beobachtung entscheidend (z.B. Lievens, 2001). Wird die Verhaltenszuordnung trainiert, üben die Beobachtenden, verhaltensnahe Notizen zu erstellen und diese den passenden Dimensionen zuzuordnen. Beim Bezugsrahmentraining hingegen üben die Beobachterinnen und Beobachter, Beobachtungen dimensionsgeleitet zu notieren und anhand eines vorab festgelegten Bezugsrahmens zu bewerten (Obermann, 2018). Beide Trainingskomponenten können auch computergestützt durchgeführt werden. Zur Bewertung der einzelnen Aufgaben bedienen sich Unternehmen bevorzugt verhaltensverankerter Skalen (vgl. Kapitel 1 „Grundlagen individueller Leistungsfähigkeit"), welche die Anforderungen durch konkrete Verhaltensbeschreibungen operationalisieren (Kanning et al., 2007). Zieht man geschulte Personen hinzu (z.B. eine Betriebspsychologin bzw. einen Betriebspsychologen), kann dies die Güte des ACs verbessern (Damitz, Manzey, Kleinmann & Severin, 2003; Lievens, 2002).

Merke

Vorherige Beobachterschulung ist ein wichtiges Qualitätsmerkmal eines Assessment Centers.

In seinem Buch *Personalauswahl zwischen Anspruch und Wirklichkeit* beschreibt Kanning (2015) Problemfelder, die bei der Konzeption und Durchführung eines ACs und bei der Entscheidungsfindung auftreten können. Sieben dieser Problemfelder beziehen sich auf den

Aspekt der Beobachtung und Bewertung, worunter auch eine unzureichende Schulung der Beobachtenden fällt. Darüber hinaus kann es für die Qualität des ACs nachteilig sein, wenn Beobachtende Vorinformationen über die Personen im Auswahlverfahren erhalten, vor oder während des ACs mit diesen interagieren oder sich zum Beispiel in der Pause untereinander über die Personengruppe austauschen. Die Pause sollte nicht dazu verwendet werden, verdeckt zu beobachten.

Eine Überforderung der Beobachtenden kann vor allem bei Gruppenaufgaben entstehen, wenn eine Person mehrere Bewerbende auf mehreren Dimensionen bewerten muss. Der Arbeitskreis AC e.V. empfiehlt, bei jeder Aufgabe *maximal fünf Dimensionen* zu erfassen, wenn eine beobachtende Person pro Bewerberin oder Bewerber eingeplant ist. Aufgaben-Kompetenz-Matrizen (vgl. **Tab. 11**) und Rotationspläne regeln eindeutig, welcher Bewerber oder welche Bewerberin von welcher Person bei welcher Aufgabe beobachtet wird. Idealerweise sollte jede Person aus dem Bewerberpool bei jeder Aufgabe gleichzeitig von mehreren Personen beobachtet werden, und die Beobachtenden sollten von Aufgabe zu Aufgabe wechseln – damit etwaige individuelle Vorurteile oder Präferenzen nicht systematisch einzelne Bewerbende massiv treffen. Vermeiden lässt sich auf diese Weise auch, dass individuelle Bewertungsmaßstäbe der Beobachtenden die letztendliche Entscheidung beeinflussen.

Die Konzeption eines ACs birgt viele Herausforderungen und damit Potential für methodische Fehler. Sofern man Maßnahmen beachtet, welche die methodische Qualität eines ACs sicherstellen, kann das Ergebnis eine gute Entscheidungsgrundlage darstellen.

6.1.3 Aktuelle Trends der Personalauswahl

Die Arbeitswelt von heute befindet sich in stetigem Wandel und ist dynamischer denn je (Vollmoeller, 2017). Über Begriffe und Phänomene wie „demografischer Wandel", „Fachkräftemangel", „Globalisierung" oder „Digitalisierung" sowie deren Auswirkungen auf das Arbeitsleben von morgen wurde bereits viel berichtet. Im Zuge dieser Entwicklungen müssen sich Unternehmen einer Vielzahl von Herausforderungen stellen – auch in der Personalauswahl. Im Folgenden stellen wir aktuelle Trends der Personalauswahl dar.

Persönlichkeitsfragebogen auf dem Vormarsch?

Noch vor einigen Jahren verwendete man Tests und Fragebogen in der Personalauswahl in Deutschland nur in geringem Umfang, vor allem im Vergleich zu anderen Ländern (Schuler et al., 2007). Zurückgeführt wurde dies zum einen auf die geringe Akzeptanz aufseiten der Bewerbenden (Hausknecht et al., 2004; Schuler et al., 2007), zum anderen auf rechtliche Rahmenbedingungen (z.B. im Betriebsverfassungsgesetz), welche die Unternehmen beim Verwenden von Testverfahren berücksichtigen müssen.

Wie sich zeigte, werden Leistungstests häufiger als Persönlichkeitstests genutzt, vor allem bei der Auswahl von Auszubildenden (Schuler et al., 2007). Die geringe Anwendungshäufigkeit von Persönlichkeitstests wird damit begründet, dass Testergebnisse als leicht „verfälschbar" gelten. In der Psychologie spricht man davon, dass Bewerbende bei der Beantwortung eines Fragebogens erkennen, welches Persönlichkeitskonstrukt diesem zugrunde liegt und welche Ausprägung für die jeweilige Stelle erwünscht ist. Entsprechend dieser Erkenntnis passen sie ihr Antwortverhalten der *sozialen Erwünschtheit* an. Eine Bewerberin für eine Vertriebsstelle könnte beispielsweise bei einem Persönlichkeitstest erkennen, dass dieser emotionale Stabilität und Extraversion als berufsrelevante Eigenschaften abprüft. Demzufolge würde sie ihre Antworten möglicherweise gezielt anpassen, um hohe Werte zu erzielen, auch wenn diese nicht notwendigerweise auf sie zutreffen. Personalverantwortliche befürchten daher, dass – anders als bei den bereits vorgestellten Fähigkeitstests – aufgrund verfälschter Ergebnisse falsche Entscheidungen getroffen werden.

Mit Blick auf die Forschung kann man sagen, dass die Auswirkung sozial erwünschten Antwortverhaltens überschätzt wird (Marcus, 2003a, 2003b). Natürlich besteht prinzipiell die Gefahr, dass vereinzelt weniger geeignete Personen aufgrund ihres sozial erwünschten Antwortverhaltens in einem Persönlichkeitstest anderen Bewerbenden vorgezogen werden. Entscheidungen beruhen in der Personalpraxis aber nur selten einzig auf dem Ergebnis eines Persönlichkeitstests. Vielmehr werden Informationen, die man idealerweise mittels Verfahren aus allen drei methodisch zur Verfügung stehenden Ansätzen gewonnen hat (Eigenschaft, Biografie und Simulation), zusammengetragen und integriert.

Eine neue Studie zeigt nun, dass rund zwei Drittel der befragten 120 größten deutschen Unternehmen persönlichkeitsorientierte Verfahren anwenden (Hossiep, Schecke & Weiß, 2015). Mögliche Erklärungen für diesen Zuwachs können einesteils die wachsende Akzeptanz seitens der Bewerbenden für diese Art von Verfahren sein, anderenteils die Notwendigkeit seitens der Unternehmen, den Fokus bei der Auswahl auf überfachliche Kompetenzen zu legen (Hossiep et al., 2015). Auch die Erhebung persönlicher Präferenzen, also die Bezugnahme auf Motivation und Interessen der Bewerberinnen und Bewerber, gewinnt für Unternehmen immer mehr an Bedeutung (Brugge, 2015; Schermuly, Schröder, Nachtwei & Gläs, 2012).

Wie Hossiep et al. (2015) anmerken, greift man in der Praxis häufig zurück auf ältere typenbildende und wissenschaftlich unzureichend untermauerte Verfahren wie den *Myers-Briggs-Typenindikator* (*MBTI;* Bents & Blank, 2003) oder das *persolog Persönlichkeits-Profil* (Gay, 2004). Wenn Unternehmen vom Gebrauch von Persönlichkeitsfragebogen profitieren wollen, gilt es die Kluft zwischen wissenschaftlicher Empfehlung und praktischer Anwendung zu schließen.

Merke

Die Verwendung persönlichkeitsorientierter Verfahren nimmt in letzter Zeit zu. Dabei sollte man auf die psychometrische, d.h. die messtheoretische und methodische, Qualität der Verfahren achten.

Personalauswahlverfahren gehen online

Die Tendenz zur Verwendung von Online-Verfahren ist klar zu erkennen. Sie bieten den Vorteil, dass eine große Anzahl von Bewerbenden mit wenig Aufwand und diagnostisch hochwertigen Instrumenten getestet werden kann (vgl. Kanning, 2016a).

Gerade in Kombination mit der wachsenden Zahl von **Online-Bewerbungen** kann E-Assessment als zukunftsfähiges Themengebiet gelten. Unter E-Assessments oder auch **Online-Assessments** versteht man computergestützte Verfahren, die über das Internet zugänglich sind und zwecks Beurteilung und Vorhersage in eignungsdiagnostischen Situationen angewendet werden (Konradt & Sarges, 2003). Die Bandbreite der Möglichkeiten für den Gebrauch von onlinebasierten Auswahlverfahren reicht von Intelligenz- und Leistungstests über Persönlichkeitsfragebogen bis hin zu Arbeitsproben oder komplexen Szenarien, zum Beispiel in Form von Unternehmensplanspielen (Steiner, 2009).

Auch für ACs können sich onlinebasierte Verfahren lohnen, wenngleich einige Unternehmen einer kompletten Umstellung auf ein webbasiertes AC wegen des fehlenden persönlichen Kontaktes kritisch gegenüberstehen (Steiner, 2009). Dennoch führt man bereits jetzt einige Einzelaufgaben des ACs mit onlinebasierten Verfahren durch. So setzt beispielsweise die Deutsche Bahn einen Online-Postkorb ein, bei dem die Teilnehmenden in 40 Minuten am Computer 18 Mails bearbeiten und im Multiple-Choice-Format unterschiedliche Entscheidungen treffen müssen. Je nachdem, in welcher Phase des Personalauswahlprozesses man computergestützte Aufgaben stellt, kann eine Wiederholung des Tests beim Unternehmen vor Ort sinnvoll sein, um mögliche personenbedingte Verfälschung zu erkennen.

Ein Beispiel für ein AC, das komplett virtuell und computergestützt abläuft, ist das sogenannte *Manager Ready* (Doerfler, 2014). Dieses neue Tool bietet höhere Flexibilität und Kostenersparnis bei gleicher diagnostischer Qualität. Es ermöglicht den getesteten Personen sowie dem Unternehmen eine orts- und zeitunabhängige Teilnahme in einer virtuellen Arbeitsumgebung, die nach dem tatsächlichen Arbeitsumfeld der späteren Tätigkeit realitätsnah modellierbar ist und auch Interaktionen im Kollegenkreis oder mit Führungskräften erlaubt (Doerfler, 2014). Gerade für die Auswahl von Managern in gehobener Position kann dieses neue Verfahren die großen Kritikpunkte an Assessment Centern – den zeitlichen und finanziellen Aufwand – deutlich abmildern und bildet eine positiv zu bewertende Alternative zu bisherigen Konzepten.

Klassische persönliche Interviews sind zeitintensiv und ortsgebunden. Dies verursacht zeitliche und finanzielle Kosten sowohl beim Unternehmen als auch bei den Bewerbenden. Unternehmen wie zum Beispiel Microsoft setzen auf neue Verfahren: auf zeitversetzte und kompetenzbasierte *Videointerviews*. Dafür werden stellenbezogen Interviewleitfäden erstellt, die sowohl die konkreten Fragen als auch die dahinterliegenden Kompetenzen enthalten. Auch gibt es die Möglichkeit, für jede Frage die Vorbereitungszeit und Beantwortungsdauer einzustellen. Interessierte erhalten anforderungsbezogene Fragen in schriftlicher Form mit der Aufforderung, ihre Antworten in kurzen Videosequenzen mit einer Webcam aufzunehmen. Die tatsächliche Durchführung des Interviews können die Bewerbenden dann nicht unterbrechen oder anhalten. Bewertet wird anschließend von verschiedenen Personen im Unternehmen, wobei wiederum der Aspekt der Orts- und Zeitunabhängigkeit von Vorteil ist. Auch verläuft das Interview für jeden Bewerbenden im Sinne der Objektivität und Fairness gleich. Ein Nachteil ist allerdings, dass keine Nachfragen gestellt werden können (Becker, 2014).

Merke

Internetbasierte Verfahren können Zeit- und Kostenaufwand auf Unternehmensseite reduzieren.

Candidate Experience

Das Thema „Candidate Experience" beschäftigt Unternehmen aller Größen und Branchen. „Candidate Experience" bezeichnet den subjektiv erlebten Gesamteindruck eines Bewerbers bzw. einer Bewerberin, den er oder sie im Laufe des Bewerbungs- und Auswahlprozesses von einer potentiellen arbeitgebenden Organisation erhält (Verhoeven, 2016). Den Unternehmen liegt daran, durch ein angemessenes Candidate Experience Management einen positiven Gesamteindruck zu generieren. Dabei versucht man bewusst, die Bedürfnisse der Bewerbenden zu erfüllen. Dazu gehört beispielsweise, dass das Unternehmensbild auch bei abgelehnten Bewerbenden positiv bleibt und sie den Bewerbungsprozess als professionell und fair bewerten. Diese im Bewerbungsprozess gesammelten Erfahrungen beeinflussen zum einen direkt die eigene Motivation, im Unternehmen zu arbeiten, zum anderen können sie über Mund-zu-Mund-Propaganda auch andere potentiell für eine Bewerbung in Frage kommende Personen beeinflussen. Transparentes Vorgehen, zeitnahe und konstruktive Rückmeldung, aber auch der Einbezug von Gamification-Elementen (siehe unten) können im Sinne des Candidate Experience Managements wichtige Stellschrauben darstellen, um ein positives Bewerbererlebnis zu unterstützen.

Merke

Die Candidate Experience bezieht sich auf das individuelle Erleben im Bewerbungs- und Auswahlprozess. Sie kann vom Unternehmen systematisch gesteuert werden.

Gamification bezeichnet einen globalen Trend, in einem realen Kontext spielerische Elemente zu verwenden (Diercks & Kupka, 2013). Anders gesagt werden Spiele nicht mehr zum Selbstzweck des Spielens genutzt. Bezogen auf den Bereich der Personalarbeit spricht man in diesem Zusammenhang häufig von *Recrutainment*. Recrutainment lässt sich als Teilbereich bzw. Phänomen der Gamification, bezogen auf das Personalwesen, beschreiben (für eine detailliertere Abgrenzung vgl. Diercks & Kupka, 2013). Genauer gesagt handelt es sich um die Verwendung von spielerischen Methoden und Techniken für verschiedene Bereiche des Personalwesens – wie zum Beispiel bei der Rekrutierung, aber auch in der Personalauswahl – mit unterschiedlichen Zielen. Ein solches Ziel kann beispielsweise die Aufwertung eines Rekrutierungsprozesses sein oder auch ein Berufsorientierungsangebot. Gerade im Bereich des Self-Assessments haben sich diese innovativen Konzepte als hilfreich erwiesen (Eckhardt, Laumer & Vornewald, 2013). Man bietet dem potentiellen Bewerber bzw. der Bewerberin vor der eigentlichen Bewerbung die Möglichkeit, auf spielerische Art und Weise, zum Beispiel über ein Computerspiel, die eigene Passung zum Unternehmen und zum Stellenprofil zu prüfen. Das Unternehmen profitiert von der kostengünstigen Vorselektion, welche die Bewerber eigenständig durchführen.

6.2 Praktische Anwendung

Personalauswahl in der Praxis – ein Interview mit Martina Malec

Um zu erfahren, inwiefern wissenschaftliche Empfehlungen zur Personalauswahl auch in der Praxis angewendet werden und welche Trends und Herausforderungen Unternehmen für die Zukunft der Personalauswahl sehen, haben wir ein Interview mit Frau Martina Malec geführt. Martina Malec ist Wirtschaftspsychologin und war als Personalerin bei der BMW Group im Bereich Personalentwicklung, Recruiting und Qualifizierung am Standort München tätig.

Guten Tag, Frau Malec. Vielen Dank, dass Sie sich heute die Zeit genommen haben, um mit uns über das Thema Personalauswahl bei der BMW Group zu sprechen. Welche Herausforderungen und Trends sehen Sie für die Personalauswahl allgemein und speziell auf die BMW Group zukommen?
Das Thema Industrie 4.0 – und ganz besonders der Bereich des autonomen Fahrens – beschäftigt uns aktuell sehr stark. Die vierte industrielle Revolution wird vor allem in Zukunft neue Herausforderungen mit sich bringen, denen sich auch unsere Mitarbeiter stellen müssen. Die derzeitigen Anforderungsprofile berücksichtigen diese Zukunftsperspektive noch nicht in ausreichender Weise. Entscheidend ist daher die Frage, welche Profile wir für zukünftige Herausforderungen benötigen, das heißt welche Kompetenzen unsere Mitarbeiter heute mitbringen müssen, um auch kommenden Anforderungen gewachsen zu sein. Konkret beschäftigen wir uns aktuell damit, inwieweit überfachliche Kompetenzen erfasst werden sollten, da diese generell anforderungsrelevant sind. Beispielsweise werden Flexibilität und Bereitschaft zu Veränderungen zunehmend wichtiger, aber auch Persönlichkeitseigenschaften wie Offenheit und allgemeine kognitive Fähigkeiten sind von großer Bedeutung. Persönlichkeitsverfahren und kognitive Leis-

tungstests können insofern eine wichtige Ergänzung zu strukturierten Interviews für verschiedene Zielgruppen im Unternehmen darstellen. Aktuell werden Testverfahren lediglich für Nachwuchskräfte eingesetzt. Außerdem spüren auch wir, dass sich das Verhältnis zwischen Bewerbern und Unternehmen verändert hat. Der Bewerber hat heutzutage eine viel „aktivere“ Rolle im Bewerbungsprozess als früher. Nicht das Unternehmen wählt einen Bewerber aus, sondern der Bewerber entscheidet sich vor dem Hintergrund unterschiedlicher persönlicher Beweggründe ganz bewusst dafür, bei BMW arbeiten zu wollen. Natürlich ist das zielgruppenabhängig. Bei manchen Stellen ist der Andrang und damit auch die Konkurrenz sehr stark.

Welchen Beitrag leistet Ihrer Meinung nach die Personalauswahl für die Unternehmensziele der BMW Group?

Nun ja, „harte“ Leistungskennzahlen für Human Resources zu definieren, ist eher schwierig. Dennoch ist unbestreitbar, dass die Personalauswahl einen immensen Beitrag zum Erreichen der Unternehmensziele leistet. Denn nur mit den entsprechenden Mitarbeitern können die strategischen Ziele erreicht werden. Und was ein Mitarbeiter hierfür alles können muss, das wiederum wird im Rahmen einer systematischen Anforderungsanalyse ermittelt und in der Personalauswahl zugrunde gelegt. Ohne eine Anforderungsanalyse, die auch wie schon erwähnt zukünftige Herausforderungen und damit verbundene Kompetenzen miteinbezieht, würde jeder nach Gusto entscheiden und einstellen, wahrscheinlich an strategischen Zielen vorbei.

Sie haben eben schon von Anforderungsanalysen gesprochen und davon, dass diese die Basis eines passenden Anforderungsprofils darstellen. Uns würde noch genauer interessieren, welchen Stellenwert Anforderungsanalysen für die Personalauswahl bei der BMW Group haben und wie diese durchgeführt werden.

Ja, tatsächlich, Anforderungsanalysen spielen eine zentrale Rolle im Rahmen der Personalauswahl allgemein und bei der BMW Group im Besonderen. Sie werden bei uns in einem mehrstufigen Prozess mit Hilfe eines selbstentwickelten Excel-basierten Tools durchgeführt. In der Regel sind dabei Vertreter des Fachbereichs und ein Personaler involviert. Das Tool enthält zum Beispiel einen Interviewleitfaden, der auf der Critical Incident Technique basiert und Fragen zu den drei Kompetenz-Clustern – fachlich, kognitiv und verhaltensbezogen – abdeckt. Dabei werden auch zukünftige kritische Situationen abgefragt, um strategische Ziele zu berücksichtigen. Befragt werden unterschiedliche Personengruppen wie aktuelle Stelleninhaber oder Vorgesetzte. Natürlich werden darüber hinaus weitere Informationsquellen zur Anforderungsanalyse herangezogen, wie beispielsweise vergangene Stellenanzeigen. Die gesammelten Daten werden letztlich vom Personaler ausgewertet. Wichtig ist aber für den gesamten Prozess, dass Personaler und Fachbereich in enger Abstimmung stehen und miteinander kommunizieren. So ist es zum Beispiel äußerst wichtig, dass nach der Auswertung durch den Personaler beide Seiten noch einmal zusammenkommen und sich darüber abstimmen, wie die Bedeutung der ermittelten Kompetenzen jeweils zu bewerten ist. Es wird also geklärt, was ein neuer Mitarbeiter beispielsweise unbedingt mitbringen muss und was er eventuell erlernen, trainieren oder durch eine andere Kompetenz kompensieren kann. Außerdem müssen sich beide darüber verständigen, was denn eigentlich unter den jeweiligen Kompetenzen zu verstehen ist. „Der muss kommunikationsfähig sein“ reicht einfach nicht aus. Wir müssen konkret wissen, was „kommunikationsfähig“ für den Fachbereich bedeutet und wie sich diese Kompetenz letztlich im Verhalten widerspiegelt. Natürlich muss in dieser Phase auch ein Abgleich mit dem bereits existierenden BMW-Kompetenzmodell stattfinden. Aber dort sind Kompetenzen nun mal sehr breit definiert. Und da es leider keine „One-fits-all-Lösung" gibt, ist es wichtig, dass die Definitionen nochmals stellenspezifisch und gemeinsam mit dem Fachbereich angepasst und mit Leben gefüllt werden. Denn hinter „Kommunikation" steckt im Vertrieb vielleicht etwas anderes als in der Produktion.

Nicht immer ist es aber für den Personalauswahlprozess notwendig, eine komplette Anforderungsanalyse von vorne bis hinten neu durchzuführen. Für einige strategische Zielgruppen bestehen zum Beispiel schon spezifische Kompetenz-Cluster, bei anderen dagegen nicht.

Stehen die Kompetenzen dann fest, kann es daran gehen, die passenden Personalauswahlverfahren auszuwählen bzw. zu entwickeln.

Vielen Dank für die detaillierte Ausführung! Nun stellen Anforderungsanalysen ja ein zentrales Qualitätskriterium im Rahmen der DIN 33430 dar – einer Prozessnorm für den Personalauswahlprozess. Über Anforderungsanalysen hinaus, inwieweit folgt der Auswahlprozess der BMW Group dieser Grundlage?
Wir orientieren uns sehr stark an der DIN 33430. Ich selbst lasse mich derzeit auf Personenebene zertifizieren. BMW als Ganzes ist allerdings nicht zertifiziert. Außerdem stützen wir uns auf die Standards des Arbeitskreises Assessment Center. Gerade die Orientierung an der DIN 33430 stellt auch aus rechtlicher Sicht eine wichtige Argumentationslinie dar, insbesondere dann, wenn die Auswahlentscheidung für den Bewerber nicht ganz eindeutig ist. Ich denke auch, dass es für die Bewerber gut ist, wenn sich Unternehmen nach der DIN 33430 richten. Sie haben so von Anfang an die Sicherheit, dass der Personalauswahlprozess fundiert und gerecht ist, was sich sicherlich positiv auf dessen Akzeptanz seitens der Bewerber auswirkt.

Sie hatten schon erwähnt, dass auf Basis der Anforderungsanalyse letztlich Personalauswahlverfahren ausgewählt bzw. entwickelt werden. Welche Bandbreite an Verfahren wird bei der BMW Group eingesetzt? Gibt es Verfahrenskombinationen, die standardmäßig zum Einsatz kommen?
Genau. Die Basis stellt die Anforderungsanalyse dar, dann werden die Verfahren ausgewählt bzw. konzipiert. Momentan werden Verfahrenskonzeptionen vor allem in-house erledigt. Wir kooperieren allerdings auch mit Universitäten, wie zum Beispiel der Universität Bamberg, die uns bei der Konzeption von Assessment Centern für unterschiedliche Zielgruppen im Rahmen von Studierendenprojekten unterstützt. Konzeptionen – wenn wir bei ACs bleiben – werden eher selten an externe Beratungsfirmen vergeben. Wir haben die Erfahrung gemacht, dass in-house konzipierte Verfahren unsere Kultur einfach besser widerspiegeln und auch Gegebenheiten realer abbilden.

Assessment Center gehören also unter anderem zu unserem Verfahrensrepertoire. Dabei werden Rollenspiele, Gruppendiskussionen, Präsentationen oder Fallstudien in das AC integriert, je nach zu erfassenden Kompetenzen der Zielgruppe. Sie kommen vor allem bei unseren Nachwuchsprogrammen zum Einsatz, da sie sehr kosten- und zeitintensiv sind und der Mehraufwand ja auch verargumentiert werden will.

Als Standard kann aber tatsächlich das strukturierte Interview angesehen werden. Dabei kann das Interview einzeln eingesetzt werden – wie zum Beispiel derzeit bei unseren Führungskräften, die sich einem oft mehrstündigen Interview stellen müssen – oder aber als Bestandteil im Rahmen eines ACs. Man weiß ja auch, dass ein strukturiertes Interview, ergänzt zum Beispiel durch einen kognitiven Leistungstest, valider ist als zum Beispiel ein AC, da diese oft fehleranfällig sind.

Tests verwenden wir wie gesagt auch, derzeit aber nur bei unserem Nachwuchs, also zum Beispiel den Azubis oder den Trainees – meist zur Vorauswahl, die hauptsächlich online stattfindet. Sie umfassen kognitive Fähigkeitstests, aber auch Persönlichkeitstests. Wir könnten uns aber vorstellen, Tests zukünftig auch für andere Zielgruppen – beispielsweise als Ergänzung zum Interview – einzusetzen, um überfachliche Kompetenzen abzubilden und den genannten Herausforderungen zu begegnen.

Vergessen sollte man natürlich nicht die Bewerbungsunterlagen. Sie spielen vor allem für die Vorauswahl eine zentrale Rolle und beinhalten Bestandteile wie Zeugnisnoten – das ist eher für die Azubis relevant – oder aber auch Arbeitszeugnisse und Referenzen, die eher bei den Professionals Beachtung finden. Dennoch sollten die Bewerbungsunterlagen sehr differenziert betrachtet werden; jeder weiß ja, dass zum Beispiel Zeugnisse oft selbst geschrieben werden oder extrem wohlwollend sind.

Sie hatten ja gerade erwähnt, dass Persönlichkeitstests bei der BMW Group für bestimmte Zielgruppen zum Einsatz kommen. Neue Studien zeigen, dass persönlichkeitsorientierte Fragebogen von deutschen Großunternehmen immer häufiger eingesetzt werden. Bemerken Sie diesen Wandel auch? Wie stehen Sie zum Einsatz von Persönlichkeitsfragebogen als Informationsquelle in der Personalauswahl?
Wir überlegen tatsächlich, auch über die Gruppe der Azubis hinaus Persönlichkeitstests einzusetzen und somit die „Basis", also die Persönlichkeit, zukünftiger Bewerber zu erfassen. Dabei muss jedoch zielgruppenspezifisch auf der Basis der Anforderungsprofile entschieden werden, welche Persönlichkeitseigenschaften tatsächlich relevant sind. Extraversion mag beispielweise für den Vertriebsmitarbeiter wichtig sein, aber nicht unbedingt für den Produktionsmitarbeiter. Allerdings werden die Ergebnisse eines Persönlichkeitstests wohl kein Ausschlusskriterium sein. Wir sehen die Tests als Ergänzung zum Beispiel zum Interview oder dem AC.

Außerdem ist die Verwendung von Persönlichkeitstests aufwendig. Es ist oft schwer, zunächst qualitativ hochwertige Tests zu finden – in der Fülle der Verfahren auf dem Markt die Spreu vom Weizen zu trennen. Auch ist es für die Durchführung nötig, genügend Experten mit entsprechender psychodiagnostischer Expertise, in der Regel Psychologen, vor Ort verfügbar zu haben, und bei der Auswertung müssen Entscheidungen, zum Beispiel über Vergleichswerte und Cut-off-Werte getroffen werden. Kurzum, der Gedanke, Persönlichkeitstests in breiterem Ausmaße als ergänzende Informationsquelle einzusetzen, ist da, aber es gibt noch einige offene Punkte zu erörtern.

ACs gehören bei der BMW Group zum Verfahrensrepertoire. Immer mehr Unternehmen setzen dabei auch auf computergestützte Simulationsübungen statt zum Beispiel klassische Fallstudien. Ist das bei der BWM Group auch der Fall? Welche Vor- und Nachteile sehen Sie hier?
ACs werden bei uns ganz klassisch durchgeführt, das heißt im Rahmen einer Präsenzveranstaltung mit Gruppendiskussionen, Präsentationen & Co. Computergestützte Übungen verwenden wir derzeit nicht. Außerdem muss man sagen, dass unsere ACs bisher gut laufen und somit auch kein akuter Handlungsbedarf besteht. Ich kann mir aber durchaus vorstellen, dass computergestützte Simulationsübungen im Sinne der Objektivität Vorteile mit sich bringen.

Immer wieder wird in Wissenschaft und Praxis von der Wichtigkeit der „Candidate Experience" gesprochen. Was verstehen Sie darunter, und ist das Bewerbererlebnis tatsächlich so wichtig?
Für uns ist es wichtig, dass der gesamte Bewerbungsprozess für den Bewerber eine positive Erfahrung darstellt. BMW hat ein gutes Arbeitgeberimage und möchte das auch behalten. Daher soll unabhängig vom Endergebnis für die Bewerber bleiben: Das war fair!

Fairness wird dabei von uns auf unterschiedlichem Wege sichergestellt. Zentral ist die Transparenz. Zum Beispiel sollte dem Bewerber schon bei der Einladung zum AC deutlich werden, was ihn erwartet. Auch die Kompetenzen, die wir im AC beobachten und bewerten, legen wir mit jeder Übung offen.

Wichtig ist auch, dass von unserer Seite stets ein professioneller Eindruck vermittelt wird, das heißt, dass wir uns beispielsweise ausgiebig im Vorhinein mit den Bewerbungsunterlagen auseinandersetzen, um im Interview gezielt auf diesen aufzusetzen.

Im Rahmen von ACs verzichten wir auch ganz bewusst auf „Stresstests", die die Bewerber – oft ohne einen wirklichen Anforderungsbezug zur Stelle zu haben – unter extremen Druck setzen.

Transparenz bedeutet für uns aber auch, dem Bewerber – wenn er es denn möchte – ein ausführliches Feedback zu geben, damit er sich persönlich weiterentwickeln kann.

Nun sind wir schon am Ende unseres Interviews angekommen. Zusammenfassend würde uns noch interessieren: Stellen Sie sich vor, Sie wollen einem neuen Mitarbeiter in Ihrer Abteilung mitgeben, worauf es bei der Personalauswahl ankommt. Was sagen Sie?

„Mach immer eine Anforderungsanalyse, damit du weißt, was du tust" – ich denke, darauf kommt es vor allem an. Man sollte systematisch vorgehen, statt nur darauf zu vertrauen, was der jeweilige Fachbereich sagt bzw. sich wünscht, denn manchmal weiß er das selbst nicht so genau. In diesem Zuge sollte man auch stets darauf achten, dass die Kommunikation mit den Schnittstellenpartnern funktioniert und kontinuierlich stattfindet. Außerdem sollte man „sattelfest" sein, das heißt sich seiner Rolle als Berater gegenüber dem Fachbereich bewusst sein und diese kompetent ausfüllen. Das bedeutet auch, sich weiterzubilden, zum Beispiel durch die Teilnahme an Konferenzen.

Darüber hinaus würde ich dem neuen Mitarbeiter nahelegen, immer auf die Gütekriterien zu achten, wenn neue Auswahlverfahren eingekauft bzw. entwickelt werden. Damit hängt natürlich auch eng zusammen, in-house konzipierte Verfahren wenn möglich zu evaluieren. Auch wissenschaftliche Empfehlungen sollten bei selbst konzipierten Verfahren berücksichtigt werden, wie zum Beispiel, dass ein strukturiertes Interview mit Interviewleitfaden besser ist als ein unstrukturiertes Interview.

Für ACs im Speziellen sollte der Kollege außerdem darauf achten, dass alle am Auswahlprozess beteiligten Personen ausreichend geschult und für mögliche Fehler sensibilisiert sind. Außerdem sollte für den Bewerber stets die Relevanz einzelner Aufgaben und Übungen klar sein, um ein positives Bewerbererlebnis zu unterstützen.

Aber auch die ökonomische Seite sollte nicht vernachlässigt werden. Man sollte sich immer wieder fragen, welche Kompetenzen tatsächlich erfasst werden sollen und wie diese auch unter Berücksichtigung von Kosten-Nutzen-Aspekten messbar gemacht werden können.

Vielen Dank für Ihre Zeit und das angenehme Gespräch!

6.3 Handlungsimplikationen

Aus der dargestellten wissenschaftlichen Basis lassen sich für die Praxis Handlungsempfehlungen ableiten, wie diese Erkenntnisse im Personalauswahlprozess umsetzbar sind.

Die DIN 33430 bietet wichtige Hinweise, wie ein Eignungsbeurteilungsprozess professionell gestaltet werden sollte. Sie bezieht sich auf die Planung des Auswahlprozesses, die Zusammenstellung, Durchführung und Auswertung von eignungsdiagnostischen Verfahren, die Interpretation von Ergebnissen und die qualifikationsbasierte Schulung von Personen, die den Prozess mitgestalten (DIN, 2016). Die DIN 33430 kann somit als übergreifender Orientierungsrahmen für die Personalauswahl in Unternehmen dienen. Die Prozessnorm wurde 2016 aktualisiert und liegt in geänderter Fassung vor.

Ebenfalls in der DIN 33430 verankert, stellt die systematische Anforderungsanalyse ein absolutes Muss für eine zielgerichtete Personalauswahl dar. Berufsdatenbanken können eine erste Orientierung über eine Tätigkeit und ihre notwendigen Anforderungen geben, ersetzen eine Anforderungsanalyse jedoch nicht. Ein effizientes Verfahren, um Anforderungen zu ermitteln, ist der FAA. Stehen vor allem Verhaltensanforderungen im Vordergrund, ist die CIT das Verfahren der Wahl. Grundsätzlich ist eine Kombination von Verfahren zu empfehlen, um verschiedene Anforderungsklassen optimal abzudecken.

Kompetenzmodelle stellen keine Alternative zu einer systematischen Anforderungsanalyse dar, sondern dienen der Systematisierung ihrer Ergebnisse. Bei der Entwicklung eines Kompetenzmodells sollte man darauf achten, dass sie auf das Unternehmen zugeschnitten sind und Anforderungsvoraussetzungen unterschiedlicher Mitarbeitergruppen berücksichtigen.

Stehen die Anforderungen fest, kann man geeignete Verfahren entwickeln bzw. auswählen. Bei der Auswahl der Verfahren sollte darauf geachtet werden, dass sie fundiert sind. Für in-house konzipierte Instrumente bedeutet dies, dass sie im Zuge ihrer Anwendung fortlaufend evaluiert werden.

Besonders wichtig ist es, im Rahmen des Personalauswahlprozesses eine Verfahrenskombination anzuwenden. So sollte man eigenschaftsorientierte mit biografie- und simulationsorientierten Verfahren verknüpfen. Die Kombination aus Intelligenztest als eigenschaftsorientiertem Verfahren und MMI ist besonders ratsam. Das MMI deckt durch biografische und situative Frageformen die beiden anderen Verfahrensklassen ab und liefert über den Intelligenztest hinaus zusätzliche Informationen über die Eignung des Bewerbers bzw. der Bewerberin. Unabhängig vom MMI ist die Struktur eines Interviews ein wichtiges Qualitätsmerkmal, das man bei der Interviewkonzeption beachten sollte.

Reichert man den Intelligenztest und das MMI zusätzlich mit praktischen Aufgaben an, spricht man von einem AC. Die Ergänzung durch Verhaltens-Simulationen ist vor allem deshalb zu empfehlen, weil situative Fragen im Interview den beruflichen Erfolg weniger zuverlässig vorhersagen als biografische Fragen. Die Standards der Assessment-Center-Methode, die vom Arbeitskreis Assessment Center e.V. zusammengestellt wurden, liefern hilfreiche Hinweise für die AC-Praxis und sollten daher bei der AC-Konzeption berücksichtigt werden. Besonders wichtig für ein gutes AC sind erfahrene Beobachtende, die im Rahmen von Beobachterschulungen, die auch ein Bezugrahmentraining umfassen, qualifiziert werden.

Besonders die Rolle überfachlicher Kompetenzen wird im Zusammenhang mit dem Thema Industrie 4.0 von Unternehmen diskutiert. Überfachliche Kompetenzen beziehen sich, wie der Name schon sagt, auf Kompetenzen, die über die reine Fachkompetenz hinausgehen und stabile personale Merkmale abbilden. Intelligenz, aber auch Persönlichkeit stellen solche stabilen Merkmale der Person dar und sind mittels Testverfahren gut erfassbar. Der Gebrauch von Persönlichkeitsfragebogen scheint derzeit in Deutschland zuzunehmen. Wie bereits erwähnt, sollte man auf wissenschaftlich fundierte Verfahren zurückgreifen, anstatt auf intensiv vermarktete, aber wissenschaftlich ungeprüfte Verfahren zu setzen.

Inwiefern internetbasierte Verfahrenslösungen für Unternehmen interessant sind, ist je nach unternehmensspezifischen Rahmenbedingungen sicherlich verschieden. Unabhängig von der Art der Durchführung sollte der Auswahlprozess jedoch für die Bewerbenden ein positives Erlebnis darstellen. Dies lässt sich zum Beispiel durch Transparenz und Feedback unterstützen.

6.4 Zusammenfassung

Die zielgerichtete Personalauswahl ist für Unternehmen von großer Bedeutung, um potentielle Kosten von Fehlentscheidungen zu verhindern. Zielgerichtet ist der Personalauswahlprozess vor allem dann, wenn er auf einer Anforderungsanalyse basiert. Anforderungen lassen sich in Verhaltens-, Eigenschafts- und Aufgabenanforderungen untergliedern, und dementsprechend werden Zugänge zur Anforderungsanalyse untergliedert. Idealerweise kombiniert man diese Verfahren miteinander.

Auf Basis der Anforderungsanalyse werden geeignete Personalauswahlverfahren ausgewählt. Die Personalauswahlverfahren lassen sich einem biografischen (vergangenes Verhalten sagt zukünftiges Verhalten vorher), einem simulationsorientierten (berufsrelevante Situationen geben Aufschluss über mögliche Verhaltensintentionen) oder einem eigenschaftsorientierten Ansatz zuordnen (stabile Eigenschaften sagen Verhaltensneigungen vorher). Innerhalb der drei Ansätze wendet man verschiedene Verfahren an, die systematisch Unterschiedliches erfassen und somit erst in Kombination maximale Aussagekraft besitzen. Klassische Verfahrensvertreter der jeweiligen Ansätze sind Interviews (Biografie), Arbeitsproben (Simulation) und Tests (Eigenschaften). Das AC verbindet Verfahren aller drei Ansätze und bildet somit ein Beispiel für ein multimethodales Verfahren.

Während Persönlichkeitstests vor einigen Jahren noch vergleichsweise selten verwendet wurden, greifen heute immer mehr Unternehmen auf sie zurück. Allerdings klaffen wissenschaftliche Verfahrensempfehlungen und Praxisvorlieben hier oftmals auseinander. Nichtsdestotrotz kann die immer häufigere Verwendung von Persönlichkeitstests im Rahmen der Personalauswahl als Reaktion auf die von Unternehmen betonte Notwendigkeit zurückgeführt werden, überfachliche Kompetenzen zu berücksichtigen.

Sowohl Testverfahren als auch andere Auswahlverfahren werden mehr und mehr online durchgeführt. Das Einbeziehen von Gamification-Elementen kann das von den Unternehmen als so wichtig erachtete positive Bewerbererlebnis zusätzlich positiv tönen.

6.5 Reflexionsfragen

- Denken Sie an eine Situation zurück, in der Sie daran beteiligt waren, die Anforderungen für eine Stelle zu definieren.
  - Wie wurden die Anforderungen ermittelt: erfahrungsgeleitet-intuitiv, personenbezogen oder arbeitsplatzanalytisch-empirisch?
  - Wie bewerten Sie das jeweilige Vorgehen?
  - Waren die Anforderungen für Sie greifbar (d. h. konkret und verhaltensbezogen) definiert? Wenn nein, was steht für Sie hinter den Anforderungsbegriffen?
- Inwieweit orientieren Sie sich derzeit an der DIN 33430 als Richtlinie für berufsbezogene Eignungsbeurteilungsprozesse?
- Gibt es in Ihrem Unternehmen ein Kompetenzmodell? Wie bewerten Sie dieses hinsichtlich praktischer Aspekte?
- Erinnern Sie sich an die letzte Bewerbung, die Sie gesichtet haben: Worauf haben Sie besonders geachtet bzw. Wert gelegt?
- Welchen Strukturierungsgrad haben Interviews bei Ihnen? Was ist Ihnen als Interviewer oder Interviewerin bei einem Interview wichtig und was dem Bewerber bzw. der Bewerberin?
- Wie stehen Sie zur Verwendung von Testverfahren im Rahmen der Personalauswahl in Ihrem Unternehmen?
- Wie schätzen Sie das Kosten-Nutzen-Verhältnis von Assessment Centern für Ihr Unternehmen ein?
- Welche Bandbreite an Personalauswahlverfahren wird derzeit in Ihrem Unternehmen angewendet? Könnten Sie sich vorstellen, darüber hinaus weitere Verfahren zu integrieren? Wenn ja, welche?
- Wenn Sie an den letzten Personalauswahlprozess zurückdenken, den Sie mitbegleitet haben, welche Verbesserungsmöglichkeiten in Bezug auf die gewählten Verfahren sehen Sie?

- Welche Herausforderungen und Trends sehen Sie für die Personalauswahl auf Ihr Unternehmen zukommen?
- Welche überfachlichen Anforderungen schätzen Sie für die Zukunft als besonders bedeutend ein? Welche Bedeutung kommt Persönlichkeitseigenschaften zu?
- Inwiefern fördern Personalauswahlprozesse in Ihrem Unternehmen ein positives Bewerbererlebnis?

7 Nachhaltige Personalentwicklung

Belinda Seeg

Was Sie hier erfahren

Kontinuierliche Weiterbildung wird in der immer dynamischeren, sich rasch verändernden, agilen Arbeitswelt zunehmend wichtiger (Kauffeld, 2016; Seyda & Placke, 2017). Nachhaltige Personalentwicklungsmaßnahmen, die tatsächlich intendierte Verhaltensänderungen im Arbeitsalltag bewirken und für Agilität erforderliches Verlernen und Umlernen effektiv unterstützen, sind in der Praxis jedoch häufig eine Herausforderung. Erkenntnisse der psychologischen Trainingsforschung können die nachhaltige Übertragung von Gelerntem in den Arbeitskontext unterstützen.

Dieses Kapitel enthält einen Überblick über wissenschaftliche Erkenntnisse und fundierte Erfolgsfaktoren für nachhaltig wirksame Personalentwicklung (PE). Der erste Teil beschreibt zunächst die wissenschaftliche Basis vor dem Hintergrund des Wirkungsbereichs von PE und ihrer Verfahren. Darauf aufbauend ist der Forschungsstand zum Lerntransfer formeller PE-Maßnahmen in den Arbeitsalltag zusammengefasst. Im zweiten Teil werden diese Erkenntnisse auf die Unternehmenspraxis in der heutigen Arbeitswelt übertragen. Wir stellen Ansätze vor, die durch fundierte Vorgehensweisen die Nachhaltigkeit von PE-Maßnahmen auch unter Aufwand-Nutzen-Abwägungen erfolgreich fördern. Abschließend sind die übergeordneten Handlungsimplikationen zusammengefasst.

7.1 Wissenschaftliche Basis

Die deutsche Wirtschaft investiert jedes Jahr mehrere Milliarden Euro in Weiterbildungsmaßnahmen (Seyda & Placke, 2017). Diese Summen unterstreichen deutlich, dass PE für wirtschaftlichen Erfolg notwendig ist. Allerdings weisen diese Investitionen viel Potential zur Steigerung des Wirkungsgrades auf, denn herkömmliche Maßnahmen verpuffen größtenteils, noch bevor sie ihre Wirksamkeit im Berufsalltag entfalten (Kanning, 2014; Kauffeld, 2016). Dieses sogenannte **Transferproblem** der PE wird schon seit Jahrzehnten beklagt – gelöst ist es noch nicht. Obwohl die psychologische Forschung wichtige Erkenntnisse über Möglichkeiten zur Transferförderung liefert, greift man diese in der Praxis kaum auf. Zudem finden in der Weiterbildungspraxis fast keine systematischen Analysen der Transfermechanismen statt, und selbst Wirksamkeitsüberprüfungen der teuer bezahlten Maßnahmen gehören zur Ausnahme. Dieses Research-Practice-Gap der Trainingsforschung zeigt sich auch in regelmäßigen Umfragen zur Bedeutung und Umsetzung von PE durch das Swiss Competence Centre for Innovations in Learning. Demnach besteht die zentrale Herausforderung für Bildungsverantwortliche von Unternehmen schon seit Jahren darin, eine nachhaltige Wirksamkeit von Entwicklungsmaßnahmen zu sichern, indem man sie transferförderlich gestaltet (Diesner & Seufert, 2010, 2013; Fandel-Meyer, Schneider,

Seufert, Meier & Schuchmann, 2015). Demgegenüber stellten Diesner und Seufert (2013) in ihrer Umfrage fest, dass trotz der hohen Relevanz des Transferproblems nur 14 Prozent der Befragten tatsächlich an dessen Lösung durch Transfermanagementmaßnahmen arbeiten. Der Grund könnte darin liegen, dass es schlicht als zu aufwendig betrachtet wird, diesen Zustand zu verändern. Fraglich bleibt, wie lange es sich die deutsche Wirtschaft noch leisten kann, vorhandenes Potential der Transferförderung für langfristig wirksame PE zu ignorieren.

Ein wesentlicher Schritt zur Lösung des Transferproblems besteht in einem **gemeinsamen Verantwortungsbewusstsein und aktiven Beitrag aller Organisationsmitglieder**: Nachhaltigkeitsförderung von PE-Maßnahmen darf nicht nur als übergeordnete Unternehmensaufgabe oder gar nur als Verantwortung von Weiterbildungsanbietenden verstanden werden. Sie muss auch als zentrale Aufgabe der Selbst- und Mitarbeiterführung begriffen und vorangetrieben werden. Die jeweiligen Systemebenen agiler Unternehmen – Bildungsverantwortliche, Führungskräfte und einzelne Mitarbeitende – müssen zur effizienten Transferförderung spezifische Beiträge leisten, damit sie erfolgreich ineinandergreifen können.

Bildungsverantwortliche sind zuständig für die Auswahl bzw. Beauftragung von PE-Maßnahmen, die fundierte Methoden zur Transferförderung anwenden, sowie für deren Überprüfung und stetige Optimierung anhand prozessbegleitender Evaluation bezüglich ihrer nachhaltigen Wirksamkeit. Dadurch lässt sich übergeordnet die Qualitätssicherung und Verfügbarkeit benötigter Rahmenbedingungen sicherstellen, so dass Führungskräfte und Mitarbeitende transferförderliche PE nutzen können. *Führungskräfte* müssen sich einerseits selbst als nachhaltige „PE-Maßnahme" begreifen, die ihre Mitarbeitenden im Arbeitsalltag individuell fördert. Andererseits ist es aber auch eine zentrale Führungsaufgabe, für erforderliche Handlungskompetenzen weitere zielgerichtete PE-Maßnahmen anzubieten sowie deren Transfer aktiv zu unterstützen. Dafür sollten Führungskräfte Anwendungsmöglichkeiten von Trainingsinhalten gewährleisten (zeitlich und inhaltlich), Feedback und Anreize für Transfererfolg geben sowie eine offene Lernkultur in ihrer Arbeitsgruppe schaffen. Diese Maßnahmen können allerdings nur greifen, wenn auch die *Mitarbeitenden* selbst an der Übertragung neuer Kompetenzen in den Arbeitsalltag arbeiten. Dafür müssen sie sich ihrer Transferverantwortung für nachhaltig wirksame Weiterbildung bewusst sein und diese nicht als „Bringschuld" des Unternehmens bzw. der Führung verstehen. Es liegt letztlich an den einzelnen Mitarbeitenden, ob sie Entwicklungsmöglichkeiten voll ausschöpfen und gezielt auf die aktive Umsetzung und Nutzung von Transferfaktoren achten.

Was nachhaltig wirksame PE ist und welche Transferfaktoren dabei konkret von allen Systemebenen bzw. Weiterbildungsanbietenden zu beachten sind, haben wir in diesem Kapitel zusammengefasst.

7.1.1 Gegenstand der Personalentwicklung

Was ist Personalentwicklung, in welche Richtung wirkt sie, und in welchen Formen ist sie ausgestaltet? Um diese übergeordneten Fragen zu klären, wird in diesem Abschnitt ein Überblick über Verständnis und Inhalt von PE gegeben.

„Der Begriff **Personalentwicklung** kennzeichnet die Förderung beruflich relevanter Kenntnisse, Fertigkeiten, Einstellungen etc. durch Maßnahmen der *Weiterbildung,* der *Beratung,* des systematischen *Feedbacks* und der *Arbeitsgestaltung.* Dabei sollten die Ziele und Inhalte von Personalentwicklung unternehmensstrategisch begründet sein, d. h. auf Kompetenzen fokussieren, die zur Verwirklichung strategischer Unternehmensziele benötigt werden" (Solga, Ryschka & Mattenklott, 2011, S. 19). PE umfasst somit sämtliche **Maßnahmen zur systematischen Förderung beruf-**

licher Handlungskompetenz – von zentral organisierten Maßnahmen auf Unternehmensebene bis hin zu selbstgesteuerten Initiativen auf individueller Ebene.

Merke

Der Begriff Personalentwicklung umfasst sämtliche Maßnahmen zur systematischen Förderung beruflicher Handlungskompetenz im Rahmen betrieblicher Weiterbildung.

Berufliche Handlungskompetenz setzt sich aus vier Kompetenzklassen zusammen: *Fach-, Methoden-, Sozial- und Selbstkompetenzen* (Hülshoff et al., 2010; Kauffeld, 2006; North, Reinhardt & Sieber-Suter, 2018). Die jeweiligen Aspekte der einzelnen Kompetenzklassen sind in **Abbildung 24** dargestellt.

Übergreifend werden zwei **Bereiche zur Kompetenzerlangung** unterschieden: Für eine Basisausstattung mit beruflicher Handlungskompetenz ist die (Erst-)*Ausbildung* im Sinne sämtlicher Bildungsmaßnahmen vor Berufseintritt verantwortlich (z.B. Lehre oder Erststudium). Davon abgrenzbar ist der Bereich der *Weiterbildung*, die daran anknüpfend für eine kontinuierliche Weiterentwicklung und Förderung beruflicher Handlungskompetenz zuständig ist. PE ist ein Teilbereich davon, die sogenannte „betriebliche" Weiterbildung, also von Organisationen iniziierte bzw. finanzierte bedarfsgerechte Weiterbildung im Kontext eines bestehenden Berufsalltags (Kanning, 2014; Kauffeld, 2016). Dazu zählen auch Fortbildungen (arbeitgeberfinanzierte Maßnahmen zur systematischen Erweiterung bzw. Anpassung von Qualifikationen aus vorhergehender Ausbildung, um beruflichen Aufstieg zu ermöglichen) und betriebliche Umschulungen, die im Unterschied dazu zu anderen beruflichen Tätigkeiten befähigen (BBiG, 2005).

Für die Weiterentwicklung und Förderung von Kompetenzen innerhalb des bestehenden Berufsalltags kann man auf unzählige Maßnahmen zurückgreifen. PE kann selbst Berufsausbildungen (z.B. nebenberufliches Masterstudium) zur Fortsetzung und Vertiefung eines

Abbildung 24: Kompetenzklassen beruflicher Handlungskompetenz

bestehenden Ausbildungstandes einschließen, wenn sie einer erforderlichen berufsbezogenen Kompetenzerweiterung dienen und die arbeitgebende Organisation sie daher unterstützt (Becker, 2013). Um die Vielfalt der PE-Maßnahmen dennoch überschaubar zu halten, gibt es verschiedene Ansätze der Kategorisierung, die Kanning (2014) zusammengefasst hat (vgl. **Abb. 25**). Diese thematischen, zeitlichen, didaktischen und medialen Kategorien sind wechselseitig verknüpft. So sind beispielsweise für die jeweiligen Zielgruppen unterschiedliche Ziele und Themen vordergründig relevant oder die mediale und didaktische Ausgestaltung von Zeit-, Ort- und Zielvorgaben abhängig.

Die in Abbildung 25 enthaltene **Kategorisierung nach Lernort** hat Conradi schon 1983 eingeführt – eine grobe, aber sehr hilfreich Unterteilung von PE-Maßnahmen: *Off-the-Job-PE* umfasst Maßnahmen außerhalb der Organisation und der täglichen Arbeitstätigkeit; Kompetenzen bzw. Wissen werden in geschütztem Rahmen mit gewisser Distanz vermittelt (Conradi, 1983). Klassische Beispiele dafür sind Training oder Coaching. *Near-the-Job-PE* findet innerhalb der Organisation in engem inhaltlichem Zusammenhang mit dem Arbeitsplatz und konkreten Arbeitsproblemen statt. Dafür verwendet man interne Mentorings oder zunehmend E-Learning-Angebote. *On-the-Job-Maßnahmen* betreffen die unmittelbare Auseinandersetzung mit Arbeitsaufgaben und finden am Arbeitsplatz statt. Das geschieht insbesondere mittels individueller Förderung durch Vorgesetzte sowie durch Anleitung und Feedback von weiteren beruflichen Interaktionspartnern. Mit den jeweiligen Orten sind unterschiedliche

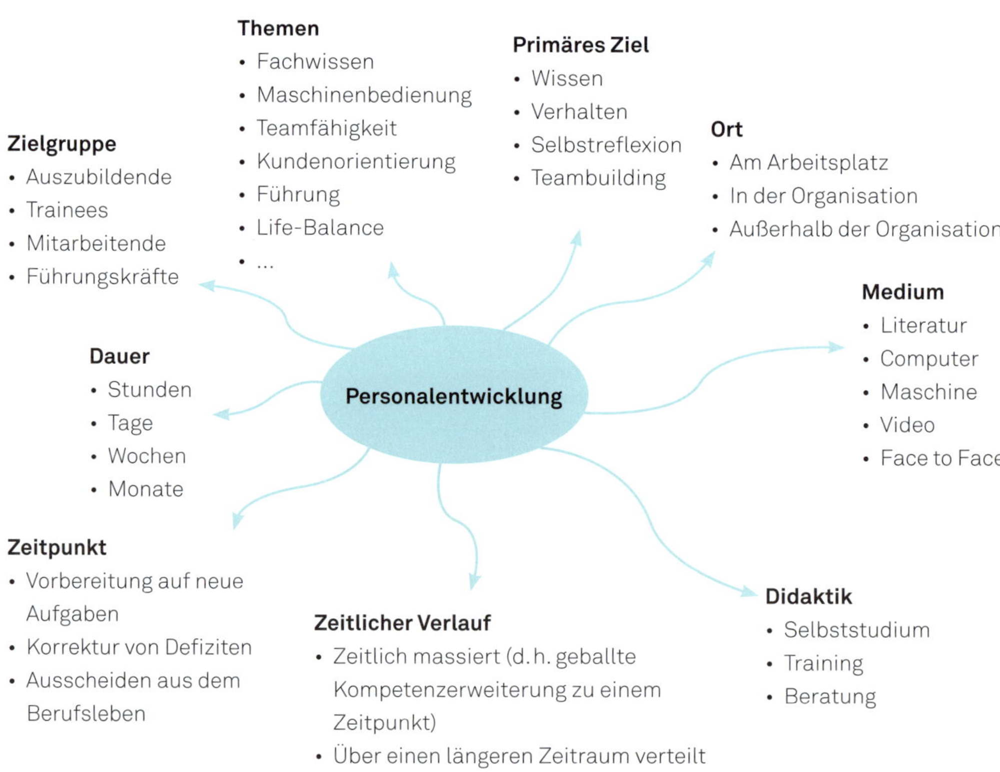

Abbildung 25: PE-Maßnahmen – mögliche Ansätze der Kategorisierung (in Anlehnung an Kanning, 2014, S. 530)

didaktische und mediale Möglichkeiten sowie Lernkonzepte verknüpft. So stehen die unterschiedlichen PE-Verfahren nicht konkurrierend zueinander, sondern sollten gemäß einer systematischen PE komplementär kombiniert werden (einen Überblick über Chancen und Risiken unterschiedlicher Lernorte bieten Felfe & Franke, 2014, und Kauffeld, 2016). Entsprechend bietet die Vielfalt der PE auch Mischformen (z.B. interne Trainings von Mitarbeitenden) sowie Verknüpfungen von Off-, Near- und On-the-Job-PE (z.B. klassische Trainings, unterstützt von E-Learning-Elementen und Vorgesetzten-Feedback in der Vor- und Nachbereitung). Insbesondere bei Trainings empfiehlt sich eine Kombination mit anschließenden Coaching-Sitzungen zur individuumsorientierten Unterstützung des Trainingstransfers (Behrendt, 2004; Kauffeld, 2016).

In neueren Untersuchungen wird zudem immer häufiger zwischen **formellen und informellen PE-Maßnahmen** unterschieden. Diese Klassifizierung gewinnt aufgrund der zunehmend wahrgenommenen Selbstverantwortung von Mitarbeitenden für ihre Weiterentwicklung an Relevanz. *Informelle PE* findet selbstinitiiert bzw. selbstgesteuert und häufig in der alltäglichen Arbeitsumwelt statt. Daher ordnet man ihr die nicht notwendigerweise direkt von der Organisation veranlassten On-the-Job-PE-Aktivitäten zu. Solche Lernprozesse finden oft zufällig statt (z.B. durch Lernen aus Erfolgen oder Fehlern) und zeichnen sich durch selbstständiges Weiterentwickeln von Kompetenzen oder selbstständiges Suchen nach Informationen aus (Kauffeld, 2016; Solga et al., 2011).

Demgegenüber bezeichnet *formelle PE* einen systematischen Entwicklungs- und Durchführungsprozess. Diese Maßnahmen werden „[...] planvoll und gezielt arrangiert – im Sinne bestimmter Lehr-Lern-Prinzipien und eindeutig definierter Lernziele. Die Festlegung dieser Lernziele folgt einem festgestellten Lernbedarf“ (Solga et al., 2011, S. 22). Auch formelle PE kann On-the-Job- oder Near-the-Job-Maßnahmen einschließen und auf Informationsquellen aus dem Arbeitsalltag zurückgreifen. Die zentralen Informationsquellen sind bei formeller PE jedoch klassischerweise ausgewiesene (interne oder externe) Weiterbildungsanbietende mit Off-the-Job-Maßnahmen.

Formelle und informelle PE-Maßnahmen können, insbesondere in Kombination, die berufliche Handlungskompetenz fördern, da sie sich komplementär ergänzen (Heijden, Boon, Van Der Klink & Meijs, 2009). Die Teilnahme an formellen PE-Maßnahmen erhöht überdies die Wahrscheinlichkeit informeller PE-Aktivitäten (Livingstone & Stowe, 2007).

Merke

Um die Vielfalt der Personalentwicklungsmaßnahmen überschaubar zu halten, gibt es verschiedene Ansätze zu ihrer Kategorisierung. Die klassische Unterscheidung nach Lernort in Off-, Near- und On-the-Job-Maßnahmen wird immer häufiger durch die übergeordnete Gegenüberstellung formeller und informeller PE ergänzt. Weitere Kategorisierungen, beispielsweise nach Ziel, Zeit oder Vermittlungsmethoden, lassen sich bei Bedarf heranziehen.

Off-, Near- und On-the-Job-Verfahren, die für formelle und informelle PE am häufigsten genutzt werden, sind im folgenden Abschnitt beschrieben.

7.1.2 Häufig eingesetzte Verfahren

Im Folgenden werden oft verwendete Verfahren der PE und ihre Nachhaltigkeit näher beleuchtet: Training, Coaching, E-Learning, Mentoring sowie die individuelle Förderung durch Personalführung.

Trainings sind die am häufigsten eingesetzten formellen PE-Maßnahmen und finden meist off-the-job mit Abstand zum Alltag statt. So können die Teilnehmenden ungestört in geschütztem Rahmen Erfahrungen austauschen, aus der Distanz Erkenntnisse gewinnen und neue Verhaltensweisen ausprobieren. Dabei vermittelt klassischerweise eine Trainerin oder ein Trainer etwa 8 bis 14 Teilnehmenden Wissen und/oder Zielverhaltensweisen beruflicher Handlungskompetenz (Kanning, 2014). Zahlreiche Methoden sind anwendbar, der Kreativität sind dabei keine Grenzen gesetzt. Kauffeld (2016) gibt einen Überblick über klassische Trainingsmethoden; die wichtigsten sind in der folgenden Liste zusammengefasst:

- *Lehrvortrag bzw. Lehrgespräch (interaktive Vortragsform)*
  Frontale Informationsvermittlung zur Einführung in ein Thema, Wissensvermittlung, Erklärung von Zusammenhängen und Hervorhebung wichtiger Punkte.
- *Stillarbeit*
  Bearbeitung einer Aufgabe durch die Teilnehmenden für sich zur Selbstreflexion, Wissensanwendung oder Lernerfolgskontrolle.
- *Murmelgruppe*
  Angeleiteter Austausch durch Murmeln mit einem oder zwei Sitznachbarn.
- *Rollenspiel*
  Nachstellen einer Anwendungssituation in geschütztem Rahmen, um neue Zielverhaltensweisen auszuprobieren bzw. einzuüben.
- *Gruppenarbeit*
  Bearbeitung einer Aufgabe in Kleingruppen mit anschließendem Ergebnisaustausch im Plenum.
- *Videofeedback*
  Systematische Reflexion und Analyse von kurzen Präsentationen oder Rollenspielen anhand einer Videoaufnahme, die es den Teilnehmenden ermöglicht, sich auch aus der Außenperspektive zu betrachten.

Eine kombinierte Trainingsmethode, die Vortrag, Rollenspiel, Gruppenarbeit und Videofeedback systematisch integriert, stellt das *Behavior Modeling* dar. Es basiert auf der Theorie des sozialen Lernens nach Bandura (1977) und folgt dem in **Abbildung 26** dargestellten Ablauf. Insbesondere zur Vermittlung von Sozialkompetenzen (wie z. B. Gesprächsführung oder Konfliktmanagement) ist Behavior Modeling eine sehr effektive Trainingsform (Burke & Day, 1986; Taylor et al., 2005).

Einführung in den Problembereich durch den Trainer/die Trainerin

↓

Entwicklung von Lernpunkten, die das Zielverhalten beschreiben

↓

(Film-)Darbietung des Verhaltensmodells (gegebenenfalls auch negativer Modelle)

↓

Gruppendiskussion über die Wirkung des Modells

↓

Praktische Umsetzung der Lernpunkte im Rollenspiel durch Teilnehmende

↓

Rückmeldung zum Rollenspielverhalten durch die Gruppe

Abbildung 26: Ablauf von Behavior Modeling (nach Taylor, Russ-Eft & Chan, 2005)

Coaching kann man ebenfalls den klassischen Off-the-Job-Maßnahmen zuordnen, wobei es auch Coachingvarianten gibt, die near-the-job durchgeführt werden, zum Beispiel von internen Coachenden oder durch Hinzuziehen alltagsbegleitender Coaching-Methoden (z. B. Shadowing). „Coaching" bezeichnet einen individuellen, unterstützenden *Beratungsprozess,* bei dem üblicherweise eine teilnehmende Person von einer coachenden Person betreut wird. Es gibt auch andere Varianten wie Coachings für ganze Teams oder durch mehrere Coachende. Die Coachenden unterstützen die Coachingteilnehmenden durch *Anleitung zur systematischen Selbstreflexion*, um sie zu eigenständiger Bewältigung beruflicher Herausforderungen zu befähigen. Coachende agieren als neutrale Feedbackgebende, die aber keineswegs fertige Lösungen anbieten (Rauen, 2007).

Klassisches Coaching wird in der Regel von professionellen und meist externen Coachenden durchgeführt. Dadurch unterscheidet es sich vom Coaching durch direkte Vorgesetzte im Rahmen der Personalführung (Blickle, 2011). Eine Führungskraft kann aufgrund ihrer rollenbedingten Machtasymmetrie nur schwer als neutraler Feedbackgeber agieren und ist in der Regel nicht umfassend bezüglich fundierter Coachingmethoden ausgebildet. Daher wird diese Form der Unterstützung hier vom Coaching klar abgegrenzt und als individuelle Förderung im Rahmen der Führungsaufgabe verstanden (zur individuellen Förderung durch Personalführung siehe Seite 164).

Wissenschaftliche Wirksamkeitsprüfungen bestätigen positive Effekte von professionellen Coachings. Insbesondere in den Bereichen Selbstkompetenz (emotionale Entlastung, Verbesserung von Reflexionsfähigkeit, Perspektivwechsel und Stressmanagement) und Sozialkompetenz (effektive Kommunikation und Interaktion) fand man Wirksamkeitsbelege und brachte sie in Zusammenhang mit wirtschaftlichen Ertragssteigerungen (Künzli, 2009; Rauen, 2008).

Ein vorwiegend near-the-job eingesetztes PE-Verfahren ist **E-Learning.** Darunter sind PE-Maßnahmen zu verstehen, die von elektronischen Informations- und Kommunikationstechnologien unterstützt werden (Kauffeld, 2016). Auf diese Weise können Entwicklungsangebote individualisiert, schnell und flexibel sowie unabhängig von Ort und Zeit zur Verfügung stehen, was in der Arbeitswelt immer mehr an Bedeutung gewinnt (Böhler et al., 2013). E-Learning-Angebote sind durch sogenannte Edutainments, also durch spielerische und emotionalisierende Lernelemente, zunehmend unterhaltsam gestaltet. Dabei bedient man sich verstärkt auch interaktionaler Komponenten, wie Rollenspiele, persönlicher Begegnungen oder Erfahrungsaustausch, zum Beispiel in Communities of Practise (Böhler et al., 2013; Kauffeld, 2016). Die Digitalisierung bringt diese Erfordernisse nicht nur mit sich, sie kann sie durch technologiegestützte Formen der PE auch erfüllen. Dabei geben die aktuell verfügbaren Technologien den Rahmen der Anwendungsmöglichkeiten vor. Einen Überblick über aktuell eingesetzte E-Learning-Varianten geben Kauffeld (2016), Senderek, Mühlbradt und Buschmeyer (2015), de Witt (2013) oder auch Böhler et al. (2013). Als Trend zeichnet sich im Bereich von Kompetenzentwicklung bzw. Verhaltensänderung eine stark anwachsende Nutzung von E-Learning-Formaten in Gestalt von *Simulationen* ab (Kanning, 2014). *Webbasierte Trainings* sind bereits heute weit verbreitet (MMB-Institut für Medien- und Kompetenzforschung & Haufe Akademie, 2014).

Einer Trendstudie zufolge wird jedoch dem „Blended Learning“ – das sind hybride PE-Angebote, die Präsenzveranstaltungen und E-Learning kombinieren – die größte Bedeutung für zukünftige PE attestiert (MMB-Institut für Medien- und Kompetenzforschung & Haufe Akademie, 2014).

Bei der Wahl und Ausgestaltung von technologiegestützten PE-Angeboten ist es – abgesehen von verfügbaren Technologien und Hardware – auch wichtig, die individuellen Lern- und Medienkompetenzen der Mitarbeitenden zu berücksichtigen und gegebenenfalls zu erweitern (Böhler et al., 2013). Die sogenannte Generation C (connected, communicating, content-centric, computerized, community-oriented, always clicking; siehe Friedrich, Peterson & Koster, 2011), auch „Millennials“ genannt, fordert das Angebot technologiegestützter und vernetzter PE für kontinuierliche Weiterentwicklung aktiv ein (Andrews & Haythornthwaite, 2007). Jedoch müssen weniger digitalaffine Zielgruppen bewusst an diese neueren Formen von PE-Selbstbedienung durch E-Learning herangeführt werden.

Bei all den technologiegestützten Möglichkeiten für PE sei daran erinnert, dass sie herkömmliche PE-Maßnahmen nicht ersetzen, sondern ergänzen, denn „nur die sinnvolle Abstimmung von Präsenz- und E-Learning-Phasen wird Trainingsprogramme erfolgreich machen" (Kauffeld, 2016, S. 158). Zudem wurde in einer umfassenden Analyse der nachhaltigen Wirksamkeit von Führungskräfteentwicklungsmaßnahmen aufgezeigt, dass Face-to-Face-Maßnahmen technologie-gestützter PE bezüglich ihrer Transferwirkung deutlich überlegen sind (Lacerenza, Reyes & Marlow, 2017). Entsprechend ist der be- und durchdachte Einsatz von E-Learning in Kombination mit Präsenzverantstaltungen zu empfehlen (Salas, Tannenbaum, Kraiger & Smith-Jentsch, 2012).

Ein weiteres zentrales PE-Verfahren ist das **Mentoring**, das insbesondere für Führungsnachwuchsförderung eingesetzt wird. Durch eine Mentor-Protegé-Beziehung werden High Potentials auf bevorstehende Führungsaufgaben vorbereitet bzw. in ihrer Karriereentwicklung unterstützt (Grote, Denison & Bigalk, 2009). Diese Form der PE findet ebenfalls meist near-the-job statt. Im Rahmen einer informellen karrierebezogenen und psychosozialen Beratung unterstützt eine höherrangige Person aus dem Arbeitsumfeld die Nachwuchskraft in ihrer beruflichen Entwicklung. Die Beratungskompetenz basiert auf Einfluss und großer beruflicher Erfahrung des Mentors bzw. der Mentorin (Blickle, 2011). Die Förderung kann in drei unterschiedlichen Funktionen des Mentors bestehen: in einer *karrierebezogenen Funktion* durch Unterstützung des Aufstiegs, in einer *psychosozialen Funktion* durch Freundschaft und Beratung und in der *Vorbildfunktion* als Rollenmodell.

Neben dieser klassischen Form des Mentorings gibt es weitere Formen von Mentoring-Programmen (z.B. Reverse-, Peer-to-Peer-, Gruppen oder E-Mentoring), die wir im Rahmen dieses Kapitels jedoch nicht weiter vertiefen (vgl. Graf & Edelkraut, 2017, für eine ausführliche Darstellung). Die klassischen Mentorenprogramme sind den formellen PE-Verfahren zuzuordnen. Ihre nachhaltige Wirksamkeit insbesondere für die berufliche Entwicklung der Protegés, aber auch für Mentor(inn)en wurde vielfach nachgewiesen (Graf & Edelkraut, 2017; Nerdinger et al., 2014). In Evaluationsstudien zeigt sich allerdings, dass selbstinitiierte informelle Mentorings formell arrangierten Zuweisungen in puncto Stressempfinden, wahrgenommener Karriereunterstützung und Gehaltsentwicklung sogar noch überlegen sind (Chao, Walz & Gardner, 1992; Eby & Allen, 2002).

Das bedeutendste On-the-Job-Verfahren der PE ist die **individuelle Förderung durch Personalführung** – eine sehr wirkungsvolle und nachhaltige Form der PE und daher eine zentrale Aufgabe von Führungskräften (vgl. Kapitel 4 „Erfolgreiche Beziehungsgestaltung als Führungsaufgabe" sowie Rosenstiel, Regnet & Domsch, 2014). Meist wird die Bedeutsamkeit von Personalführung im PE-Kontext allerdings übersehen oder zumindest unterschätzt. Im PE-Kontext wird sie – wenn überhaupt – nur indirekt, als Lern- und Transferunterstützung anderer PE-Verfahren, beachtet (Kanning, 2014), beispielsweise in Form von Anordnung oder Empfehlung der Teilnahme an bestimmten PE-Maßnahmen, durch Nachverfolgung der Anwendung des Gelernten oder durch Schaffung eines transferförderlichen Arbeitsumfeldes (vgl. Abschnitt 7.1.3 „Transferfaktoren formeller Personalentwicklungsmaßnahmen"; einen ausführlichen Überblick zur Transferförderungsmöglichkeit durch Führungskräfte bietet Kauffeld, 2016, S. 147ff.). Diese Aspekte sind für die Nachhaltigkeit der bereits beschriebenen PE-Verfahren zwar wichtig, allerdings kann Personalführung auch ein eigenständiges und sehr effektives PE-Verfahren darstellen. Meist wird ihr jedoch zu wenig Beachtung im Kontext der PE geschenkt. Das gilt es im Auge zu behalten. Denn Führung im Arbeitsalltag beeinflusst die Entwicklung der Mitarbeitenden maßgeblich und direkt. Die Ansätze von PE durch direkte Vorgesetzte hat Kanning (2014) folgendermaßen zusammengefasst:

- *Expertenrolle*
  PE durch Erläuterungen und Verhaltensbeispiele bei neuen Aufgaben oder Herausforderungen.

- *Delegation*
  PE durch Zuweisung anspruchsvollerer und variierender Aufgaben (Job Enrichment und Job Enlargement).
- *Partizipation*
  PE durch Beteiligung am Führungsalltag bzw. an einzelnen Führungsaufgaben (insbesondere für Führungsnachwuchskräfte).
- *Zielsetzung*
  PE durch Festlegen herausfordernder und präziser Arbeitsziele.
- *Alltagsfeedback, Leistungsbeurteilung und Mitarbeitergespräche*
  PE durch Rückmeldung über bisherige Arbeitsleistung und Entwicklungspotentiale (vgl. Kapitel 1 „Grundlagen individueller Leistungsfähigkeit").

Zu beachten ist, dass diese PE-Ansätze durch Personalführung einen sehr nachhaltigen Einfluss auf die Verhaltenssteuerung haben, aber oft unbewusst und daher nicht immer zielgerichtet ablaufen.

Die beschriebenen Verfahren formeller und informeller PE sind aufsteigend nach Nähe von Lern- und Arbeitsort geordnet. Trainings sind das Verfahren mit dem größten Abstand zum Arbeitsalltag. In Bezug auf die Nachhaltigkeit der einzelnen Verfahren gilt die Faustregel: Je näher der Lernort am Arbeitsort ist, desto geringer ist das Transferproblem. Somit ist bei Off-the-Job-Maßnahmen, wie Trainings, im Vergleich zu On-the-Job-Maßnahmen, wie individueller Förderung durch Führung, der Lerntransfer eine zentrale Herausforderung. Denn die Übertragung neu erlernter Kompetenzen oder Wissensaspekte ist bei Übereinstimmung von Lern- und Anwendungsort leichter bzw. gar nicht erst erforderlich (Kauffeld, 2016).

Merke

Je größer der Abstand eines PE-Verfahrens vom Arbeitsalltag, desto wichtiger ist die systematische Unterstützung des Lerntransfers zur Förderung nachhaltiger Maßnahmenwirksamkeit.

Da informelle PE vorwiegend in der alltäglichen Arbeitsumwelt stattfindet, ist hierbei die Nachhaltigkeit ein eher geringes Problem. Sie könnte allerdings dadurch beeinträchtigt sein, dass Mitarbeitende mangels Selbstmanagement vorhandene Lerngelegenheiten nicht selbstständig wahrnehmen oder die selbstgewählten Inhalte der Teilnehmenden inkompatibel mit den Tätigkeitsanforderungen bzw. Unternehmenszielen sind. Bei den formellen PE-Maßnahmen „off-the-job" ist das Transferproblem dagegen auch dann vorhanden, wenn die Inhalte auf den Entwicklungsbedarf der Teilnehmenden abgestimmt sind. Umso wichtiger ist es, bei ihrer Konzeption, Durchführung und Evaluation die bereits gefundenen Transferaspekte zu berücksichtigen. Die zentralen Befunde dazu fassen wir im folgenden Abschnitt zusammen.

7.1.3 Transferfaktoren formeller Personalentwicklungsmaßnahmen

Welche **Faktoren für einen erfolgreichen Transfer** formeller PE-Maßnahmen und ihrer häufigsten Form der Trainings relevant sind, haben Baldwin und Ford bereits 1988 in einem Modell zusammengefasst (siehe **Abb. 27**). Demnach hängt der Transfererfolg von PE-Maßnahmen von den drei Inputfaktoren Teilnehmendenmerkmale, Trainingsgestaltung und Arbeitsumgebung ab.

Alle drei Inputfaktoren wirken indirekt auf den Transfererfolg, das heißt vermittelt über den Trainingsoutput in Form von Lernerfolg und Wissensspeicherung. Darüber hinaus beeinflussen die beiden überdauernden Rahmenfaktoren Teilnehmendenmerkmale und Arbeitsumgebung zusätzlich direkt die Generalisierung und langfristige Aufrechterhaltung neu erlernter Kompetenzen im Arbeitsalltag. Zahlreiche Befunde bestätigen diese Zusammenhänge und spezifizieren die Transferfaktoren (Blume, Ford, Baldwin & Huang, 2010; Burke & Hutchins, 2008; Colquitt, LePine & Noe, 2000; Hochholdinger, Rowold & Schaper,

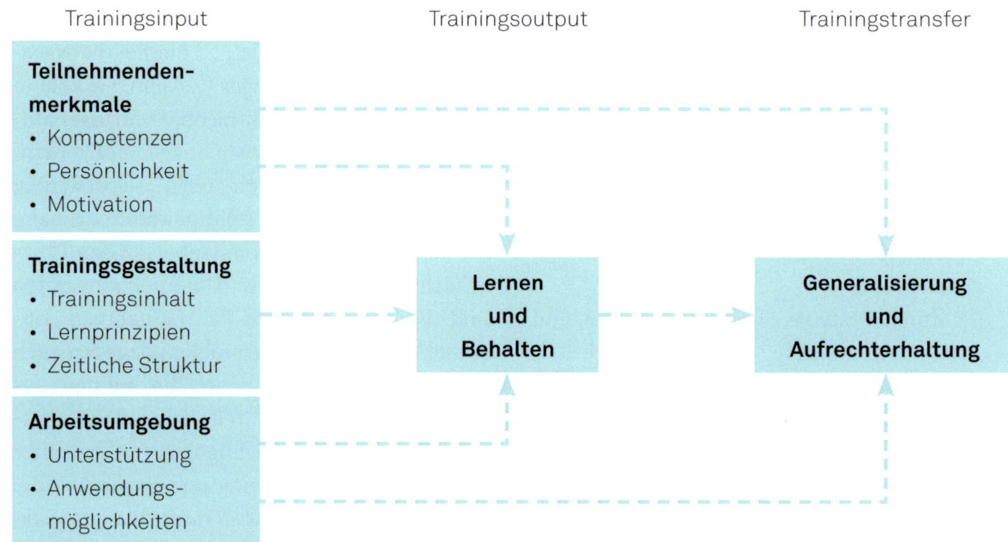

Abbildung 27: Transfermodell (in Anlehnung an Baldwin und Ford, 1988, S. 65)

2008; Salas et al., 2012; Tonhäuser & Bücker, 2016). Tonhäuser und Bücker (2016) haben die bisherigen Befunde der direkten Transferwirkungen in das Modell von Baldwin und Ford (1988) eingeordnet. In **Abbildung 28** sind die wissenschaftlich bestätigten Inputfaktoren daraus zusammengefasst. Einschränkend ist anzumerken, dass es kaum systematische Untersuchungen der Wechselwirkungen zwischen den identifizierten Transferfaktoren gibt. So ist bis heute über die genauen Transfermechanismen und über dahinterliegende Beziehungen der einzelnen Transferfaktoren sowie über ihre relativen Beiträge im Gesamtsystem wenig bekannt (Rosenstiel, Molt, Rüttinger & Wissner, 2005; Tonhäuser & Bücker, 2016).

Merke

Nachhaltige Wirksamkeit von Personalentwicklungsmaßnahmen hängt von drei übergeordneten Faktoren ab: Teilnehmendenmerkmale, Trainingsgestaltung und Arbeitsumgebung. Während ihre jeweilige Transferrelevanz als bestätigt gilt, sind ihre Wechselwirkungen und genauen Wirkmechanismen noch nicht klar erforscht.

Auch wenn es über die Transfermechanismen noch vieles zu erforschen gibt, kann und sollte die Praxis die bereits identifizierten Transferaspekte berücksichtigen. Wir erläutern nun die wichtigsten Erkenntnisse über die Inputfaktoren und deren Fördermöglichkeiten.

Transferförderliche Teilnehmendenmerkmale

In zahlreichen Untersuchungen wurden verschiedene **transferförderliche Teilnehmendenmerkmale** identifiziert (Arthur, Bennett, Edens & Bell, 2003; Blume et al., 2010; Christoph, Schoenfeld & Tansky, 1998; Colquitt et al., 2000; Martocchio & Judge, 1997; Mathieu, Martineau & Tannenbaum, 1993; Schmidt & Hunter, 1998; Warr & Bunce, 1995). Dazu zählen insbesondere *kognitive Leistungsfähigkeit, Gewissenhaftigkeit, Selbstwirksamkeit, Zielorientierung sowie Trainings- und Transfermotivation* – Merkmale, die auch generell für individuelle Leistungsfähigkeit förderlich sind (vgl. Kapitel 1 „Grundlagen individueller Leistungsfähigkeit"). Colquitt et al. (2000) untersuchten metaanalytisch die Wirkmechanismen der Trainingsmotivation und kommen studienübergreifend zu dem Er-

Teilnehmendenmerkmale	Arbeitsumgebung	Trainingsgestaltung
• **Kognitive Fähigkeiten:** Gedächtnisleistung, Abstraktionsvermögen und Analogieverständnis • **Persönlichkeitseigenschaften:** Gewissenhaftigkeit, Emotionale Stabilität und Offenheit für Neues • **Motivation:** Lern-, Trainings- und Transfermotivation • **Umsetzungswille:** Zielorientierung, Selbstwirksamkeits- und Kontrollüberzeugungen • **Erwarteter Trainingsnutzen:** Auswirkungen der Entwicklungsinhalte auf Arbeitsbewältigung und Karriere	• **Soziale Unterstützung:** Feedback sowie Umsetzungsunterstützung durch Vorgesetzte und Kollegenschaft • **Transferförderliche Arbeitsgestaltung:** Aufgabenvielfalt, Nutzungsmöglichkeiten neu gelernter Inhalte im Arbeitsalltag • **Transferförderliche Unternehmenskultur und Lernklima:** Humanistische Werte- und Leistungsorientierung, Lern-, Risiko- und Innovationskultur sowie Qualitätsorientierung, hohes Commitment (Selbstverpflichtung) zu einer nachhaltigen Lernkultur	• **Pretraining-Intervention:** Vorinformation zur Aktivierung von Vorwissen sowie Trainings- und Änderungsmotivation • **Transferförderung während des Trainings:** • Herausstellung der Praxisrelevanz, praxisnahe Beispiele und Übungen, Arbeiten mit Lernzielen, Fehlermanagement und Behavior Modeling • **Posttraining-Intervention:** Umsetzungsunterstützung durch Förderung der Selbststeuerung bzw. Rückfallprävention nach Trainingsphasen

Nachhaltiger Transfererfolg

Abbildung 28: Übersicht über empirisch bestätigte Faktoren, die den Transfererfolg direkt beeinflussen (in Anlehnung an Tonhäuser & Bücker, 2016, S. 148)

gebnis, dass diese – mediiert durch Kompetenzzuwachs und Selbstwirksamkeit nach PE-Maßnahmen – für erfolgreichen Transfer entscheidend ist. Darüber hinaus zeigen die dabei zusammengefassten Befunde, dass Trainingsmotivation positiv mit internaler Kontrollüberzeugung und negativ mit Ängstlichkeit und Alter der Teilnehmenden in Zusammenhang steht.

Diese transferrelevanten Merkmale von Teilnehmenden lassen sich in relativ stabile und in veränderbare Merkmale unterteilen. Zu den Ersteren gehören insbesondere kognitive Fähigkeiten, Alter und Gewissenhaftigkeit. Allerdings können es sich Unternehmen nicht leisten, nur die Mitarbeitenden durch PE-Maßnahmen zu unterstützen, die optimale Transfervoraussetzungen mitbringen. Aufgabe der PE ist es vielmehr, Maßnahmen so zu gestalten, dass sie zur vorgefundenen Ausprägung transferrelevanter Teilnehmendenmerkmale passen. Das kann beispielsweise durch Vermittlungsmethoden geschehen, die auf das individuelle kognitive Leistungsniveau der Teilnehmenden abgestimmt sind, oder durch stärker strukturierte und direktivere Vorgaben, die geringere Ausprägungen von Selbstdisziplin und Selbstmanagement bei weniger gewissenhaften Teilnehmenden kompensieren. Aber auch die veränderbaren Merkmale wie Vorwissen und motivationale Aspekte entscheiden über den Transfererfolg. So besteht eine zweite Aufgabe transferförderlicher PE darin, bereits im Vorfeld und auch während der PE-Maßnahmen beispielsweise Vorwissen durch Fragen zu aktivieren oder Trainings- und Transfermotivation durch Aufzeigen persönlicher Relevanz und Stärkung der Selbstwirksamkeit insbesondere bei Älteren und Ängstlicheren gezielt zu fördern.

Transferförderliche Arbeitsumgebung

Aus dem Modell von Baldwin und Ford (1988) geht bereits hervor, dass für nachhaltigen Transfer auch der Arbeitskontext mitentscheidend ist. Er bildet die Rahmenbedingungen für die Anwendung des Gerlernten im Arbeitsalltag durch Möglichkeit (inhaltlich und zeitlich) und Bestärkung. Auch diese Transfereinflüsse wurden mehrfach bestätigt und konkretisiert (Blume et al., 2010; Salas et al., 2012; Tonhäuser & Bücker, 2016). So ist die **Arbeitsumgebung** wichtig für das „Wollen" und die „situative Ermöglichung" (vgl. Kapitel 1 „Grundlagen individueller Leistungsfähigkeit") von Trainingstransfer bzw. Übertragung des Gelernten in den Arbeitsalltag (Rosenstiel et al., 2005). Konkrete Aspekte sind in die drei Bereiche soziale Unterstützung, transferförderliche Arbeitsgestaltung und transferförderliche Unternehmenskultur und Lernklima unterteilbar (siehe **Abb. 28** nach Tonhäuser & Bücker, 2016). Diese Transferfaktoren sind maßgeblich auf die Unterstützung vonseiten der Personalführung angewiesen: durch Bestärken kollegialer Unterstützung, Berücksichtigen von Transferkapazität bei der Aufgabenzuteilung sowie konsequentes Nutzen verfügbarer Anreizsysteme für Transfererfolg (Lob, Karriere- und Gehaltsentwicklung).

Dass diese Transferfaktoren der Arbeitsumgebung durch ein Training nicht beeinflussbar wären, ist allerdings ein Trugschluss, dem leider einige Weiterbildungsanbieter verfallen sind. Durch gezielte vor- und nachgelagerte Interventionen lassen sich transferförderliche Umfelder auch durch die Trainingsgestaltung unterstützen. Trainierende können bereits bei Beauftragung empfehlen, dass wichtige Multiplikatoren eines Unternehmens (z.B. Initiator/-innen bzw. Auftraggebende oder Personalvorstände etc.) in der Ankündigung des Trainings kommunizieren, welche Bedeutung ihm für den Unternehmenserfolg zukommt. Führungskräfte der Teilnehmenden können in die Konzeption, Vor- und Nachbereitung sowie in die Durchführung von Maßnahmen eingebunden werden. Auch lässt sich Feedbackkultur im Training aktiv fördern, und deren positive Konsequenzen können explizit aufgezeigt werden. Vor oder während der Trainings kann man zudem die Teilnehmenden auf diese Transferfaktoren und deren Förderung aufmerksam machen. Auch hier sind der Kreativität keine Grenzen gesetzt.

Transferförderliche Trainingsgestaltung

Der dritte Inputfaktor zur Transferförderung ist eine entwicklungsfördernde Trainingsgestaltung. Dieser Faktor liegt im Haupteinflussbereich von Weiterbildungsanbietenden. Die zentralen Phasen nachhaltiger Gestaltung von PE-Maßnahmen sind die *Bedarfsanalyse* für passende Zielsetzung, *fundierte Konzeption und Durchführung* durch kreatives Gestalten, *systematische Transfersicherung* und *Erfolgskontrolle.* Diese Phasen sind beispielsweise im sogenannten Funktionszyklus systematischer PE nach Becker (2011) oder dem Evaluationsmodell nach Solga (2011a) zusammengefasst. Die Modelle von Becker und Solga weisen einige Überschneidungen auf. Das Modell von Solga bezieht sich explizit auf Erkenntnisse der Transferforschung und versteht die Erfolgskontrolle bzw. Evaluation als umfassende und zentrale Basis der stetigen Prüfung und Optimierung transferförderlicher Trainingsgestaltung; im nachfolgenden Abschnitt wird dieses deshalb zusammenfassend erläutert (zur Optimierung der Transferfaktoren durch Evaluation siehe Seite 170). Welche konkreten Gestaltungelemente zur Transferförderung vor, während und nach dem Training durch Forschungsbefunde als entscheidend identifiziert wurden, stellen wir nun dar.

Transferförderung vor Trainings

Entscheidende Ausgangsbasis für nachhaltige Trainingseffekte ist die Passung zwischen Trainingszielen und dem vorhandenen Entwicklungsbedarf von Organisation, Tätigkeitsanforderungen und Teilnehmenden. Daher sind **Bedarfsanalysen**, bestehend aus Organisations-, Aufgaben- und Personanalyse, die entscheidende Ausgangsbasis für transferförderliche Trainings (Klug, 2011). Sie sollten thematisch, zeitlich, didaktisch und medial die Grundlage für das Trainingskonzept bilden. *Organisationsanalysen* ermöglichen, dass sich die Ziele und Themen von PE-Maßnahmen an der Strategie und Lernkultur des Unternehmens ausrichten. Dass dies in der PE-Praxis noch ausbaufähig ist, zeigt der immer häufiger geäußerte Bedarf an strategieorientierter Kompetenzentwicklung (Diesner & Seufert, 2010, 2013; Fandel-Meyer et al., 2015; Solga, 2011b). Zudem sollten PE-Maßnahmen gezielt die Anforderungen an die jeweilige Zielgruppe thematisieren, was durch vorherige *Aufgaben- oder Anforderungsanalysen* sicherzustellen ist (vgl. Kapitel 6 „Methoden und Verfahren der Personalauswahl"). Wird ein Training gezielt auf erforderliches Wissen, erforderliche Einstellungen sowie erforderliche Fähigkeiten und Fertigkeiten ausgerichtet, können Teilnehmende neue Inhalte in ihrem Aufgabenfeld sinnvoll anwenden, wodurch der Transfer erleichtert bzw. erst möglich wird. Den dritten Bestandteil der Bedarfsanalyse bildet die *Personanalyse*. Sie gewährleistet die Passung zwischen PE-Maßnahmen und Teilnehmendenmerkmalen, insbesondere bezüglich individuellen Entwicklungsbedürfnissen, -voraussetzungen und -motiven (Solga, 2011b; Sonntag, 2006).

Neben Bedarfsanalysen ist vorab die **Förderung des Lernklimas** für den Transfererfolg wichtig, beispielsweise durch Vorinformation der Teilnehmenden, um die Erwartungen zu klären, sowie Einbezug ihrer Vorgesetzten, um diesen die konkreten Trainingsinhalte und -ziele zu vermitteln (Salas et al., 2012). Schließlich ist vorab die **zeitliche Planung** des Trainings transferrelevant. Der Trainingszeitpunkt sollte gezielt auf Anwendungsmöglichkeiten der Lerninhalte im Arbeitsalltag abgestimmt sein (ggf. mit Auffrischungssitzungen). Es fördert den Transfer, wenn die Inhalte über mehrere Sitzungen verteilt vermittelt bzw. eingeübt werden. So können die Teilnehmenden zwischen den Einheiten das Gelernte in der Praxis anwenden und den Transfererfolg in darauffolgenden Sitzungen reflektieren. Entsprechend weisen Belege darauf hin, dass verteilte PE-Maßnahmen massierten Formen in ihrer Nachhaltigkeit überlegen sind (Kauffeld, Brennecke & Altmann, 2009; Kauffeld & Lehmann-Willenbrock, 2010; Schmidt & Bjork, 1992).

Transferförderung während Trainings

In der Durchführung sollten **fundierte didaktische und mediale Konzepte** gemäß bestätigter Lerntheorien multimodales Lernen unterstützen: Unter gezielter Verwendung verfügbarer Medien – zunehmend auch technologiegestützter Möglichkeiten – sollten relevante Inhalte präsentiert und demonstriert sowie neu Erlerntes wiederholt abgerufen werden. Wichtig sind dafür praxisnahe Lernmöglichkeiten zur Selbsterprobung und ausreichend Feedback zur Selbstreflexion und -erkenntnis (Kauffeld, 2010; Salas & Cannon-Bowers, 2001). „Dabei sollten – als eine einfache Formel – Kopf, Herz und Hand gleichermaßen angesprochen werden, also Wissen vermittelt, eigenes Erleben provoziert und neue Handlungskompetenz eintrainiert werden“ (Rosenstiel, 2011b, S. 961). Dazu eignen sich beispielsweise Trainingskonzepte wie Behavior Modeling (vgl. Abschnitt 7.1.2 „Häufig eingesetzte Verfahren“) oder Fehlermanagement, eine Trainingsform, bei der man Teilnehmende explizit dazu ermutigt, Fehler zu machen und daraus zu lernen (Keith & Frese, 2008).

Unabhängig von ihren jeweiligen Zielen und Themen sollte in Trainings zusätzlich zur Kompetenzentwicklung eine **Förderung transferrelevanter Teilnehmendenmerkmale** stattfinden (siehe den Passus „Transferförderliche Teilnehmendenmerkmale“ im vorliegenden Abschnitt, Seite 166). Dazu gehören insbesondere Selbstmanagementfähigkeiten sowie Selbstwirksamkeit, Lernzielorientierung und Transfermotivation.

Transferförderung nach Trainings

Auch nach Trainings können gezielte Maßnahmen die Transfersicherung unterstützen. Dazu gehört insbesondere, dass die Teilnehmenden im Anschluss an den Kompetenzaufbau **Transferhindernisse angeleitet betrachten** und realistische Bewältigungsmöglichkeiten besprechen. Darüber hinaus ist es förderlich, wenn Vorgesetzte Werkzeuge und Hinweise erhalten, um den Teilnehmenden **im Arbeitsalltag Transferanreize zu bieten** bzw. Transfer explizit zu unterstützen. Ein drittes Element der Transferförderung nach Trainings besteht darin, nach angemessenen Transferphasen einen **Erfahrungsaustausch über den Umsetzungserfolg** zu initiieren.

Da Trainings aufgrund ihrer relativ großen inhaltlichen und räumlichen Distanz zum Arbeitsalltag besondere Transferleistungen erfordern, ist es für ihre Nachhaltigkeit sehr wichtig, bei ihrer Gestaltung die transferförderlichen Aspekte zu beachten (siehe den Passus „Transferförderliche Trainingsgestaltung“ im vorliegenden Abschnitt, Seite 168).

Salas und Kollegen (2012) haben auf Basis jahrzehntelanger Transferforschung Checklisten für die hier zusammengefassten Gestaltungsaspekte vor, während und nach Trainings zusammengestellt, anhand derer sich Transferförderung spezifizieren lässt. Neben übergeordneten Strategien der Trainingsgestaltung geben sie Anleitung im Hinblick auf konkrete Maßnahmen und deren Effekte. Diese wissenschaftlich fundierten Checklisten können sowohl Trainierende als auch beauftragende Unternehmen zur Qualitätssicherung nutzen.

Um die Transferfaktoren gezielt zu optimieren, ist es unerlässlich, sie systematisch in Form von Evaluationen zu überprüfen. Was unter solchen Evaluationen zu verstehen ist und welche Verfahren dazugehören, fasst der folgende Abschnitt zusammen.

Optimierung der Transferfaktoren durch Evaluation

Den Schlüssel für nachhaltige PE-Maßnahmen stellt die Evaluation dar. Das umfasst die Überprüfung ihrer Rahmenbedingungen, ihrer Gestaltung und ihrer Wirksamkeit. Nur so lassen sich die oben aufgeführten Transferfaktoren der Teilnehmendenmerkmale, Arbeitsumgebung und Trainingsgestaltung gezielt erfassen und optimieren. Wie Wirksamkeit und Wirkweise systematisch durch formative und summative Evaluationen überprüft werden können, ist in der Prozessübersicht von Solga (2011a) in **Abbildung 29** beschrieben. Darin sind bewährte Evaluationsmodelle sinnvoll, umfassend und gleichzeitig praxistauglich integriert.

Die rechts abgebildete Prozesskette spiegelt die **Phasen der PE-Maßnahmen** wider: *Bedarfsanalyse, Konzeptentwicklung, Durchführung* und *Transfersicherung*. Daneben sind die dazugehörigen Aufgaben der Evaluation zwecks kontinuierlicher Erfolgskontrolle dargestellt. Erläuterungen zu diesen Bestandteilen systematischer PE-Gestaltung finden sich auch im sogenannten Funktionszyklus von Becker (2011), der im Personalmanagement etwas bekannter ist. Solga (2011a) stellt in seinem Modell jedoch das prozessbegleitende Vorgehen und die Bedeutung der Erfolgskontrolle klarer heraus, statt sie als Phase zwischen Durchfüh-

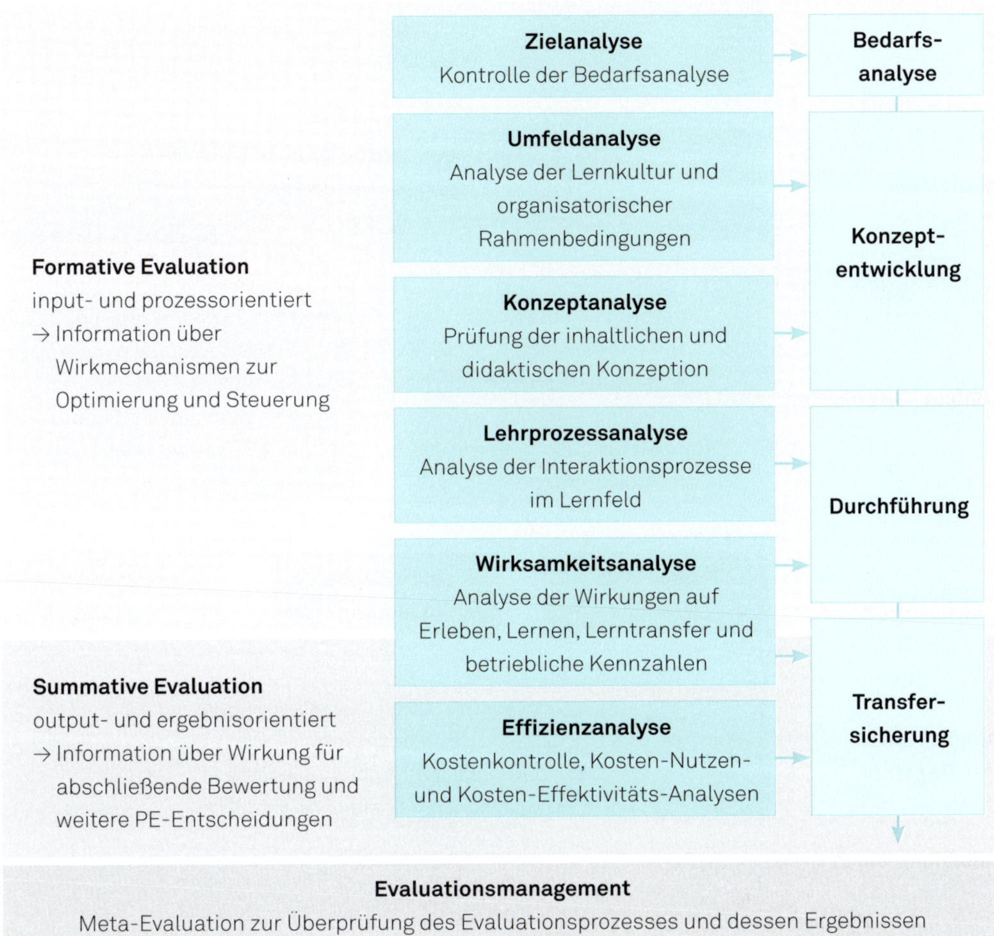

Abbildung 29: Prozess einer systematischen Trainingsevaluation (in Anlehnung an Solga, 2011a, S. 373)

rung und Transfersicherung einzureihen, was insbesondere für ein systematisches Transfermanagement von Bedeutung ist. Demnach lässt sich eine **Evaluation** in die Analyse der Zielbestimmung, der Rahmenbedingungen, der Trainingsentwicklung und -durchführung sowie der Wirksamkeit und Effizienz unterteilen. Auf der linken Seite ist beschrieben, welchem Ziel die einzelnen Aufgaben der Evaluation dienen: Zu einer vollständigen Evaluation gehört die formative Betrachtung zwecks Identifikation der Wirkmechanismen und Optimierungsmöglichkeiten in der Maßnahmengestaltung. Darüber hinaus sollte eine Evaluation prüfen, ob PE-Maßnahmen die gewünschte Wirkung erzielen. Durch eine Kombination kann man nicht nur überprüfen, ob eine Maßnahme nachhaltig wirksam ist, sondern auch, wie der jeweilige Wirkungsgrad zustande gekommen ist.

Ziel-, Umfeld-, Konzept- und Lehrprozessanalysen können die Wirkmechanismen von PE-Maßnahmen aufzeigen. Für diese Analysen lassen sich beispielsweise Fragebogenverfahren wie das deutsche Lerntransfer-System-Inventar nutzen (GLTSI; Kauffeld, Bates, Holton & Müller, 2008; siehe auch **Abb. 30**) oder Beobach-

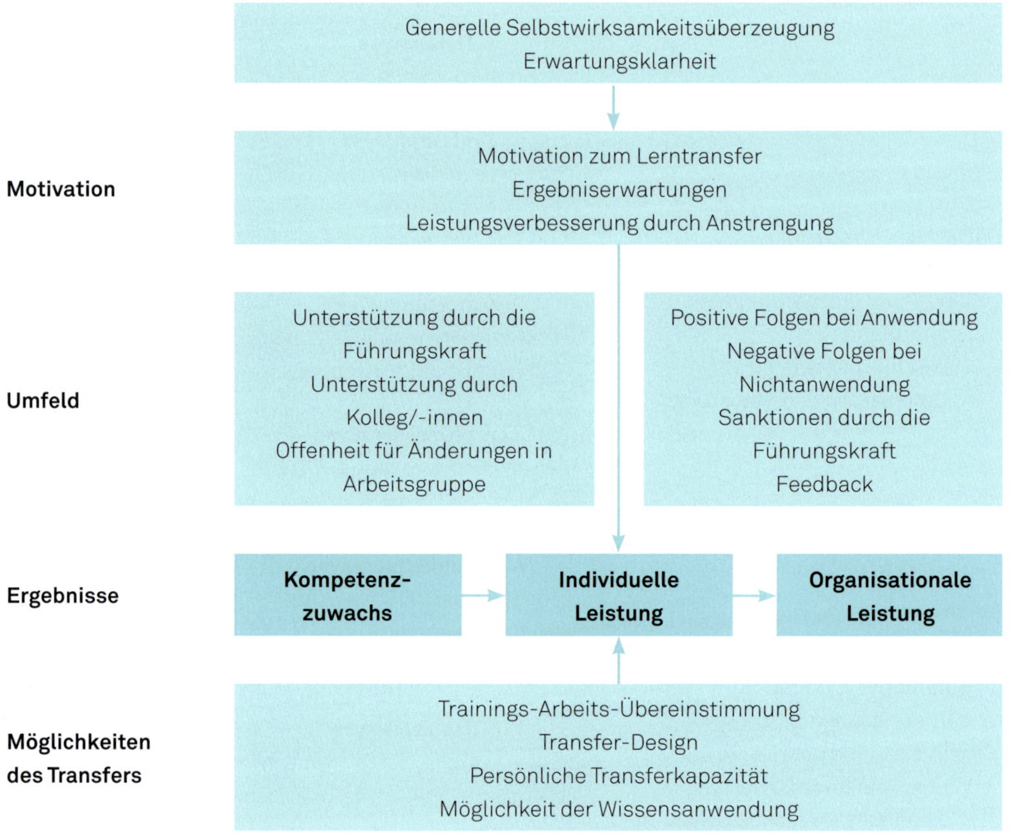

Abbildung 30: Modell des deutschen Lerntransfer-System-Inventars (in Anlehnung an Kauffeld et al., 2008, S. 52)

tungsverfahren der Interaktionsprozesse im Lernfeld bzw. ein inhaltlicher Abgleich von Bedarf, Konzept und Durchführung einsetzen. Das Modell des deutschen Lerntransfer-System-Inventars fasst bisher bestätigte Transfermechanismen zusammen (siehe Abb. 30) und kann daher auch ohne die Nutzung des Fragebogens ein hilfreiches Rahmenmodell für Evaluationen darstellen. Im Bereich transferförderlicher Teilnehmendenmerkmale sollte man demnach insbesondere motivationale Aspekte und ihre Vorläufer wie Selbstwirksamkeitsüberzeugung und Erwartungsklarheit berücksichtigen. Transferförderlichkeit des Arbeitsumfeldes wird zum einen basierend auf der generellen Lernkultur in der Arbeitsgruppe betrachtet (Unterstützung durch Führung und Kolleg/-innen sowie Offenheit für Änderungen), zum anderen anhand der Folgen von Transferleistung spezifischer Trainingsinhalte. Die transferförderliche Trainingsgestaltung wird in den Aspekt „Möglichkeiten“ zum Transfer eingeordnet, wobei dafür die Rahmenbedingungen im Arbeitsalltag zu berücksichtigen sind.

Zur Erfassung des Wirkungsgrades durch *Wirksamkeitsanalysen* kann man das Modell der Trainingsevaluation von Kirkpatrick (1967, 1998) heranziehen. Darin werden für umfassende und strukturierte Erfolgsmessungen vier Ebenen des Maßnahmenerfolgs unterschieden: (1) die Reaktionsebene, im Sinne einer subjektiven Bewertung des Trainings vonseiten der Teilnehmenden; (2) die Lernebene, die kognitive Wissens-, Einstellungs- und Ver-

Evaluationsebene	Beispiele zur Messung der Wirksamkeit
Reaktion	• Zufriedenheit der Teilnehmenden • Nützlichkeit aus Sicht der Teilnehmenden
Lernen	• (Wissens-)Tests • Lernerfolg aus Sicht der Teilnehmenden
Verhalten bzw. Transfer	• Transferquantität (Anzahl umgesetzter Schritte) • Transferqualität (durchschnittlicher Umsetzungsgrad) • Kompetenzabfrage mit dem Kompetenz-Reflexions-Inventar (Kauffeld, Grote & Henschel, 2007) durch Selbst- und bzw. oder Fremdeinschätzung • Beobachtungsinstrumente wie act4teams (Kauffeld, 2006)
Resultate	• Produktivitätskennzahlen (Umsatz, Gewinn, Kunden, Marktanteile etc.) • Anzahl und Umsetzung von betrieblichen Verbesserungsvorschlägen • Fluktuation • Absentismus

Abbildung 31: Vier Ebenen des Trainingserfolgs und mögliche Operationalisierungen (in Anlehnung an Kauffeld, 2016, S. 27)

haltensänderung während des Trainings betrachtet; (3) die Transfer- oder Verhaltensebene, das sind individuelle arbeitsplatzbezogene Veränderungen als Erfolgskriterium, und (4) die Resultatebene, auf der die Wirksamkeit anhand von organisationalen Erfolgskennzahlen überprüft wird. Die Reihenfolge der vier Ebenen folgt der Zunahme des Trainingsabstandes und der wirtschaftlichen Relevanz. Für die konkrete Anwendung des Modells schlägt Kauffeld (2016) die in **Abbildung 31** dargestellten Messgrößen bzw. Operationalisierungen vor.

In der Praxis wird die Trainingswirksamkeit vorwiegend anhand subjektiver Bewertungen erfasst (z.B. mittels sogenannter Happy-Sheets). Wesentlich seltener wird der Lernerfolg geprüft und nur vereinzelt werden Transfer oder organisationale Ergebnisgrößen erfasst (Kaiser & Curphy, 2013; Van Buren & Erskine, 2002). Weil konfundierende Effekte die Wirksamkeitsprüfung anhand organisationaler Ergebnisse erschweren und eindeutige Messgrößen kaum zulassen (z.B. Rosenstiel, Molt, Rüttinger & Wissner, 2005), ist unter Aufwand-Nutzen-Aspekten die geringe Zahl der Wirksamkeitsprüfungen auf der vierten Ebene zu rechtfertigen. Allerdings greifen Wirksamkeitsprüfungen auf den ersten beiden Ebenen für eine Aussage über die Trainingseffektivität zu kurz, denn das entscheidende Erfolgskriterium für Trainingsmaßnahmen ist der Transfer des Gelernten in den Arbeitsalltag (Hochholdinger & Schaper, 2007; Kauffeld, 2010; Rosenstiel et al., 2005; Schaper, 2011). Auch sollte man bei Wirksamkeitsanalysen berücksichtigen, dass für aussagekräftige Ergebnisse über den Lern- und Transfererfolg Vorher-Nachher-Messungen reinen Nachher-Messungen überlegen sind und dass sich der Transfererfolg erst nach einer ausreichenden Transferzeit erfassen lässt (weitere Hinweise, die bei Evaluationen zu berücksichtigen sind, hat Kauffeld, 2016, ab Seite 117 zusammengefasst).

In der Theorie ist im Rahmen von *Effizienzanalysen* auch eine Kosten-Nutzen-Berechnung von PE-Maßnahmen Bestandteil der Evaluation. Das macht es insbesondere bei regelmäßig durchgeführten Programmen möglich, wie bei anderen wirtschaftlichen Investitionen den „Return on Investment (ROI)" zu ermitteln. Empfehlungen für die Berechnung eines monetären Nutzens von PE-Maßnahmen geben beispielsweise Kauffeld (2016), Phillips und Schirmer (2008) oder auch Kellner (2006). Allerdings sind trotz elaborierter Formeln exakte Gewinn- oder Nutzenberechnungen von PE-Maßnahmen aus verschiedenen Gründen meist zu komplex. So ist z. B. die Rückführbarkeit von Veränderungen auf einzelne Maßnahmen oft nicht möglich, individuelle persönliche und situative Rahmenbedingungen der Anwendung hängen von den jeweiligen Lernzielen ab, die monetäre Bewertung von Verhaltensänderungen erweist sich als schwierig, und aufgrund der benötigten Transferphasen tritt die Wirkung zeitversetzt ein (Kauffeld, 2016). Dennoch konnten Studien durch Annäherungen an Rentabilitätsberechnungen Abschätzungen eines ROI liefern. Diese zeigen, dass sich transferförderlich gestaltete Trainingsmaßnahmen langfristig auszahlen (Cascio & Aguinis, 2005).

Weitere Empfehlungen zur Durchführung von Evaluationen bieten die Evaluationsstandards hinsichtlich Nützlichkeit, Durchführbarkeit, Fairness und Genauigkeit der Gesellschaft für Evaluation (DeGEval, 2008). Wie sich die Förderung relevanter Transferfaktoren und deren Evaluation in der heutigen Wirtschaftspraxis anwenden lassen, beschreiben wir im folgenden Abschnitt.

7.2 Praktische Anwendung

7.2.1 Personalentwicklung 4.0

Die Arbeitswelt 4.0 bringt nicht nur neue Möglichkeiten mit sich, sondern auch ein Mehr an **V**olatilität (Unbeständigkeit), **U**nsicherheit, **K**omplexität und **A**mbiguität. Wie sich in dieser „VUKA-Welt" Nachhaltigkeit von PE fördern lässt, wird Unternehmen in den kommenden Jahren beschäftigen (Kauffeld, 2016; Stich, Gudergan & Senderek, 2015). Die Wettbewerbsfähigkeit von Unternehmen hängt immer stärker von ihrer Agilität, Innovations- und Veränderungsfähigkeit ab. Um auf sich schnell verändernde Anforderungen erfolgreich reagieren zu können, müssen nicht nur neue Verhaltensweisen erlernt, sondern auch gewohnte Verhaltensmuster „verlernt" werden. Für die Personalentwicklung ergeben sich daraus weitreichende Konsequenzen. Durch die Beschleunigung der Wissensproduktion und ständig wechselnde Anforderungen wird insbesondere kontinuierliches selbstgesteuertes (Ver-)Lernen für die berufliche Handlungsfähigkeit immer wichtiger (Senderek et al., 2015). Selbstgesteuertes Lernen ist der individuelle Prozess kontinuierlicher Kompetenzentwicklung, den in wachsendem Maße die Mitarbeitenden selbst durch formelle und informelle Entwicklungsmaßnahmen vorantreiben (Schaper & Sonntag, 2007). Das setzt jedoch Motivation, Fähigkeit und Möglichkeit zur stetigen selbstorganisierten Wissens- und Kompetenzerweiterung voraus (vgl. Kapitel 1 „Grundlagen individueller Leistungsfähigkeit"). Für die PE resultieren daraus folgende Trends:

- **Informelle PE**, also die selbstorganisierte, meist arbeitsnahe Aneignung berufsbezogener Kompetenzen, insbesondere durch technologiegestütztes Lernen, wird zur Basisanforderung für sämtliche Berufe (Becker, 2015; Deuse, Weisner, Hengstebeck & Busch, 2015; Kärcher, 2015; Meiß, 2015; Senderek et al., 2015; Spath et al., 2013). Um die eigenverantwortliche Weiterentwicklung zu ermöglichen, müssen alle Organisationsebenen systematisch zusammenarbeiten.
- **Formelle PE**, insbesondere in Form von Präsenztraining und Coaching, ist essentiell für die nachhaltige Förderung von Basiskompetenzen, die für selbstorganisierte und individualisierte Wissens- und Kompetenzentwicklung nötig sind. „Unternehmen müssen

sich darauf einstellen, mehr in die Kompetenzentwicklung zu investieren, um neue Zielgruppen (nicht nur junge Talente) für Trainingsmaßnahmen zu bedienen" (Kauffeld, 2016, S. 155). Für die geforderte Agilität muss formelle PE zudem das Spannungsfeld zwischen kontinuierlicher und nachhaltiger Verhaltensänderung beherrschen und damit auch erforderliches „Verlernen" erfolgreich unterstützen. Dafür wird es immer wichtiger, dass ein psychologisch fundierter Methodenmix eingesetzt wird, der auf Lerntheorien (eine Zusammenfassung dazu gibt Kauffeld, 2016) und Erkenntnissen zur Verhaltensanalyse und -regulation basiert (wie beispielsweise „Behavior Modeling"; vgl. Abschnitt 7.1.2 „Häufig eingesetzte Verfahren").

Konsequenzen für Unternehmen

Unternehmen könnten aufgrund der wachsenden Bedeutung informeller PE den Schluss ziehen, dass die Entwicklung beruflicher Handlungskompetenz zukünftig Angelegenheit der einzelnen Mitarbeitenden ist (vgl. Kapitel 9 „Karriere und Karriereentwicklung"). Doch auch wenn informelle Formen der PE an Bedeutung gewinnen, kann sich die zentrale Instanz für PE nicht zurücklehnen und Mitarbeitende bei ihrer Kompetenzentwicklung sich selbst überlassen. Vielmehr ist sie verstärkt gefordert, den Wandel und das selbstgesteuerte Lernen der Mitarbeitenden zu unterstützen, indem sie die nötigen Rahmenbedingungen zur Verfügung stellt (Kauffeld, 2016). So nimmt der PE-Aufwand entsprechend den steigenden Anforderungen durch die Industrie 4.0 zu und nicht ab.

Das beginnt bereits bei einer zunehmenden **Verzahnung mit der Personalauswahl** (Schermuly, Schröder, Nachtwei, Kauffeld & Gläs, 2012). Schon bei Einstellungsentscheidungen sollten Motivation und Fähigkeit zur selbstorganisierten Wissens- und Kompetenzerweiterung berücksichtigt werden (vgl. Kapitel 6 „Methoden und Verfahren der Personalauswahl"). Für die vorhandene Belegschaft gilt es, formelle PE-Maßnahmen zur **Förderung benötigter Basiskompetenzen für selbstgesteuertes Lernen** anzubieten. Dazu gehören neben Selbst- und Sozialkompetenzen (z. B. Lernkompetenz bzw. interdisziplinärer Austausch) auch Methodenkompetenzen (z. B. Medienkompetenz für digitale Technologien bzw. cyberphysikalische Systeme; Böhler et al., 2013). Eine weitere zentrale Personalentwicklungsaufgabe ist die Implementierung bzw. Aufrechterhaltung einer **lernförderlichen Unternehmenskultur**. Das bedeutet, dass eine Organisation Lernen, Kompetenzentwicklung und stetige Veränderung nicht nur fordert, sondern auch lebt, also auch Investitionen und Personalkapazität für nachhaltige PE aufwendet, um ihrer Belegschaft passende und nachhaltige Entwicklungsmöglichkeiten (inklusive Bedarfsanalysen und Evaluationen) anzubieten.

Konsequenzen für Führungskräfte

Zusätzlich zu einer zentral organisierten PE nimmt die Bedeutung dezentraler Förderung durch Führungskräfte deutlich zu. PE ist damit nicht nur als Unternehmensaufgabe zu betrachten, sondern immer mehr auch als essentieller Bestandteil der Führungsaufgabe durch direkte Vorgesetzte (vgl. Kapitel 4 „Erfolgreiche Beziehungsgestaltung als Führungsaufgabe"). Um das ständige selbstgesteuerte Lernen ihrer Mitarbeitenden zu unterstützen, müssen sie bereits auf der Teamebene ansetzen und dort eine lebendige Lernkultur durch **Offenheit für Veränderung, Wissensaustausch sowie Feedback und konstruktiven Umgang mit Fehlern** fördern (Kauffeld, 2016). Aber auch die aktive Beziehungsgestaltung zu einzelnen Mitarbeitenden ist in diesem Zusammenhang wichtig. Empfohlenes Führungsverhalten im Sinne der transformationalen Führung schließt dementsprechend die **individuelle Förderung** als eine von vier übergeordneten Anforderungen erfolgreicher Führung ein (vgl. Kapitel 4 „Erfolgreiche Beziehungsgestaltung als Führungsaufgabe").

Konsequenzen für Mitarbeitende

Damit individuelle Weiterentwicklung zum Selbstläufer wird, brauchen Mitarbeitende **Motivation sowie Fähigkeit und Möglichkeit zur stetigen selbstorganisierten Wissens- und Kompetenzerweiterung**. Daran knüpft auch die Selbstverantwortung der Mitarbeitenden an, sich Möglichkeiten zur stetigen Weiterentwicklung zu schaffen bzw. den potentiellen Möglichkeitsraum auszuschöpfen. Es reicht nicht, zu warten, bis von Unternehmens- oder Führungsseite PE-Maßnahmen an einen herangetragen werden. Vielmehr sind Mitarbeitende gefordert, sich aktiv einzubringen. Im Sinne des **Job Crafting** sollten Mitarbeitende Arbeitsinhalte eigenständig mit- bzw. umgestalten, damit diese besser zu persönlichen Potentialen, Interessen und Entwicklungszielen passen (vgl. Kapitel 3 „Stress und Ressourcen im Arbeitskontext"). Das schließt auch mit ein, dass sich Mitarbeitende selbst **über Weiterbildungsangebote informieren**. Zudem gilt es, **an PE-Veranstaltungen engagiert teilzunehmen** und den **Transfer des Gelernten aktiv zu betreiben**, indem sich die Teilnehmenden beispielsweise Zeit für Vor- und Nachbereitung zur Übertragung des Gelernten in den Arbeitsalltag nehmen, sich aktiv mit eigenen Verbesserungspotentialen auseinandersetzen und Feedback nutzen.

Zusammenfassend zeigt sich für die Arbeitswelt 4.0, dass stetige und nachhaltige Weiterentwicklung von Mitarbeitenden für wirtschaftlichen Erfolg unabdingbar ist und sich dies nur erreichen lässt, wenn alle Organisationsmitglieder ihren Beitrag leisten. Auch wenn selbstinitiierte PE an Bedeutung gewinnt, spielen formelle PE-Maßnahmen nach wie vor dafür eine zentrale Rolle. Insbesondere Trainings und Coachings können Kompetenzen und Impulse für informelles Weiterlernen effizient vermitteln. Allerdings ist aufgrund des Abstandes vom Arbeitsalltag die Transferförderung dieser Off-the-job-Maßnahmen essentiell. Im Folgenden wird auf fundierte Möglichkeiten zur Nachhaltigkeitsförderung dieser beiden am häufigsten eingesetzten Verfahren formeller PE eingegangen.

7.2.2 Systematisches Transfermanagement für nachhaltige Trainings

Beim Wirkungsgrad von Trainings besteht, wie einleitend aufgezeigt, Optimierungspotential: Nur schätzungsweise 10 bis 15 Prozent des Gelernten werden bei herkömmlichen Trainings in die Berufspraxis transferiert (Kauffeld, Lorenzo & Weisweiler, 2012). Gleichzeitig wird der Trainingstransfer in der Praxis kaum systematisch überprüft, obwohl dieser das entscheidende Erfolgskriterium ist (Grossman & Salas, 2011).

Anhand eines Praxisbeispiels stellen wir dar, wie sich bisherige Forschungsbefunde zur Transferförderung in der **Maßnahmengestaltung** und **Wirksamkeitsüberprüfung** von Trainings fundiert und praktikabel anwenden lassen. Dabei wird eine transferförderliche Trainingsgestaltung vor, während und nach Trainings mit systematischen Prozess- und Ergebnisevaluationen kombiniert. Vorgestellt wird das Konzept einer Führungskräftetrainingsreihe, die ein mittelständisches Unternehmen zur Förderung der Führungskommunikation durchgeführt hat. Wirksamkeitsüberprüfungen bestätigen deren nachhaltige Wirksamkeit basierend auf Selbsteinschätzungen der Teilnehmenden und Einschätzungen derer Mitarbeitenden.

Wie in **Abbildung 32** dargestellt, basierte die Trainingsreihe zur Förderung der Mitarbeitergesprächsführung auf bereits durchgeführten Trainings zum Thema „Wertschätzende Kommunikation". Die Gesamtkonzeption der Trainingsreihe orientierte sich an einer effizienten Transferförderung, basierend auf den einleitend beschriebenen Befunden der letzten Jahrzehnte zur transferförderlichen Trainingsgestaltung (vgl. Abschnitt 7.1.3 „Transferfaktoren formeller Personalentwicklungsmaßnahmen"; Salas et al., 2012; Tonhäuser & Bücker, 2016). **Abbildung 33** zeigt die einzelnen Gestaltungsaspekte im Überblick.

Abbildung 32: Praxisbeispiel für die Umsetzung einer Trainingsreihe mit systematischem Transfermanagement

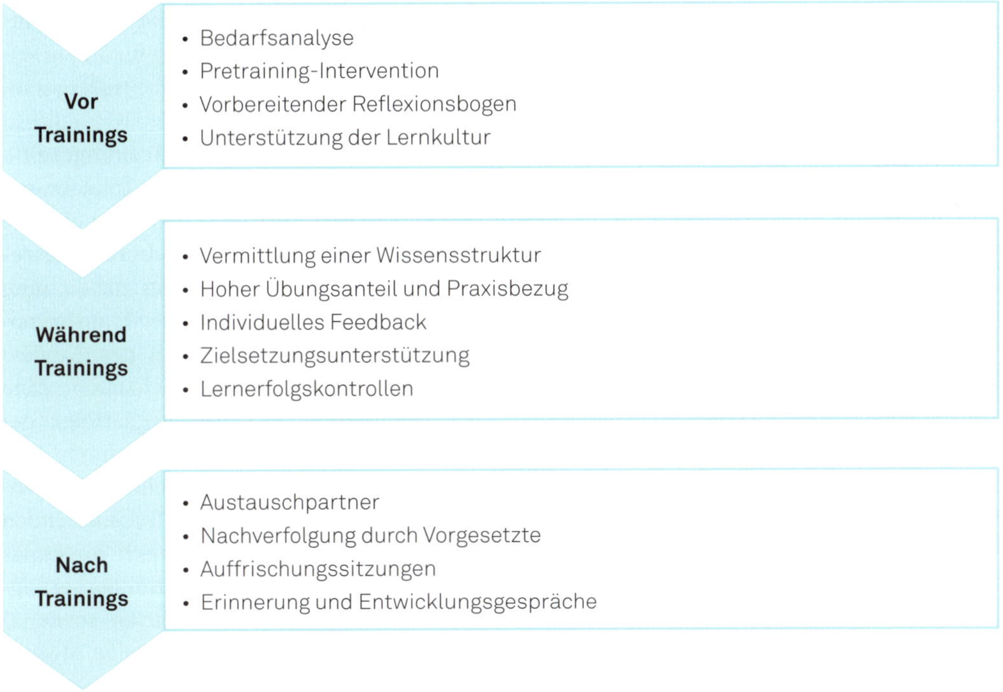

Abbildung 33: Transferförderliche Gestaltungsaspekte vor, während und nach Trainings

Transferförderung vor der Trainingsreihe

Die Führungskräftetrainingsreihe basierte auf einer **Bedarfsanalyse**, die nicht nur die Strategie und Kultur des Unternehmens berücksichtigte, sondern auch dessen Kompetenzanforderungen an ihre Führungskräfte sowie deren individuelle Voraussetzungen und motivationale Aspekte. Neben der Bedarfsanalyse fand bereits vor Beginn der Trainingsreihe eine **Pretraining-Intervention** statt, die in Form einer Vorbereitungs-Mail an die Teilnehmenden kommuniziert wurde. Diese vermittelte die Relevanz des Trainings und informierte über die Trainingsziele und -methoden. Darüber hinaus erhielten die Teilnehmenden vorbereitende **Reflexionsbögen**, um zur individuellen Erwartungsklärung anzuregen sowie Vorwissen und individuelle Transferfaktoren zu aktivieren (siehe Transferfaktoren der Teilnehmenden in Abschnitt 7.1.3 „Transferfaktoren formeller Personalentwicklungsmaßnahmen"); diese Fragebögen dienten später zur übergeordneten Ergebnisevaluation im Prä-Post-Vergleich. Ebenfalls vor der Trainingsreihe begann man damit, aufbauend auf der Bedarfsanalyse die generelle **Lernkultur** im Unternehmen durch Fürsprecher, sogenannte Promotoren, für die PE-Maßnahmen und deren transferförderliche Ausrichtung weiterzuentwickeln. Hierfür wurden Vertretende aus Betriebsrat und Geschäftsführung sowie Personalverantwortliche herangezogen, die sich trotz Zusatzaufwand für die Trainingsreihe und deren Transferförderung aussprachen.

Transferförderung während der Trainingsreihe

Um das übergeordnete Trainingsziel möglichst nachhaltig zu erreichen, war die Trainingsreihe intervallbasiert aufgebaut und bestand aus drei aufeinander aufbauenden Bausteinen, zwischen denen ausreichend Zeit explizit für den Praxistransfer zur Verfügung stand. Die Bausteine starteten jeweils mit einem Rückblick auf die vorausgegangene Trainingseinheit und einer Reflexion, die aufgriff, inwiefern die am Ende jedes Trainings gesetzten Entwicklungsziele erfolgreich im Arbeitsalltag umsetzbar waren.

Im Training ging man unter anderem nach dem Behavior-Modeling-Ansatz vor (vgl. Abschnitt 7.1.2 „Häufig eingesetzte Verfahren"). So gab es für jeden übergeordneten Trainingsinhalt zunächst eine theoretische **Einführung als Überblick**, wobei potentielle Erfolgsstrategien für die Praxis vorgestellt wurden. Daran anknüpfend wurden die Übertragung auf den jeweiligen Arbeitsalltag der Teilnehmenden und Umsetzungsmöglichkeiten besprochen und sodann die **Anwendung** mit Rollenspielen in Kleingruppen praktisch geübt. Begleitend erhielten die Teilnehmenden **individuelles Feedback** durch die Trainierenden, andere Teilnehmende sowie medial unterstütztes Videofeedback, wodurch sich mögliche Entwicklungsfelder aufzeigen ließen. Durch regelmäßige **Lernerfolgskontrollen** in Form von Quizrunden, Zusammenfassungsaufgaben und Reflexionsfragen konnten die Teilnehmenden selbst ihren Entwicklungsfortschritt prüfen. Im Anschluss an die Trainings fand in Form von Posttraining-Interventionen eine **Unterstützung individueller Zielsetzung** für die Umsetzung der Trainingsinhalte im Arbeitsalltag statt.

Transferförderung nach der Trainingsreihe

Nach den Trainings erhielten die Teilnehmenden Fragebögen über Inhalte und persönliche Transferbedingungen zur **Nachbereitungsreflexion.** Erfragt wurden darin neben dem Kompetenzzuwachs Aspekte der Transfermotivation, Transferförderlichkeit des Arbeitsumfeldes und Transfermöglichkeiten. Eine **Nachverfolgung** des Umsetzungserfolges geschah auf mehreren Wegen: (1) durch Austauschpartner und -partnerinnen, die während des Trainings von den Teilnehmenden selbst festgelegt wurden; (2) durch Vorgesetzte, die die Umsetzung im Arbeitsalltag verfolgten und Transfergespräche führten, sowie (3) durch die Trainierenden, die einige Monate nach der Trainingsphase nach dem persönlichen Zielerreichungsgrad und der übergeordneten Ergebnisevaluation fragten und auf diese Weise die Trainingsinhalte ins Gedächtnis riefen. Da Kommunikation und der Austausch mit Mitarbeitenden zentrale Arbeitsinhalte von Führungskräften darstellen und das jährliche Mitarbeitergespräch im Unternehmen verpflichtend eingeführt ist, wurde hier der Aspekt der Möglichkeit zur Anwendung der Trainingsinhalte nicht zusätzlich gefördert. Einige Monate später wurde durch **Auffrischungssitzungen**, sogenannte Booster-Sessions, der individuelle Fortschritt der Zielumsetzung reflektiert. Schließlich boten die Trainer und Trainerinnen circa ein Jahr nach der Trainingsreihe **individuelle Entwicklungsgespräche** an, in denen die Teilnehmenden mit ihnen gemeinsam den Transfererfolg sowie dessen weitere Optimierung betrachteten.

Durch solch ein systematisches Transfermanagement vor, während und nach dem Training, das mit gezielten Maßnahmen die Nachhaltigkeit von Trainings unterstützt, lässt sich mit verhältnismäßig geringem Mehraufwand der Trainingsnutzen nachweislich steigern. So können Investitionen in formelle PE einen deutlich höheren ROI generieren.

7.2.3 Nachhaltige Coachings durch den Bamberger Coachingansatz

Von den häufig eingesetzten PE-Verfahren steht Coaching aufgrund des ebenfalls relativ großen Abstandes zum Arbeitsalltag bezüglich Transferförderung an zweiter Stelle (vgl. Abschnitt 7.1.2 „Häufig eingesetzte Verfahren"). So kann und sollte man auch bei Coaching den Wirkungsgrad durch systematische Transferförderung erhöhen. Ansätze dazu stellen wir nachfolgend vor.

Prozessmodell für nachhaltige Coachings

Um die Wirksamkeit und Nachhaltigkeit von Coachings sicherzustellen, ist ein theoretisch fundiertes Vorgehen zur Veränderung von Erleben und Verhalten erforderlich. Das Persönlichkeitscoaching von Riedelbauch und Laux (2011) beschreibt mit diesem Ziel einen Coachingansatz, der persönlichkeitspsychologische Theorien für die praktische Coachingarbeit explizit als Bezugsrahmen nutzt. Dieser Ansatz wurde 2012 vom Deutschen Bundesverband Coaching e.V. prämiert. Im Kern geht es um die Gestaltung einer beruflichen Persönlichkeit bzw. Identität, indem Selbstwahrnehmungen und Fremdwahrnehmungen sowie Idealbilder der Coachingteilnehmenden zueinander in Beziehung gesetzt werden. Das unterstützt die Teilnehmenden darin, ihre berufliche Identität für sich und ihr Umfeld zu klären und stimmig zu gestalten, um ihre persönlichen Ziele im Berufskontext zu realisieren. Das darauf ausgerichtete Prozessmodell beschreibt einen systematischen Klärungs- und Veränderungsprozess in acht Schritten:

1. Schritt: Was ist mein Entwicklungsziel?
2. Schritt: Wie sehe ich mich selbst?
3. Schritt: Wie möchte ich mich sehen?
4. Schritt: Wie sehen mich andere? Was erwarten andere von mir?
5. Schritt: Wie hängen Innen- und Außensicht zusammen?
6. Schritt: In welchen Rahmenbedingungen arbeite ich? Welche Bedingungen sind für meine Coachingthemen relevant?
7. Schritt: Welche Kompetenzen kann ich aufbauen? Welche Kompetenzen sind mir für die Zielerreichung wichtig?
8. Schritt: Welche berufliche Identität möchte ich langfristig etablieren?

Wirkmodell für nachhaltige Coachings

Wirksamkeit von Coachings kann man als das Erreichen einer Übereinstimmung von Entwicklungszielen der jeweiligen Coachingteilnehmenden mit der wahrgenommenen Realität verstehen. Während das Prozessmodell beschreibt, *was* Inhalt eines fundierten Coachings sein kann, beschreibt das Wirkmodell, *wie* man vorgehen sollte, um die erzielte Wirkung möglichst nachhaltig zu erlangen. Es fasst vorhandene Befunde über die dafür nötigen Wirkmechanismen von Coachings zusammen, die in **Abbildung 34** dargestellt sind.

Das Wirkmodell beschreibt die entscheidenden Mechanismen, mit denen man durch Coaching von einem Ziel zur Zielerreichung gelangt. Grundvoraussetzung erfolgreicher Veränderungsarbeit ist eine **vertrauensvolle Beziehung** zwischen Coachenden und Coachingteilnehmenden, gekennzeichnet von einer zielgerichteten und offenen Arbeitsbeziehung mit spezifischer Rollenverteilung auf Augenhöhe. Ausgangspunkt für wirksames Coaching ist eine ausführliche **Zielklärung** sowie die konkrete Formulierung der Coachingziele in Form von angestrebten Veränderungen. Sind die Ziele definiert, leisten Coachende als professionelle Berater und Beraterinnen Hilfe zur Selbsthilfe, indem sie die Coachingteilnehmenden als Expert/-innen für ihre spezifischen Anliegen beim Erreichen ihrer Ziele unterstützen. Um von der Zielfestlegung zur erfolgreichen **Umsetzungsunterstützung** zu gelangen, ist eine systematische Reflexionsarbeit das zentrale Instrument. Durch *Anleitung zu systematischer Selbstreflexion* wird die bewusste und kontrollierte Beschäftigung mit dem aktuellen Selbst- und Idealbild unterstützt. Verschiedene *Feedbackinstrumente und -quellen* ermöglichen zudem, die Innensicht der Coachingteilnehmenden mit der Außenperspektive zentraler Interaktionspartner und -partnerinnen abzugleichen. Das dritte Reflexionselement für nachhaltige Entwicklungsarbeit ist die *zielorientierte Problemreflexion* situativer Rahmenbedingungen und zielhinderlicher Interaktionsmuster. So lassen sich Umsetzungshindernisse für die erwünschten Veränderungen bewusstmachen und Lösungsmöglichkeiten erarbeiten. Damit die Reflexionsarbeit die Zielerreichung möglichst effektiv unterstützt, sind zwei weitere Wirkmechanismen entscheidend: Zum einen sollten Coachingprozesse durch ganzheitliche **Erlebnisaktivierung** eine lösungsorientierte „Erlebbarmachung“ der Coachingthemen auf kognitiver, emotionaler und sensomotorischer Ebene ermöglichen. Zum anderen sollten durch die sogenannte **Ressourcenaktivierung und -erweiterung** individuelle Stärken und zielförderliche Eigenschaften der Coachingteilnehmenden bewusstgemacht und durch geeignete Coachingmethoden erweitert werden.

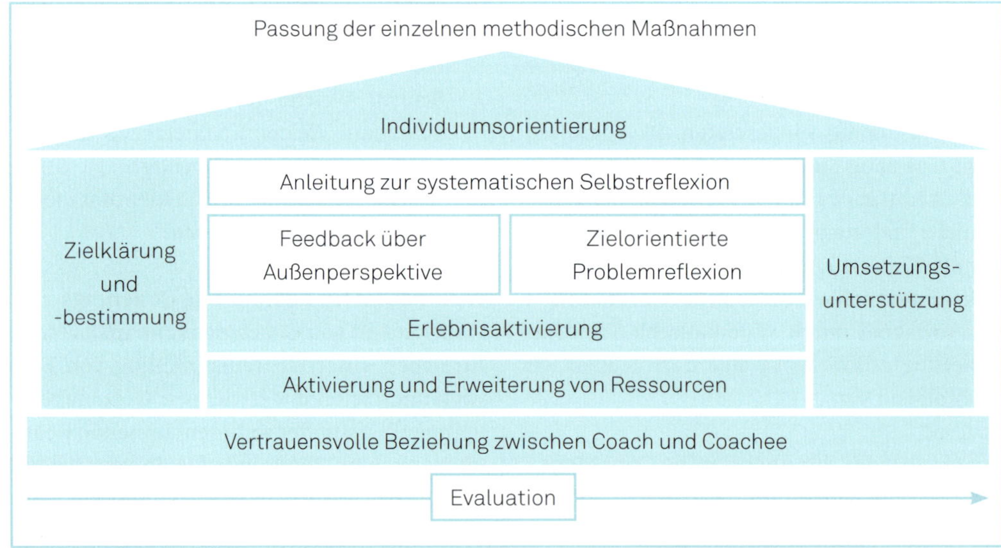

Abbildung 34: Wirkmodell nach dem Bamberger Coachingansatz (Seeg & Schütz, 2016)

Durch diese Mechanismen werden sowohl Motivation als auch Fähigkeiten und deren Wahrnehmung auf die erzielte Umsetzung ausgerichtet. Entscheidend ist dabei die **Individuumsorientierung**, also eine auf die jeweiligen Coachingteilnehmenden und ihre Situation zugeschnittene Prozessgestaltung. Wichtig ist die **Passung der Coachingmethoden** zueinander sowie zum jeweiligen Coachingkontext (Anlass, konzeptioneller Rahmen, Prozessphasen etc.).

Um eine nachhaltige Wirksamkeit von Coachings zu fördern und zu erfassen, sollte man schließlich (wie bei Trainings auch) durch eine **prozessbegleitende Evaluation** die Umsetzung der beschriebenen Wirkfaktoren und die Coachingergebnisse kontinuierlich überprüfen und wenn nötig optimieren.

7.3 Handlungsimplikationen

Aus der wissenschaftlichen Basis und deren Übertragung auf die praktische Anwendung lassen sich zusammenfassend folgende Empfehlungen für zukünftige Personalentwicklung geben:

Die Bedeutung nachhaltiger Personalentwicklung für den Unternehmenserfolg erkennen

Die Wettbewerbsfähigkeit von Unternehmen hängt in wachsendem Maße von ihrer Agilität, Innovations- und Veränderungsfähigkeit ab. Für diese Anforderungen reicht die berufliche Ausbildung nicht aus. Kontinuierliche und vor allem nachhaltige Weiterentwicklung beruflicher Handlungskompetenz ist daher ein essentieller Wettbewerbsfaktor, dessen Bedeutung steigt. Dies sollte sich auch in der Unternehmenskultur durch Lern- und Transferorientierung sowie in der Führungskultur durch individuelle Mitarbeitendenförderung verankern.

Die Nachhaltigkeit formeller Personalentwicklung durch systematische Förderung der Transferfaktoren und Evaluation sichern

Für nachhaltige PE ist ein systematisches Transfermanagement vor, während und nach PE-Maßnahmen entscheidend, das Teilnehmende, Arbeitsumgebung und Maßnahmengestaltung einschließt. Die wesentlichen wissenschaftlich bestätigten Transferfaktoren formeller PE-Maßnahmen sind nachfolgend zusammengefasst:

Vor PE-Maßnahmen

- Systematische Bedarfsanalyse als Konzeptbasis (inhaltlich, zeitlich, didaktisch und medial)
- Förderung des Lernklimas in der Arbeitsumgebung
- Vorbefragung für Evaluation
  - Definition der Evaluationsziele, basierend auf PE-Zielen und relevanten Erfolgskriterien
  - Systematische Überprüfung der Ausgangswerte relevanter Erfolgskriterien auf mehreren Ebenen (Wissen, Erkenntnisgewinn, Anwendung der Kompetenzen etc.)
  - Ermittlung der Transferförderlichkeit relevanter Transferfaktoren

Während PE-Maßnahmen

- Förderung transferförderlicher Teilnehmendeneinstellungen
- Psychologisch fundiertes didaktisches Konzept, basierend auf Lerntheorien, mit Praxisnähe und Förderung von Selbstmanagement durch bewusste Verhaltenssteuerung und -reflexion
- Nutzung technologischer Möglichkeiten, insbesondere auch durch unterstützenden Einsatz von E-Learning
- Prozessbegleitende Evaluation
  - Lernerfolgskontrollen
  - Überprüfung und Optimierung relevanter Transferfaktoren in der Maßnahmengestaltung

Nach PE-Maßnahmen

- Transfersicherung durch Förderung von Umsetzungsabsichten, Bewältigungsmöglichkeiten bei Transferhindernissen, Transferanreize und Nachverfolgen des Umsetzungserfolgs
- Nachbefragung für Evaluation
  - Systematische Überprüfung der Veränderungswerte relevanter Erfolgskriterien auf mehreren Ebenen (wahrgenommener Nutzen, Wissen, Erkenntnisgewinn, Anwendung der Kompetenzen etc.)
  - Abgleich mit Bedarfsanalyse

Die nachhaltige Personalentwicklung als kollektive Aufgabe verstehen

Nachhaltige PE lässt sich nur durch gemeinsam getragene Verantwortung und aktives Beteiligen aller Organisationsmitglieder erreichen: Unternehmensleitung, Führungskräfte, Mitarbeitende. Diese müssen mit Weiterbildungsanbietenden bzw. Trainern und Trainerinnen Hand in Hand zusammenarbeiten und PE nicht als Selbstzweck betrachten, sondern aktiv ihren Beitrag zur nachhaltigen Gestaltung und Nutzung leisten.

7.4 Zusammenfassung

Die zentrale Herausforderung der PE besteht in der Lösung des Transferproblems, um den potentiellen Wirkungsgrad der Investitionen in PE-Maßnahmen auszuschöpfen. Gerade für die unbeständige Arbeitswelt 4.0 ist die ständige Weiterentwicklung beruflicher Handlungskompetenzen wichtiger denn je. Dafür sind zunehmend selbstinitiierte informelle und formelle PE-Maßnahmen erforderlich, die nachhaltige Effekte im Arbeitsalltag bewirken. Insbesondere bei formellen PE-Maßnahmen mit großer Distanz zwischen Lern- und Anwendungsort ist eine transferförderliche Gestaltung entscheidend.

Welche Gestaltungsaspekte dabei relevant sind, zeigt die psychologische Forschung. Die wichtigsten Befunde sind im vorliegenden Kapitel zusammengefasst. Da im Rahmen formeller PE auch zukünftig Training und Coaching am bedeutsamsten sein werden, sind für diese Verfahren konkrete Umsetzungsbeispiele enthalten. Sie zeigen, dass Transferförderung nicht nur unmittelbar bei der Gestaltung einzelner PE-Maßnahmen ansetzen sollte, sondern auch transferrelevante Eigenschaften und Verhaltensweisen der Teilnehmenden sowie die Rahmenbedingungen in der Arbeitsumgebung beachten muss. Für erfolgreiches Transfermanagement müssen Weiterbildungsanbietende und alle Organisationsebenen – von der Unternehmensführung über die Führungskräfte bis hin zu den einzelnen Mitarbeitenden – systematisch zusammenarbeiten. Neben einer transferförderlichen Durchführung von PE-Maßnahmen ist es wichtig, bereits im Vorfeld mit der Transferförderung zu beginnen (beispielsweise durch Bedarfsanalysen zur Identifikation anforderungsorientierter Trainingsinhalte oder durch Vorbereitung der Teilnehmenden mittels Pretraining-Interventionen zur Förderung der Trainingsmotivation). Wichtig ist ferner, auch im Nachgang durch Posttraining-Interventionen Transfermotivation, Selbstwirksamkeit und Selbstmanagement-Strategien zur Steigerung des Trainingstransfers zu unterstützen. Um nachhaltige PE langfristig zu implementieren und dabei gezielt in die richtigen Transferfaktoren zu investieren, sind Evaluationen erforderlich, die aufzeigen, ob und wodurch nachhaltige Effekte besonders unterstützt werden. So lässt sich der Wirkungsgrad von PE-Maßnahmen mit verhältnismäßig geringem Aufwand nachweislich steigern.

7.5 Reflexionsfragen

- Welche Bedeutung hat PE für Ihr Unternehmen und für Ihre persönliche Kompetenzentwicklung?
- Welche PE-Verfahren (Training, Mentoring, E-Learning etc.) nutzen Sie für Ihre Weiterbildung?
  - Welchen Anteil haben dabei formelle und informelle PE-Maßnahmen?
  - Was erleichtert für Sie die Übertragung von Gelerntem in den Arbeitsalltag, was erschwert sie?
- (Wie) wird Transferförderung bei PE-Maßnahmen in Ihrem Unternehmen umgesetzt?
  - Welche der beschriebenen Maßnahmen zur fundierten Transferförderung haben sich aus Ihrer Sicht bewährt?
  - Welche Maßnahmen zur Transferförderung würden Sie zukünftig gerne ergreifen?
- (Wie) werden PE-Maßnahmen in Ihrem Unternehmen evaluiert?
- (Wie) unterstützen Sie Mitarbeitende und andere Organisationsmitglieder beim nachhaltigen Umsetzen von Entwicklungszielen?

8 Talent Management

Was Sie hier erfahren

In diesem Kapitel gehen wir den Fragen nach, was Talente sind, ob Talent gegeben oder entwickelbar ist und ob alle Mitarbeitende Talente „haben" oder „sind". Wir werden beispielsweise sehen, dass Menschen anlagebedingte Eigenschaften besitzen, die durch einen Entwicklungsprozess zum Talent ausgebildet werden können. Da sich Menschen in diesen Anlagen unterscheiden, ist Talent nicht beliebig entwickelbar. Jedoch kann ein betriebliches Talent Management die Talententwicklung in gewissem Grade beeinflussen.

Kritisch betrachten wir verschiedene Strategieansätze des betrieblichen Talent Managements und geben, aufbauend darauf, Empfehlungen für ein effektives Management von Talenten. Darüber hinaus erfahren Sie, wie Sie – angesichts eines begrenzten Budgets für das Talent Management – sinnvoll über den effizienten Gebrauch der monetären Ressourcen entscheiden können und welche Kriterien hierbei zu berücksichtigen sind. Sie erhalten einen Überblick über Möglichkeiten, Talententwicklungsmaßnahmen durchzuführen, und über Faktoren, die es beim Fördern von Lernprozessen zu beachten gilt. Schließlich lernen Sie den Ansatz der individuellen Förderung kennen und erfahren, was bei solchen Vereinbarungen mit Beschäftigten zu beachten ist, um Demotivierungseffekte zu vermeiden.

8.1 Wissenschaftliche Basis

Die gezielte Förderung von Talenten im Unternehmen kann zahlreiche positive Folgen haben. Wissenschaftliche Erkenntnisse helfen, Talent Management strategisch und erfolgsfördernd einzusetzen.

8.1.1 Was sind Talente?

Eine europaweite Human-Resource-Studie der Boston Consulting Group im Jahr 2001 zeigt, dass dem Management von Talenten seitens der mehr als 2000 befragten Führungskräfte ein hoher Stellenwert zuerkannt wird, dass aber die Umsetzung von Talent Management in der Praxis gleichzeitig auch viele Fragen aufwirft. Einer der ungeklärten Aspekte im Talent Management betrifft die Frage, ob man die Mitarbeitenden in Talente und „weitere" Mitarbeitende einteilen sollte und, wenn ja, wie (BCG, 2011).

Das Verständnis von Talent stellt folglich eine wichtige Grundvoraussetzung für dessen Management dar (Tansley, 2011). Die Begriffsdefinitionen lassen sich dahingehend unterscheiden, ob sie sich auf spezielle Personen („Talent *sein*") oder auf individuelle Fertigkeiten („Talent *haben*") beziehen (Silzer & Dowell, 2010). Eine Auswahl verschiedener Definitionen von Talent samt einer Klassifizierung findet sich in **Tabelle 12.**

Tabelle 12: Klassifizierung unterschiedlicher Definitionen des Begriffs Talent

Talent i. S. v. „Talent *sein*"	Talent i. S. v. „Talent *haben*"
Talente nehmen Einfluss auf die organisationale Leistung: "Those individuals who can make a difference to organizational performance, either through their immediate contribution or in the longer term by demonstrating the highest levels of potential" (CIPD, 2011, o. S.).	Talent setzt sich aus mehreren Eigenschaften zusammen: "[H]is or her intrinsic gifts, skills, knowledge, experience, intelligence, judgement, attitude, character and drive. It also includes his or her ability to learn and grow." (Michaels, Handfield-Jones & Axelrod, 2001, S. xii).
Talent ist eine unternehmensspezifische Ressource, die zur Erreichung der Unternehmensziele eingesetzt wird: "Talent [...] is used as an all-encompassing term to describe the human resources that organizations want to acquire, retain and develop in order to meet their business goals" (Cheese, Thomas & Craig, 2008, S. 46).	Talent ist eine individuelle Ressource: "The resource that includes the potential and realized capacities of individuals and groups (...)" (Boudreau & Ramstad, 2007, S. 2). "Talent is the ability and capability to do something well" (Stuart-Kotze & Dunn, 2008, S. 11).

Merke

Innerhalb der unterschiedlichen Herangehensweisen, Talent zu definieren, lassen sich zwei thematische Schwerpunkte erkennen:

1. Als Talente eingestufte Personen (i. S. v. **Talent *sein***) wirken förderlich auf die organisationale Leistung. Ihnen kommt strategische Relevanz zu, indem man sie zur Erreichung von Unternehmenszielen benötigt. Die übertragenen Aufgaben erfüllen die als Talent eingestuften Personen erfolgreich.
2. Zur Aufgabenerfüllung nutzen Mitarbeitende spezielle Talente (i. S. v. **Talent *haben***) als individuelle Ressourcen. Diese Ressourcen setzen sich unter anderem aus Wissen, Fähigkeiten und Potentialen zusammen.

8.1.2 Sind Talente entwickelbar?

Haben alle Individuen Talente? Und wie lassen sich Talente entwickeln? Diesen Fragen gehen wir nun nach.

In der Begabungsforschung werden die Begriffe „Begabung" und „Talent" nicht eindeutig voneinander getrennt, häufig sogar synonym verwendet (Gagné, 1985; Mönks & Katzko, 2005; Ziegler & Heller, 2000). **Begabung** gilt als genetisch prädisponierte Eigenschaft, die durch die Umwelt, das heißt die individuellen Sozialisations-, Lern- und Lebensbedingungen, beeinflusst wird. Zur Begabung zählen deshalb zum einen die Anlage, zum anderen die Selbstentfaltung und Reifung, die sich in einem dynamischen Zusammenspiel befinden (Roth, 2007; Winner, 2000). Die Begabung wiederum ist eine *Voraussetzung für Leistung* (Potential; vgl. Kapitel 6 „Methoden und Verfahren der Personalauswahl"): „Begabungen an sich sind immer nur Möglichkeiten der Leistung, unumgängliche Vorbedingungen, sie bedeuten noch nicht die Leistung selbst" (Stern, 1916, S. 110). **Talent** entwickelt sich, wenn gewisse ererbte Fähigkeiten in einem speziellen Tätigkeitsfeld *zu überdurchschnittlichen Leistungen führen,* wobei spezielle Kenntnisse und entsprechendes Training die Leistungserbringung fördern (Simonton, 1999). Inwieweit ein Individuum seine Fähigkeiten entwickeln kann, hängt davon ab, wie die nähere Umwelt diese

Fähigkeiten wahrnimmt und fördert. Umwelteinflüsse sind daher wichtige Determinanten für die Ausbildung von Talent.

Der Zusammenhang von Begabung und Talent wird im **differenzierten Begabungs- und Talentmodell** von Gagné (1993) dargestellt (vgl. **Abb. 35**). Diesem Modell zufolge sind unter „Begabung" individuelle und überdurchschnittliche Fähigkeiten in einer gewissen Fähigkeitsdomäne zu verstehen – erst durch den systematischen Ausbau von Fähigkeiten lässt sich Talent als Ergebnis erkennen. Unterschied-

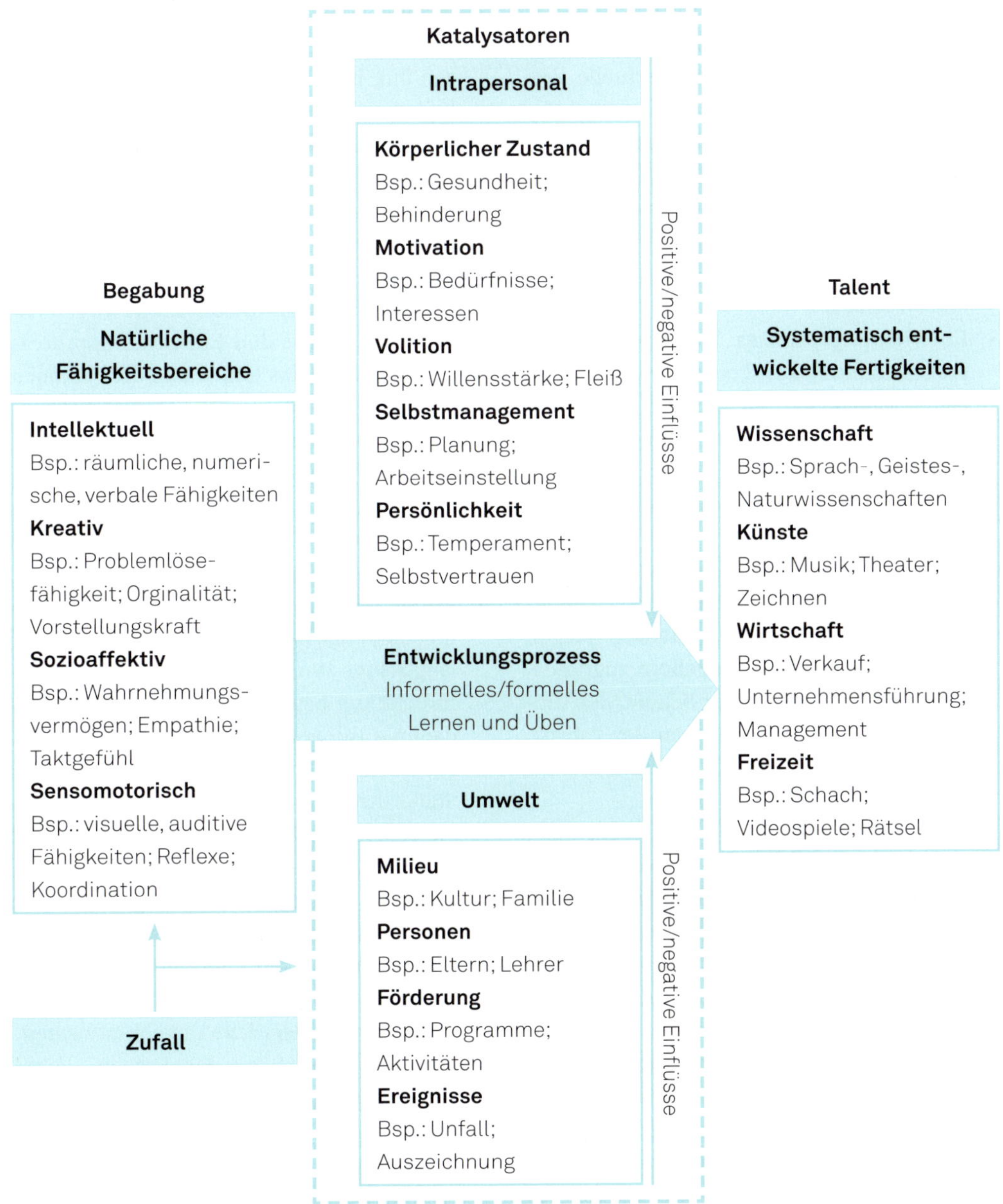

Abbildung 35: Das differenzierte Begabungs- und Talentmodell (in Anlehnung an Gagné, 2000; eigene Übersetzung)

liche Faktoren wirken auf diesen Entwicklungsprozess ein. Gagné schreibt den intrapersonalen ebenso wie den umweltbedingten Faktoren entscheidende Katalysatorwirkungen zu.

Das Modell umfasst fünf Faktoren: die Begabung, das Talent, den Entwicklungsprozess, die Katalysatoren und den Faktor Zufall (Gagné, 2000; vgl. auch Gagné, 2009).

- **Begabung:** Das Modell unterscheidet hinsichtlich der Fähigkeiten intellektuelle, kreative, sozioaffektive und sensomotorische Bereiche. Diese können in unterschiedlichen Ausprägungen vorliegen, zum Beispiel hinsichtlich räumlicher, numerischer oder verbaler Fähigkeiten. Eine Person kann mehrere besondere Fähigkeiten besitzen und ausbilden.
- **Entwicklungsprozess:** Der Entwicklungsprozess umfasst die Transformation angelegter Fähigkeiten in ein Talent. Gagné (2000, S. 69) sieht diese Fähigkeiten als „Rohmaterialien oder Bestandselemente von Talenten" (eigene Übersetzung). Sie müssen durch einen formellen oder informellen Prozess in ein Talent überführt werden. Beim informellen Lernen und Üben erfolgt Entwicklung selbstgesteuert. Liegen dagegen strukturierte Angebote zugrunde, wie es zum Beispiel in der Schule, der Universität oder in Unternehmen der Fall ist, wird von formellen Entwicklungsprozessen gesprochen (Gagné, 2000).
- **Katalysatoren:** Bei der Talententwicklung sind intrapersonale sowie umweltbedingte Katalysatoren zu berücksichtigen. Unter den intrapersonalen Katalysatoren fasst Gagné (2000) den körperlichen Zustand, die Motivation, die Volition, das Selbstmanagement und die Persönlichkeit zusammen (vgl. auch Kapitel 2 „Faktoren individueller Leistungsbereitschaft"). Der körperliche Zustand bezieht sich auf physische Eigenschaften wie die Gesundheit. Die Motivation ist eine notwendige Komponente, um das Streben nach Weiterentwicklung aufrechtzuerhalten. Sie umfasst die Prozesse des Abwägens verschiedener Alternativen aufgrund von Motiven und Erwartungen. Volition hingegen ist für die Umsetzungsbereitschaft der Motive in Handlungen und die Überwindung von Barrieren und Rückschlägen notwendig (Heckhausen & Gollwitzer, 1987). Selbstmanagement ist für einen strukturellen und effizienten Entwicklungsprozess erforderlich. Auch Persönlichkeitsmerkmale beeinflussen ihn, beispielsweise indem hohe Offenheit für Erfahrungen experimentierendes Lernen fördert. Zu den umweltbedingten Katalysatoren zählt Gagné (2000) das Milieu, die Menschen im näheren Umfeld, die angebotenen Maßnahmen zur Förderung der Fähigkeiten und prägende Ereignisse. Die vielfältigen Umwelteinflüsse wirken unterschiedlich auf den Entwicklungsprozess ein. So prägen das Milieu und die Personen im engeren Umfeld einen Menschen langfristig. Spezielle Lern- oder Sportprogramme sowie besondere Ereignisse, wie der Gewinn eines Preises, beeinflussen den Entwicklungsprozess dagegen nur kurzfristig (Gagné, 2000).
- **Zufall:** Zufall wird verstanden als Lebensumstand, der nicht zu beeinflussen ist und langfristige Wirkung entfaltet. So kann ein Individuum beispielsweise keinen Einfluss darauf ausüben, innerhalb welcher Familie es aufwächst, welchen gesellschaftlichen Stand diese Familie besitzt und welche finanziellen Förderungsmöglichkeiten, zum Beispiel für die schulische und akademische Ausbildung, zur Verfügung stehen. Kinder sind folglich zunächst von der Förderungsmöglichkeit und -bereitschaft ihrer Bezugspersonen abhängig; später können sie sich aktiv förderliche Umwelten suchen.
- **Talent:** Talente sind das Ergebnis eines systematischen Entwicklungsprozesses. Sie entstehen in speziellen Bereichen, wie wissenschaftlichen, künstlerischen, wirtschaftlichen und freizeitbezogenen Feldern. Entscheidend ist, dass sich gegebene Fähigkeiten in unterschiedlichen Bereichen

und verschiedene Richtungen entfalten können. So können bestimmte Fähigkeiten je nach Bereich, in dem die Entwicklung gefördert wird, zu einem Talent beispielsweise im Bereich des Sports, der Wissenschaft oder der Wirtschaft führen.

Gagnés (2000) Verständnis von Begabung beschränkt sich nicht auf den intellektuellen Bereich. Talent ist gegeben, wenn ein Individuum überdurchschnittliche Leistungen in einem gewissen Bereich erbringt. Ererbte Voraussetzungen werden hierbei durch Erfahrungen weiterentwickelt.

Merke

Begabung ist die Voraussetzung dafür, ein Talent zu entwickeln.

Individuen unterscheiden sich in ihren Leistungen und Fähigkeiten. Dies kann bedeuten, dass Menschen, die gegenwärtig überdurchschnittliche Leistungen vollbringen, ihre Fähigkeiten im Vergleich zu Personen, die als weniger talentiert gelten, lediglich unter besseren Bedingungen ausbilden konnten. Das lässt die Möglichkeit offen, dass gegenwärtig weniger talentierte Individuen ein ähnliches Leistungsniveau erreichen können.

Merke

Nicht alle Mitarbeitenden haben Talent, doch ist Talent und damit das Leistungsniveau aller Individuen ausgehend von den je individuellen Begabungen entwickelbar.

Im Folgenden betrachten wir zunächst den Begriff „Talent Management" näher. Wesentlicher Bestandteil des Talent Managements sind die Aspekte Segmentierung, Förderung und Einsatz von talentierten Mitarbeitenden (Ashton & Morton, 2005; Hooghiemstra, 1990), auf die wir im weiteren Verlauf dieses Kapitels eingehen.

8.1.3 Worum geht es beim Management von Talenten?

Aufmerksamer als zuvor wurde man auf das Talent Management insbesondere durch Veränderungen der Unternehmensumwelt, wie dem „War for Talent" (Ashraf & Joarder, 2009). Nach Lewis und Heckman (2006) lassen sich im Talent Management drei Hauptströmungen unterscheiden.

Die erste Strömung setzt Talent Management mit einer Zusammenführung gängiger Praktiken des **Personalmanagements** gleich, insbesondere der Rekrutierung, Auswahl und Weiterentwicklung von Mitarbeitenden (vgl. Kapitel 6 „Methoden und Verfahren der Personalauswahl" und 7 „Nachhaltige Personalentwicklung"), um darauf aufbauend ein organisationales Karrieremanagement durchführen zu können (vgl. Kapitel 9 „Karriere und Karriereentwicklung"). Eine Differenzierung zwischen Personalmanagement und Talent Management ist demnach nur bedingt möglich.

Die zweite Strömung fokussiert die **Neubesetzung von Stellen** zwecks Nachfolgeplanung. Die Hauptaufgabe des Talent Managements besteht darin, Prozesse zu entwickeln, die einen adäquaten Nachfolgefluss an Talenten insbesondere für Schlüsselpositionen ermöglichen und damit sicherstellen, dass die richtigen Positionen mit den richtigen Mitarbeitenden besetzt werden. Zu diesem Zweck sind geeignete Mitarbeitende für die Übernahme der Positionen frühzeitig zu identifizieren, ihre Bedürfnisse zu erkennen und deren Stellenwechsel zu unterstützen.

Gegenstand der dritten Strömung ist eine **Diskussion über die Förderung von Talenten** selbst. Zwei Sichtweisen sind zu unterscheiden. Auf der einen Seite legt man den Fokus auf Fertigkeiten einer *Teilgruppe* der Beschäftigten, und Mitarbeitenden-Pools werden gebildet. Diese Mitarbeitenden werden durch individuelle Talenteinschätzung identifiziert und nicht – wie bei der zweiten Strömung – mittels Nachfolgestrategien für kritische Stellen im Unternehmen, die es zu besetzen gilt. Die als talentiert angesehenen Arbeitnehmerinnen und Arbeitnehmer unterscheiden sich hinsichtlich dieses Talentstatus von anderen Mitarbeitenden. Auf der anderen Seite gibt es die Auffassung, dass *alle Mitarbeitenden* im Unternehmen als Talente wahrzunehmen sind und folglich ein übergreifendes Talent Management etabliert werden sollte.

Ein Verständnis von Talent Management als Aneinanderreihung bestehender Personalmanagementpraktiken (erste Strömung) wird in diesem Kapitel nicht weiter behandelt und anstelle dessen auf die gängige Personalmanagementliteratur verwiesen (z. B. Bratton & Gold, 2017). Die Ansätze der zweiten und dritten Strömung unterscheiden sich in der Ausgangslage voneinander: Besetzung vakanter **Positionen** mit talentierten Mitarbeitenden versus Förderung von **Personen** mit ihren Talenten (vgl. **Abb. 36**).

Schlüsselpositionen als Ausgangspunkt für das Talent Management

Im Folgenden wird das strategische Talent-Management-Modell von Collings und Mellahi (2009) präsentiert, das die zu besetzenden **Positionen** im Unternehmen als Ziel des Talent Managements sieht, also der zweiten Strömung angehört (vgl. **Abb. 37**).

Nach diesem Verständnis von Talent Management sind zunächst die **Schlüsselpositionen** des Unternehmens zu ermitteln (vgl. auch Boudreau & Ramstad, 2005a). Schlüsselpositionen sind von strategischer Relevanz: Die mit diesen Stellen verbundenen Tätigkeiten tragen maßgeblich zur Erreichung strategischer Ziele der Organisation bei. Bereits die kurzfristige Vakanz dieser Schlüsselpositionen würde den zukünftigen Unternehmenserfolg unmittelbar beeinträchtigen (z. B. Gewinn, Ertragswachstum, Arbeitsmoral, Stakeholder-Zufriedenheit, Wettbewerbsvorteil oder Prestige der Organisation). Die Position erfordert Kompetenzen, die in der Organisation oder Branche nur begrenzt verfügbar sind oder sein werden. Der Arbeitsmarkt für potentielle Positionsinhaber ist aktuell oder zukünftig also eng. In einem nächsten Schritt sind **Talentpools** aufzubauen. Diese Pools umfassen High Potentials und Hochleister, die das Potential besitzen, zukünftig Schlüsselpositionen zu übernehmen. Der Talent-Pool-Aufbau geht einher mit einem Wechsel weg von vakanzgetriebener hin zu einer strategisch zukunftsorientierten Rekrutierung. Um Talente proaktiv zu identifizieren, wird ein Talent-Scouting angewandt.

Um Talentpools mit passenden Talenten zu füllen, kann man sowohl auf den *internen* als auch auf den *externen Arbeitsmarkt* zurückgreifen. In einem nächsten Schritt sind die implementierten Personalmanagementpraktiken, wie zum Beispiel Personalentwicklungsmaßnahmen, in ihrer Ausgestaltung zielgruppengerecht zu differenzieren *(„differenzierte HR-[Human-Resource-]Architektur“),* um die unterschiedlichen Mitarbeiterzielgruppen optimal zu unterstützen. Eine erfolgreiche Umsetzung dieser Architektur kann zu einer Erhöhung von *Motivation, organisationaler Bindung sowie Extra-Rollen-Verhalten* führen und sich positiv auf das *Unternehmensergebnis* auswirken (Collings & Mellahi, 2009; vgl. auch Kapitel 1 „Grundlagen individueller Leistungsfähigkeit“).

Da in dem vorgestellten Ansatz Talent Management auf die Besetzung von Schlüsselpositionen ausgerichtet ist, wird die Möglichkeit ausgeblendet, individuelle Fähigkeiten Einzelner als Ressource zu sehen, auf die sich Unternehmen strategisch ausrichten könnten (Top-down- statt Bottom-up-Ansatz). Es bleibt zudem die Frage offen, wie die ausgewählten Talente innerhalb der HR-Architektur *konkret* gefördert werden sollen und wie mit den nicht als Talent deklarierten Mitarbeitenden umzugehen ist. So ist denkbar, dass die Förderung der Talente die im Modell aufgezeigten Ergebnisse in Form von Motivation, organisationaler Bindung und Extra-Rollen-Verhalten bei den übrigen Mitarbeitenden negativ beeinflusst.

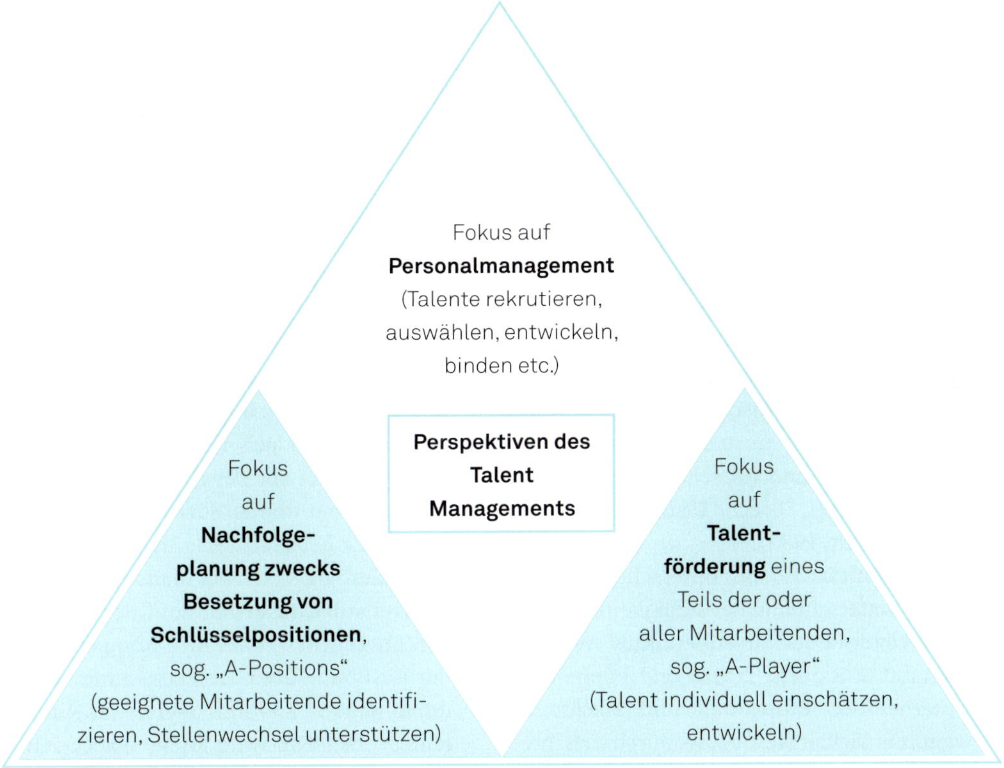

Fokus auf
Personalmanagement
(Talente rekrutieren, auswählen, entwickeln, binden etc.)
Perspektiven des Talent Managements
Fokus auf Nachfolgeplanung zwecks Besetzung von Schlüsselpositionen, sog. „A-Positions“ (geeignete Mitarbeitende identifizieren, Stellenwechsel unterstützen)
Fokus auf Talentförderung eines Teils der oder aller Mitarbeitenden, sog. „A-Player“ (Talent individuell einschätzen, entwickeln)

Abbildung 36: Perspektiven des Talent Managements

Interner Arbeitsmarkt
Talent Pool
Schlüsselpositionen
Externer Arbeitsmarkt
Arbeitsmotivation
Organisationale Bindung
Extra-Rollen-Verhalten
Unternehmensperformance
Differenzierte HR -Architektur
Ergebnisse

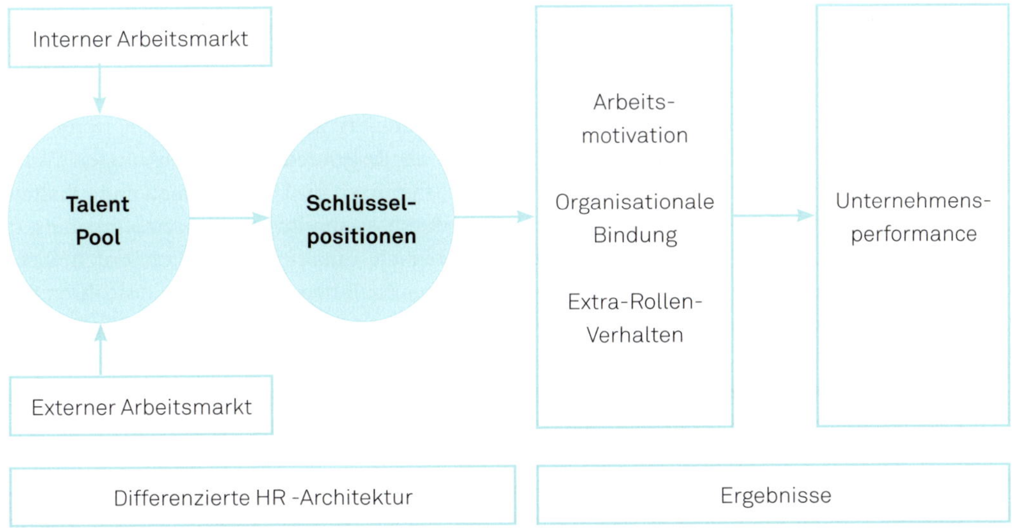

Abbildung 37: Ein strategisches Talent-Management-Modell (in Anlehnung an Collings & Mellahi, 2009, S. 306; eigene Übersetzung)

Verfügbare Talente als Ausgangspunkt für das Talent Management

Alternativ können Unternehmen die vorhandenen Talente als Ausgangspunkt für ihre strategische Ausrichtung nutzen, um die Unternehmensperformanz zu steigern (Lewis & Heckman, 2006). Voraussetzung für die Einstufung als Talent ist mithin, dass ein Individuum eine strategische Ressource für das Unternehmen darstellt, die einen Wettbewerbsvorteil generiert. Dazu bedarf es der Erfüllung folgender Voraussetzungen: Ressourcen sind (1) heterogen, (2) immobil zwischen den Wettbewerbern, (3) strategisch wertvoll, (4) knapp, (5) schwer imitierbar und (6) schwer substituierbar (Barney, 1991; Teece, Pisano & Shuen, 1997; Wernerfelt, 1984).

- **Heterogenität:** Talente unterscheiden sich durch unterschiedliche Fähigkeiten und Fertigkeiten oder divergierendes Wissen (Mayson & Barrett, 2006) und können in Unternehmen individuell und spezifisch weiterentwickelt werden, wodurch sich ihre Heterogenität verfestigt (Lado & Wilson, 1994).
- **Immobilität:** Die Mobilität hängt entscheidend von den nachgefragten Fertigkeiten der Talente ab. Je unternehmensspezifischer das Wissen, die Fähigkeiten und Fertigkeiten von Talenten sind, desto stärker nimmt deren Nutzen außerhalb der Organisation ab und umso niedriger ist die Mobilität der Talente (Prezewowsky, 2007). Aus diesem Grund ist den Investitionen in Talente eine erhöhte Relevanz zuzuschreiben, durch die sich unternehmensspezifische Fertigkeiten aufbauen und somit Mobilitätsneigungen reduzieren lassen (Lado & Wilson, 1994).
- **Wertvoll:** Talente tragen bedeutend zur Leistungsfähigkeit eines Unternehmens bei und gelten vielfach als entscheidende Ressource zukünftiger Wettbewerbsfähigkeit (Beechler & Woodward, 2009). Talentierte Mitarbeitende sind somit als wertvolle Ressource zu betrachten.
- **Knapp:** Talente sind – beispielsweise infolge des demografischen Wandels in Deutschland, der zu einem „Kampf“ um Humanressourcen mit hoher Qualifikation und somit Talent führt – als knapp einzustufen (Wright, McMahan & McWilliams, 1994).
- **Schwer imitierbar:** Eine Imitierbarkeit der Ressource Talent wäre dann vorstellbar, wenn ein Mitbewerber exakt bestimmen könnte, welche Fähigkeiten und Fertigkeiten der Talente zu einem Wettbewerbsvorteil beitragen. Zudem müsste der Mitbewerber die Bedingungen duplizieren, innerhalb derer sich die Fähigkeiten entfalten (Wright et al., 1994). Da sich die Ressource Talent immer auch aus der Zusammenarbeit beispielsweise in Teams ergibt, ist Imitierbarkeit schwer realisierbar.
- **Schwer substituierbar:** Bei Talenten ist davon auszugehen, dass ihre Kompetenz bei der Ausübung ihrer Tätigkeiten nur schwer durch jemand anderen oder etwas Äquivalentes ersetzbar wäre (Achenbach, 2003; Lucht, 2007).

Diesem ressourcenbasierten Ansatz zufolge beschränkt sich Talent Management somit nicht, wie im positionsbezogenen Ansatz von Collings und Mellahi (2009), auf ein reines Nachfolgemanagement, bei dem „Talent“ durch die Anforderungen von Schlüsselpositionen definiert wird. Vielmehr generieren Talente als Ressource einen nachhaltigen Wettbewerbsvorteil für Unternehmen und erhalten hierdurch strategische Relevanz. Talente gilt es folglich durch gezielte Personalentwicklungsmaßnahmen zu fördern und sie ihren Fähigkeiten, Fertigkeiten und ihrem Wissen entsprechend in der Organisation einzusetzen.

Implikationen für das Talent Management

Hinsichtlich des Talent Managements wird ein „A-Player“- und ein „A-Position-Ansatz“ unterschieden (Huselid, Beatty & Becker, 2005). Organisationen, die den **A-Player-Ansatz** umsetzen, streben danach, für jede verfügbare Position die besten Mitarbeitenden in der Organisation zu erhalten. Folgende Merkmale kennzeichnen den A-Player-Ansatz:

- Talente werden über die Hochrangigkeit von Fähigkeiten, Anstrengung und Verantwortung definiert.
- Der Wettbewerbsvorteil einer Organisation wird insbesondere anhand des Anteils der Talente in der Belegschaft gemessen.
- Es wird nicht unterschieden zwischen Positionen, die den Unternehmenswert aufrechterhalten, und Positionen, die Unternehmenswert schaffen.

Unternehmen, die dem **A-Position-Ansatz** folgen, streben danach, die kritischen Positionen der Organisation mit den besten Mitarbeitenden zu besetzen. Kennzeichen des A-Position-Ansatzes sind:

- Die Identifizierung kritischer Positionen ist von der Unternehmenshierarchie unabhängig; A-Positions kann es auf allen Ebenen geben. Tendenziell richtet sich das Hauptaugenmerk in der Praxis jedoch insbesondere auf die höheren hierarchischen Ebenen.
- Der Wettbewerbsvorteil ergibt sich daraus, dass die richtigen Talenten die richtigen Positionen innehaben.
- A-Positions sind von hoher Bedeutung für die Fähigkeit einer Organisation, ihre Strategie oder Teile davon zu verwirklichen. Mitarbeitende in diesen Positionen weisen eine hohe Varianz in der Arbeitsqualität auf.

Wenig Wert können A-Player zu einer Organisation beitragen, wenn sie Tätigkeiten ausüben, die nicht essentiell für die Unternehmensstrategie sind. Folglich ist es sinnvoll, wenn Organisationen zunächst systematisch ihre strategisch wichtigen A-Positionen bestimmen (vgl. den Passus „Schlüsselpositionen als Ausgangspunkt für das Talent Management“) und sich dann auf die A-Player konzentrieren, die diese Positionen einnehmen sollten (vgl. den Passus „Verfügbare Talente als Ausgangspunkt für das Talent Management“, beide im vorliegenden Abschnitt 8.1.3; Huselid et al., 2005). Beide Ansätzen zu kombinieren, kann somit in der Praxis des Talent Management sinnvoll sein.

Im weiteren Verlauf dieses Kapitels liegt der Fokus auf einem Verständnis von Talent Management, welches im Sinne der dritten Strömung (vgl. den einleitenden Teil des vorliegenden Abschnitts, Seite 189) die Förderung der Talente selbst in den Vordergrund stellt (Lewis & Heckman, 2006). Im nächsten Schritt erörtern wir, inwieweit sich Talent Management standardisierter oder aber flexibler Praktiken bedienen sollte, um Talente zu fördern.

8.1.4 Flexibilisierte Talentförderung durch idiosynkratische Vereinbarungen

Individuen unterscheiden sich darin, wie sie lernen, wie sie sich motivieren und welche Ziele sie beim Ausüben ihrer Arbeit verfolgen (Cantrell & Di Paolo Foster, 2007). Insbesondere Talente haben in der Regel ein Bedürfnis nach ständiger Weiterentwicklung und handeln karriereorientiert (Sullivan & Arthur, 2006; Vaiman & Vance, 2008). Um den individuellen Unterschieden im Erreichen dieser Ziele Rechnung zu tragen, bedarf es beim Talent Management folglich eines erhöhten Grades an Flexibilität und damit einer Abkehr von standardisierten Prozessen des Personalmanagements. Allerdings sind Standards unter ökonomischen und organisatorischen Aspekten sinnvoll respektive notwendig, um Maßnahmen planbar, überprüfbar und handhabbar zu machen. Es dürfen jedoch keine Barrieren entstehen, die verhindern, dass man den Bedürfnissen nach individueller Entwicklung und Selbstentfaltung nachkommen kann (Cantrell & Smith, 2010). Folglich entsteht für Organisationen ein Spannungsfeld hinsichtlich eines „gesunden“ Grades an standardisierten versus individualisierten Personalmanagementangeboten (vgl. Kapitel 7 „Nachhaltige Personalentwicklung“).

Eine Möglichkeit zur Schaffung flexibler Förderungsvereinbarungen zwischen Talenten und der Organisation sind **idiosynkratische Vereinbarungen,** sogenannte I-Deals. „Idiosynkratische Vereinbarungen sind freiwillige, personalisierte Übereinkünfte nichtstandardisierter Art, die zwischen einzelnen Mitarbeitenden und den sie beschäftigenden Organisationen verhandelt werden und für beide Parteien von Vorteil sind" (Rousseau, Ho & Greenberg, 2006, S. 978; eigene Übersetzung). Idiosynkratische Vereinbarungen sind zudem zeitlich befristet (spezielle Absprachen nur unter speziellen Bedingungen). Sie sind ein geeigneter Ansatz, um Talente individuell zu fördern. So kann bedürfnisentsprechend von kollektiven Standards geregelt abgewichen werden, um eine Win-Win-Situation sowohl für betroffene Mitarbeitende als auch für die Organisation zu schaffen (Anand, Vidyarthi, Liden & Rousseau, 2010; Hornung, Rousseau & Glaser, 2008).

Tabelle 13 grenzt idiosynkratische Vereinbarungen von anderen Arten von Vereinbarungen ab.

Die Inhalte idiosynkratischer Vereinbarungen können vielfältig sein und sich beispielsweise auf eine Flexibilisierung der Arbeitszeit, den Arbeitsinhalt oder die Karriere- und Personalentwicklung beziehen bzw. spezielle Gehaltsregelungen enthalten (Ng & Feldman, 2010; Rousseau, 2005).

Grundsätzlich sind zwei Arten idiosynkratischer Vereinbarungen unterscheidbar: „Comfort I-Deals" und „Challenge I-Deals".

- **Comfort I-Deals** zielen darauf ab, bestimmte Erleichterungen bzw. Annehmlichkeiten für den jeweiligen Mitarbeiter bzw. die jeweilige Mitarbeiterin zu schaffen. Denkbare Vereinbarungen dieser Art betreffen unter anderem die Reduktion der Arbeitszeit, zum Beispiel nach dem Mutterschutz, die Flexibilisierung der Arbeitszeiten, um sich bestimmten persönlichen Lebensanforderungen anzupassen, oder eine Reduktion der Arbeitslast.
- **Challenge I-Deals** dienen dazu, Wachstumsbedürfnissen von Mitarbeitenden zu entsprechen. Strebt ein Talent zum Beispiel eine frühzeitige Evaluation seiner Leistun-

Tabelle 13: I-Deals im Vergleich zu anderen personenspezifischen beschäftigungsbezogenen Absprachen (Rousseau, Ho & Greenberg, 2006, S. 980; eigene Übersetzung)

Beschäftigungsvereinbarung			
Merkmal	*I-Deal*	*Günstlingswirtschaft, Nepotismus*	*Unzulässige Vereinbarungen*
Allokation	Verhandelt je Einzelperson	Gabe an Mitarbeitende	Bemächtigung durch Mitarbeitende
Basis	Wert des Individuums für die Organisation und persönlicher Bedarf	Besondere Beziehung	Regelbruch
Begünstigte(r)	Mitarbeitende und Arbeitgebende	Mitarbeitende und andere Mächtige (z. B. leitende Angestellte)	Nur Mitarbeitende
Konsequenzen für andere Beschäftigte	Effekte auf Wahrnehmungen hängen von Inhalt, Timing und Prozess der Vereinbarung ab	Reduziert Vertrauen und Wahrnehmung der Prozess- und Ergebnisgerechtigkeit	Verringert die Legitimität organisationaler Praktiken

gen an, um eine Beförderung zu erreichen, wäre es möglich, ein Assessment Center zur Potentialbestimmung durchzuführen; streben Mitarbeitende beispielsweise an, in der Organisation als Mediator/-in zu fungieren, ist die Kostenübernahme einer entsprechenden Weiterbildung denkbar.

Der Wert idiosynkratischer Vereinbarungen liegt darin, dass über Mechanismen der Reziprozität positive Auswirkungen auf die Arbeitsleistung zu erwarten sind. Mitarbeitende, denen Flexibilität in Form einer idiosynkratischen Vereinbarung gewährt wird, lassen höhere Arbeitsmotivation, höheres Commitment und geringere Fluktuationsabsicht erwarten. „Comfort I-Deals" verbessern tendenziell Leistung und Bindung, und „Challenge I-Deals" haben entscheidenden Einfluss auf die Rekrutierung und Bindung ehrgeiziger Mitarbeitender (Liao, Wayne & Rousseau, 2014, Rousseau, 2001; vgl. Kapitel 10 „Personalbindung").

Als personalisierte Absprachen gehen idiosynkratische Vereinbarungen nicht nur über die Standardvereinbarungen hinaus, welche allen Mitarbeitenden zustehen, sondern auch über die positionsspezifischen Vereinbarungen, die nur mit einer speziellen Arbeitnehmendengruppe abgeschlossen werden (Rousseau, 2001). Der eingeschränkte Zugang zu idiosynkratischen Vereinbarungen kann sich negativ auf diejenigen Mitarbeitenden auswirken, die selbst keine individuellen Vereinbarungen aushandeln konnten. Es besteht die Gefahr, dass idiosynkratische Vereinbarungen zu einem Gefühl ungerechter und ungleicher Behandlung führen, weshalb es dem Unternehmen gelingen muss, ihr Vorgehen gegenüber den nicht eingebundenen Mitarbeitenden klar zu legitimieren (Lai, Chang & Rousseau, 2009; vgl. auch Kapitel 2 „Faktoren individueller Leistungsbereitschaft"). Standardisierte Vereinbarungen sind ein Mittel, um Kooperation und Vertrauen zu fördern. Würden idiosynkratische Vereinbarungen die standardisierten Bedingungen ersetzen oder erhielten einige Personen mehr idiosynkratische Elemente als andere, so könnte dies Kooperation und Vertrauen unterminieren. Der jeweilige Anteil der standardisierten, spezifisch auf bestimmte Personen bezogenen und idiosynkratischen Vereinbarungen ist daher sorgsam abzuwägen und auszubalancieren.

Idiosynkratische Vereinbarungen sind im Ergebnis und im Prozess fair zu handhaben, damit eine Win-Win-Situation entsteht. Sie werden tendenziell dann als fair angesehen, wenn folgende Voraussetzungen gegeben sind:

- **Wahl:** Die Kolleginnen und Kollegen hätten die gleiche Wahl für die inhaltliche Ausgestaltung einer Vereinbarung treffen können.
- **Keine Schlechterstellung:** Die Kolleginnen und Kollegen erfahren keine negativen Konsequenzen (z. B. wenn die Vereinbarung Arbeitszeiten oder Arbeitsaktivitäten enthält, nach denen die Kolleginnen und Kollegen nicht streben; die Kollegenschaft und die Person, die eine idiosynkratische Vereinbarung trifft, sind unabhängig voneinander).
- **Win-Win-Vorteile:** Die Kolleginnen und Kollegen profitieren von dem speziellen Arrangement der anderen Person (z. B. wenn die idiosynkratische Vereinbarung erlaubt, eine Person mit Spitzenleistungen zu halten; die Arbeitgeberreputation wird verbessert).
- **Indifferenz hinsichtlich der betroffenen Ressourcenarten:** Spezielle Ressourcen (z. B. Unterstützung, Mentoring) sind für die Kolleginnen und Kollegen von geringerem Interesse als universelle (z. B. Geld, Güter).
- **Rahmung als Experiment:** Spezielle Abmachungen werden als ein Weg der arbeitgebenden Oranisation präsentiert, Neuerungen einzuführen. Funktioniert ein I-Deal, könnte der nächste Schritt darin bestehen, diese Abmachungen in eine allgemeine Praktik umzuwandeln. Die Flexibilitätspolitik vieler Unternehmen begann mit I-Deals, initiiert von wenigen Mitarbeitenden und ihren Führungskräften.

Zur Förderung von Talenten sollte man also flexible Strukturen und Prozesse nutzen (Bhatnagar, 2007). Positiv ist vor diesem Hintergrund die Entwicklung zu sehen, dass sich Personalmanagementpraktiken (wie z.B. Arbeitszeitmodelle), die vor Jahren noch durch ein hohes Maß an Vereinheitlichung gekennzeichnet waren, zunehmend flexibilisieren (Hornung, Rousseau, Glaser, Angerer & Weigl, 2010; Rousseau, 2005).

Damit einhergehend gilt es zu klären, welche und wie viele Beschäftigte von flexibleren Förderstrukturen und Prozessen profitieren könnten und deshalb durch Talent Management gefördert werden sollen. Im folgenden Kapitel zur praktischen Anwendung schauen wir zwei Herangehensweisen an: Wir erörtern (1) die inklusive und die exklusive Segmentierungsstrategie als allgemeine Strategien zur Talentbestimmung im Zusammenhang mit dem A-Player-Ansatz; wir gehen (2) näher auf den A-Position-Ansatz ein und betrachten an einem Beispiel, wie man Schlüsselpositionen bestimmt.

8.2 Praktische Anwendung

8.2.1 A-Player-Ansatz

Welche Strategie ist im Talent Management besser – die inklusive oder die exklusive Segmentierung?

Eine Herausforderung im Talent Management stellt die Wahl der Segmentierungsstrategie von Talenten dar: Wie bestimmt sich, wer als Talent im Fokus des Talent Managements stehen soll? Ziel ist, die Talente so zu segmentieren, dass man damit strategische Ziele der Organisation erreicht (Blass, 2007). Unterschieden wird zwischen exklusiver und inklusiver Segmentierung, zwischen dem Betrachten lediglich einer speziellen Gruppe oder aber aller Mitarbeitenden als Talente.

Der **exklusiven Segmentierungsstrategie** liegt die Annahme zugrunde, dass nur einer *Auswahl* von Mitarbeitenden strategische Relevanz zukommt. Nur diese wird in einem oder mehreren Talentpools zusammengefasst. Die Aktivitäten des Talent Managements konzentrieren sich folglich auf spezielle Gruppen (CIPD, 2015). Exklusiv segmentiert werden kann beispielsweise nach Eigenschaften, etwa Führungspotential, oder nach Beschäftigtengruppen, etwa in Forschung oder Technik tätigen Personen (Garrow & Hirsh, 2008). Eine weitere Möglichkeit besteht darin, mehrere Pools mit unterschiedlicher Ausprägung eines Kriteriums aufzubauen. So lassen sich beispielsweise nach der Leistung Pools für A-, B- oder C-Performer einrichten (Walker & LaRocco, 2002). Das Chartered Institute of Personnel and Development (CIPD) stellte in einer Studie fest, dass fast die Hälfte der befragten 541 Organisationen exklusiv segmentiert, wobei unterschiedlich viele Hierarchiestufen involviert werden (CIPD, 2015).

Bei **inklusiver Segmentierungsstrategie** begreifen Organisationen Talent Management als eine Managementfunktion, welche die Talente *aller* Mitarbeitenden berücksichtigt. Es werden folglich keine Talentgruppen gebildet. Der inklusive Segmentierungsansatz legitimiert sich mit der Erkenntnis, dass alle Individuen ein gewisses Maß an Talent besitzen und Talent entwickelt werden kann. Die Studie des CIPD (2015) legt dar, dass 54 Prozent der befragten Organisationen eine inklusive Segmentierungsstrategie wählen.

Kombiniert man die Diskussion um die Entwickelbarkeit von Talent mit den Segmentierungsstrategien, ergeben sich vier Talent-Management-Ansätze (vgl. **Abb. 38**). Angesichts der Forschungsergebnisse zur grundsätzlichen Entwickelbarkeit von Talent sind lediglich die in den rechten beiden Quadranten genannten Strategien sinnvoll.

Ob man einen exklusiven oder einen inklusiven Talent-Management-Ansatz wählt, gehört zum strategischen Entscheidungsspiel-

Abbildung 38: Talentphilosophien (Meyers & Woerkom, 2014; eigene Übersetzung)

raum jeder Organisation. Wir erörtern nun die Vor- und Nachteile beider Strategien.

Folgende Argumente stützen die Wahl einer exklusiven Segmentierungsstrategie im Unternehmen (vgl. Garrow & Hirsh, 2008; McDonnell, 2011):

- **Gezielte Verwendung eines begrenzten Budgets:** Aus ökonomischer Sicht kann die spezielle Förderung einer Auswahl von talentierten Mitarbeitenden sinnvoll sein, denn die bereitgestellten Budgets ermöglichen eine optimale Förderung dieser Teilgruppe. Geförderte Spitzenkräfte kann man durch Talent-Management-Maßnahmen an das Unternehmen binden. Indem man das „Gießkannenprinzip", also die Verteilung des Budgets auf alle Beschäftigten in gleicher Weise ohne Berücksichtigung unterschiedlicher Talente, verwirft, gewinnt das Talent Management an Effizienz: Weniger Talentierte werden nicht gefördert.
- **Individualisierte und damit effektivere Förderung:** Begrenzt man die Anzahl geförderter Arbeitnehmender, so wird eine individuell an die Mitarbeitenden angepasste Förderung möglich, was die Effektivität der Talententwicklung erhöht. Will man den Anforderungen von Schlüsselpositionen im Unternehmen gerecht werden, kann zum Beispiel eine umfassendere Förderung notwendig sein.
- **Erfüllung des psychologischen Vertrags:** Der sogenannte psychologische Vertrag enthält die informellen und oftmals unausgesprochenen Erwartungen und Versprechen im sozialen Austausch zwischen Arbeitgeber/-in und Individuum (vgl. Kapitel 9 „Karriere und Karriereentwicklung"). Die Theorie sozialen Austauschs legt nahe, dass die Beschäftigten wahrscheinlich eine Gegenleistung erbringen, wenn Organisationen in sie investieren. Bindet man sie in einen Talentpool ein, so nehmen Mitarbeitende dies als ein Signal wahr, dass der eigene Beitrag für das Unternehmen wertgeschätzt wird und dass das Unternehmen seinen Vertrag erfüllt, indem es die Entscheidung trifft, in die Zukunft des Arbeitnehmenden zu investieren (Sonnenberg, 2010).
- **Motivations- und Bindungseffekt:** Mitarbeitende, die als Talent ausgewählt werden, erfahren zum einen durch die Auswahl selbst eine Anerkennung im Unternehmen. Zum anderen wird durch diese besondere Entwicklungsmöglichkeit dem Streben dieser Mitarbeitenden nach Entfaltung ihrer Fertigkeiten Rechnung getragen. Beide Faktoren wirken sich positiv auf das Beschäftigungsverhältnis aus (siehe **Abb. 39**). Diese Mitarbeitenden fühlen sich anerkannt, zufrieden und motiviert. Dadurch erhöhen sich *Commitment* und *Wohlergehen* sowie die wahrgenommene *Fairness,* und die *Bindung* dieser Mitarbeitenden an das Unternehmen wird verstärkt (Sonnenberg, 2010).

Die Belegschaft in Talente und Nichttalente zu unterteilen, wie die exklusive Segmentierungsstrategie das tut, stellt Organisationen gleichzeitig aber auch vor verschiedene Herausforderungen (CIPD, 2006):

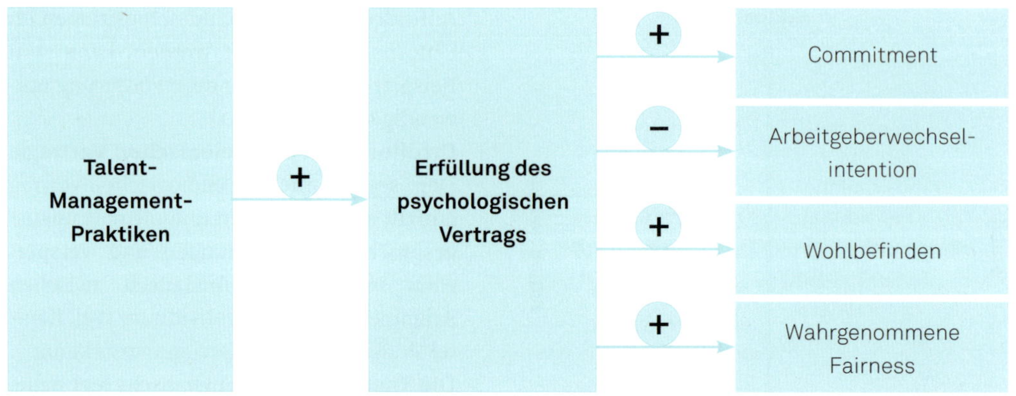

Abbildung 39: Effekte von Talent-Management-Praktiken auf Mitarbeitende (Sonnenberg, 2010)

- **Gefahr, dass die Nichtgeförderten einen Bruch des psychologischen Vertrags wahrnehmen:** Erheben Mitarbeitende Anspruch, von der Organisation als Talent angesehen und gefördert zu werden und fühlen sie sich dazu auch berechtigt, werden aber – anders als andere Kolleginnen und Kollegen – nicht als Talent geführt, besteht die Gefahr, dass sie den psychologischen Vertrag als gebrochen erleben. Dadurch kann eine Segmentierung der Mitarbeitenden zum Beispiel in Verärgerung, Verstimmung bzw. Unzufriedenheit münden (Crosby, 1976).
  Eine empirische Studie von Sonnenberg (2010) stützt diese Befürchtung. Von den 681 Befragten der Studie wurden 330 von den Unternehmen als Talente geführt und 351 als Nichttalente. 98 Prozent der als talentiert angesehenen Mitarbeitenden beurteilten sich auch selbst als Talent. Aber auch 88 Prozent der *nicht* als Talent eingestuften Mitarbeitenden hielten sich für talentiert.
- **Gefahr, die Nichtgeförderten zu demotivieren:** Eine Studie der CIPD (2006) belegt, dass es auf 67 Prozent der nicht geförderten Befragten demotivierend wirkt, wenn das Unternehmen andere Personen als Talente führt.
- **Gefahr, dass Nichtgeförderte eher zur Fluktuation neigen:** Als mögliche Auswirkung einer exklusiven Segmentierung der Mitarbeitenden in Talente und „weitere" Mitarbeitende hat man in einer Erhebung in Großbritannien durch das CIPD eine unterschiedliche Fluktuationsneigung der jeweiligen Gruppen festgestellt. So sieht lediglich ein geringer Prozentsatz der Talente aus den Talentpools ihre berufliche Zukunft nicht im gegenwärtigen Unternehmen, wohingegen mehr als ein Fünftel der Befragten, die nicht zu dem ausgewählten Talentkreis gehören, einen Unternehmenswechsel in Erwägung ziehen (McCartney, 2010).
- **Gefahr der Exklusion von Talenten:** Eine weitere Gefahr der exklusiven Segmentierungsstrategie besteht darin, dass verborgene Talente unentdeckt bleiben. Fasst man das Talentverständnis zu eng, so führt dies dazu, dass nur ein Bruchteil der tatsächlichen Talente die Vorzüge des Talent Managements erfährt (Pfeffer, 2001). Regelmäßige Mitarbeiterportfolio- und -entwicklungsrunden, in denen die Führungskräfte die Leistungen und Potentiale aller Mitarbeitenden besprechen, sind daher anzuraten, um die bestehende Zusammensetzung des Talentkreises zu prüfen und gegebenenfalls zu korrigieren.

Der Nutzen einer exklusiven Segmentierungsstrategie wird also von erheblichen Nachteilen begleitet. Bei der inklusiven Segmentierungsstrategie entstehen viele dieser Probleme nicht, da sämtliche Mitarbeitende einbezogen und als Talente angesehen werden. Diese inklusive Strategie hat folgende Vorteile für die Organisation:

- **Der psychologische Vertrag ist in den Augen der Mitarbeitenden intakt:** Jede bzw. jeder Mitarbeitende erfährt die gleiche Wertschätzung, und die Erwartungen der Arbeitnehmenden an die Organisation werden erfüllt.
- **Motivation, Zufriedenheit und Mitarbeiterbindung:** Die inklusive Segmentierungsstrategie wirkt sich beispielsweise positiv auf die Anerkennung, Zufriedenheit und Motivation der Mitarbeitenden aus. Die Bindung an das Unternehmen wird infolgedessen erhöht.

Die Gleichbehandlung und Einbindung aller in das Talent Management birgt jedoch auch Gefahren:

- **Gefahr geringerer Effektivität der Talent-Management-Maßnahmen:** Weil das Budget auf alle Mitarbeitenden aufgeteilt wird, sind die Fördermaßnahmen weniger intensiv. Die Förderung der gesamten Belegschaft bedingt zudem umfangreiche und damit schwer steuerbare Prozesse und Praktiken, die eine Umsetzung im Talent Management erschweren. Damit sinkt die Effektivität. Ein weiterer Effektivitätsverlust entsteht im Falle der Förderung von Mitarbeitenden, die einen solchen Entwicklungsprozess gar nicht wünschen oder dafür nicht geeignet sind.
- **Gefahr, dass Spitzenkräfte Fairness vermissen:** Spitzenkräfte können sich durch eine Gleichbehandlung aller Mitarbeitenden benachteiligt fühlen und ein Fehlen von Fairness wahrnehmen (Sonnenberg, 2010).

Welche Segmentierungsstrategie man wählt, hängt folglich stark vom organisationalen Kontext ab. Insbesondere in wissensintensiven Branchen mit einem hohen Anteil Hochqualifizierter liegt eine inklusive Strategie nahe, wohingegen im Falle stark heterogener Belegschaften oder aber einer starken regionalen Streuung der Arbeitsstätten eine exklusive Segmentierungsstrategie sinnvoller sein kann.

8.2.2 A-Position-Ansatz

Bei welchen A-Positions wirken Talentinvestitionen am intensivsten?

Betrachten wir als Beispiel den Vergnügungspark Disneyland und gehen wir der Frage nach, wessen Stellung von höherer strategischer Bedeutung ist – die von Mickey Mouse oder die eines Eisverkäufers.

Die Identifizierung von zentralen Positionen ermöglicht es uns, die Talentfrage klarer zu sehen. Statt zu fragen: „Welche Talente sind wichtig?“ stellt sich dann die Frage: „Wo wären Verbesserungen im Talent am wirksamsten?“ (Boudreau & Ramstad, 2007).

Abbildung 40 zeigt, dass Mickey Mouse zwar wichtig, aber aus Talent-Management-Sicht nicht unbedingt zentral ist. Die obere Kurve stellt Leistung und strategischen Wert der Talente in der Mickey-Mouse-Rolle dar. Während die Arbeitsleistung der Mickey Mouse vergleichbar mit der eines Eisverkäufers bzw. einer Eisverkäuferin ist, liegt der strategische Wert im Vergleich deutlich höher. Vergleicht man die Mickey Mouse mit der besten Leistung und diejenige mit der schlechtesten Leistung, wird deutlich, dass die Abweichung im strategischen Wert zwischen beiden gering ausfällt. Würde jedoch ein Extremfall eintreten, in dem sich die Person im Mickey-Mouse-Kostüm zum Beispiel in Kundeninteraktionen sehr schlecht verhält und dadurch sehr schlechte Leistungen erbringt, wären die Folgen indes strategisch verheerend. Dies wird aus dem sehr steilen Abknicken der gestrichelten Kurve links ersichtlich. Um diesen Extremfall von vornherein auszuschließen und solche

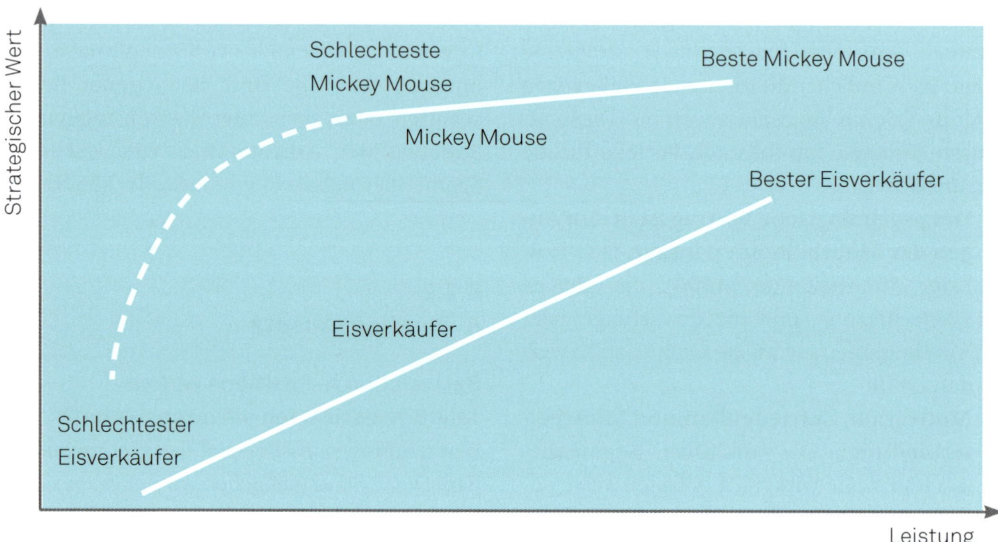

Abbildung 40: Wertbeitrag von Talentinvestitionen (in Anlehnung an Boudreau & Ramstad, 2007)

Fehler praktisch unmöglich zu machen, hat man die Mickey-Mouse-Rolle klar definiert: Die Person im Mickey-Mouse-Kostüm ist nie sichtbar, spricht nicht und wird immer von einem bzw. einer Vorgesetzten begleitet, der die Begegnungen mit dem Gast managt und dafür sorgt, dass Mickey Mouse nicht fällt, sich nicht verläuft und keine unautorisierte Pause macht. Da diese Position gut ausgearbeitet ist und folglich in der Praxis meist lediglich das mit der durchgezogenen Linie dargestellte Leistungsspektrum vorfindbar ist, lohnt sich eine Investition in die Verbesserung der Leistung von Mickey Mouse kaum, da sich der strategische Wert dadurch nur unwesentlich erhöht. Lohnend sind lediglich diejenigen Anfangsinvestitionen, welche die Leistung der Mitarbeitenden, die als Mickey Mouse tätig werden möchten, im Bereich der gestrichelten Linie auf den sehr hohen erforderlichen Standard bringen (Boudreau & Ramstad, 2005b).

Eisverkäuferinnen und Eisverkäufer sind in Disneyland - ebenso wie die Mickey Mouse - entscheidende Talente. Wenn ein Gast ein Problem hat, sind stark präsente Mitarbeitende, so wie Eisverkäufer/-innen oder Straßenkehrer/-innen, häufig diejenigen, an die sich Gäste wenden. Verändert sich die Leistung eines Eisverkäufers oder einer Eisverkäuferin zum Besseren hin, so erzeugt dies folglich einen hohen Anstieg im strategischen Mehrwert, was in dem Kurvenverlauf der Eisverkaufenden deutlich wird, der deutlich steiler als derjenige einer Mickey Mouse ist. Die Interaktion mit Gästen im Park spielt eine zentrale Rolle, und der Eisverkäufer oder die Eisverkäuferin leistet hierzu einen großen Beitrag. Dies bedeutet im Umkehrschluss aber nicht, dass die Mickey Mouse unwichtig wäre: Die Ergebniskurve in Abbildung 40 zeigt, dass der *absolute* strategische Wertbeitrag der Mickey Mouse, die grundsätzlich den Mindeststandard erfüllen muss (durchgezogene Linie), an allen Punkten höher ist als der Beitrag des Eisverkäufers bzw. der Eisverkäuferin. Selbst der beste Eisverkäufer oder die beste Eisverkäuferin schafft möglicherweise weniger Wert als die Mickey Mouse mit der schlechtesten Leistung (Boudreau & Ramstad, 2007). *Dennoch* ist es im vorliegenden Fallbeispiel aus strategischer Sicht besser, in die Talente eines Eisverkäufers bzw. einer Eisverkäuferin und nicht in die Talente einer Mickey Mouse zu investieren, weil sich hier ein größerer Zuwachs des strategischen Wertbeitrags generieren lässt.

Merke

Bei der Entscheidung, in welche Talente-Positionen mittels Entwicklungsmaßnahmen primär investiert werden sollte, ist nicht der *absolut* höhere strategische Wert der Position ausschlaggebend. Vielmehr gilt es abzuwägen, bei welcher Position die größte *Veränderung* im strategischen Wert erreichbar ist.

8.2.3 Gestaltung von Maßnahmen zur Talententwicklung

In der praktischen Anwendung des Talent Managements stellt sich die Frage, inwieweit Talent – auch noch im hohen Alter – entwickelbar ist. Daher werfen wir nun einen Blick auf Lernprozesse und darauf, wie Lernsituationen in der Praxis gestaltet sein sollten.

Der Entwicklungsprozess von einer Begabung zu einem Talent durch Förderung wird von verschiedenen Einflussfaktoren gelenkt, die es in der praktischen Umsetzung des Talent Managements zu berücksichtigen gilt:

Übung macht den Meister. Talent Management zielt unter anderem auf die Förderung kognitiver Fähigkeiten ab. Durch Lernen und Üben werden kognitive Fähigkeiten zum Beispiel dann entwickelt, wenn sich neu erlernte Informationen mit bekanntem Wissen verbinden und dadurch neues Wissen konstruiert wird.

Lernen baut auf Vorerfahrungen auf. Talententwicklung wird durch eine fähigkeitsbezogene Förderung bestmöglich unterstützt, da nur basierend auf vorhandener Begabung bzw. natürlichen Fähigkeitsbereichen Talent entwickelt werden kann (siehe Abb. 35, Seite 187).

Positive Emotionen fördern Lernprozesse. Die Effektivität von Lernprozessen wird durch Emotionen beeinflusst. Angenehme Emotionen beispielsweise haben einen lernfördernden Effekt. Ist der Prozess dagegen durch eine zu hohe Erwartungshaltung gekennzeichnet, ergeben sich unangenehme Emotionen, was den Lernerfolg beeinträchtigt (Feinstein, 2006). Das emotionale Erleben im Rahmen vergangener Lernprozesse beeinflusst wiederum die zukünftige Handlungsbereitschaft hinsichtlich des Lernens. Förderlich für den Lernprozess sind:

- das Erleben eines zufriedenstellenden, nicht selbstverständlichen Lernerfolgs (z. B. Aufgaben mit unterschiedlichem Schwierigkeitsgrad anbieten),
- leichter, anregender Stress, der die allgemeine Aufnahmebereitschaft fördert („Lernen muss als positive Anstrengung empfunden werden“, Roth, 2004, S. 503),
- Wohlempfinden der Lernenden während des Lernprozesses (z. B. entspannte Stimmung erzeugen, positive Orientierung aufrechterhalten, konstruktiven Ausdruck von Ärger zulassen) sowie
- attraktive und lohnenswerte Lernsituationen, welche die Aufmerksamkeit und die Lernbereitschaft erhöhen (z. B. kooperative Lernkultur mit Interaktionen und gegenseitigem Helfen fördern; Spiele und Erfahrungsübungen einsetzen; erläutern, warum etwas sinnvoll zu erlernen ist).

Lernsituationen, in denen obige Punkte erfüllt sind, fördern Motivation und Aufmerksamkeit.

Man muss auch wollen können. Bei der Entwicklung von Talent bedarf es vonseiten der Mitarbeitenden eines gewissen Grades an Selbstinitiative. Das Gefühl von Wertschätzung und Förderungswillen der Organisation beispielsweise kann sich positiv auf die Motivation und Volition auswirken (vgl. Kapitel 2 „Faktoren individueller Leistungsbereitschaft“).

Das Gehirn eines Erwachsenen erweist sich auch im höheren Alter als formbar und lernfähig (Draganski et al., 2006; Maguire et al., 2000). Lernen und die Steigerung von Fähigkeiten sind daher bis ins hohe Alter möglich, allerdings unter veränderten Voraussetzungen und Bedingungen (Kessler, Lindenberger & Staudinger, 2009). So sinken bei älteren Menschen beispielsweise die Aufnahmefähigkeit und die Verarbeitungsgeschwindigkeit für neue Informationen. Die Herausbildung von Talent ist über die Ausbildung von Fähigkeiten auch mit zunehmendem Alter möglich, wobei es den Lernbesonderheiten älterer Mitarbeitender Rechnung zu tragen gilt. Auch den größeren Erfahrungshintergrund älterer Mitarbeitender gilt es im Talent Management zu berücksichtigen. Beispiele für Konzepte zur Weiterbildung älterer Arbeitnehmender finden sich beispielsweise bei Görtner, Hüber, Käser und Röhr-Sendlmeier (2014) oder DGfP (2012).

8.3 Handlungsimplikationen

Auf Basis der aufgezeigten Ergebnisse lassen sich drei Handlungsempfehlungen für erfolgreiches Talent Management durch Führungskräfte ableiten.

Segmentierungsstrategie: Nicht alle Individuen sind Spitzenkräfte, und nicht alle können sich unter gegebenen organisationalen Ausrichtungen zu Spitzenkräften entwickeln. Der inklusiven Segmentierung sind damit Grenzen gesetzt. Sie eignet sich vornehmlich für Organisationen mit homogener Belegschaft hinsichtlich der Qualifikation (wie Unternehmensberatung, IT-Industrie). Es ist jedoch möglich, die Grundidee der inklusiven Segmentierungsstrategie so zu interpretieren, dass nicht alle Mitarbeitenden zwingend als ausgebildete Spitzenkräfte betrachtet werden, sondern stattdessen die Relevanz der Fähigkeiten eines jeden Einzelnen für den gemeinsamen Unternehmenserfolg im Mittelpunkt steht. Sinnvoll ist es deshalb, zum einen die bestehenden Talente von Mitarbeitenden zu sehen und zum anderen das Potential, weitere Talente auszubilden. Die Möglichkeit, Fähigkeiten auf Basis vorhandener Begabungen zu einem Talent zu entwickeln, ist wissenschaftlich belegt. Aus diesem Grund sollte das Verständnis von Talent auch nicht zu eng gefasst werden, wie dies bei der exklusiven Segmentierung der Fall ist. Bei der exklusiven Segmentierung gilt es, der Gefahr der Nichtberücksichtigung verborgener Talente sowie negativer Konsequenzen für Nichttalente vorzubeugen. Talent Management zeichnet sich durch Effektivität und sinnvolle Nutzung der zur Verfügung gestellten Ressourcen aus, und dem Förderumfang sind Grenzen gesetzt. Folglich gilt es hinsichtlich der Talentförderung diejenigen Schlüsselpositionen zu identifizieren, bei denen der strategisch bedeutsame Wirkungsunterschied einer Talententwicklung am höchsten ist.

Es ist möglich und zu empfehlen, die Vorzüge beider Segmentierungsstrategien zu vereinen. Talent Management sollte grundsätzlich ein umfassendes Verständnis von Talent zugrunde legen und allen Beschäftigten offenstehen. Eine dementsprechende Kommunikation in der Organisation ist von großer Bedeutung. Die Entscheidung, welche Mitarbeitenden eine Talentförderung erhalten und mit welcher Intensität gefördert wird, sollte dagegen je nach Wirkung auf die strategische Wertentwicklung variieren und ist sowohl auf die individuellen Möglichkeiten und Bedürfnisse als auch auf den Bedarf im Unternehmen auszurichten.

Kommunikation: Die Kommunikation der Klassifizierung von Mitarbeitenden als Talente stellt eine Herausforderung in Unternehmen dar. Es gilt einerseits, die Leistungen talentierter Mitarbeitender anzuerkennen. Dies kann jedoch – im Falle einer exklusiven Segmentierungsstrategie – dazu führen, dass sich die nicht als Talente angesehenen Arbeitnehmenden geringer wertgeschätzt finden, was negative Auswirkungen auf deren Bleibewillen haben kann. Andererseits kann ein weitgreifendes Talentverständnis – wie im Falle einer inklusiven Segmentierungsstrategie – gekoppelt mit einer umfassenden Talentförderung aller, dazu beitragen, dass Spitzenkräfte sich mit anderen gleichgesetzt und dadurch nicht angemessen anerkannt fühlen. Von der Art der Kommunikation des unternehmerischen Talentverständnisses und der Talentförderung hängt also entscheidend ab, inwieweit sich aus der Segmentierungsstrategie nachteilige Konsequenzen ergeben.

Es ist deshalb ausschlaggebend, welche Signale die Mitarbeitenden von der Organisation erhalten. *Unternehmen sollten durch sorgfältige Kommunikation den Unterschied zwischen Talentverständnis und Talentförderung klar herausstellen* (vgl. das Beispiel aus Disneyland). Mitarbeitende, die keine oder nur geringe Talentförderungen erhalten, müssen dennoch Wertschätzung erfahren, die auf ihren individuellen Stärken basiert. Signale, die sich als eine Wertung bzw. Abwertung in Talente und Nichttalente interpretieren lassen, sind zu vermeiden.

Talentförderung: Zur effektiven Entwicklung von Talent bedarf es individueller Lösungen. Talent kann nur innerhalb der anlagebedingten Fähigkeitsbereiche entwickelt werden. Es ist somit wenig effektiv, eine Förderung durch standardisierte Praktiken und starre Strukturen anzubieten, innerhalb derer die individuellen Fähigkeiten gar nicht oder kaum berücksichtigt sind. Diese individuellen Potentiale gilt es mittels entsprechender Methoden (vgl. Kapitel 6 „Methoden und Verfahren der Personalauswahl") zu erkennen und anschließend zu entwickeln. Menschen streben zudem selbst nach einem lernförderlichen Umfeld, das zu ihren Anlagen passt. Das Talent Management hat somit eine geeignete und flexible Lernumgebung zu schaffen.

Eine mögliche Lösung stellen idiosynkratische Vereinbarungen dar, durch die sich individuelle Fähigkeiten benennen und mittels passender Fördermöglichkeiten ausbilden lassen. Über diese individuellen Vereinbarungen ergeben sich mehrere Vorteile: Man kann die Effektivität des Talent Managements erhöhen, da der Förderungsumfang nicht nur positionsabhängig, sondern auch individuell variabel ist und Schlüsselpersonen in Schlüsselpositionen eine umfassendere Förderung erhalten. Ebenso kann man Mitarbeitende, die keine Förderung wünschen oder dazu nicht geeignet sind, von idiosynkratischen Vereinbarungen ausnehmen.

8.4 Zusammenfassung

Immer mehr Organisationen erkennen Talente als eine für sie wichtige strategische Ressource (Schuler, Jackson & Tarique, 2011). Talent Management soll diese Ressource für das Erreichen strategischer Unternehmensziele effektiv nutzen. Folgende Schritte gilt es zu durchlaufen:

Talentdefinition: Für das Talent Management geeignete Mitarbeitende werden durch eine Segmentierung ausgewählt. Dafür existieren zwei grundlegend verschiedene Strategien, die exklusive und die inklusive Segmentierungsstrategie.

Talentförderung: Nicht alle Mitarbeitenden haben Talent, doch ist Talent und damit das Leistungsniveau aller Individuen ausgehend von den je individuellen Begabungen entwickelbar. Talent entwickelt sich in einem Prozess, der dem Einfluss unterschiedlicher Faktoren unterliegt, darunter dem Faktor Umwelt.

Talentförderentscheidung: Generell zu empfehlen ist ein inklusives Talentverständnis bei exklusiver Talentförderung. Investitionen in die Talentförderung sollten in diejenigen Positionen fließen, bei denen der höchste Effekt auf die *Steigerung* des strategischen Werts zu erwarten ist. Förderungsmaßnahmen fließen demnach nicht notwendigerweise in diejenigen Positionen und Talente mit dem *absolut* höchsten strategischen Wert, sondern in diejenigen, bei denen die Maßnahmen strategisch am wirksamsten sind. Variieren sollten Umfang und Inhalt der Förderung folglich je nach Wirkung auf die strategische Wertsteigerung der jeweiligen Position, und sie sollten auf Mitarbeitende und das Unternehmen passgenau zugeschnitten werden, beispielsweise mittels idiosynkratischer Vereinbarungen.

8.5 Reflexionsfragen

- Prüfen Sie für Ihre Organisation kritisch die folgenden Fragen (vgl. Boudreau & Ramstad, 2007):
  - Wie definiert Ihre Organisation „Talente"?
  - Wo braucht Ihre Unternehmensstrategie Talente, die im Vergleich zu den Wettbewerbern besser und zahlreicher sind?
  - Bei welchen unternehmerischen Vorhaben haben Sie aufgrund Ihrer Talente strategische Vorteile?
  - Welche Talentlücken müssen Sie schließen, um Ihren Wettbewerbsvorteil zu bewahren?
  - Wo würde eine Veränderung in der Verfügbarkeit oder Qualität von Talenten am stärksten wirken?
- Bestimmen Sie eine Segmentierungsstrategie, die in Ihre organisationalen Rahmenbedingungen passt.
- Denken Sie an einen oder eine Ihrer Mitarbeitenden, dem bzw. der Sie Potential zuschreiben, und überlegen Sie, wie Sie diese Person mit Hilfe individueller Absprachen in Form idiosynkratischer Vereinbarungen fördern könnten. Gibt es einen bestimmten „Challenge I-Deal" oder „Comfort I-Deal", den Sie als für diese Person sinnvoll erachten? Welche Vereinbarungen könnte diese Person selbst treffen wollen? Sehen Sie Konflikte? Entwickeln Sie ein konkretes Angebot mit den im Gegenzug vom Mitarbeitenden Ihrerseits erwarteten Gegenleistungen. Welche Befristung halten Sie für den I-Deal für sinnvoll?
- Wie würden Sie Ihre Kommunikationsstrategie in der Organisation konkret in die Praxis umsetzen, wenn Sie die Empfehlung eines inklusiven Talentverständnisses bei exklusiver Talentförderung umsetzen?
- Wie tragen Sie in Ihrem Talent Management den Lernbesonderheiten älterer Mitarbeitender Rechnung, und wie wird der größere Erfahrungshintergrund älterer Mitarbeitender berücksichtigt? Wo sehen Sie Verbesserungsbedarf?

9
Karriere und Karriereentwicklung

Was Sie hier erfahren

Die Arbeit nimmt im Leben eines Menschen einen großen Teil ein. So arbeiten wir im Durchschnitt 38,1 Jahre unseres Lebens (Stand: 2016; Eurostat, 2017). Auch weiß man aus der Glücksforschung, dass Arbeitszufriedenheit das Glücksempfinden fördert (Bowling, Eschleman & Wang, 2010). Zum persönlichen Erfolg und zur Zufriedenheit kann es beitragen, wenn Individuen jeden Alters sich mit dem Management ihrer Karriere gründlich und aufmerksam beschäftigen. Folglich ist es sinnvoll, die Wahl des Berufes, der Tätigkeit sowie der Karriereschritte sorgsam zu treffen. Angesichts veränderter Arbeitsbedingungen und -beziehungen zwischen Arbeitgebenden und Arbeitnehmenden, wie beispielsweise verringerter wahrgenommener Arbeitsplatzsicherheit, wird es immer wichtiger, das Karrieremanagement nicht länger allein den Arbeitgebenden zu überlassen, sondern selbst Verantwortung für die eigene Karriere zu übernehmen.

In diesem Kapitel erhalten Sie Einblick in das Thema Karriere und deren Management durch Arbeitgebende und Beschäftigte selbst sowie in Aspekte der Karriereentwicklung. Zu Beginn stellen wir dar, wie sich Karriereparadigmen entwickeln und welche Trends zu beobachten sind. Die verschiede nen Stadien der Karriereentwicklung, die Beschäftigte durchlaufen, geben Ihnen praktische Anhaltspunkte für das eigene Karrieremanagement sowie Hinweise, wie Organisationen Karriereentwicklung und -management unterstützen können.

9.1 Wissenschaftliche Basis

Karriere ist häufig nicht „gegeben“, sie entsteht nicht von alleine. Immer stärker ist sie identitätsrelevant und wird strategisch geplant. Der Einfluss von Individuum und Unternehmen auf den Verlauf von Karrieren ist ein hochaktuelles Thema.

9.1.1 Karriereparadigmen im Wandel

Karrieren sind definiert als sich über die Zeit entwickelnde Sequenzen von Arbeitserfahrungen einer Person (Arthur, Hall & Lawrence, 1989; Gunz & Peiperl, 2007). Folglich unterscheidet sich eine Karriere von einem Job: Es geht nicht allein darum, was man für seinen Lebensunterhalt tut, sondern auch darum, was man in der Vergangenheit getan hat und was jetzt und in Zukunft möglich ist. Der Begriff Karriere umfasst somit die Dimension der **Zeit.** Der Begriff Karriere impliziert überdies eine „Route“, der man folgt und die sowohl eine **Richtung** als auch einen **Zweck** enthält.

Beschäftigte, deren Karriere dem **traditionellen Karriereparadigma** folgt, durchlaufen eine relativ stabile und stetige Karriereentwicklung. Regelmäßige Beförderungen ermöglichen ihnen einen linearen Aufstieg in der Organisation (Rosenbaum, 1979; Wilensky, 1964). Traditionelle Karriereverläufe sind insbesondere in Zeiten des Wirtschaftswachstums mit hoher Nachfrage nach Humankapital realisierbar (Clarke, 2013). Typische Beispiele für Organisationen, in denen Mitarbeitende traditionelle Karrierepfade durchlaufen, sind beispielsweise einige Unternehmensberatungen oder die Bundeswehr.

Durch veränderte Umweltbedingungen, wie beispielsweise Wertewandel, Globalisierung oder Restrukturierungen, gerät dieses traditionelle Modell indes bei einigen Arbeitnehmenden und in manchen Organisationen ins Wanken. Karrierepfade sind nun weniger vorstrukturiert und vorhersagbar (Baruch, 2004), so dass es einer alternativen Karrieredefinition bedarf. Das **moderne Karriereparadigma** bringt zum Ausdruck, dass eine Karriere ein Merkmal eines Individuums ist und dass die Arbeitserfahrungen nicht ausschließlich beruflicher Art sind (z. B. private Erfahrungen als Kassenwart im Tennisverein), nicht immer stabil innerhalb eines Berufs oder einer Organisation gewonnen werden und nicht notwendigerweise einem linearen Aufstieg in der Unternehmenshierarchie folgen. Traditionell verwendete man den Begriff Karriere lediglich für (akademische) Berufe, die durch einen hohen Status sowie hohe Autonomie und Vergütung gekennzeichnet sind (Kulick, 2006), wie zum Beispiel im Falle von Ärzten und Rechtsanwälten. Heute wird der Karrierebegriff breiter angewandt, da viele Tätigkeiten die genannten modernen Merkmale erfüllen und folglich ebenfalls Karrieren begründen.

Exemplarisch sind die folgenden Veränderungen in den letzten Jahrzehnten zu nennen, die einen Einfluss auf die Karriereparadigmen ausüben (vgl. **Abb. 41**):

Abbildung 41: Wandel der Karriereparadigmen durch individuelle, organisationale und kontextuelle Veränderungen

Organisationale Kostensenkungen und Verlust von Arbeitsplatzsicherheit

Das Ausmaß an Beschäftigungssicherheit wird – gemessen an der Zahl unfreiwilliger Entlassungen, von denen in Deutschland zwischen 270 000 und eine Million Menschen pro Jahr betroffen sind – im Wesentlichen durch den Konjunkturverlauf bestimmt. Ein genereller Verlust an dauerhaften, stabilen und sicheren Beschäftigungsverhältnissen lässt sich empirisch (bislang) nicht nachweisen (Erlinghagen, 2005; Rodrigues & Guest, 2010). Allerdings können Beschäftigte diese objektiven Daten subjektiv durchaus anders wahrnehmen und verarbeiten (Silbereisen, Pinquart, Reitzle, Tomasik, Fabel & Grümer, 2006). Beispielsweise kann in Krisenzeiten die wahrgenommene Arbeitsplatzunsicherheit ansteigen (Haupt, 2010), was wiederum das Mobilitätsverhalten der Beschäftigten beeinflusst und in Form freiwilliger Arbeitsplatzwechsel selbst zur Arbeitsmarktflexibilisierung beiträgt (Cornelißen, 2006). Dieses Mobilitätsverhalten bewirkt neben weiteren Faktoren mit, dass insgesamt ein moderater Abwärtstrend hinsichtlich der betrieblichen Beschäftigungsdauern in Deutschland feststellbar (Köhler, Struck, Goetzelt, Grotheer & Schröder, 2006) und eine lebenslange Beschäftigung bei einer arbeitgebenden Organisation nicht länger der Normalfall ist. Individuen müssen infolge der nur eingeschränkten Planbarkeit der Beschäftigung mit Diskrepanzen zwischen geplanten und gelebten beruflichen Karrieren umgehen.

Veränderte Organisationsstrukturen und Arbeitsweisen

In zahlreichen Organisationen weichen bürokratische Formen des Organisationsdesigns flachen und dezentralisierten internen Organisationsstrukturen (Balogun & Johnson, 2004; Lee & Yang, 2011). Merkmale moderner Organisationen sind eine relativ kleine Anzahl von Beschäftigen, die das Kerngeschäft abwickeln, die Nutzung von Outsourcing sowie eine erhöhte Anzahl von befristet Beschäftigten, Teilzeitbeschäftigten oder Leiharbeitenden für sekundäre und abwickelnde Tätigkeiten (Greenhaus, Callanan & Godshalk, 2010).

Als eine Folge dieser organisationalen Veränderungen setzen sich teambasierte Strukturen durch, verbunden mit der Nutzung von „Empowerment“, einer Erweiterung der Autonomie und Mitbestimmungsmöglichkeiten von Mitarbeitenden rund um ihren Arbeitsplatz (Baird & Wang, 2010). Die Beschäftigten müssen daher im Selbstmanagement geübt sein, um der wachsenden Verantwortung gerecht zu werden. Zu den Anforderungen gehören die Flexibilität, geschickt zwischen Projekten zu wechseln, und die Fähigkeit, mit Menschen verschiedener funktionaler Bereiche zu interagieren (Offermann, 2006).

Technologie und veränderte Anforderungen

Technologischer Fortschritt führt bei vielen Tätigkeiten zu höheren und veränderten Qualifikationsanforderungen, zur Schaffung neuer und technologisch fortentwickelter Tätigkeiten, aber auch zum Wegfall bisheriger Tätigkeiten (Russel & Redman, 2006). Um mit den technologischen Veränderungen flexibel umgehen und darauf abgestimmte Karriereentscheidungen treffen zu können, wird das Karrieremanagement zukünftig noch wichtiger als bisher (Greenhaus et al., 2010). Gleichzeitig verändern Job-Matching-Seiten wie LinkedIn und Monster die Art und Weise, wie Einzelpersonen nach Arbeit suchen und Unternehmen Talente erkennen und einstellen. Unabhängige Arbeitnehmende entscheiden sich immer häufiger dafür, ihre Dienstleistungen auf digitalen Plattformen wie Upwork, Uber und Etsy anzubieten, und stellen dabei konventionelle Vorstellungen in Frage, wie und wo Arbeit geleistet wird und wodurch Karrieren gekennzeichnet sind.

Internationaler Wettbewerb

Im Zuge der Internationalisierung der Geschäftstätigkeit wird in vielen Firmen für einen hierarchischen Aufstieg in Führungspositionen internationale Erfahrung und ein Verständnis für die globale Unternehmenswelt vorausgesetzt. Daraus ergeben sich Karriereschritte über nationale und teils auch organisationale Grenzen hinweg (Andresen & Bergdolt, 2017). Weiterhin finden wir mehr Interaktionen und Zusammenarbeit von Menschen unterschiedlicher kultureller Hintergründe, beispielsweise im Rahmen virtueller Teamarbeit oder beim Verhandeln mit Zuliefer- und Kundenunternehmen weltweit. Weltweite Koordinierungsaufgaben begründen Karrieren von sogenannten globalen Manager/-innen (Cappellen & Janssens, 2010).

Demografischer Wandel und Diversität

Demografisch bedingt sinkt das potentielle Arbeitskräfteangebot in Deutschland in den nächsten Jahrzehnten, und dies trotz der erwarteten Steigerung der Frauenerwerbsbeteiligung, des Zuwachses an älteren Arbeitskräften sowie des Anteils ausländischer Beschäftigter (Fuchs, Söhnlein & Weber, 2011). Infolgedessen sehen sich Unternehmen dem Druck ausgesetzt, die Vielfalt bzw. Diversity in der Belegschaft insbesondere in Bezug auf Gender, Alter sowie Ethnie und Kultur effektiv zu managen. Auch der Karriereerfolg hängt in vielen Organisationen häufig davon ab, inwieweit Beschäftigte mit Personen kooperieren können, deren Werte und Perspektiven von den eigenen abweichen (Greenhaus et al., 2010).

Vereinbarkeit von Familie und Beruf und Work-Life-Balance

In der Vergangenheit galten Familie und Beruf als zwei klar zu trennende Bereiche. Insbesondere im Zuge erhöhter Frauenerwerbstätigkeit sowie einer alternden Bevölkerung mit damit einhergehenden Pflegeaufgaben stehen Unternehmen vor der Notwendigkeit, neue, flexiblere Lösungen zur Vereinbarkeit von Beruf und Familie zu praktizieren (OECD, 2006). Und auch die Beschäftigten müssen ihre Karriere mit ihrer Verantwortung für die Familie oder mit außerberuflichen Aktivitäten (wie z. B. politischem Engagement oder Weiterbildung) in Übereinklang bringen.

9.1.2 Koexistenz verschiedener Karriereparadigmen in der heutigen Arbeitswelt

In der heutigen Arbeitswelt koexistieren unterschiedliche Karriereparadigmen, die das Karriereverständnis von Organisationen und Beschäftigten prägen. Überaus wichtig ist es daher, dass Individuen und Organisationen ihr Karriereverständnis vor Vertragsabschluss abgleichen, um keine Enttäuschung zu erleben. **Tabelle 14** fasst die Unterschiede zwischen dem traditionellen und dem neuen Karriereparadigma zusammen.

Psychologischer Vertrag

Mit dem Wandel der Karriereparadigmen einher geht eine Änderung des **psychologischen Vertrags** zwischen Arbeitgeber/-in und Beschäftigten, wie in der ersten Zeile von Tabelle 14 benannt. Der psychologische Vertrag ist definiert als die gegenseitigen Verpflichtungen von Arbeitgeber/-in und der eigenen Person, wie der oder die Beschäftigte sie wahrnimmt (Rousseau, 1990). Dieser Austausch betrifft die Beiträge, die ein Beschäftigter bzw. eine Beschäftigte der Organisation schuldet, sowie die Anreize, welche der oder die Beschäftigte als Gegenleistung vonseiten der Organisation erwartet (Robinson, Kraatz & Rousseau, 1994). Typisch für das traditionelle Karriereparadigma ist ein *relationaler* psychologischer Vertrag, der eine hohe und langfristige gegenseitige Beziehungsverpflichtung umfasst. Gekennzeichnet ist er durch Sicherheit in Form einer langfristigen bis lebenslangen Beschäftigung im Austausch für Loyalität und herausragendes Commitment der Mitarbeitenden (Rousseau, 1990).

Dieser traditionelle relationale Vertrag wird im Rahmen des neuen Karriereparadigmas vom sogenannten *transaktionalen* psychologi-

Tabelle 14: Gegenüberstellung des traditionellen und des neuen Karriereparadigmas (in Anlehnung an Clarke, 2013)

	Traditionelles Karriereparadigma	Neues Karriereparadigma
Psychologischer Vertrag	Arbeitsplatzsicherheit für Loyalität	Beschäftigungsfähigkeit durch Weiterbildung für Leistung und Flexibilität
Grenzen	Ein bis zwei Firmen → vertikal, „traditionelle Karriere"	Mehrere Firmen → multidirektional, „grenzenlose Karriere"
Art des Humankapitals	Unternehmensspezifisch → „know how"	Transferierbar → „learn how"
Karriereerfolgskriterien	Bezahlung, Beförderung, Status	Psychologisch bedeutsame Tätigkeit
Karriereverantwortung	Organisation	Individuum
Art der Weiterbildung	Formale Programme	On-the-job
Karrieremeilensteine	Altersabhängig	Lernbedingt
Grundeinstellung	Organisationale Verbundenheit („Ich bin Teil der Firma X.")	Berufliche Zufriedenheit („Ich bin Ingenieur.")

schen Vertrag abgelöst (Blickle & Witzki, 2008; Cascio, 2003; Dabos & Rousseau, 2013). Dieser neue psychologische Vertrag ist eher kurzfristig angelegt, ökonomischer Natur und sieht ein leichtes Ausscheiden aus dem Vertrag vor (Rousseau, 1990). Er enthält die Erwartung an Beschäftigte, dass sie flexibel neue Arbeitsaufträge übernehmen und neue Fertigkeiten entsprechend den organisationalen Bedürfnissen entwickeln. Im Gegenzug kümmert sich der Arbeitgeber oder die Arbeitgeberin um die Sicherung ihrer Beschäftigungsfähigkeit (wenngleich nicht notwendigerweise in der derzeitigen Organisation), indem Möglichkeiten zur kontinuierlichen beruflichen Entwicklung bereitgestellt werden (vgl. **Abb. 42**). Diese Veränderungen im psychologischen Vertrag bewirken einen Wandel von der linearen zur multiplen Karriere (Cascio, 2003).

Karrieregrenzen

Das Konzept der **grenzenlosen Karriere** (vgl. Abb. 42, neues Karriereparadigma), wie es für das neue Karriereparadigma kennzeichnend ist, unterscheidet sich im Wesentlichen durch drei Merkmale von der Karriere nach dem traditionellen Karriereparadigma:

- *Mobilitätsmuster über Grenzen hinweg* (insbesondere organisationaler und tätigkeitsbezogener Art) im Streben nach neuen Möglichkeiten oder einer besseren Übereinstimmung mit Tätigkeitsinteressen (Arthur & Rousseau, 1996)
- Notwendigkeit der *Nutzung veränderter Karrierekompetenzen und Strategien* wie dem Suchen nach Identität („knowing-why") und Marktfähigkeit („knowing-how") außerhalb der Organisation sowie dem Aufbau von Informations- und Einflussnetzwerken

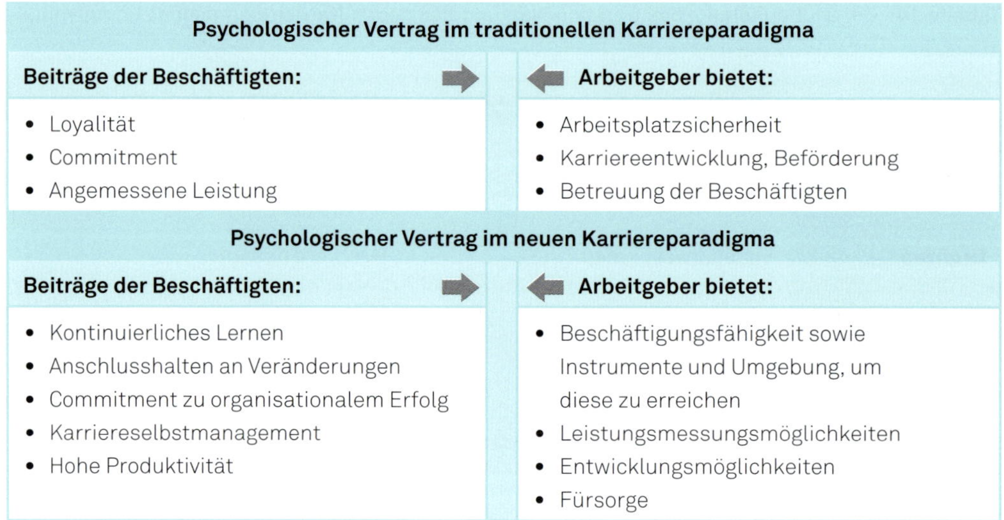

Abbildung 42: Psychologischer Vertrag im traditionellen und im neuen Karriereparadigma (in Anlehnung an Waterman, Waterman & Collard, 1994)

(„knowing-whom"; Parker, Khapova & Arthur, 2009)

- Notwendigkeit, *Selbstverantwortung für die persönliche Karrierewahl* zu tragen und in Karriereentscheidungen persönlich bedeutsamen Werten zu folgen, unabhängig von traditionellen organisationalen Karriereausgestaltungen (Arthur & Rousseau, 1996)

„Grenzenlosigkeit der Karriere" bezieht sich auf mehrerlei Grenzen, die im Vergleich zur traditionellen Karriere überschritten werden. Ein Beispiel ist das Überschreiten organisationaler Grenzen durch Arbeitgeberwechsel oder durch Bewertung der Arbeitsleistung vonseiten anderer Personen als dem bzw. der derzeitigen Arbeitgeber/-in (analog etwa zu den Bewertungsmechanismen bei Zimmerern in den Wanderjahren). Ein weiteres Beispiel ist das Überschreiten der Grenze zwischen Beruf und Privatleben, indem persönliche oder familiäre Gründe Einfluss auf individuelle Karriereentscheidungen nehmen (z.B. Ablehnung eines Beförderungsangebots aus familiären Gründen; Arthur & Rousseau, 1996). Infolge der physischen oder mentalen Karrieremobilität (Sullivan & Arthur, 2006) kann die Karriere gemäß dem neuen Karriereparadigma vergleichsweise zyklischer verlaufen und Perioden der Umschulung einschließen. Zudem ist sie durch mehr laterale in Ergänzung zu aufwärtsgerichteten Bewegungen gekennzeichnet und kann auch phasenweise Auszeiten mit einschließen (Clarke, 2013).

Angemerkt sei, dass die Idee der grenzenlosen Karriere auch in Frage gestellt wird (z.B. King, Burke & Pemberton, 2005; Roper, Ganesh & Inkson, 2010). Rodrigues und Guest (2010) argumentieren, dass ein Zerfall des traditionellen Karriereparadigmas empirisch nicht gestützt werden könne. Sie zeigen, dass die Dauer der Betriebszugehörigkeit und die Fluktuation in Europa, Japan und den USA seit 2000 relativ stabil und die Arbeitsmobilität von Fach- und Führungskräften nicht signifikant gestiegen ist. Sie argumentieren ferner, dass die neue Karriere sich eher in den Erwartungen der Menschen als in ihren Arbeitsmarkterfahrungen widerspiegelt. Wenngleich diese Kritik die Idee der Grenzenlosigkeit nicht vollständig verwirft, hat sie doch unsere Aufmerksamkeit darauf gelenkt, zu analysieren, wie Individuen bestehende Grenzen tatsächlich managen und überschreiten. Es bleibt abzuwarten, wie sich die grenzenlose Karriere zukünftig im Zuge der weiteren Veränderungen und einer sich steigernden Veränderungsgeschwindigkeit entwickelt.

Karriereerfolg

Mit der hier beschriebenen Veränderung der Karriereparadigmen geht eine Neudefinition des **Karriereerfolgs** einher (vgl. Tab. 14). Karriereerfolge sind definiert als positive materielle und psychologische Ergebnisse, die aus den sich über die Zeit entwickelnden Sequenzen von Arbeitsaktivitäten und -erfahrungen einer Person resultieren. Man unterscheidet objektiven und subjektiven Karriereerfolg (vgl. **Abb. 43**). Der für das traditionelle Karriereparadigma übliche Bewertungsmaßstab des objektiven Karriereerfolgs orientiert sich an Erfolgsgrößen wie der Gesamtvergütung. Das neue Karriereparadigma bezieht den subjektiven Karriereerfolg mit ein, der sich an der Realisierung persönlicher Werte bemisst, beispielsweise an der Arbeits- und Karrierezufriedenheit oder der Balance von Karriere und Privatleben (Arthur, Khapova & Wilderom, 2005; Eby, Butts & Lockwood, 2003; Volmer & Spurk, 2011).

Karriereverantwortung

Die geschilderten Veränderungen individueller, organisationaler und kontextueller Bedingungen erfordern, dass Individuen im neuen Paradigma in ihren Karrierebestrebungen wandlungsfähig werden, um agil auf Unsicherheiten reagieren zu können. Das gilt sowohl für Unsicherheiten aufgrund allgemeiner wirtschaftlicher Rahmenbedingungen als auch für Unsicherheiten wegen unternehmensinterner Veränderungen und individueller Herausforderungen. Man spricht davon, dass Beschäftigte Verantwortung für die eigene Karriere übernehmen und dafür eine „proteische Karriereeinstellung" benötigen.

Die **proteische Karriere** ist nach dem griechischen Meeresgott Proteus benannt, der die Fähigkeit zur spontanen, polymorphen Gestaltverwandlung hatte. So wird auch von Beschäftigten mit proteischer Karriere erwartet, dass sie sich laufend an neue Anforderungen anpassen. Während die grenzenlose Karriere den Fokus auf die gestiegene Durchlässigkeit

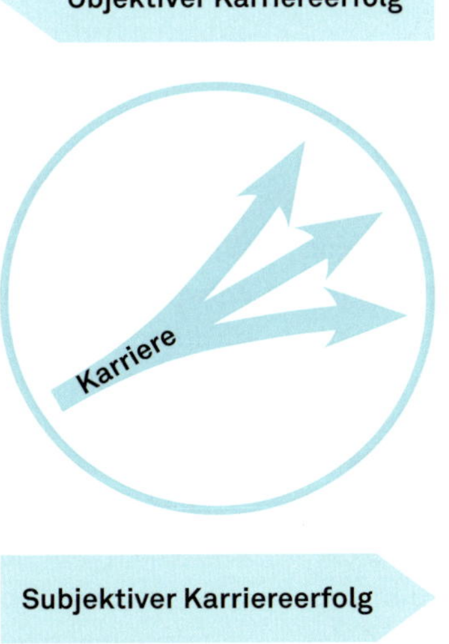

Abbildung 43: Objektive und subjektive Kriterien für den Karriereerfolg

von Grenzen setzt, betont die proteische Karriere die *individuellen Einstellungen* (Briscoe & Hall, 2006). Zwei Charakteristika der proteischen Karriere sind erkennbar (Briscoe, Hall & DeMuth, 2006; Hall, Yip & Doiron, 2017):

- *Selbstbestimmtes Karrieremanagement:* Um marktfähig zu bleiben, aktualisieren Individuen ihr Wissen, ihre Fertigkeiten und Fähigkeiten periodisch und passen diese an ein verändertes Arbeitsumfeld an. Anstatt sich auf den Erwerb unternehmensspezifischen Humankapitals („know how") zu konzentrieren, gewinnt der Erwerb transferierbarer Wissensbestände, Fertigkeiten und Fähigkeiten zwecks stetiger Anpassung an neue Herausforderungen an Bedeutung („learn how").
- *Wertebasierter Karriereerfolg:* Karriereentscheidungen dienen nicht dem Streben nach Werten und Zielen, die von Organisationen und der Gesellschaft auferlegt werden, sondern dem Erreichen persönlich bedeutsamer Werte und Ziele, die für das gesamte Leben und nicht ausschließlich für die Beschäftigung relevant sind. Beschäftigte sind flexibel, schätzen Freiheit, wissen weiterentwickelndes Lernen zu würdigen und streben nach intrinsischen Belohnungen (Hall et al., 2017; vgl. Kapitel 2 „Faktoren individueller Leistungsbereitschaft").

Die grenzenlose und proteische Karriere verdeutlichen die vom traditionellen Karriereparadigma abweichenden Wahrnehmungen, Verhaltensweisen und Entscheidungen von Individuen. Ein effektives selbstbetriebenes Karrieremanagement gewinnt an Bedeutung. Beschäftigte übernehmen selbst die Verantwortung und treffen Karriereentscheidungen, die mit ihren Präferenzen übereinstimmen (Greenhaus et al., 2010). Die einzelnen Beschäftigten können folglich eine beträchtliche, wenngleich keine vollständige Kontrolle über ihre Karrieren ausüben. Gleichwohl, und das sei betont, zeigen Beschäftigte mit proteischen und grenzenlosen Karrierevorstellungen nicht notwendigerweise weniger arbeitsbezogenes Commitment (Briscoe & Finkelstein, 2009). Sie identifizieren sich jedoch eher mit dem eigenen Beruf als mit einer bestimmten arbeitgebenden Organisation.

Fazit

Zusammenfassend ist festzuhalten, dass stabile, organisationsbezogene Karrieren in Zeiten wirtschaftlicher, technologischer und kultureller Veränderungen in der Arbeitswelt immer seltener werden (Blickle & Witzki, 2008). Sowohl in der wissenschaftlichen Literatur als auch in der Fachpresse hat man daher vielfach über den „Tod" der Karriere geschrieben. Dennoch bleibt der lineare Aufstieg bei *einer* arbeitgebenden Organisation ein beliebtes Ziel von vielen Beschäftigten (Gerber, Wittekind, Grote & Staffelbach, 2009). Verantwortlichen in Organisationen ist daher zu empfehlen, zukünftig nicht nur einem der Karriereparadigmen zu folgen. Vielmehr sollte man in Organisationen sowohl interne Karrieremöglichkeiten – entsprechend dem traditionellen Karriereparadigma – als auch über den Erwerb transferierbaren Humankapitals eine unternehmensübergreifende Unterstützung der Beschäftigungsfähigkeit – entsprechend dem neuen Karriereparadigma – kombiniert anbieten (vgl. auch King, 2006).

9.1.3 Individuelle Karriereentwicklung

Wie sich die Karriere jedes Einzelnen konkret entwickelt, sei es unter dem „Dach" des traditionellen, sei es unter dem des neuen Karriereparadigmas, ist Resultat eines Zusammenspiels von *individuellen Handlungen* und *strukturellen Bedingungen* (vgl. **Abb. 44**).

Die individuelle Karriereentwicklung hängt zum einen von den Handlungen der Akteure selbst ab, die einen Karriereweg einschlagen, verfolgen und steuern. Individuelle Erklärungsfaktoren, die zur Karriereentwicklung beitra-

Karriereeinstellung (grenzenlos/proteisch)

Karriere-bestrebungen

Karriere-kompetenzen

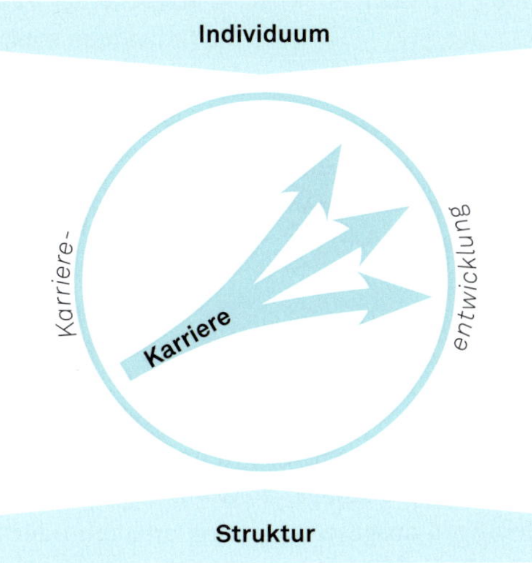

Arbeitsmarkt (z. B. Segmentierung; Verfügbarkeit von Arbeitsplätzen; Leichtigkeit des Erlangens eines Stellenangebots)

Organisationale Möglichkeitsstrukturen (z. B. Beförderungswahrscheinlichkeit; Leichtigkeit des Eintritts in eine Organisation; Gatekeeper)

Abbildung 44: Individuelle und strukturelle Einflussfaktoren auf die individuelle Karriereentwicklung

gen, umfassen Karriereeinstellungen, -bestrebungen und -kompetenzen (Forrier, Sels & Stynen, 2009).

Zum anderen resultieren Art und Anzahl der Karrieremöglichkeiten und auch die Karriereentscheidungen jedes Einzelnen, die sich in der Karriereentwicklung widerspiegeln, aus dem Einfluss sozialer Institutionen, Strukturen und Netzwerke (Arnold & Cohen, 2008; Dany, 2003; Inkson, 2007; Mayrhofer, Meyer & Steyrer, 2007). Beispielsweise beeinflussen verschiedene Merkmale des Arbeitsmarktes das Karriereverhalten. Auf dem externen Arbeitsmarkt sind die Verfügbarkeit von Arbeitsplätzen und die Leichtigkeit, ein Arbeitsstellenangebot zu erlangen (Feldman & Ng, 2007), ebenso zu nennen wie eine mögliche Segmentierung nach beruflichen oder demografischen Gruppen. Auf dem internen Arbeitsmarkt hängen Karrieremöglichkeiten zum Beispiel von der Leichtigkeit des Eintritts in eine neue Organisation und von internen Beförderungswahrscheinlichkeiten ab (Lawrence & Tolbert, 2007). Eine besondere Rolle kommt dabei sogenannten Gatekeepern zu (King et al., 2005), das sind Personen, die im Rahmen eines Entscheidungsfindungsprozesses hinsichtlich weiterer Karriereschritte eine bedeutende Position einnehmen und folglich institutionelle Beschränkungen bewirken.

Die individuellen (subjektiven) und strukturellen (objektiven) Faktoren sind interdependent. Beschäftigte managen ihre Karriere in diesem Spannungsfeld. **Individuelles Karrieremanagement** bezeichnet den lebenslangen Prozess, in dem Individuen persönliche

Karriereziele setzen, Strategien zur Erreichung dieser Ziele entwickeln, implementieren, kontrollieren und basierend auf Arbeits- und Lebenserfahrungen stetig anpassen.

Merke

Ein effektives individuelles Karrieremanagement erfordert genaue Kenntnis sowohl der eigenen Person als auch der strukturellen Umwelt bzw. der Arbeitswelt sowie die Fähigkeit, auf dieser Basis sinnvolle Entscheidungen zu treffen und in die Tat umzusetzen (Greenhaus et al., 2010).

Im Laufe der zu managenden Karriere sehen sich Menschen einer Reihe von Entwicklungsaufgaben und Herausforderungen ausgesetzt. Sie durchlaufen in ihrer Karriere vier relativ vorhersagbare Phasen oder Stadien (Greenhaus et al., 2010). Diese **Karrierestadien** sind durch jeweils spezifische Fragestellungen, Themen und Aufgaben gekennzeichnet, mit denen sich das Individuum auseinandersetzen muss (vgl. **Abb. 45**).

Im ersten Stadium der *Berufs- und Organisationswahl* entwickeln Individuen ein berufliches Selbstbild, bewerten alternative Tätigkeiten, treffen eine erste Berufswahl, verfolgen die notwendige Ausbildung und erhalten im besten Fall Stellenangebote von gewünschten Organisationen.

Während der *frühen Karriere* etablieren sich die Individuen zunächst, indem sie sich in den Job sowie in organisationale Regeln und Normen einfinden. Gegen Ende dieser Phase streben Individuen nach zusätzlichen Leistungen und Erfolgen, indem sie ihre Kompetenzen vertiefen und ausweiten sowie neue Karriereziele verfolgen.

Während der *mittleren Karriere* bewerten die Beschäftigten ihre frühe Karriere und ihre persönliche Entwicklung. Dabei bestätigen oder modifizieren sie ihre Karriereziele und treffen eine der Entwicklung angemessene Wahl. Typischerweise bleibt die Arbeitsleistung erhalten oder steigt, indem Fähigkeiten aktualisiert, erweitert und autonom eingesetzt werden.

Während der *späten Karriere* bleiben Individuen weiter leistungsfähig, erhalten ihr Selbstwertgefühl aufrecht und bereiten sich auf ein erfolgreiches Ausscheiden aus dem Berufsleben vor.

Die Karrierestadien gehen häufig mit dem Lebensalter einher (frühe Karriere: 25 bis 40 Jahre; mittlere Karriere: 40 bis 55 Jahre; späte Karriere: 55 Jahre bis Renteneintritt),

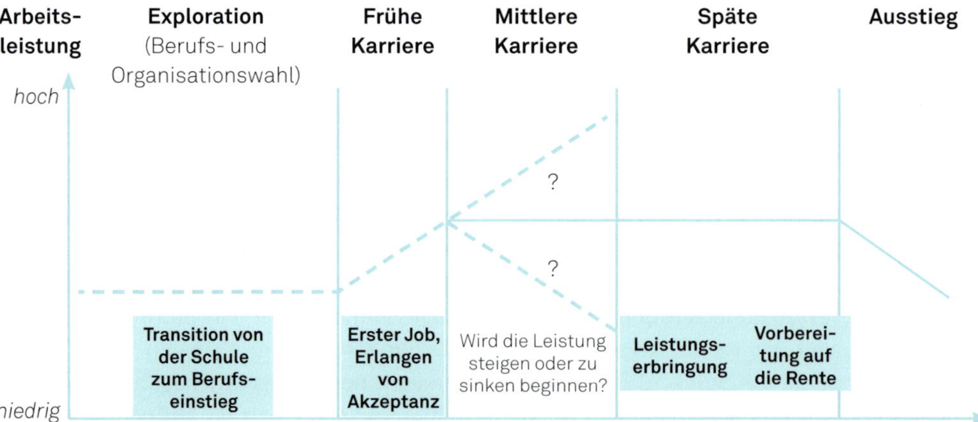

Abbildung 45: Karrierestadien

denn das Alter bzw. die Lebenserfahrung prägt die Karriereaspirationen, -erfahrungen und -belange stark und ist damit bestimmend für jedes der Karrierestadien (Greenhaus et al., 2010). Die Altersangaben sind aber lediglich als Näherungswerte zu verstehen und können individuell stark variieren. Während im Rahmen des traditionellen Karriereparadigmas ein schrittweises Durchlaufen aller Stadien im Lebensverlauf typisch ist, kommt es unter dem neuen Karriereparadigma in einzelnen Stadien zu Abweichungen von den genannten Altersangaben oder zu Sprüngen zwischen Stadien. Beispielsweise durchläuft ein 42-jähriger Mann, der sich der Erziehung der eigenen Kinder gewidmet hat und nun erstmals seit 20 Jahren wieder einer bezahlten Beschäftigung nachgeht, die frühe Karrierephase, wenngleich mit 42-jähriger Lebenserfahrung. Sinkt die Arbeitsleistung in der mittleren Karrierephase, kann dies beispielsweise zu einer Umorientierung in der Karriere in Form eines Arbeitgeber- oder Tätigkeitswechsels führen, der gegebenenfalls ein erneutes Durchlaufen der Stadien von der Berufs- und Organisationswahl an mit sich bringt.

Ein zentraler Aspekt insbesondere in der mittleren Karriere, aber auch in anderen Karrierephasen, ist das Erreichen eines *Karriereplateaus,* eines Karrierepunkts, an dem die Wahrscheinlichkeit weiterer Beförderungen sehr niedrig ist. Das liegt insbesondere am *strukturellen Plateau* (strukturellen Limitationen) und/oder am *inhaltlichen Plateau:* Inhaltliche Spielräume für eine Erweiterung des Verantwortungsbereichs in der gegebenen Tätigkeit fehlen.

Plateaus haben organisationale und individuelle Ursachen. Organisationale Ursachen für ein Plateau beziehen sich auf strukturelle Zwänge oder auf Bewertungen des Beschäftigten vonseiten der Organisation (Ference, Stoner & Warren, 1977; Godshalk, 2006). Individuelle Ursachen beruhen auf persönlichen Erwägungen der Beschäftigten, ein Plateau anzustreben (Greenhaus et al., 2010).

Strukturelles Plateau

Folgende *organisationale Ursachen* erzeugen ein strukturelles Plateau:

- Flache Unternehmenshierarchie mit demzufolge sinkenden Beförderungsmöglichkeiten
- Inflexible Tätigkeitsbeschreibungen
- Bewusste Nichtbeförderung des oder der Beschäftigten, zum Beispiel weil das Individuum weniger qualifiziert erscheint als andere Personen (Wettbewerb); wegen der Notwendigkeit, die freie Position zu nutzen, um jüngere High Potentials auszubilden, die länger in der Organisation bleiben als ältere Mitarbeitende (Alter); oder weil das Individuum in der derzeitigen Position zu wertvoll ist, als dass man es auf eine andere, höherrangige Position versetzen wollte (organisationale Bedarfe).

Individuelle Ursache für ein strukturelles Plateau könnte sein, dass der oder die Beschäftigte eine mögliche Beförderung oder eine Ausweitung des Verantwortungsbereiches ablehnt, weil er oder sie eventuell damit verbundene Folgen wie Stress, Reisetätigkeit, Umzug oder eine ungünstigere Work-Life-Balance umgehen will.

Inhaltliches Plateau

Organisationale Ursachen für ein inhaltliches Plateau können sein:

- Neue Technologien gekoppelt mit fehlenden Weiterbildungsmöglichkeiten in diesen Technologien
- Nichterweiterung des Verantwortungsbereichs wegen fehlender fachlicher und/oder psychologischer Reife des bzw. der Beschäftigten oder aus anderen Gründen

Mögliche *individuelle Ursachen* für ein inhaltliches Plateau sind:

- Fehlen fachlicher und führungsbezogener Fähigkeiten
- Fehlen karrierebezogener Kompetenzen
- Fehlen des Verlangens nach Beförderung

Das Karriereplateauphänomen begrenzt den objektiven Karriereerfolg und kann zu nachteiligen psychologischen Reaktionen führen, beispielsweise zu einem geringeren Selbstwert oder mangelnder Akzeptanz bei Peers und Vorgesetzten aufgrund der Wahrnehmung, dass diese(r) Beschäftigte anscheinend geringere Arbeitsbeiträge leistet (Bardwick, 1986; Godshalk, 2006). Diese Reaktionen wiederum können in der Konsequenz zu Motivationsverlust, niedrigerer Arbeits- und Karrierezufriedenheit, erhöhtem Stress und höherer Fluktuationsneigung der betreffenden Person führen (Jung & Tak, 2008; Nachbagauer & Riedl, 2002; Wang, Hu, Hurst & Yang, 2014). Zu den positiven Auswirkungen eines Karriereplateaus gehört die Möglichkeit, infolge der Stabilität neue Arbeitsfähigkeiten zu perfektionieren, neue psychische Energie zu erlangen oder auch verstärkt außerberuflichen Interessen nachzugehen (Godshalk, 2006).

Abbildung 46 zeigt eine Kategorisierung der Beschäftigten einer Organisation anhand zweier Dimensionen: zukünftige Beförderungswahrscheinlichkeit sowie Arbeitsleistung in der aktuellen Position. Eine geringe Beförderungswahrscheinlichkeit impliziert ein strukturelles Plateau.

Während die *festen Mitglieder* in der derzeitigen Position eine hohe Arbeitsleistung erbringen und einen Hauptteil der in der Organisation anfallenden Arbeit bewältigen (sogenannte effektive Plateauees), weisen die *Problemkräfte* eine nur unterdurchschnittliche Arbeitsleistung auf (sogenannte ineffektive Plateauees). Seitens der Organisation gilt es, die Zahl der Problemkräfte zu begrenzen, insbesondere indem diese einer anderen (internen oder externen) Verwendung zugeführt werden, und die *Spitzenkräfte* und *Lernenden* über organisationale Karrieremanagementpraktiken (u.a. formale Weiterbildung, Auslandstätigkeit, Leistungsbeurteilung, Arbeitsinhaltsgestaltung) zu fördern. Wesentlich ist auch, die Leistungsfähigkeit der festen Mitglieder aufrechtzuerhalten (z.B. durch Personalentwicklungsmaßnahmen, Gesundheitsmanagement) und so zu vermeiden, dass beispielsweise Mitarbeitende in der mittleren Karriere infolge veralteter Fähigkeiten obsolet

		Zukünftige Beförderungswahrscheinlichkeit	
		niedrig	***hoch***
Arbeitsleistung in der aktuellen Position	***hoch***	Festes Mitglied 	Spitzenkraft 
	niedrig	Problemkraft 	Lernender 

Abbildung 46: Mitarbeiterportfolio (Ference et al., 1977)

und zu Problemkräften werden (Greenhaus et al., 2010).

Wir betrachten nun die frühe bis späte Karrierephase mit ihren unterschiedlichen Anforderungen an das individuelle Karrieremanagement sowie die Unterstützung der Karriereentwicklung vonseiten der Organisation.

9.2 Praktische Anwendung

9.2.1 Frühe Karriere

In der Phase der frühen Karriere, in der das Individuum nach Etablierung sowie Leistung und Erfolg strebt, ist es wesentlich, seitens der Organisation sicherzustellen, dass neue Mitarbeitende erlernen, wie Aufgaben zu erfüllen sind, und sie in die Organisation zu integrieren. Dazu bedarf es neben aufgabenbezogener Fähigkeiten des Wissens über Unternehmensabläufe, Verhaltensnormen, Werte, Kultur und soziale Netzwerke. Der Prozess, in dem ein Individuum die mit einer bestimmten Rolle in einer Organisation verbundenen angemessenen Einstellungen, Verhaltensweisen und Wissensbestandteile erlernt, wird als **organisationale Sozialisation** bezeichnet. Ein gut gestalteter Sozialisationsprozess kann die Motivation, Arbeits- und Karrierezufriedenheit, das Einkommen und das organisationale Commitment positiv beeinflussen. Dies kann wiederum zu höherer individueller und organisationaler Leistung sowie niedrigeren Fluktuationsraten führen (Allen, 2006a; Bauer, Bodner, Erdogan, Truxillo & Tucker, 2007; Saks, Uggerslev & Fassina, 2007).

Ein wesentliches Sozialisierungsinstrument in der frühen Karriere ist das *Mentoring* (vgl. Kapitel 7 „Nachhaltige Personalentwicklung"). Mentoren und Mentorinnen erfüllen sowohl karrierebezogene Funktionen wie die Einführung in soziale Netzwerke als auch psychosoziale Aufgaben wie Rollenmodellierung und Beratung (Allen, 2006b). Zu den positiven Wirkungen der Mentorenschaft für die Mentees zählen Steigerungen von Einkommen, organisationalem Commitment, Karrierezufriedenheit und Wohlbefinden (Allen, Eby, Poteet, Lentz & Lima, 2004; Chun, Sosik & Yun, 2012; Kirchmeyer, 2005; Payne & Huffman, 2005). Auch Unternehmen profitieren von Mentoringprogrammen, weil Mentees so die Mission, die Werte, die Struktur sowie die informellen Systeme besser verstehen und sich stärker mit der Organisation identifizieren, wodurch sich die organisationale Kommunikation verbessert (Benabou & Benabou, 2007; Butyn, 2003; Payne & Huffman, 2005).

Im späteren Verlauf dieses Karrierestadiums streben Mitarbeitende danach, höhere Verantwortung und Autorität zu erlangen, kurz- und langfristige Karriereziele zu bestimmen, Strategien zu deren Erreichen zu entwickeln und die Bedeutung von Karriereerfolg für sich selbst zu definieren. Organisationen kommt folglich die Aufgabe zu, den Mitarbeitenden zusätzliche Verantwortung zu übertragen, beispielsweise über eine *Beförderung, Job Enrichment* (Erweiterung der bisherigen Tätigkeit um Aufgaben mit höherem Anforderungsniveau), *Job Rotation* (systematischem Arbeitsplatzwechsel zwecks Ausübung von Tätigkeiten mit unterschiedlich hohem Anforderungsniveau) oder einen höheren Grad an *Partizipation* (Greenhaus et al., 2010; vgl. Kapitel 2 „Faktoren individueller Leistungsbereitschaft").

Ein weiteres effektives Instrument der organisationalen Sozialisation sind *Mitarbeiterbeurteilungsgespräche* (vgl. Kapitel 1 „Grundlagen individueller Leistungsfähigkeit"). Neben der Leistungsbewertung und Bestimmung von Maßnahmen zur Veränderung des Verhaltens im Hinblick auf die gesetzten Karriereziele, beispielsweise über Personalentwicklungsmaßnahmen, bieten sie die Möglichkeit, die gegenseitigen Erwartungen von Vorgesetzten und Mitarbeitenden abzugleichen.

Eine weitere Maßnahme ist die *Entwicklung flexibler Karrierepfade* anstelle traditioneller, auf einer vordefinierten Sequenz inhaltlich zusammenhängender Positionen basierender Karrierepfade. Flexible Karrierepfade lassen sich im Unterschied dazu auf Basis von Ähnlichkeiten in den erforderlichen tätigkeitsbezogenen Verhaltensweisen, Wissensbestandteilen und Fähigkeiten in sogenannte Tätigkeitsfamilien auffächern (Greenhaus et al., 2010). Das ermöglicht funktionsübergreifende Pfade und ausgeweitete Karrieremobilitätsmöglichkeiten. Eine solche Flexibilisierung ist durchaus mit der klassischen Führungs- und Fachkarriere vereinbar, indem auch ein (wiederholter) Wechsel zwischen beiden Laufbahnen erfolgen kann. Führungskarrieren enthalten einen Aufstieg mit wachsender Personalverantwortung im Rahmen der Führungshierarchie. Bei der Fachlaufbahn erfolgt ein Aufstieg über Positionen mit steigender Expertenverantwortung, aber keinen oder geringen Personalführungs- und Verwaltungsaufgaben (Ladwig & Domsch, 2011).

Doch auch wenn die Organisation verschiedene Maßnahmen ergreifen kann, um die Etablierung in der Karriere und das Erfolgsstreben zu erleichtern, trägt letztlich das Individuum die Verantwortung, die *eigene Karriere effektiv zu managen*. Zu den möglichen Ansätzen zählt zunächst das Verstehen des eigenen Entwicklungsbedarfs und in diesem Zusammenhang das Setzen realistischer, also erreichbarer Karriereziele und deren periodische Anpassung, gegebenenfalls unter Einbindung eines Coaches (vgl. Kapitel 7 „Nachhaltige Personalentwicklung"). Die persönlichen Karriereerwartungen gilt es zudem der Organisation zu kommunizieren. Sinnvoll ist es, informelle Kontakte innerhalb der Organisation zu entwickeln, um Informationen über und Einblicke in die Organisation auszutauschen oder um zu eruieren, in welche Richtung sich das Unternehmen in Zukunft bewegen wird und welche Fähigkeiten künftig erforderlich sein werden (Greenhaus et al., 2010).

9.2.2 Mittlere Karriere

Im Zuge des demografischen Wandels in Deutschland und der zu erwartenden hohen Anzahl von älteren Beschäftigten in den kommenden zwei Jahrzehnten müssen sich Individuen und Organisationen stärker auf die Bedürfnisse und Erfahrungen der Arbeitnehmenden in der mittleren Karrierephase einstellen.

Zu den Maßnahmen, welche die Organisation ergreifen kann, um Beschäftigte im mittleren Karrierestadium in ihrem Karrieremanagement zu unterstützen, zählt das *Bereitstellen erweiterter und flexibler Mobilitätsmöglichkeiten* in alle Richtungen. Eine umsichtige periodische laterale, aber auch abwärtsgerichtete Mobilität beispielsweise kann verhindern, dass *feste Mitglieder* zu *Problemkräften* werden, indem man Beschäftigte herausfordert und stimuliert, ihre Fähigkeiten einzubringen oder auch eine andere Perspektive zur Lösung von Organisationsproblemen beizutragen. Dadurch lassen sich Einstellung und Motivation der Beschäftigten positiv beeinflussen (Greenhaus et al., 2010).

Des Weiteren können *mehr Abwechslung und Verantwortung* in der laufenden Tätigkeit oder auch die Aufnahme in Projektteams oder das Übertragen temporärer Aufgaben Beschäftigte stimulieren und dem Entwickeln der für *Problemkräfte* typischen Einstellungen und Verhaltensweisen vorbeugen (Ettington, 1998).

Auch *Weiterbildung* kann dazu beitragen, die Leistungsfähigkeit zu sichern oder Personen in der mittleren Karrierephase auf eine Karriereveränderung vorzubereiten (Morison, Erickson & Dychtwald, 2006).

Schließlich ist an eine *Erweiterung des Belohnungssystems* über Beförderungen und Gehaltssteigerungen hinaus zu denken, etwa an herausfordernde Aufgaben, flexible Arbeitsbedingungen, Lob oder Mobilitätsangebote als Anerkennung für Erfolge im lebenslangen Lernen oder bei herausfordernden Aufgaben. Eine positive Wahrnehmung beruflicher Förderungsmöglichkeiten zeigt sich in empirischen Studien als eine der stärksten Determinanten für organisationales Commitment (Cicekli & Kabasakal, 2017; Purcell et al., 2003).

Personen in der mittleren Karrierephase sollten sich ihre eigenen Werte, Interessen, karrierebezogenen Aspirationen und Talente bewusstmachen und sich hinsichtlich ihrer relativen Prioritäten, was Arbeit, Familie und Selbstentwicklung anbetrifft, positionieren. In diesem Zusammenhang kann beispielsweise ein Coaching hilfreich sein (vgl. Kapitel 7 „Nachhaltige Personalentwicklung"). So können sie sich gezielter *an Veränderungen anpassen* und besser *Gelegenheiten proaktiv nutzen,* die die derzeitige Stelle bzw. der aktuelle Möglichkeitsraum bieten (Greenhaus et al., 2010).

9.2.3 Späte Karriere und Ausstieg

Während der späten Karrierephase sind drei Entwicklungsbedürfnisse seitens des Individuums von besonderer Bedeutung: Für eine kleine Anzahl von Personen geht es um die *Vorbereitung auf leitende Führungspositionen.* Für die Mehrheit sind das *Aufrechterhalten der Arbeitsleistung* und *die Vorbereitung auf den Ruhestand* vorrangig (Greenhaus et al., 2010). Diese Karrieretransition gilt es seitens der Arbeitgebenden zu begleiten.

Hinsichtlich des **Aufrechterhaltens der Arbeitsleistung** kann sich das Erreichen eines Karriereplateaus in der mittleren Karrierephase negativ auf die Leistung in der späten Karrierephase auswirken. So besteht die Gefahr, dass ein in der mittleren Karriere *festes Mitglied* in der späten Karriere zur *Problemkraft* wird, wenn Herausforderungen, Belohnungen und Anreize fehlen (Greenhaus et al., 2010). Um die Leistungsfähigkeit zu stabilisieren, sind Maßnahmen der Personalentwicklung (vgl. Kapitel 7 „Nachhaltige Personalentwicklung") und der Arbeitsgestaltung wichtig. Des Weiteren können sich Stereotype gegen ältere Mitarbeitende (z.B. angebliche Einbußen an Leistungsfähigkeit, Anpassungsfähigkeit, Lernfähigkeit und Kreativität) negativ auf das Management älterer Beschäftigter auswirken (Roscigno, Mong, Byron & Tester, 2007). Beispielsweise geringere Investitionen der Organisation in Weiterbildungen oder der Ausschluss von Positionen, in denen innovative und kreative Leistungen erwartet werden (Barth, McNaught & Rizzi, 1993), können die Folge sein. In einer selbsterfüllenden Prophezeiung kann die Arbeitsleistung in der späten Karrierephase tatsächlich abfallen. Derartige Verzerrungen und Konsequenzen gilt es zu minimieren, um von der Arbeitsleistung, der Erfahrung und dem Enthusiasmus älterer Arbeitnehmender profitieren zu können (vgl. dazu z.B. ein Projekt zu Wertschätzungsnetzwerken mit jüngeren und älteren Beschäftigten, beschrieben von Danziger, Möslein, Schütz & Trinczek, 2012). Ansätze sind das Fortführen von Leistungsbeurteilungen in möglichst objektiver Form und das Ableiten von Maßnahmen zur Erhöhung der Leistungsfähigkeit. Eine generelle Prüfung der personalwirtschaftlichen Maßnahmen auf diskriminierende Effekte ist sinnvoll.

Die **Vorbereitung auf den Ruhestand** schließt den Vorruhestand, den stufenweisen Ruhestand sowie das Übertragen von Überbrückungseinsätzen ein. Den Vorruhestand nutzen Organisationen vielfach als Mittel, die Belegschaft und die Personalkosten zu reduzieren, und als Alternative zu Entlassungen. Für Beschäftigte stellt der vorgezogene Ruhestand eine adäquate Lösung dar, wenn Jobunzufriedenheit, Gesundheitsprobleme oder veraltete Kompetenzen die Freude an der Arbeit mindern, wenn sich die Interessen stärker in Richtung ehrenamtlicher Tätigkeit verschoben haben und dergleichen mehr (Mollica, 2006). Beim stufenweisen Ruhestand kann man Beschäftigte mit reduzierter Arbeitszeit pro Tag, Woche, Monat oder Jahr länger als bei einer üblichen Verrentung im Unternehmen behalten (Hutchens, 2006). Sogenannte Überbrückungseinsätze erlauben bis zum Renteneintritt den Wechsel von einer karriereorientierten Position in eine Übergangsposition (Ulrich, 2006). Gekennzeichnet sind sie üblicherweise nicht nur durch geringere Arbeitsstunden, sondern auch durch weniger Belastung oder Verantwortung, höhere Flexibilität und geringere physische Anforderungen. Arbeitnehmende sind in dieser Zeit finanziell abgesichert, und ihr emotionales und physisches Wohlergehen kann von einer geordneten Tagesstruktur, Sozialkontakten und vom Kompetenzerleben profitieren.

Nach Ausstieg von Beschäftigten stellt die *Tätigkeit als ehemalige(r) Beschäftigte(r) im Ruhestand* eine weitere Option dar (sogenannte Silver Workers). Sie ermöglicht es Rentnern und Rentnerinnen, aktiv zu bleiben, Anerkennung und Wertschätzung anderer zu erfahren, weiterhin die Freude an der Arbeit zu erleben, soziale Kontakte am Arbeitsplatz zu pflegen oder auch sich finanziell besser aufzustellen. Unternehmen erlaubt dieses Instrument, offene Stellen, beispielsweise bei Fachkräftemangel, mit erfahrenen Personen zu besetzen (Maxin & Deller, 2010).

9.2.4 Individuelle Karriereentwicklung – Die Bedeutung der organisationalen Unterstützung

Die Karriereunsicherheiten und der Karriereparadigmenwandel, die mit den in Abschnitt 9.1.1 beschriebenen Umweltveränderungen einhergehen, könnten ein Vorankommen gemäß den hier beschriebenen Karrierestadien stören. Beispielsweise kann ein Downsizing in Unternehmen zu Arbeitsplatzverlust und somit zu einer Karriereunterbrechung führen, Arbeitnehmende unterbrechen ihre Karriere zwecks Kindererziehung oder nutzen ein Sabbatical, um zum Beispiel einen (Hoch-)Schulabschluss zu absolvieren. Durch diese freiwilligen oder unfreiwilligen Ereignisse entstehen Lücken oder Brüche im Erwerbsverlauf. In der Praxis ist daher darauf zu achten, Karrieren flexibel zu betrachten und Karriere- bzw. Lebensentscheidungen miteinzubeziehen.

Trotz hoher Eigenverantwortung des Individuums für die Karriereentwicklung lohnt sich eine Unterstützung des Karrieremanagements auch für Organisationen (Torrington, Hall & Taylor, 2008), und zwar aus folgenden Gründen:

- Organisationen können implizit Arbeitsverträge auf der subjektiven Ebene aushandeln (psychologischer Vertrag) und dadurch die Mitarbeiterloyalität und -bindung fördern.
- Das Image der Organisation verbessert sich durch das Publikwerden, dass sie den Bedürfnissen der Beschäftigten Rechnung trägt.
- Die Organisation wird attraktiver für potentielle Bewerberinnen und Bewerber.
- Das Commitment lässt sich auf diese Weise positiv beeinflussen, die Fluktuation senken, Motivation und Arbeitsleistung können durch das Eröffnen von Perspektiven gesteigert werden.
- Karriereplanungen werden erleichtert, vor allem hinsichtlich der Nachfolgeplanung, insbesondere dann, wenn die Kultur oder Philosophie der Organisation darin besteht, ihre Talente von innen her zu entwickeln. Talente können so betreut werden, dass sie aktuelle Stellen gut ausfüllen, Entwicklungsstufen durchlaufen und sodann zukünftige organisatorische Anforderungen erfüllen.

9.3 Handlungsimplikationen

Karrieren werden im neuen Karriereparadigma häufiger Übergänge enthalten (insbesondere Arbeitgeber-, Arbeitsplatz- und Berufswechsel). Das individuelle Karrieremanagement lässt sich durch ein zyklisches System leiten (vgl. **Abb. 47**). Karriereselbstmanagement besteht in diesem System aus vier Schritten: (1) Erfassen der institutionellen Landschaft, (2) Identifizieren von Gatekeepern, (3) Implementieren von Strategien zur Steuerung der eigenen Karriere und (4) Evaluation der Wirksamkeit dieser Strategien. Karrieremanagement ist ein *rekursiver* Prozess, in dem die wahrgenommene Effektivität einer bestimmten Strategie die Entscheidung beeinflusst, ob man diese Strategie in der Zukunft erneut implementiert.

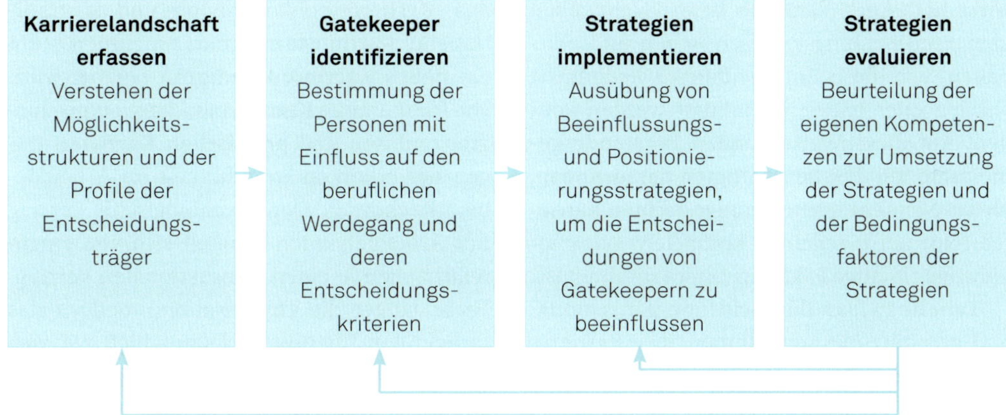

Abbildung 47: Zyklisches Modell des individuellen Karrieremanagements in Organisationen (King, 2001)

Es ist zudem ein *dynamischer* Prozess, der nicht nur aus dem einmaligen Ausführen eines bestimmten Verhaltens, sondern aus der Wiederholung eines Bündels an Verhaltensweisen besteht.

Im ersten Schritt, dem *Erfassen der institutionellen Landschaft,* geht es im Wesentlichen um Informationsbeschaffung über die Möglichkeitsstrukturen und die Profile der Entscheidungsträger/-innen. Es geht um das Verständnis für die Arbeitswelt, für die sich in ihr bietenden derzeitigen und zukünftigen Möglichkeiten sowie für die Anforderungen, Belohnungen und Befriedigungen, die mit diesen Möglichkeiten verbunden sind (Van der Heijde & Van der Heijden, 2006). Hinsichtlich der Entscheidungsträger/-innen ist zu erkunden, welche Informationen ihnen zur Verfügung stehen und welche Kriterien sie nutzen, wenn sie auswählen, wer für die Möglichkeiten in Frage kommt.

Innerhalb der breiten Gruppe institutioneller Entscheidungsträger/-innen findet sich eine Untergruppe, die sogenannten *Gatekeeper,* die über ihre Entscheidungen Einfluss auf persönliche Karriereschritte und -erfolge ausüben. Wo möglich sollten die Beschäftigten daher deren Entscheidungskriterien hinsichtlich Einstellung, Beförderung, Arbeitsallokation etc. herausfinden. Auch gilt es einzuschätzen, inwieweit das eigene Human- und Sozialkapital die Kriterien der Gatekeeper erfüllt (King, 2004; Van der Heijde & Van der Heijden, 2006).

Der dritte Schritt besteht in der *Anwendung von Strategien,* welche die Entscheidungen der Gatekeeper zu den eigenen Gunsten beeinflussen sollen, um die gewünschten Karriereziele zu erreichen. Ansätze sind die Optimierung von eigenen Kontakten, Fähigkeiten und Erfahrungen zwecks Positionierung oder ein direktes Beeinflussen der Entscheidungen von Gatekeepern, die diese gewünschten Ergebnisse kontrollieren (Van der Heijde & Van der Heijden, 2006).

Der letzte Schritt hat die *Reflexion* über die Karrieremanagementerfahrungen in der Vergangenheit zum Inhalt, um zu ermitteln, ob frühere Strategien sinnvoll anwendbar und wirksam waren, und zukünftige Strategien zu bestimmen. Feedback lässt sich beispielsweise von Gatekeepern oder Personen in ähnlicher Situation holen.

Insbesondere beim vierten Schritt kann eine *Karriereberatung* beim Ermitteln und Bewerten der Effektivität vergangener Karrierestrategien unterstützen und aufzeigen, wie sich das frühere Verhalten auf aktuelle Karriereerfolge ausgewirkt hat. Auch kann sie beim Nachdenken über Entscheidungskriterien helfen und erarbeiten, wie diese Entscheidungen beeinflusst wurden oder hätten beeinflusst werden können. Auf diese Weise können Beratende gemeinsam mit den Beschäftigten herausfinden, ob das Nichterreichen der angestrebten Karriereerfolge auf mangelnde Kompetenz oder ungünstige situative Faktoren zurückzuführen ist.

Tabelle 15 fasst Beispiele für organisationale Unterstützungsmaßnahmen des Karrieremanagements zusammen.

9.4 Zusammenfassung

Karrieren sind definiert als die sich über die Zeit entwickelnden Sequenzen von Arbeitserfahrungen einer Person.

Wenn wir vom „Tod" der Karriere sprechen, ist damit gemeint, dass sich die Regeln des „Karrierespiels" verändern und das traditionelle Karriereparadigma zunehmend um ein neues **Karriereparadigma** ergänzt wird. Die für das neue Karriereparadigma typischen grenzenlosen und proteischen Karrieren tragen der erhöhten Unsicherheit im Arbeitsleben Rechnung. Der psychologische Vertrag mit Arbeitgebenden wandelt sich von einem relationalen in einen transaktionalen Vertrag. Nicht länger die Organisation, sondern das Individuum übernimmt letztendlich die Verantwortung für das Karrieremanagement. Organisationen haben aber nach wie vor die Aufgabe, das Karrieremanagement zu unterstützen. Karriereerfolg wird nicht mehr nur durch objektive Erfolgsmerkmale bestimmt (z. B. Gehaltsniveau, Beförderungsbilanz). Hinzu treten subjektive Karriereindikatoren (z. B. Karriere- oder Lebenszufriedenheit), welche die vielfältigen Anforderungen des Berufs- und Privatlebens in die Erfolgsbestimmung miteinbeziehen.

Tabelle 15: Beispiele für organisationale Unterstützungsmaßnahmen des Karrieremanagements

Karrierephase	Organisationale Unterstützungsmaßnahmen des Karrieremanagements
Frühe Karriere	Etablierung: • Einführungsprogramme • Frühe Bereitstellung von Tätigkeiten, die eine Herausforderung bieten, anstelle zielloser Rotation durch Abteilungen Leistung/Erfolg: • Karriereentwicklungsmöglichkeiten innerhalb der Stelle • Beförderungsmöglichkeiten • Mobilitätsangebote • Leistungsrückmeldung
Mittlere Karriere	• Bereitstellung lateraler Karrierepfade • Joberweiterung • Entwicklung zum Mentor / zur Mentorin für andere • Weiterbildung zur Aktualisierung des Wissens • Flexibles Belohnungssystem
Späte Karriere	• Einrichtung flexibler Arbeitsangebote • Eindeutige Leistungsstandards • Weiterbildungsangebote • Vermeiden von Diskriminierung • Ruhestandsvorbereitung

Die Karriereentwicklung jedes Einzelnen wird sowohl von den Akteuren (z. B. deren Interessen, Werten, Präferenzen) als auch von Strukturen bestimmt (z. B. den Bedingungen auf dem internen und externen Arbeitsmarkt) und ist teils planbar, teils Ergebnis von Zufällen. Für eine zielgerichtete Beeinflussung der Karriereentwicklung ist das Karrieremanagement entscheidend. Es umfasst einen fortlaufenden Problemlösungsprozess in den verschiedenen Karrierestadien, in welchem man Informationen sammelt, das Bewusstsein über das Selbst und die Umwelt erhöht, Karriereziele und -strategien entwickelt und Feedback einholt. Karrierestadien sind die Berufs- und Organisationswahl, die frühe, die mittlere und die späte Phase.

9.5 Reflexionsfragen

- Wie wirken sich die aktuellen wirtschaftlichen Veränderungen auf die Karriereentwicklung älterer Beschäftigter aus? Welchen Effekt haben die Veränderungen in der Wirtschaft und der Gesetze gegen Altersdiskriminierung auf den psychologischen Vertrag älterer Beschäftigter? Welche Implikationen haben Ihre Schlussfolgerungen hinsichtlich der ersten beiden Fragen für jüngere Beschäftigte?
- Wie sollte die Karriereentwicklung in Organisationen mit flachen Hierarchien und geringeren Aufstiegsmöglichkeiten gestaltet sein?
- Die Karriere von Wissenschaftlerinnen und Wissenschaftlern gilt als mögliches Zukunftsmodell der Karriere in Wirtschaftsunternehmen. Recherchieren Sie, wie der Karriereweg von Personen in der Wissenschaft von der Promotion bis zur Professur an deutschen Universitäten verläuft. Folgt die Karriere dem traditionellen oder dem neuen Karriereparadigma? Welche Merkmale der grenzenlosen Karriere sind erfüllt? Was denken Sie über den Karriereweg? Was lässt sich hieraus für Unternehmen hinsichtlich der zukünftigen Gestaltung der Karriere ihrer Beschäftigten ableiten und lernen?
- Nehmen Sie drei Berufe (z. B. Unternehmensberatung, Personalmanagement, Vertriebsmanagement) und beurteilen Sie den zukünftigen Bedarf für diese Berufe in den nächsten zehn Jahren. Ist es sinnvoll, diese Berufe zu ergreifen und sich in ihnen zu vervollkommnen? Begründen Sie Ihre Einschätzung auf Basis einer Analyse der je spezifischen Strukturen (z. B. Bedingungen auf dem internen und externen Arbeitsmarkt).
- Wo sehen Sie sich in Ihrer Karriere in zehn Jahren? Wie schätzen Sie die Aussichten in Ihrem eigenen Beruf ein? Entwickeln Sie, ausgehend von den beruflichen Aussichten und Ihren eigenen beruflichen Neigungen, einen persönlichen Karriereplan, welcher Ihre derzeitige berufliche Neigung und Ihre Karriereziele ebenso einschließt wie einen Handlungsplan mit vier bis fünf Entwicklungsschritten, die Sie durchlaufen müssen, um von Ihrem jetzigen Karriereentwicklungsstand zum angestrebten Karriereentwicklungsstand zu gelangen.
- Welche Rolle übernehmen Beschäftigte zur Steuerung der Karriereentwicklung? Welche unterstützenden Maßnahmen können Organisationen in den verschiedenen Karrierestadien zur Karriereentwicklung ergreifen?
- Wie viel Verantwortung hat ein Unternehmen für das Karrieremanagement der Beschäftigten zu tragen? Können Arbeitgebende zu viel Verantwortung für die Karriereentwicklung übernehmen? Inwiefern kann dies nachteilige Effekte auf die Beschäftigten haben?

10 Personalbindung

Was Sie hier erfahren

Das Erwerbspersonenpotential in Deutschland ist aus demografischen Gründen von 2010 bis heute um 4 Millionen zurückgegangen und wird sich mit Renteneintritt der „Babyboomer" zwischen 2020 und 2050 um weitere 18 Millionen vermindern. Infolge des resultierenden Arbeitskräftemangels wird es Unternehmen immer schwerer fallen, geeignetes Personal zu finden und sich im Kampf um Talente zu behaupten. Doch nicht nur die Rekrutierung, sondern auch die Bindung insbesondere von hochqualifizierten Arbeitskräften gewinnt dadurch an Bedeutung. Unternehmen, die proaktiv die Fluktuation ihrer aktuellen Belegschaft senken können, werden angesichts des drohenden Arbeitskräftemangels eine relativ bessere Wettbewerbsposition halten. Zudem sind mit der Mitarbeiterfluktuation hohe Folgekosten verbunden, so dass sich Investitionen in die Personalbindung rentieren können.

In diesem Kapitel erhalten Sie Einblick in aktuelle Trends der Betriebszugehörigkeit und Fluktuation in Europa. Anschließend stellen wir die in einer Organisation möglichen Ansätze zur Personalbindung vor. Weiterhin erhalten Sie einen Überblick über die hauptsächlichen Gründe für arbeitnehmerseitige Kündigungen. Sie werden darüber hinaus Ansätze zur Verbesserung der Personalbindung kennenlernen. Am Ende dieses Kapitels wird es Ihnen möglich sein, Argumente für und gegen die Investition in Personalbindungsmaßnahmen abzuwägen.

10.1 Wissenschaftliche Basis

Mitarbeitende treten Unternehmen bei und verlassen diese. Bis zu einem gewissen Grad ist diese Fluktuation gesund für Unternehmen. Die Fluktuationshöhe können Unternehmen beeinflussen.

10.1.1 Fluktuationsraten und -trends

Verlassen Arbeitnehmende die Organisation, spricht man von Fluktuation. Die **Rate der jährlichen Mitarbeiterfluktuation** einer Organisation errechnet sich aus der aufsummierten Zahl der Ein- und Austritte im Verhältnis zur durchschnittlichen Beschäftigtenzahl in einem bestimmten Zeitraum (Cascio & Boudreau, 2011; vgl. auch OECD, 2009):

$$\frac{\text{Zahl der Ein- und Austritte in Periode t}}{\text{Durchschnittliche Beschäftigtenzahl}} \cdot 100$$

Eintritte bezeichnen betriebliche Neueinstellungen. Austritte sind die Folge einer arbeitnehmer- oder arbeitgeberseitigen Kündigung, der einvernehmlichen Aufhebung des Arbeitsverhältnisses, des Auslaufens eines befristeten Vertrags oder einer Vertragsbeendigung aus anderen Gründen, wie zum Beispiel dem Übergang in den Ruhestand.

Üblicherweise werden die Fluktuationsraten je Geschäftsbereich, Sparte, Abteilung, Diversitätsgruppe (z.B. Alter, Geschlecht, Behinderung) oder Beschäftigungsdauer im Unternehmen ausgewertet. Die Fluktuationsraten im eigenen Unternehmen lassen sich dann in einem Benchmarking mit denjenigen von Wettbewerbern und Wettbewerberinnen oder im eigenen breiteren Industriezweig vergleichen.

Die höchsten Fluktuationsraten Deutschlands verzeichnet man im Gastgewerbe sowie in der Land- und Forstwirtschaft einschließlich Fischerei. Zurückzuführen ist die hohe Fluktuation in diesen Branchen unter anderem auf das stark jahreszeitlich geprägte Geschäft; deswegen werden Saisonkräfte beschäftigt. In diesen Wirtschaftszweigen weisen sozialversicherungspflichtige Beschäftigte eine Fluktuationsrate von 76,3 Prozent auf. Die beständigsten Belegschaften finden sich mit einer Fluktuationsquote von rund 13,4 Prozent im öffentlichen Sektor (Bundesagentur für Arbeit, 2017).

Darüber hinaus sind Schwankungen in der Fluktuation aufgrund der Wirtschaftslage feststellbar. Die Mitarbeiterfluktuation steigt tendenziell, wenn die Wirtschaft stark und die Stellenangebote zahlreich sind, so dass für Arbeitnehmende mehr Möglichkeiten für einen Arbeitgeberwechsel bestehen, und fällt während der Rezession infolge relativ weniger attraktiver Angebote von Festanstellungen (Schäfer, 2018).

Jüngere Arbeitnehmende zu Beginn ihrer Karriere wechseln die Stelle schneller als ihre älteren Kollegen und Kolleginnen auf der Suche nach dem idealen Arbeitsplatz und arbeitgebenden Betrieb: Während die unter 25-Jährigen eine Fluktuationsrate von 75,9 Prozent aufweisen, liegt die Rate bei den über 55-Jährigen bei 16,5 Prozent. Die Fluktuationsrate von Männern ist höher als diejenige von Frauen – auch bei gleichem Qualifikationsniveau. Die Wechselwahrscheinlichkeit steigt mit der Höhe der Qualifikation; bei Universitätsabsolventen und -absolventinnen liegt sie um fast ein Sechstel höher als bei Arbeitnehmenden mit anerkanntem Berufsabschluss (Schäfer, 2018). In der Gruppe der Führungskräfte verlässt ein großer Anteil den neuen arbeitgebenden Betrieb innerhalb des ersten Jahres (Lütgenbruch, 2002), und ein Drittel kündigt bereits während der Probezeit (Becker, 2002).

Eine Kündigung durch Mitarbeitende kommt in den ersten zwei Jahren einer neuen Beschäftigung überdurchschnittlich häufig vor (Pellens & Müller, 2003; vgl. auch Hom, Roberson & Ellis, 2008). Nach dem ersten Jahr liegen die Kündigungsquoten bei 40 Prozent (Becker, 2002).

Merke

Fluktuationsraten unterscheiden sich je nach Wirtschaftszweig, Region, Altersgruppe, Geschlecht, Qualifikationsniveau und Beruf und schwanken je nach Betriebszugehörigkeitsdauer.

Die Personalfluktuation kann entweder **freiwillig** erfolgen, das heißt von Mitarbeitenden initiiert (z.B. arbeitnehmerseitige Kündigung), oder aber **unfreiwillig,** das heißt von der Organisation initiiert, wie zum Beispiel im Falle von (Massen-)Entlassungen. Eine Mitarbeiterfluktuation ist für Arbeitgebende dann **funktional,** wenn die Differenz im Wert der Arbeitsleistung der Belegschaft nach Weggang eines Mitglieds positiv und hoch genug ist, um die mit der Abwicklung der Fluktuation verbundenen Kosten auszugleichen (Cascio & Boudreau, 2011). Eine **dysfunktionale** Fluktuation liegt vor, wenn der Wegfall der Arbeitsleistung einer ausscheidenden Person sich als materieller oder immaterieller Verlust für das Unternehmen erweist (z.B. verringerte Produktivität, verschlechtertes Arbeitsklima). Auf die mit Fluktuation verbundenen Kosten gehen wir an späterer Stelle in diesem Kapitel näher ein (Abschnitt 10.1.2 „Kosten in Verbindung mit der Fluktuation“). Schließlich lässt sich dysfunktionale Fluktuation in vermeidbare und unvermeidbare Fluktuation unterteilen (Abelson, 1987). Sie ist **vermeidbar,** wenn die Organisation die Mitarbeiterfluktuation beeinflussen kann. Eine **unvermeidbare** Fluktuation liegt vor, wenn die Organisation auf die Gründe keinen Einfluss nehmen kann, etwa bei Eintritt von Berufsunfähigkeit oder Tod einer Mitarbeiterin bzw. eines Mitarbeiters.

Die Gründe für einen freiwilligen, vermeidbaren Weggang – zum Beispiel ein Wechsel in eine verantwortungsvollere Position in einem anderen Unternehmen, die Aufnahme eines Studiums oder ein Unternehmenswechsel aufgrund eines höheren Gehaltsangebotes – sind im Gegensatz zu den Gründen für ein unvermeidbares Gehen steuerbar. Folglich sollten Unternehmen insbesondere einen Fokus auf ein **Management der freiwilligen, dysfunktionalen und vermeidbaren Fluktuation** setzen (vgl. **Abb. 48**).

Um als Organisation Fluktuationen erfolgreich zu managen, bieten sich mehrere Schritte an: (1) Nach einer Bestimmung der Rate der freiwilligen Fluktuation gilt es, (2) die Kosten der Fluktuation zu bestimmen, (3) die Gründe für einen Weggang von Beschäftigen zu verstehen und (4) gegebenenfalls Maßnahmen zum Senken der Fluktuation bzw. zur Erhöhung der Personalbindung zu entwickeln und anzuwenden (vgl. **Abb. 49**).

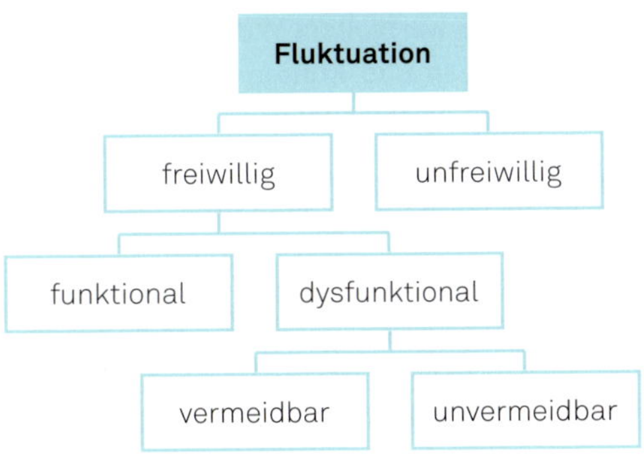

Abbildung 48: Arten der Fluktuation

10.1.2 Kosten in Verbindung mit der Fluktuation

Wenn die Fluktuation die für den Unternehmenserfolg entscheidenden internen Talentpools betrifft, können bereits niedrige Fluktuationsraten extrem hohe Kosten verursachen (Cascio & Boudreau, 2011). Beispielsweise besteht im Falle eines anstehenden Downsizings die Gefahr, dass gerade die Leistungsträger/-innen das Unternehmen antizipativ verlassen ("Those who can swim jump ship first."). Ziel des Personalbindungsmanagements ist daher das Erreichen einer – für das in Frage stehende Unternehmen – optimalen Fluktuationsrate (funktionale Fluktuation), wobei nicht alle, sondern insbesondere die für das Unternehmen wertvollen Beschäftigten an die Organisation gebunden werden sollten (funktionale Bindungen).

Strategien zur Personalbindung konzentrieren sich also sinnvollerweise auf funktionale Bindungen und adressieren folglich in vielen Unternehmen eine Minderheit der Belegschaft. Erfolgen die Bindungsmaßnahmen zu umfassend, werden die weniger wertvollen Beschäftigten ebenfalls – dysfunktional – gebunden (vgl. **Tab. 16**). Eine dysfunktionale Personalbindung kann hohe Kosten verursachen, wenn dadurch wenig produktive Beschäftigte gehalten werden, die man durch wertvollere

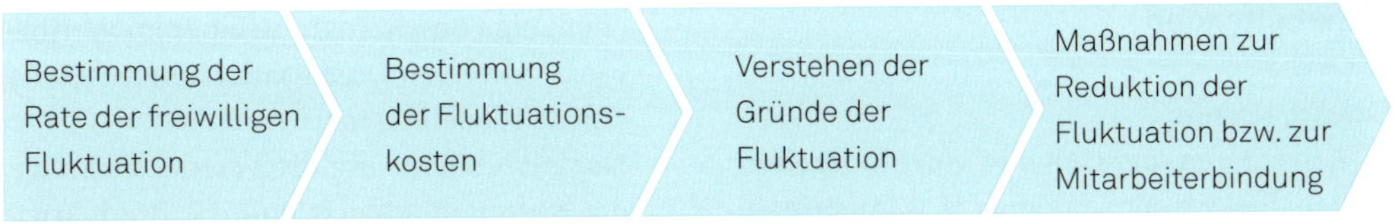

Bestimmung der Rate der freiwilligen Fluktuation → Bestimmung der Fluktuationskosten → Verstehen der Gründe der Fluktuation → Maßnahmen zur Reduktion der Fluktuation bzw. zur Mitarbeiterbindung

Abbildung 49: Schritte des Managements bei hoher Fluktuation

Tabelle 16: Zusammenhang von Fluktuation und Personalbindung

Fluktuationsintention		Leistungsbeitrag der Mitarbeitenden: niedrig	Leistungsbeitrag der Mitarbeitenden: hoch
	hoch	Weniger wertvolle Mitarbeitende verlassen die Organisation → **Funktionale Fluktuation**	Hoch wertvolle Mitarbeitende verlassen die Organisation → **Dysfunktionale Fluktuation**
	niedrig	Weniger wertvolle Mitarbeitende bleiben in der Organisation → **Dysfunktionale Bindung**	Hoch wertvolle Mitarbeitende bleiben in der Organisation → **Funktionale Bindung**

Anmerkung: *Blaue Felder markieren für die arbeitgebende Organisation unerwünschte, graue Felder erwünschte Zustände.*

Beschäftigte hätte ersetzen können. Doch bis zu welcher Höhe kann eine Fluktuationsrate als optimal für eine Organisation gelten?

Verbreitet ist die Annahme, dass eine steigende Fluktuationsrate dysfunktional für eine Organisation ist. Verschiedene empirische Studien stützen tendenziell die Vermutung, dass sich Fluktuation negativ auswirkt (vgl. Hausknecht & Trevor, 2011). Im Zusammenhang mit der Fluktuation fallen zahlreiche Kosten direkter Art (z.B. administrative Kosten) und indirekter Art (z.B. Verlust von Know-how) an, die mit dem Ausscheiden von Mitarbeitenden einhergehen, sowie darüber hinaus Kosten in Verbindung mit einer Neubesetzung der frei gewordenen Stelle samt Einarbeitung (Allen, Bryant & Vardaman, 2010; Becker & Cropanzano, 2011; Cascio & Boudreau, 2011; Chen, Ployhart, Thomas, Anderson & Bliese, 2011; Hausknecht & Trevor, 2011). Schauen wir uns diese Kosten etwas genauer an.

Kosten durch das Ausscheiden von Mitarbeitenden

Direkte Kosten:

- Kapazitäten und Gehälter von Mitarbeitenden der Personalabteilung (z.B. Austrittsinterview, Verwaltungsformalitäten)
- Kosten in Verbindung mit einem arbeitsgerichtlichen Verfahren

Indirekte Kosten:

- Verlust von Kunden und Kundinnen oder beschädigte Geschäftsbeziehungen aufgrund der Beendigung einer auf persönlicher Ebene aufgebauten Kundenbeziehung; verstärktes Marketing, um Kunden und Kundinnen zu halten
- Verlust an wertvollem Wissen über die Firma, Kunden und Kundinnen und Projekte sowie an Sozialkapital
- Transfer wertvollen Wissens an (potentiell) im Wettbewerb stehende Organisationen
- Negative Effekte auf das Arbeitgebenden- und Unternehmensimage (mit eventuellen späteren Rekrutierungsschwierigkeiten, Folgekündigungen oder nachlassender Motivation, Zufriedenheit und Produktivität in der bestehenden Belegschaft)
- Zusätzliche Konkurrenz, falls der bzw. die ehemalige Beschäftigte zu einer im Wettbewerb stehenden Organisation übertritt oder sich selbstständig macht
- Negative Effekte auf die Vertriebsleistung, die Kosteneffektivität und die Produktivität

Kosten durch Neubesetzungen

Direkte Kosten:

- Überbrückungsentgelte (für zeitlich befristete Vertreter, Überstunden bis zur Wiederbesetzung, die das vorherige Entgelt übersteigen)
- Rekrutierungskosten für Schalten von Stellenanzeigen, Headhunting etc.
- Auswahlkosten, zum Beispiel für Erwerb oder Entwicklung eines Auswahlinstruments, Arbeitszeit der am Auswahlverfahren beteiligten Personen (u.a. Personalabteilung, Linienmanagement), Reisekosten des Bewerbers bzw. der Bewerberin
- Umzugskosten
- Administrative Zeit für Verwaltungsformalitäten, Betriebsrat
- Erstellung eines Gesundheitsgutachtens durch den Gesundheitsdienst
- Persönliche Ausstattungen mit Arbeitskleidung und -geräten

Indirekte Kosten:

- Unruhe, verringerte Moral und erhöhter Druck in der verbleibenden Belegschaft, die mit Überstunden einen Ausgleich schaffen muss
- Beeinträchtigung des Betriebsklimas mit eventuellen Folgekündigungen

Kosten durch Einarbeitung der Neubesetzungen

Direkte Kosten:

- Einführungsaktivitäten und -literatur
- Weiterbildung
- Coaching durch erfahrene Mitarbeitende

Indirekte Kosten:

- Produktivitätsverlust durch suboptimale Leistungen in der Einarbeitungsphase
- Erhöhte Unfallquoten (Fehlzeiten) während der Einarbeitung
- Erhöhter Verschleiß von Betriebsmitteln
- Produktionsstörungen

Die mit der Fluktuation pro Person entstehenden Kosten werden – je nach Fähigkeiten und Verantwortungsebene des ausscheidenden Unternehmensmitglieds – auf 93 bis 200 Prozent von dessen Jahreseinkommen geschätzt (Branham, 2005; Johnson, 1995; Nyberg, 2010; Stührenberg, 2004).

Dennoch braucht eine hohe Fluktuationsrate einer Organisation nicht zwangsläufig zu schaden. Verschiedene Vorteile können die Kosten abschwächen oder gar aufwiegen. Wir listen nun Beispiele für funktionale Effekte der Fluktuation auf (Abelson & Baysinger, 1984; Allen et al., 2010; Becker & Cropanzano, 2011; International Survey Research, 2002; Schneider, Goldstein & Smith, 1995):

- Neue Mitarbeitende mit aktuellem und benötigtem Wissen und neuen Ideen sowie Fähigkeiten werden hinzugewonnen, was sich positiv auf die Dynamik des Unternehmens auswirkt.
- Die Arbeitskosten lassen sich durch die natürliche Fluktuation stärker kontrollieren, indem man Lohnniveaus gezielter steuern und im Zuge der Neueinstellungen anpassen kann.
- Schlechtleistende oder diejenigen, die nicht in die Organisationskultur passen, belasten die Organisation nicht länger, und Neubesetzungen mit leistungsstärkeren Mitarbeitenden werden möglich.
- Reduzieren oder gar verhindern lässt sich die Entwicklung von Mitarbeiterhomogenität und „Groupthink", die zu suboptimalen Entscheidungen führen, weil jede beteiligte Person ihre eigene Meinung an die erwartete Gruppenmeinung anpasst.
- Durch das Freiwerden von Stellen eröffnen sich Reorganisations- und Optimierungsmöglichkeiten.
- Für verbleibende Beschäftigte ergeben sich über freiwerdende Stellen Aufstiegsmöglichkeiten.
- Stagnation kann reduziert und Innovation vermehrt werden.

- Die Umsatzrendite und Nettogewinnspanne kann sich im Vergleich zu Unternehmen mit starker Personalbindung bzw. geringer funktionaler Fluktuation positiv entwickeln.

Merke

Bevor man entscheidet, ob man Maßnahmen zum Senken der Fluktuation bzw. zur Personalbindung einleitet, sind sowohl die Kosten als auch der Nutzen der Fluktuation für die jeweils in Frage stehende Position und Person zu bestimmen. Die Kosten für Maßnahmen der Personalbindung sollten durch die aus diesen Maßnahmen resultierenden Ersparnisse mindestens ausgeglichen werden.

Lässt sich eine optimale Fluktuationsrate für eine Organisation bestimmen? Die optimale Höhe der Fluktuationsrate hängt von einer Reihe von Kontextfaktoren ab, zum Beispiel davon, *wer* die Organisation verlässt, von organisationalen Größen und von Normen des Wirtschaftszweigs.

- Die Organisationsleistung droht zu leiden, wenn eine **Person** mit hohem Human- und Sozialkapital das Unternehmen verlässt.
- Gleiches gilt, wenn mit **hohen Neubesetzungskosten** zu rechnen ist, zum Beispiel infolge eines kleinen Pools potentieller Kandidatinnen und Kandidaten, fehlender Möglichkeiten, schnell und kostengünstig zu schulen, sowie der Notwendigkeit, dass die Neueinsteigenden ihr Tätigkeitsfeld schnell und effektiv meistern.
- **Organisationale Faktoren** (wie z.B. die Organisationsgröße) beeinflussen die Art und Weise, in der sich die Fluktuation auf die Leistung auswirkt, und die verfügbaren Ressourcen für das Managen der Ab- und Zugänge. So kann dieselbe Fluktuationsrate für kleine Organisationen problematischer sein.
- **Wirtschaftszweignormen** sind insofern relevant, als eine Fluktuationsrate absolut zwar eher hoch sein kann (wie z.B. im Gastgewerbe üblich), aber – wenn sie im Vergleich zu derjenigen der Konkurrenz niedriger ist – dennoch einen Wettbewerbsvorteil generiert. Umgekehrt kann eine absolut betrachtet scheinbar niedrige Fluktuationsquote einen Wettbewerbsnachteil darstellen, wenn die Rate im Vergleich zu derjenigen der Konkurrenz höher ist (Hancock, Allen, Bosco, McDaniel & Pierce, 2011).

10.1.3 Gründe für Fluktuation

Sind mit Hilfe der quantitativen Fluktuationsanalyse die Zahl der Abgänge statistisch ausgewertet, etwaige Unterschiede in der Höhe der Personalabgänge – beispielsweise nach Funktionsbereich, Qualifikationsgruppe, Hierarchieebene, Alter oder Geschlecht einschließlich zeitlicher Entwicklungen – analysiert sowie Kosten und Nutzen der Fluktuation bestimmt, kann festgesetzt werden, für welche Mitarbeiter(gruppen) Personalbindungsmaßnahmen sinnvollerweise angestrebt werden sollen, um die Fluktuation proaktiv zu begrenzen. Für eine zielgerichtete Entwicklung von Maßnahmen gegen **dysfunktionale Fluktuation** bedarf es einer Analyse der Gründe für einen Arbeitgeberwechsel.

Informationen über die individuellen Motive lassen sich mit Hilfe einer **qualitativen Fluktuationsanalyse** gewinnen, beispielsweise im Rahmen von Austrittsinterviews oder Mitarbeiterbefragungen.

Bei freiwilligen Fluktuationen kann man die individuellen Gründe zwei groben Kategorien zuordnen:

(a) Eine Person möchte einem anderen Unternehmen beitreten („Pull").
(b) Eine Person möchte das aktuelle Unternehmen verlassen („Push").

Je nachdem, in welche Kategorie die Gründe fallen, werden unterschiedliche Personalbindungsansätze nötig: Während es für das Management von (a) einer Abwehrstrategie bedarf, kann man (b) mittels einer Bindungsstrategie begegnen. Allerdings liegen zahlreiche Fluktuationsursachen, wie in Deutschland das Erreichen der offiziellen Altersgrenze, außerhalb des Einflussbereichs der Arbeitgebenden. **Tabelle 17** gibt einen Überblick über Gründe für eine mitarbeiterinduzierte Fluktuation.

Organisationen haben eine bessere Chance, das Fluktuationsverhalten ihrer Beschäftigten zu ändern, wenn sie eingreifen können, bevor sich die Fluktuationsintention zeigt. Eine frühe Intervention ist auch deshalb sinnvoll, weil Fluktuationsabsichten Auswirkungen auf an-

Tabelle 17: Gründe mitarbeiterinduzierter Fluktuation (in Anlehnung an Lee, Gerhart, Weller & Trevor, 2008)

Fluktuationsintention		
⬆	⬆	⬆
Private Faktoren	**Arbeitsbedingte Push-Faktoren**	**Arbeitsbedingte Pull-Faktoren**
• Wohnortwechsel, bedingt durch einen Jobwechsel des Partners oder der Partnerin • Ausübung privater Interessen (z. B. Reisen, künstlerische Ambitionen) und Umsetzung gefasster Pläne (z. B. Absolvierung eines weiterführenden Hochschulstudiums) • Reduktion des Drucks im Zusammenhang mit der Vereinbarkeit von Familie und Beruf (Kinderbetreuung, Pflege von Angehörigen) • Krankheit	• *Unbefriedigender Personaleinsatz:* Langeweile oder Überforderung im Tätigkeitsbereich, nicht erfüllte Erwartungen (Arbeitsinhaltsgestaltung), mangelnde Konzentrationsmöglichkeit im Großraumbüro (Arbeitsplatzgestaltung), Gesundheitsbelastung (Arbeits- und Gesundheitsschutz), Überstunden, Arbeit zu unsozialen Zeiten, starre Arbeitszeiten, Urlaubslänge und -lage (Arbeitszeitgestaltung) • *Unzureichende Entwicklungsmöglichkeiten:* begrenzter karrierebezogener Aufstieg und eingeschränkte Weiterbildung • *Ineffiziente Personalführung:* unbefriedigende Zusammenarbeit und Kommunikation, Kompetenz- und Aufgabenverteilung, geringer Partizipationsgrad, persönliche Konflikte	• *Personalentlohnung:* höheres Entgelt und höhere Leistungsbezüge, höhere Sozialleistungen • *Karriereentwicklung:* neue Arbeits- und Aufgabenbereiche, Berufswechsel, Selbstständigkeit, Möglichkeit der Zusammenarbeit mit bestimmten Personen • Höhere regionale Anziehungskraft und Attraktivität der Branche, besseres Unternehmens- und Arbeitgeberimage • Bessere Infrastruktur, kürzere Pendelzeit

dere zu vermeidende Verhaltensweisen am Arbeitsplatz haben, wie beispielsweise destruktives Arbeitsverhalten (u.a. Diebstahl; vgl. Kapitel 1 „Grundlagen individueller Leistungsfähigkeit"; Bergman, Payne & Boswell, 2012).

Die genannten Gründe für mitarbeiterinduzierte Fluktuation werden von zwei Faktoren beeinflusst: der **Erwünschtheit** und der **Leichtigkeit des Verlassens einer arbeitgebenden Organisation** (March & Simon, 1958). Hier spiegeln sich die im Kapitel 1 behandelten Mechanismen wider: Wollen (Erwünschtheit des Arbeitgeberwechsels) und situatives Dürfen (Leichtigkeit eines Arbeitgeberwechsels) bestimmen das Handeln der Arbeitnehmenden. Die Erwünschtheit spiegelt die arbeitsbedingten Push- und Pull-Faktoren als inhaltliche Fluktuationsgründe wider und wird meist anhand der Arbeitszufriedenheit oder des organisationalen Commitment gemessen: Mit dem Sinken von Arbeitszufriedenheit und Commitment steigt die Wahrscheinlichkeit, dass Arbeitnehmende den Wunsch verspüren, die arbeitgebende Organisation zu verlassen. Die Leichtigkeit eines Arbeitgeberwechsels ist über Alternativmöglichkeiten auf dem Arbeitsmarkt erfassbar (Hom, Mitchell, Lee & Griffeth, 2012; Meyer & Allen, 1991; Russell, 2013). Unzufriedene und weniger engagierte Mitarbeitende denken darüber nach, zu gehen, halten nach alternativen Arbeitsstellen Ausschau, verlassen mit größerer Wahrscheinlichkeit das Unternehmen und tun dies in höherem Maße, wenn sie glauben, dass es wünschenswerte Arbeitsalternativen gibt (Felps, Mitchell, Hekman, Lee, Holtom & Harman, 2009). Umgekehrt verlassen manche Menschen – sofern es alternative Arbeitsmöglichkeiten gibt – eine arbeitgebende Organisation deshalb, weil sie das Potential für Zufriedenheit mit der neuen Arbeit im Vergleich zur jetzigen Beschäftigung als höher einschätzen.

Neuere Forschungen unterscheiden verschiedene Personengruppen von Abgängern und Abgängerinnen, die sich hinsichtlich dessen unterscheiden, was sie zur Fluktuation motiviert. Lee und Kollegen (2008) differenzieren vier Gruppen:

Gruppe 1: Personen, die kündigen, nachdem ihre Suche nach anderen Stellen erfolgreich war (Arbeitsunzufriedenheit → Arbeitsplatzsuche → Kündigung)

Gruppe 2: Personen, die zwecks Suche nach einem anderen Job kündigen (Arbeitsunzufriedenheit → Kündigung → keine neue Stelle → Arbeitsplatzsuche)

Gruppe 3: Personen, die aufgrund eines unaufgeforderten Jobangebots kündigen (keine Arbeitsplatzsuche → Jobangebot → Kündigung)

Gruppe 4: Personen, welche die arbeitgebende Organisation aus familiären Gründen verlassen (Kündigung → keine neue Stelle → keine Arbeitsplatzsuche)

Arbeitsunzufriedenheit bei der derzeitigen arbeitgebenden Organisation, wie sie sich in den Push-Faktoren widerspiegelt, ist ein deutlich stärkerer Fluktuationsgrund als ein alternatives Jobangebot (Chen et al., 2011; Griffeth, Hom & Gaertner, 2000). Der Effekt der Arbeitsunzufriedenheit auf die Kündigungsabsicht erwies sich in der Studie von Lee et al. (2008) in den Gruppen 1 und 2 als doppelt so hoch wie in Gruppe 3 und als ungefähr sieben Mal so hoch wie in Gruppe 4.

Die Leichtigkeit eines Arbeitgeberwechsels ist anhand allgemeiner Arbeitsmarktbedingungen (z.B. der Arbeitslosenquote) oder der wahrgenommenen Bewegungsfreiheit nicht so gut messbar; vielmehr scheint der **unaufgeforderte Erhalt eines Stellenangebots** als unmittelbarerer und greifbarerer Indikator für den Mobilitätswunsch eine große Rolle zu spielen (Gruppe 2).

Der Zusammenhang zwischen den oben genannten Faktoren (Arbeitsunzufriedenheit und Jobalternativen) und der Fluktuation ist zwar signifikant, aber nicht sehr stark (Griffeth et al., 2000). Zahlreiche weitere Faktoren spielen eine Rolle. So können sich sehr gute Mitarbeitende entscheiden, trotz hoher Arbeitszufriedenheit eine Stelle zu verlassen, wenn andere als die Arbeitszufriedenheit betreffende Faktoren sie anziehen (Pull-Faktoren) oder private Faktoren ins Gewicht fallen. Die Tatsache, dass die Gruppen 3 und 4 fast die Hälfte der Wechsler ausmachen, unterstreicht, dass neben der Arbeitsunzufriedenheit (Push-Faktor) insbesondere den **personenbezogenen Gründen** und den **Pull-Faktoren der neuen arbeitgebenden Organisation** große Bedeutung beizumessen ist (Lee et al., 2008).

Merke

Hauptfaktoren, welche die Fluktuationsintention beeinflussen, sind zum einen der Wunsch, eine arbeitgebende Organisation zu verlassen, der meist auf niedrige Arbeitszufriedenheit oder niedriges organisationales Commitment zurückführbar ist, und zum anderen die Leichtigkeit eines Arbeitgeberwechsels, der sich insbesondere aus den sich bietenden Alternativmöglichkeiten auf dem Arbeitsmarkt ergibt. Darüber hinaus bestimmen Pull-Faktoren der neuen arbeitgebenden Organisation (Potential für höhere Arbeitszufriedenheit) und personenbezogene Gründe die Fluktuationsentscheidung.

Hieran anknüpfend entwickelten Mitchell und Kollegen das Konstrukt der Einbettung **(Job Embeddedness)** als Indikator für die **Personalbindung.** Die Einbettung umfasst nicht nur arbeitsbezogene, sondern auch außerbetriebliche Facetten, die das Maß bestimmen, in dem sich Individuen am Arbeitsplatz, in der Organisation und der Gemeinde gut aufgehoben fühlen (Lee, Mitchell, Sablynski, Burton & Holtom, 2004; Mitchell, Holtom, Lee, Sablynski & Erez, 2001b) und sie zum **Bleiben** in einem Unternehmen motivieren. Der Ansatz der Einbettung erweitert die bisher in der Literatur genannten Prädiktoren für Fluktuation: Während die Arbeitseinstellungen Arbeitszufriedenheit und organisationales Commitment eine affektive Komponente umfassen und sich ausschließlich auf den Job beziehen (vgl. Kapitel 2 „Faktoren individueller Leistungsbereitschaft"), schließt das Konzept der Job Embeddedness nichtaffektive Faktoren, auch aus dem außerorganisationalen Kontext, ein (Mitchell et al., 2001b).

Drei Faktoren bestimmen die Einbettung von Mitarbeitenden: soziale Verbindungen, Passung und Verlust.

- **Soziale Verbindungen** spiegeln das Ausmaß wider, in dem Individuen in Kontakt zu Einzelnen, Teams und Gruppen stehen. Im Organisationskontext betrifft dies Interaktionen mit Arbeitskolleginnen und -kollegen; außerbetriebliche Beziehungen betreffen beispielsweise Partnerschaften und/oder Familie. Auch der Besitz einer Immobilie kann eine Bindung an einen Ort schaffen.
- Individuen unterscheiden sich darin, wie gut ihr Job, die Organisation und die Gemeinde in ihren Augen zu ihnen passen **(Passung)**. Der Faktor Passung spiegelt das Kongruenzniveau des Jobs mit weiteren wichtigen Lebensfacetten wider, etwa mit den eigenen Fertigkeiten, Talenten, Werten oder Präferenzen. Die Passung zwischen Individuum und Gemeinde erfasst, inwieweit eine Person die Gemeinschaft, in der sie lebt, mag und Kontakte herstellt.
- Der dritte Faktor **Verlust** beschreibt, was Menschen bei einem Wechsel ihrer Position verlieren würden. Das können Leistungen, Möglichkeiten, Provisionen, Autonomie, Gehalt oder Sicherheit sein und bei einem Wechsel der Gemeinde Sicherheit oder Respekt.

Folgende Aussagen werden verwendet, um die Einbettung von Beschäftigten zu bestimmen (Kurzskala nach Holtom, Mitchell & Lee, 2006; eigene Übersetzung):

Soziale Verbindungen

1. Ich bin Mitglied einer erfolgreichen Arbeitsgruppe.

2. Ich arbeite eng mit meinen Kollegen und Kolleginnen zusammen.
3. Bei der Arbeit interagiere ich häufig mit meinen Arbeitsgruppenmitgliedern.
4. Meine familiären Wurzeln sind in dieser Gemeinde.
5. Ich bin in einer oder mehreren Gemeinschaftsorganisationen (z.B. Kirche, Sportmannschaft, Schule usw.) tätig.
6. Ich nehme an kulturellen und Freizeitaktivitäten in meiner Gemeinde teil.
7. Sind Sie zurzeit verheiratet?
8. Wenn Sie verheiratet sind, arbeitet Ihr Ehepartner bzw. Ihre Ehepartnerin außerhalb des Hauses?
9. Besitzen Sie ein Haus (mit oder ohne Hypothek)?

Passung

10. In meiner Arbeit werden meine Fähigkeiten und Talente gut genutzt.
11. Ich denke, dass ich gut zu meiner Organisation passe.
12. Wenn ich bei meiner Organisation bleibe, werde ich die meisten meiner Ziele erreichen können.
13. Ich mag den Ort, an dem ich lebe, gerne.
14. Der Ort, an dem ich lebe, passt gut zu mir.
15. Die Gemeinde, in der ich lebe, bietet die Freizeitaktivitäten, die ich mag (Sport, Aktivitäten im Freien, kulturelle Veranstaltungen und Kunst).
16. Ich habe viel Freiheit in meiner Arbeit, um meine Ziele zu verfolgen.

Verlust

17. Ich würde viel verlieren, wenn ich diesen Job aufgeben würde.
18. Ich glaube, dass die Aussichten auf eine Fortsetzung meiner Beschäftigung bei meiner arbeitgebenden Organisation ausgezeichnet sind.
19. Die Gemeinde zu verlassen, in der ich lebe, fiele mir sehr schwer.
20. Wenn ich die Gemeinde verlassen würde, würde ich meine Freunde und Freundinnen vermissen.
21. Wenn ich die Gemeinde, in der ich lebe, verlassen würde, würde ich meine Nachbarschaft vermissen.

Je höher die auf individueller Ebene angesiedelten Faktoren soziale Verbindungen, Passung und Verlust sind, desto eingebetteter ist eine Person und umso stärker ist sie an die arbeitgebende Organisation gebunden (Mitchell et al., 2001b). Zahlreiche Studien haben gezeigt, dass fehlende Einbettung ein guter Indikator für die Fluktuationsintention ist (Allen, 2006a; Crossley, Bennett, Jex & Burnfield, 2007; Holtom et al., 2006; Lee et al., 2004; Mitchell et al., 2001b). In vielen dieser Studien erwies sich die Einbettung als wertvolle Erklärungsvariable über die Arbeitszufriedenheit und das organisationale Commitment hinaus, um Unterschiede in der Fluktuationsintention und Fluktuation vorherzusagen.

Die Mitarbeiterfluktuation ist das Ergebnis des Abwägens von Fluktuationsgründen gegen Bindungsgründe: Während mangelnde Arbeitszufriedenheit und niedriges organisationales Commitment, alternative Jobangebote und weitere Pull-Faktoren wie auch personenbezogene Faktoren zu einer Kündigung führen können, haben soziale Verbindungen, die wahrgenommene Passung und Verlustelemente – jeweils am Arbeitsplatz, in der Organisation oder in der Gemeinde – eine bindende Wirkung und mildern die Fluktuationsintention (s. **Abb. 50**).

10.2 Praktische Anwendung

Um die Fluktuation in einer Organisation zu steuern, ist zunächst die relative Bedeutung der vier vorgestellten Gruppen ausscheidender Personen zu ermitteln. Wenn beispielsweise die Gruppen 1 (andere Stelle annehmen) und 2 (andere Stelle suchen) die wichtigsten Arten der freiwilligen Fluktuation in der Organisation darstellen, ist der traditionelle Ansatz, das Fördern der Arbeitszufriedenheit, wahrschein-

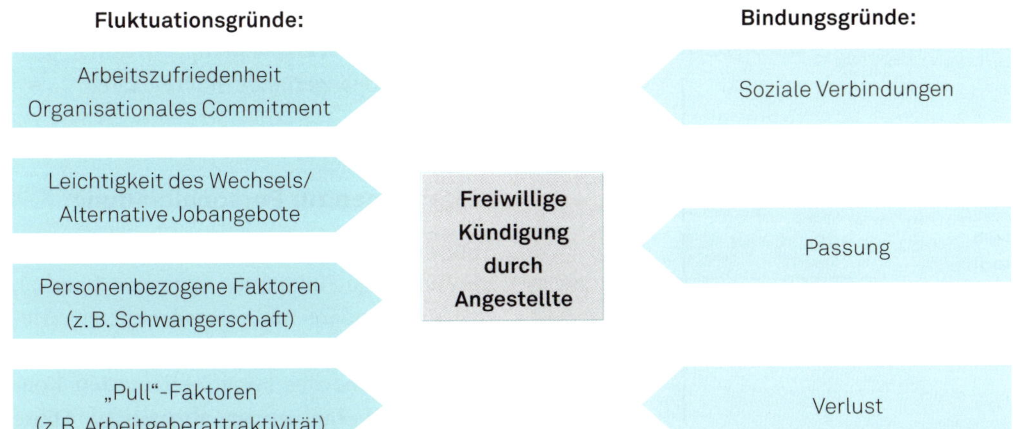

Abbildung 50: Prädiktoren der freiwilligen Kündigung (nach Lee et al., 2008, sowie Mitchell et al., 2001b)

lich sinnvoll (vgl. Kapitel 2 „Faktoren individueller Leistungsbereitschaft").

Im Unterschied dazu kann diese Strategie für Gruppe 3 (unaufgefordertes Stellenangebot) deutlich ineffektiver sein. Wenn diese Individuen ein Stellenangebot ohne aktive Arbeitssuche erhalten, kann dies darauf hindeuten, dass Personen der Gruppe 3 bei externen Arbeitgebenden sehr gut sichtbar sind, zum Beispiel aufgrund ihrer Leistung oder ihrer Beförderungsrate. Leistungsträger/-innen kündigen eher aufgrund von Pull-Faktoren und wechseln trotz hoher Arbeitszufriedenheit von einem Job zum nächsten (vgl. Kapitel 9 „Karriere und Karriereentwicklung"). Jede Organisation muss folglich entscheiden, ob sie Abwerbungen vonseiten anderer Arbeitgebender vorbeugen kann oder sollte, zumal diese schwer zu antizipieren sind.

Wenn aber die Fluktuation in einer Organisation hauptsächlich aus familiären Gründen erfolgt (Gruppe 4), ist Arbeitsunzufriedenheit wahrscheinlich ebenfalls kein Schlüsselfaktor. Um die Fluktuation in dieser Gruppe zu reduzieren, kann eine Organisation ihre Angebote beispielsweise im Hinblick auf die Vereinbarkeit von Familie und Beruf gestalten.

Je nach Sachlage sind somit unterschiedliche Bindungsmaßnahmen zu wählen. Die Entscheidung einer Person, in einem Unternehmen zu bleiben, ist durch eine Kombination von situativen Merkmalen und individuellen Verhaltensweisen begründet. Folglich unterscheidet sich die Wirksamkeit der Bindungsmaßnahmen individuell (Swider, Boswell & Zimmerman, 2011). Beschäftigte, die sich lediglich vertraglich an das Unternehmen gebunden fühlen (transaktionaler psychologischer Vertrag), was sich in einem Arbeitsverhalten widerspiegelt, das sich auf die formale Arbeitsrolle und den Arbeitsvertrag beschränkt (vgl. Kapitel 9 „Karriere und Karriereentwicklung"), und die lediglich nach Bleibegründen suchen, sind mit dem Angebot von Herausforderungen in ihren Tätigkeiten in der Regel nicht gut zu binden. Deutlich stärkeres Gewicht haben in solchen Fällen Bleibeanreize wie finanzielle Belohnungen. Beschäftigte hingegen, die emotional mit der arbeitgebenden Organisation verbunden sind (relationaler psychologischer Vertrag) und ein hohes Extrarollenverhalten zeigen (OCB; vgl. Kapitel 1 „Grundlagen individueller Leistungsfähigkeit"), stellen Herausforderungen wie Aufstiegsmöglichkeiten, Wertschätzung durch das Unternehmen, Zufriedenheit mit der Arbeit, Attraktivität des Unternehmens in den Mittelpunkt (vgl. **Abb. 51**). Zu unterscheiden

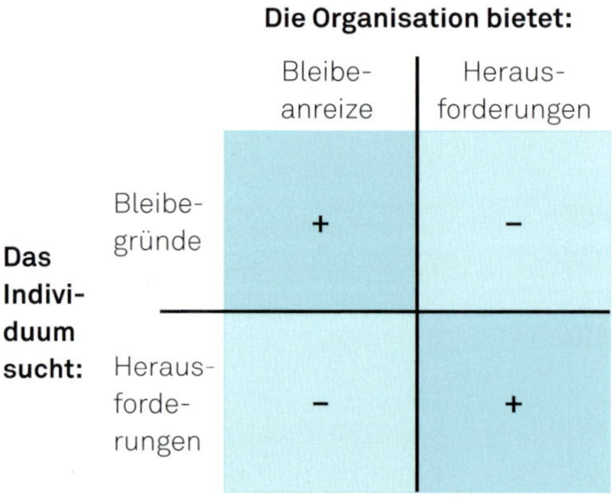

Die Organisation bietet:

		Bleibeanreize	Herausforderungen
Das Individuum sucht:	Bleibegründe	+	–
	Herausforderungen	–	+

Abbildung 51: Wirksamkeit von Bleibeanreizen und Herausforderungen als Bindungsmaßnahmen

ist bei der Wahl von Bindungsmaßnahmen folglich eine von der angestellten Person empfundene (emotionale) Verbundenheit von einer (vertraglichen) Gebundenheit an ein Unternehmen (vom Hofe, 2005). Darüber hinaus sollte eine Organisation immer das Potential prüfen, eine Person von einer Gebundenheit zu einer Verbundenheit ihr gegenüber zu entwickeln. Für diesen komplexen Aspekt sei an dieser Stelle auf die entsprechende Fachliteratur zu psychologischen Verträgen verwiesen (z.B. Conway & Briner, 2005).

Betrachten wir nun Ziele und Maßnahmen zur Bindung von Personen, die für Arbeitgebende wertvoll sind, um deren dysfunktionale Fluktuation zu reduzieren. Der durch den demografischen Wandel in Deutschland entstandene Fachkräftemangel erfordert die Bindung von hoch leistungsfähigen Schlüsselpersonen (vgl. Kapitel 8 „Talent Management“). Hierzu bedarf es ausgefeilter Bindungspraktiken, die sich im „War for Talent“ spezifisch an Personen mit raren Talenten richten. Zunächst sind, aufbauend auf einer Fluktuationsanalyse, die Zielgruppen, die jeweils angestrebten Fluktuationsquoten sowie Bindungsmaßnahmen festzulegen. Je nach identifizierter Ursache empfehlen sich unterschiedliche Maßnahmen zur Personalbindung, weshalb wir im Folgenden nach den vier Personengruppen von Abgängern und Abgängerinnen differenzieren.

10.2.1 Maßnahmen zur Personalbindung

Sind Push-Faktoren die zentralen Gründe für die freiwillige Fluktuation (Gruppen 1 und 2), die insbesondere mit einer Arbeitsunzufriedenheit zusammenhängen, ist auf eine Passung im Sinne des bereits erläuterten Konstrukts der Einbettung abzuzielen. Diese Passung lässt sich durch eine Sicherung der *Person-Job-Kompatibilität* und Erhöhung der Arbeitszufriedenheit fördern. Mögliche Maßnahmen betreffen die Schaffung wettbewerbsfähiger Bedingungen, beispielsweise in Richtung auf eine verbesserte Gestaltung von Arbeitsinhalten (Aufgaben, Verantwortung, Kompetenzen), von Arbeitsbedingungen (Entgelt, Arbeitszeit, Arbeitsort, Führung) sowie die Bereitstellung von Karrierechancen und Weiterbildungsangeboten. Die *Person-Organisation-Kompatibilität* sichert die Passung zwischen Charakteristika der Person und denen der Organisation, die wiederum das organisationale Commitment beeinflussen und das Fluktuationsrisiko verringern kann (Silverthorne, 2004; Van Vianen, 2000). Über die Verbesserung von Rekrutierungs-, Auswahl- und Sozialisationsprozessen lässt sich die Passung bereits im Vorhinein teilweise absichern. Auch die Förderung von Kontakten trägt zur Bindung bei. Möglichkeiten hierfür sind der Aufbau beruflicher Beziehungen durch Paten- oder Mentorensysteme, Gemeinschaftsaktivitäten oder die Förderung von Sport- oder Musikgruppen innerhalb der Belegschaft.

Auch für den Fall, dass Beschäftigte mit ihrer arbeitgebenden Organisation und ihrer Tätigkeit zufrieden sind, aber durch ein unaufgefordertes Stellenangebot einen Anreiz zum Arbeitgeberwechsel erhalten (Gruppe 3), kann man präventiv zur weiteren Personalbindung beitragen. Ein Ansatz ist, den mit einem Arbeitgeberwechsel wahrgenommenen **Verlust**, wie er ebenfalls im Konzept der Einbettung enthalten ist, zu erhöhen. So kann das Unternehmen über ein aktives Selbstmarketing der Mitarbeiterschaft seine Stärken bewusstmachen. Weitere Ansätze sind die Gewährung von Vorzügen nach mehrjähriger Unternehmenszugehörigkeit, etwa einer betrieblichen Altersversorgung oder der Möglichkeit eines Sabbaticals, und die Gewährung einer im Vergleich zum Markt überdurchschnittlichen monetären und nichtmonetären Vergütung. Wichtig ist auch das Management von Karriere- und Beförderungsmöglichkeiten (vgl. Kapitel 9 „Karriere und Karriereentwicklung"). Darüber hinaus kann es sinnvoll sein, dass Organisationen zusätzliche Systeme entwickeln, um systematisch und proaktiv Informationen über alternative Angebote von Konkurrenzunternehmen zu sammeln und eigene attraktive Angebote zu schaffen.

Im Falle familiärer Gründe (Gruppe 4) ist der Handlungsspielraum eingeschränkt. Mögliche Maßnahmen sollten auf eine **Passung** abzielen. Über eine Sicherung der *Person-Lebenswelt-Kompatibilität* – zum Beispiel durch die Flexibilisierung von Arbeitsort, -zeit und -umfang, das Angebot von Kinderbetreuungsmöglichkeiten, Unterstützungsangebote hinsichtlich der Pflege von Angehörigen, Angebote für Doppelkarrierepaare oder die Ermöglichung von Sabbaticals – besteht die Chance, eine Person durch bessere Vereinbarkeit von Privatleben und Beruf an das Unternehmen zu binden.

Tabelle 18 fasst typische Maßnahmen der Personalbindung zusammen.

Tabelle 18: Maßnahmen der Personalbindung (Allen et al., 2010; Benson, 2006; Kraimer, Seibert, Wayne, Liden & Bravo, 2011; Mitchell, Holtom & Lee, 2001a; Stührenberg, 2004; Zimmerman, 2008) *(Fortsetzung n. Seite)*

Faktor	Ziele	Maßnahmen
Arbeitsbedingungen und Arbeitserfahrungen	Übertragung von Verantwortung, Wertschätzung	Empowerment (Erweiterung der Autonomie und Mitbestimmungsmöglichkeiten rund um den Arbeitsplatz)
	Erhaltung und Steigerung der Leistungsfähigkeit, Schaffung von Anreizen	Betriebliche Gesundheitsförderung
	Work-Life-Balance	Sabbatical, flexible Arbeitszeitmodelle, Telearbeit, betriebliche Kitas etc.
Arbeitsinhalt	Zufriedenheit und Auslastung mit Arbeitsaufgabe, aber Vermeiden von Belastungen	Aufgaben autonom und vielfältig gestalten, Setzen herausfordernder Ziele
Aufstiegsmöglichkeiten	Individualisierte Karriereplanungen	Regelmäßige Entwicklungs- und Zielvereinbarungsgespräche
Berufliche Beziehungen	Förderung sozialer Netzwerke und der Team-Zusammenarbeit	Betriebliche Sportaktivitäten, Team-Workshops und Team-Events

Tabelle 18: *(Fortsetzung)*

Faktor	Ziele	Maßnahmen
Integration und Sozialisation	Voraussetzungen einer erfolgreichen Integration schaffen	Realistische Kommunikation der Ziele bzw. möglichen Karriereverläufe im Vorstellungsgespräch; Auswahl von Mitarbeitenden, die zur Stelle und zur Unternehmenskultur passen
	Unterstützung im Sozialisationsprozess	Einarbeitungsprogramme, Mentoring, regelmäßiges Feedback, Unterstützung des Aufbaus sozialer Netzwerke
Job Embeddedness	Berufliche und private Einbettung erhöhen	Persönliche und langfristige Entwicklungs- und Karrierepläne, Mentoring, Cafeteria-Systeme, Informationsübermittlung über regionale Aktivitäten und Vereine etc.
Personalführung	Führungskräfte für ihre Rolle bei der Bindung von Mitarbeitenden sensibilisieren	Effektive Führungskräfteentwicklung, regelmäßige Evaluationen des Erfolgs ihrer Personalbindung
Persönlichkeitsmerkmale	Auswahl neuer Mitarbeitender mit Merkmalen, die eine Fluktuation unwahrscheinlicher machen	Einsatz von Persönlichkeitstest in der Auswahlphase
Vergütung	Faires Belohnungssystem	Erfolgsabhängige Entlohnung, z. B. Prämien
Weiterbildung	Steigerung der Beschäftigungsfähigkeit	Angebot von Weiterbildungsprogrammen, vorrangig job-spezifisch, evtl. gekoppelt an Beschäftigungsdauer; bei generellen Weiterbildungen in Verbindung mit Aufstiegsmöglichkeiten
Arbeitsinhalt	Abwechslung im Job und Erweiterung sozialer Netzwerke	Job Rotation, Job Enlargement, Job Enrichment

Die angeführten Maßnahmen tragen in unterschiedlicher Qualität und Stärke zur Personalbindung bei, wie wir nun exemplarisch anhand der gängigsten Ansatzpunkte darlegen: Entlohnung, Erwartungsmanagement, Weiterbildung und Personalführung. Abschließend werden Grenzen des Bindungsmanagements aufgezeigt.

10.2.2 Entlohnung

Um einer dysfunktionalen Fluktuation von Leistungsträgern entgegenzuwirken und den Reiz externer Angebote zu reduzieren, kann ein Unternehmen von sorgfältig gestalteten und praktizierten Entlohnungssystemen profitieren. So trägt eine angemessene Entlohnung zur Bindung von Leistungsträgern und -trägerinnen der Gruppe 4 bei (Becker & Cropanzano, 2011; Nyberg, 2010).

Andere Ergebnisse wiederum belegen, dass Geld weit weniger Einfluss auf die Fluktuationsneigung hat als andere Faktoren (vgl. extrinsische und intrinsische Anreize, Kapitel 2 „Faktoren individueller Leistungsbereitschaft“). So kann Geld niemals langweilige Arbeit kompensieren (Gruppen 1 und 2; Sturges & Guest, 1999). Zudem führt eine Steigerung des persönlichen Einkommens zwar kurzfristig zu erhöhtem subjektivem Wohlbefinden, jedoch gewöhnen sich Individuen relativ schnell an den größeren finanziellen Spielraum, so dass die Steigerung nur kurzfristig wirkt und trotz erhöhten Einkommens ein Absinken des subjektiven Wohlbefindens auf das Ausgangsniveau feststellbar ist (Diener, Suh, Lucas & Smith, 1999; Frey & Stutzer, 2002). Auch können Gehälter leicht von Konkurrenten „imitiert“ werden, so dass die Wirkung verfällt. Wichtig für das Bindungsmanagement ist, dass die Gehälter im Vergleich mit relevanten Referenzpersonen, wie beispielsweise in der Kollegenschaft, als fair wahrgenommen werden (vgl. Equity-Theorie in Kapitel 2 „Faktoren individueller Leistungsbereitschaft“; Augsberger, Schudrich, McGowan & Auerbach, 2012).

10.2.3 Management von Erwartungen

Angesichts der hohen Fluktuationsraten innerhalb der ersten beiden Jahre in einer neuen Tätigkeit ist ein Erwartungsmanagement wesentlich, das mit einer realistischen Tätigkeitsvorausschau bei der Rekrutierung und Auswahl neuer Individuen beginnt (Benthein, Vandenberg, Vandenberghe & Stinglhamber, 2005). Eine Tätigkeitsvorausschau ist insbesondere in den Fällen wirkungsvoll, in denen eine Stelle infolge geringer Erfahrungen des Individuums oder vergleichsweise ungewöhnlicher Tätigkeiten diffus erscheint. Auch im Anschluss sind die Erwartungen im Verlaufe der sogenannten Sozialisierungsphase und danach über regelmäßige Mitarbeitergespräche abzugleichen und zu managen.

Arbeitszufriedenheit spiegelt die subjektive Einschätzung wider, inwieweit das Arbeitsumfeld die persönlichen Anforderungen eines Individuums an seine Tätigkeit erfüllt. Folglich sollte eine Passung bzw. Kompatibilität zwischen individuellen und organisationalen Merkmalen angestrebt werden, um die Arbeitszufriedenheit und damit die Personalbindung zu fördern. Die aus einer gelungenen Bindung resultierende Beschäftigungsdauer ist der grundlegendste Indikator für Arbeitszufriedenheit, da sie einen Zustand anzeigt, in dem das Individuum das Arbeitsumfeld und das Umfeld das Individuum als angenehm empfindet.

Beschäftigte zeigen Interesse an einem sozialen Austausch mit ihrem Arbeitgeber (Thibaut & Kelley, 1959) in dem Bestreben, für sich Vorteile zu generieren. Übersteigen die Kosten der Beziehung über längere Zeit die aus der Beziehung resultierenden Belohnungen, tendieren Beschäftigte dazu, eine Arbeitsbeziehung zu beenden. Individuen beurteilen Fakten bzw. Ereignisse nicht rein objektiv als gut oder schlecht, sondern vergleichen diese mit ihren Erwartungen und verfügbaren Alternativen (Thibaut & Kelley, 1959). Die Zufriedenheit mit der Austauschbeziehung und die Bindung daran ist hoch, wenn das Ergebnis der Arbeitsbeziehung von den Beschäftigten positiver als das Erwartungsniveau und die verfügbaren Alternativen eingeschätzt wird, und niedrig, wenn Erwartungsniveau und verfügbare Alternativen das tatsächliche Ergebnis übersteigen. Wenn also das Vergleichsniveau für Alternativen sehr niedrig bewertet wird, kann es sein, dass ein unzufriedenes Belegschaftsmitglied die Arbeitsbeziehung dennoch nicht beendet. Kritisch an den Austauschtheorien ist, dass sie davon ausgehen, die Erwartung von angemessenen Gegenleistungen wäre das alleinige, nutzenorientierte Motiv des Handelns.

10.2.4 Weiterbildung

Hinsichtlich der Wirkung von Weiterbildungsangeboten auf die Personalbindung zeichnen sich zwei konträre Positionen ab. Auf der einen Seite wird argumentiert, dass Personalentwicklungsangebote das organisationale Commitment erhöhen und dadurch die Fluktuationsneigung senken. Auf der anderen Seite wird angeführt, dass Weiterbildungsmaßnahmen die Beschäftigungsfähigkeit und damit die freiwillige Fluktuation erhöhen (Gardner, Wright & Moynihan, 2011). Aus diesem Grunde raten Gardner et al. (2011) mit dem Ziel, eine sowohl fähige als auch engagierte Belegschaft aufzubauen, Weiterbildungsmaßnahmen durch motivationsfördernde Maßnahmen (vgl. Tab. 18) zu ergänzen, wenn man arbeitnehmerinduzierte Kündigungen reduzieren will.

Weil der Aufbau emotionaler Bindungen zwischen Mitarbeitenden und Unternehmen zukünftig voraussichtlich nicht mehr ausreichen wird, müssen Unternehmen angesichts des absehbaren Arbeitskräftemangels die Loyalität auch anderweitig erhöhen. Ein Ansatz ist, die von den Mitarbeitenden wahrgenommenen Kosten bei Verlassen des Unternehmens (Verlust) zu erhöhen, indem Arbeitgeber beispielsweise auch Weiterbildungen anbieten, die zum Aufbau unternehmensspezifischen Humankapitals führen, und damit die Fluktuation senken (Dawley, Houghton & Bucklew, 2010).

10.2.5 Verbessern der Personalführung

Eine häufige Fluktuationsursache, insbesondere in den Gruppen 1 und 2, ist die Unzufriedenheit einer geführten Person mit ihrer Führungskraft bzw. ein schlechter Austauschprozess zwischen beiden (vgl. LMX-Beziehung in Kapitel 4 „Erfolgreiche Beziehungsgestaltung als Führungsaufgabe“). Diese Beobachtung führt in der Praxis häufig zu der folgenden verallgemeinernden Aussage: „Eine Person verlässt nicht ein Unternehmen, sondern seine Chefin bzw. seinen Chef“ (DeConinck, 2009; Gerstner & Day, 1997). Diese Aussage übersieht jedoch, dass eine schlechte LMX-Beziehung immer aus einer (zweiseitigen) Interaktion zwischen vorgesetzter und geführter Person besteht und die Probleme folglich auf beide Akteure zurückgeführt werden können.

Im Falle eines Defizits in den Personalführungsfähigkeiten der Führungskraft ist die *Qualifizierung des Linienmanagements* in Bezug auf Personalführungsfähigkeiten eine wirksame Maßnahme (vgl. auch Kapitel 4 „Erfolgreiche Beziehungsgestaltung als Führungsaufgabe“). Eine LMX-Beziehung hoher Qualität ist jedoch nicht immer nur positiv. Forschungsergebnisse zeigen auch, dass Geführte in LMX-Beziehungen hoher Qualität fluktuationsförderliche Möglichkeiten erhalten. Beispielsweise können höhere Leistungsbeurteilungen oder die Einführung in soziale Netzwerke Beschäftigte zu anderen Organisationen hinziehen (Pull-Effekt; Gruppe 3), so dass sie schließlich höhere Fluktuationsintentionen entwickeln. Zwecks Lösung des Dilemmas kann die Führungskraft Anreize beispielsweise in Form der Beförderung oder einer Gehaltserhöhung setzen (vgl. Kapitel 2 „Faktoren individueller Leistungsbereitschaft“; Harris, Kacmar & Witt, 2005).

Ist die schlechte Qualität bei LMX-Beziehungen auf Defizite bei der geführten Person zurückführbar, gilt es bei den Geführten anzusetzen. Eine wesentliche Maßnahme ist das Bereitstellen passender *Personalentwicklungsmaßnahmen*. Mangelnder Fit zwischen Führungskraft und geführter Person ist indessen besser durch eine *Versetzung* der geführten Person lösbar. Lässt sich die Situation nicht verbessern, ist auch an die *Auflösung des Arbeitsverhältnisses* zu denken (funktionale Fluktuation).

Schließlich ist auch die Arbeitsgruppe von Bedeutung. Das Arbeitsplatzsuchverhalten von Personen im Arbeitskollegium erklärt entscheidend mit, warum andere Beschäftigte (ebenfalls) ihren Job kündigen (Felps et al., 2009). Eine Vorgehensweise, um diesen Ansteckungseffekt zu reduzieren und die Einbettung zu erhöhen, sind *kollektive Sozialisationstaktiken* in Form gemeinsamer Lernerfahrungen neu eingestellter Individuen mit einer Gruppe oder Kohorte (Allen, 2006a). Derartige Sozialisationstaktiken schaffen eine gemeinsame Botschaft über den Arbeitgeber, die Rollen der organisationalen Akteure und angemessenes Verhalten. Diese gemeinsame Botschaft kann steuern, wie Personengruppen organisationale Ereignisse – wie das Gehen einer respektierten Kollegin oder eines geschätzten Kollegen – interpretieren. Führungskräfte sollten daher kollektive Sozialisationserfahrungen inhaltlich aktiv gestalten und sich um einflussreiche Personen in den sozialen Netzwerken der Organisation kümmern (Bartunek, Huang & Walsh, 2008; Mossholder, Settoon & Henagan, 2005). Ein weiterer Ansatz ist die *Erhöhung der individuellen Einbettung*. Eine für die Einbettung günstige Vorbedingung kann man über die Einstellung gewissenhafter, extravertierter, verträglicher Personen schaffen (Giosan, Holtom & Watson, 2005). Auch die wahrgenommene Unterstützung durch die Führungskraft und durch die Organisation stärkt die Einbettung (Giosan et al., 2005) und reduziert die Fluktuation (Maertz, Griffeth, Campbell & Allen, 2007).

Die folgenden weiteren Maßnahmen vonseiten der Führungskraft sind möglich, aber potentiell riskant. So könnten Führungskräfte das Sprechen über Leute verbieten, die nach anderen Jobs suchen, insbesondere wenn diese Gespräche in der Arbeitszeit stattfinden. Ein solches Verbot könnte die Verbreitung dieser „ansteckenden“ Informationen verhindern; gleichzeitig aber kann diese Kontrolle der Gespräche Reaktanz, Groll und sogar Sabotage provozieren. Eine praktikablere Alternative ist, dass Führungskräfte Beschäftigte mit hoher Einbettung in ihre Arbeitsgruppe aufnehmen, denn diese verringern das Arbeitssuchverhalten von Gruppenmitgliedern (Felps et al., 2009).

10.2.6 Grenzen der Personalbindung

Neuere Untersuchungen deuten darauf hin, dass die Mitarbeiterfluktuation durch den oben beschriebenen sequenziellen Prozess der verschiedenen Personengruppen von Abgängern und Abgängerinnen, welcher Arbeitsunzufriedenheit mit der späteren Fluktuation in Zusammenhang bringt, nicht vollständig erfasst wird (Boswell, Boudreau & Tichy, 2005). Vielmehr zeigt sich, dass auch die Erfahrungen des Einzelnen Arbeitseinstellungen wie die Arbeitszufriedenheit oder das organisationale Commitment beeinflussen. Beispielsweise kann die Erkenntnis, dass man attraktive Stellenalternativen hat, die Zufriedenheit mit dem aktuellen Job verringern. Der anschließende Jobwechsel kann anfangs die Arbeitszufriedenheit im neuen Job fördern (Flitterwochen-Effekt), gefolgt von erneutem Sinken der Arbeitszufriedenheit, sobald sich der Einzelne in den neuen Job eingearbeitet hat (Kater-Effekt).

Der *Flitterwochen-Effekt* beschreibt, dass erste Erfahrungen mit einer Organisation tendenziell besonders positiv sind. So sind Organisationen bemüht, sich während der Einstellungs- und Einführungsphase besonders vorteilhaft darzustellen und bei den neu eingestellten Personen ein übermäßig positives Bild von der Organisation und der Arbeit zu erzeugen. Dies wiederum trägt zu hohen Erwartungen seitens der Individuen bei, die sich in anfangs positiveren Einstellungen widerspiegeln (Ashforth, 2001). Selbst wenn Individuen zu Beginn ungünstige Informationen über einen neuen Arbeitsplatz oder eine neue Organisation erhalten, wirken bestehende Überzeugungen und „Anfangsguthaben" in neuen Beziehungen als erster Puffer (Fichman & Levinthal, 1991). Dieser Puffer trägt dazu bei, ein anfängliches Commitment zu fördern und dadurch eine Flitterwochenperiode zu schaffen, in der die Beziehung vorübergehend vor ungünstigen Einflüssen geschützt ist.

Der *Kater-Effekt* hängt damit zusammen, dass die allgemeine Arbeitszufriedenheit zu etwa 30 Prozent der beobachteten Varianz auf genetische Faktoren zurückzuführen ist (Li, Stanek, Zhang, Ones & McGue, 2016). Dies bedeutet, dass Beschäftigte über die Zeit und die Situationen hinweg in ihrer Arbeitszufriedenheit eine recht hohe Stabilität zeigen (Li et al., 2016). Diese dispositionale, also anlagebedingte Perspektive legt nahe, dass die anfangs erhöhte Arbeitszufriedenheit einer bestimmten Person dann 6 bis 12 Monate nach einem Jobwechsel auf den individuellen Sollwert zurückfällt (Diener & Diener, 1996). Bei Personen, die veranlagungsbedingt zu einer sehr geringen Arbeitszufriedenheit neigen, drohen Investitionen in die Arbeitszufriedenheit folglich eher wirkungslos zu bleiben. Eine Fluktuation dieser Personen kann daher durchaus funktional sein, und Bindungsmaßnahmen sind betriebswirtschaftlich wenig sinnvoll. Wiederum zeigt sich, dass die Arbeitszufriedenheit für jene Personen höher bleibt, die mit ihrer früheren Arbeit sehr zufrieden waren und eine höhere dispositionale Arbeitszufriedenheit aufweisen.

Für die Arbeitspraxis lassen sich mehrere Punkte aus dem Flitterwochen-Kater-Effekt ableiten, um wertvolle Beschäftigte an sich zu binden:

- Höhere Arbeitszufriedenheit der Beschäftigten in Geschäftsbereichen oder Jobs mit hoher Fluktuation in der jüngeren Vergangenheit sollte man nicht fälschlich einer verbesserten Führungsbeziehung zwischen Vorgesetzten und Beschäftigten zuschreiben, wenn der Anstieg der Arbeitszufriedenheit faktisch (eher) ein Artefakt des Neueintritts in die Organisation ist (Flitterwochen-Effekt).
- Überreaktionen auf sinkende Arbeitszufriedenheit nach der Einstellung neuer Mitarbeitender (Kater-Effekt) sollte man vermeiden und als normale Entwicklung erkennen.
- Neueinsteigende sollte man über diese Veränderung der Arbeitszufriedenheit im Zeitverlauf, den Flitterwochen-Kater-Effekt, im Rahmen der Einarbeitungsphase informieren.
- Besonders intensiv wirkt der Flitterwochen-Kater-Effekt bei Personen, die weniger zufrieden mit ihrer vorherigen Arbeit waren, und überraschenderweise auch bei Personen, die sehr positive Erfahrungen an der neuen Arbeitsstelle machen und deren Anfangserwartungen weitestgehend erfüllt werden. Die Arbeitszufriedenheit mit vorherigen Arbeitgebenden sollte man im Auswahlverfahren erfassen. In der Einarbeitungsphase sollte seitens der Organisation kein höheres Engagement gezeigt werden, als auch auf Dauer durchhaltbar ist.

Zwecks Management des Flitterwochen-Kater-Effekts empfiehlt sich ein laufender Abgleich und ein Management der gegenseitigen Erwartungen, beispielsweise im Rahmen von regelmäßigen Mitarbeitergesprächen.

10.3 Handlungsimplikationen

Das Festlegen und Durchführen von Maßnahmen zur Personalbindung muss auf objektiven Analysen beruhen, um effektiv zu sein. Möglichkeiten zur Analyse der Arbeitskräftefluktation gibt es etliche (vgl. Schritt 1 des Managements von Fluktuation in Abb. 49).

Der **Fluktuationsindex** ist die traditionelle Formel zur Messung des Arbeitskräfteabgangs. Der Index wird wie folgt berechnet:

$$\frac{\text{Zahl der Austritte in einer Periode (üblicherweise 1 Jahr)}}{\text{Durchschnittliche Beschäftigtenzahl in dieser Periode}} \cdot 100$$

Beispiel: Ein Unternehmen möchte seine Belegschaft um 50 von 150 auf 200 erhöhen. Die Fluktuationsrate beträgt 20 Prozent (was zu einem Verlust von 30 Personen pro Jahr führt). Wenn sich dieser Trend fortsetzt, müsste das Unternehmen im folgenden Jahr 90 Personen einstellen, um die Beschäftigtenzahl in diesem Jahr zu erhöhen und auf 200 zu halten (50 zusätzliche Personen plus 40, um die 20 Prozent Abgänge der durchschnittlich 200 Beschäftigten zu ersetzen).

Der Index lässt sich auch verwenden, um Vergleiche mit anderen Organisationen zu ziehen.

Diese einfache Formel kann jedoch irreführend sein. So kann die Quote durch die hohe Fluktuation eines relativ kleinen Teils der Arbeitskräfte, insbesondere in Zeiten starker Rekrutierung, überhöht sein. Beispielsweise könnte ein Unternehmen mit 150 Beschäftigten eine jährliche Fluktuationsquote von 20 Prozent haben, das heißt, dass im Laufe des Jahres 30 Arbeitsplätze frei werden. Die Fluktuation könnte sich auf das gesamte Unternehmen verteilt haben und alle Tätigkeitsbereiche von langjährigen ebenso wie von erst seit Kurzem Beschäftigten umfassen. In einem anderen Fall könnte sich die Fluktuation auf einen kleinen Teil des Arbeitsbereichs beschränken, in dem lediglich 20 Arbeitsplätze betroffen waren, obgleich jeder dieser Plätze 10 Mal im Jahr neu besetzt werden musste. Beides sind völlig unterschiedliche Situationen. Eine tiefere Analyse ist folglich Voraussetzung dafür, dass keine falschen Prognosen über zukünftige Anforderungen erstellt und unangemessene Maßnahmen zur Problemlösung ergriffen werden.

Der Fluktuationsindex ist ebenfalls kritisch zu hinterfragen, wenn die durchschnittliche Beschäftigtenzahl im Nenner nicht repräsentativ für die jüngsten Trends ist, beispielsweise infolge einer erheblichen Steigerung oder Senkung der Beschäftigtenzahl während des Zeitraums. Bei der Messung und Analyse der Fluktuation ist es folglich wichtig, Informationen über die Auftretenshäufigkeit der Fluktuation für verschiedene Beschäftigtenkategorien zu erhalten, insbesondere für diejenigen, die am schwierigsten zu rekrutieren und zu gewinnen sind, wie Wissensarbeitende oder hochqualifizierte Arbeitskräfte.

Der **Stabilitätsindex** wird daher vielfach als Verbesserung des Fluktuationsindex angesehen. Die Formel lautet:

$$\frac{\text{Zahl der Beschäftigten mit mind. 1 Dienstjahr}}{\text{Zahl der vor einem Jahr eingestellten Personen}} \cdot 100$$

Dieser Index zeigt die Tendenz von Arbeitnehmenden auf, die seit längerer Zeit im Unternehmen beschäftig sind, bei der arbeitgebenden Organisation zu bleiben, und gibt damit das Ausmaß an, in dem Beschäftigungskontinuität vorliegt. Doch auch dieser Index kann irreführend sein, da er nicht die stark unterschiedlichen Situationen aufzeigt, die in einem Unternehmen oder einer Abteilung mit einem hohen Anteil von Beschäftigten mit langer Dienstzeit herrscht, im Vergleich zu einem Unternehmen oder einer Abteilung mit einer Mehrheit von Beschäftigten mit kurzer Dienstdauer.

Eine **Dienstzeitanalyse** kann die Nachteile des Stabilitätsindexes teilweise überwinden, indem zusätzlich eine Analyse der durchschnittlichen Dienstzeit der Personen erstellt wird, die das Unternehmen verlassen (siehe **Tab. 19**).

Tabelle 19: Abgänge nach Dienstzeit

Tätigkeit	Abgänger und Abgängerinnen nach Dienstzeit						Gesamtzahl Abgänger	Durchschnittliche Beschäftigtenzahl	Fluktuationsrate %
	< 3 Monate	3–6 Monate	6 Monate bis 1 Jahr	1–2 Jahre	3–5 Jahre	> 5 Jahre			
A	5	4	3	3	2	3	20	200	10
B	15	12	10	6	3	4	50	250	20
C	8	6	5	4	3	4	30	100	30
Gesamt	28	22	18	13	8	11	100	550	18

Zur weiteren Verfeinerung dieser Analyse würde man in jeder Kategorie der Beschäftigungsdauern die Zahl der gehenden mit der Zahl der neu eingestellten Personen vergleichen. Wenn im obigen Beispiel die Gesamtzahl der Beschäftigten mit weniger als drei Monaten Dienstzeit 100 wäre und die Gesamtzahl der Beschäftigten mit mehr als fünf Jahren Dienstzeit ebenfalls 100 betragen würde, dann läge die Fluktuationsquote bei 28 Prozent (Gesamtzahl Abgänge 28 / Personalbestand 100 × 100) bzw. 11 Prozent (Gesamtzahl Abgänge 11 / Personalbestand 100 × 100). Diese Zahlen gewinnen an Aussagekraft insbesondere dann, wenn man zusätzlich vorherige Perioden analysiert, um negative Trends zu identifizieren.

Die Berechnung der jährlichen **Fluktuationskosten** (vgl. Schritt 2 des Managements von Fluktuation in Abb. 49) erlaubt es Organisationen, mit gewisser Sicherheit festzustellen, wie viel Geld als Ergebnis der Maßnahmen zur Reduzierung der Personalfluktuation eingespart wird. Die Berechnung der Fluktuationskosten umfasst direkte und indirekte Kosten und kann an die jeweils in einer Organisation umgesetzten Maßnahmen angepasst werden (vgl. **Tab. 20**).

Im Anschluss an die Implementierung von Maßnahmen zur Personalbindung sollte eine Erfolgskontrolle hinsichtlich der Effektivität der umgesetzten Maßnahmen erfolgen, also eine Überprüfung des Zielerreichungsgrades und der Effizienz in Form einer Kosten-Nutzen-Analyse.

10.4 Zusammenfassung

Die Fluktuation sinkt tendenziell in der Rezession, steigt in ökonomischen Boomzeiten und variiert deutlich zwischen Wirtschaftszweigen, Regionen, Berufen, Betriebszugehörigkeitsdauer, Hierarchieebenen, Qualifikationsniveau, Geschlecht und Altersgruppen. Zwecks Personalbindungsmanagement bedarf es einer Ursachenanalyse für die Fluktuation sowie einer Kalkulation der mit Fluktuation, aber auch mit der Implementierung von Bindungsmaßnahmen verbundenen Kosten- und Nutzenaspekte.

Maßnahmen zur Bindung von Mitarbeitenden sind auf die Fluktuationsursachen abzustimmen und können aus dem Konzept der Einbettung abgeleitet werden. Solche Maßnah-

Tabelle 20: Formel zur Berechnung von Fluktuationskosten

Anzahl der Beschäftigten	______	(a)	
Durchschnittliches wöchentl. Arbeitsentgelt	€ ______	(b)	
Multipliziere (a) × (b)	€ ______	(c)	
Multipliziere (c) × 52	€ ______	(d)	Gesamtlohnkosten p.a.
Aktuelle Fluktuationsrate	% ______	(e)	Mitarbeiterverlust p.a.
Multipliziere (e) × (a)	______	(f)	
Durchschnittliche Dauer zur Wiederbesetzung (Tage)	______	(g)	
Faktor für Überstunden/Aushilfen	______	(h)	
Multipliziere (b) × (h)	€ ______	(i)	
Multipliziere (f) × (g) × [(i)/5]	€ ______	(j)	Unmittelbare Zusatzkosten
Vorbereitungs- und Interviewzeit pro Bewerber (Tage)	______	(k)	
Präferierte Bewerber/-innen pro Position	______	(l)	
Durchschnittliches wöchentl. FK-Arbeitsentgelt	€ ______	(m)	
Multipliziere (f) × (k) × (l) x [(m)/5]	€ ______	(n)	Kosten Interviewzeit
Durchschnittliche Personalrekrutierungskosten	% ______	(o)	
Multipliziere (d) × (e) × (o)	€ ______	(p)	Kosten der Personalbeschaffung
Dauer Einführungsseminar (Tage)	______	(q)	
Häufigkeit dieser Seminare (p.a.)	______	(r)	
Multipliziere [(b)/5] × (q) × [(f) + (r)]	€ ______	(s)	Kosten der Einführungs-seminare
Dauer der Lernkurve (Monate)	______	(t)	
Unproduktiver Anteil	% ______	(u)	
Multipliziere (d) × (e) × [(t)/12] × (u)	€ ______	(v)	Kosten Nichtproduktivität
Multipliziere (t) × (u) (Monate)	€ ______	(w)	
Multipliziere (d) × (e) × (h) × [(w)/12]	€ ______	(x)	Anhaltender Kostenbeitrag
Multipliziere (g) × [(b)/5] × (f)	€ ______	(y)	
Addiere (j) + (n) + (p) + (s) + (v) + (x) – (y)	€ ______	(z)	Lohneinsparungen Fluktuationskosten p.a.
Potentielle Kosteneinsparung:			
Erwartete Minderung der Fluktuation	% ______	(1)	
Multipliziere (z) × [(1)/ (e)]	€ ______	(2)	Einsparung Fluktuation
Verkürzung Zeit der Neubesetzung	% ______	(3)	
Multipliziere (j) × (3)	€ ______	(4)	Zusätzliche Einsparung
Addiere (2) + (4)	€ ______	(5)	**Gesamteinsparung p.a.**

men betreffen beispielsweise gerechte Vergütung, effektives Management von Erwartungen, Work-Life-Balance-Angebote, Weiterbildungsmöglichkeiten und die Verbesserung der Personalführungsfähigkeiten von Linienmanagerinnen und -managern.

Kurz gesagt, sind bei der Entwicklung einer Personalbindungsstrategie infolge der unternehmensspezifischen Besonderheiten, der multifaktoriellen Fluktuationsursachen und der ambivalenten Konsequenzen der Fluktuation keine Best Practices für das Personalbindungsmanagement ableitbar. Vielmehr gilt es, die Maßnahmen sorgfältig auf die jeweilige Situation abzustimmen. Der unternehmensseitigen Einflussnahme sind Grenzen gesetzt, insbesondere wenn es um private Fluktuationsursachen geht, die vielfach nicht oder lediglich ex post zu managen sind.

10.5 Reflexionsfragen

- Wie hoch sind Fluktuationsrate, Fluktuations- und Stabilitätsindex in Ihrem Unternehmen im Vergleich zu Unternehmen in der gleichen Branche?
- Wie haben sich Fluktuationsrate, Fluktuations- und Stabilitätsindex in Ihrem Unternehmen im Zeitverlauf verändert? Gibt es Sprünge zu verzeichnen?
- Wie hoch sind Fluktuationsrate, Fluktuations- und Stabilitätsindex, differenziert nach Hierarchieebenen, Altersgruppen, Bereichen und Regionen?
- Welche Aussagen und Handlungsimplikationen lassen sich aus Fluktuationsrate, Fluktuations- und Stabilitätsindex in Ihrem Unternehmen ableiten?
- Wie hoch sind die Raten der freiwilligen, dysfunktionalen und vermeidbaren Fluktuation in Ihrer Abteilung bzw. Ihrem Team und in Ihrem Unternehmen?
- Welche Kosten entstehen Ihrem Unternehmen aus der Fluktuation in Ihrer Abteilung bzw. Ihrem Team infolge des Ausscheidens bisher beschäftigter Personen, der Neubesetzung und der Einarbeitung neu eingestellter Personen?
- Welche Gründe für einen Weggang von Beschäftigen können Sie in Ihrem Unternehmen, Ihrer Abteilung bzw. Ihrem Team feststellen? Handelt es sich um private oder um arbeitsbedingte Faktoren? Insofern die Gründe arbeitsbedingt sind, möchten die Beschäftigten in erster Linie einem anderen Unternehmen beitreten („Pull“) oder in erster Linie das Unternehmen verlassen („Push“)? Wie groß ist die Gruppe von Abgängerinnen und Abgängern, die aufgrund unaufgeforderter Stellenangebote oder aus persönlichen Gründen gehen?
- Welche Maßnahmen können Sie zur Reduktion der Fluktuation bzw. zur Mitarbeitendenbindung in Ihrem Team bzw. in Ihrer Abteilung ergreifen, die zur Person und zur Situation passen?
- Für welche der vier unterschiedenen Personengruppen an Abgängerinnen und Abgängern wären die in Tabelle 18 genannten Maßnahmen jeweils anwendbar?
- Beziehen Sie Stellung zu folgender These: „Die Fluktuation kann durch Weiterbildung erhöht und durch organisationales Karrieremanagement gesenkt werden.“

Anhang

Literaturverzeichnis

Abelson, M.A. (1987). Examination of avoidable and unavoidable turnover. *Journal of Applied Psychology, 72* (3), 382–386. http://doi.org/10.1037/0021-9010.72.3.382

Abelson, M.A. & Baysinger, B.D. (1984). Optimal and dysfunctional turnover: Towards an organizational level model. *Academy of Management Review, 9* (2), 331–341. http://doi.org/10.5465/amr.1984.4277675

Abrell-Vogel, C. & Gerstenberg, F. (2013). TBS-TK Rezension: "Bochumer Inventar zur berufsbezogenen Persönlichkeitsbeschreibung – 6 Faktoren (BIP-6F)". *Report Psychologie, 5,* 215–217.

Achenbach, W. (2003). *Personalmanagement für Führungs- und Fachkräfte: Theoretische Grundlagen und Strategieentwicklung.* Wiesbaden: Deutscher Universitäts-Verlag. http://doi.org/10.1007/978-3-322-81611-5

Adams, J.S. (1963). Towards an understanding of inequity. *Journal of Abnormal and Social Psychology, 67* (5), 422–436. http://doi.org/10.1037/h0040968

Algera, J.A., Kleingeld, A. & Tuijl, H. van (2002). Enhancing performance through goal-setting and feedback interventions. In S. Sonnentag (Ed.), *Psychological Management of Individual Performance* (pp. 229–248). West Sussex: John Wiley & Sons.

Allen, D.G. (2006a). Do organizational socialization tactics influence newcomer embeddedness and turnover? *Journal of Management, 32,* 237–256. http://doi.org/10.1177/0149206305280103

Allen, T.D. (2006b). Mentoring. In J.H. Greenhaus & G.A. Callanan (Eds.), *Encyclopedia of Career Development* (pp. 486–493). Thousand Oaks, CA: Sage.

Allen, D.G., Bryant, P.C. & Vardaman, J.M. (2010). Retaining talent: Replacing misconceptions with evidence-based strategies. *Academy of Management Perspectives, 24* (2), 48–64.

Allen, T.D., Eby, L.T., Poteet, M.L., Lentz, E. & Lima, L. (2004). Career benefits associated with mentoring for protégés: A meta-analysis. *Journal of Applied Psychology, 89* (1), 127–136. http://doi.org/10.1037/0021-9010.89.1.127

Allenspach, M. & Brechbühler, A. (2005). *Stress am Arbeitsplatz: Theoretische Grundlagen, Ursachen, Folgen und Prävention.* Bern: Huber.

Amason, A.C. (1996). Distinguishing the effects of functional and dysfunctional conflict on strategic decision making: Resolving a paradox for top management teams. *The Academy of Management Journal, 39* (1), 123–148.

Ambrose, M.L. & Arnaud, A. (2005). Are procedural justice and distributive justice conceptually distinct? In J. Greenberg & J.A. Colquitt (Eds.), *Handbook of Organizational Justice* (pp. 60–78). Mahwah, NJ: Erlbaum.

Ames, D.R. & Flynn, F.J. (2007). What breaks a leader: The curvilinear relation between assertiveness and leadership. *Journal of Personality and Social Psychology, 92* (2), 307–324. http://doi.org/10.1037/0022-3514.92.2.307

Amstad, F.T., Meier, L.L., Fasel, U., Elfering, A. & Semmer, N.K. (2011). A meta-analysis of work-family conflict and various out<comes with a special emphasis on cross-domain versus matching-domain relations. *Journal of Occupational Health Psychology, 16* (2), 151–169. http://doi.org/10.1037/a0022170

Anand, S., Vidyarthi, P.R., Liden, R.C. & Rousseau, D.M. (2010). Good citizens in poor-quality relationships: Idiosyncratic deals as a substitute for relationship quality. *Academy of Management Journal, 53* (5), 970–988. http://doi.org/10.5465/amj.2010.54533176

Andresen, M. & Bergdolt, F. (2017). A systematic literature review on the definitions of global mindset and cultural intelligence: Merging two different research streams. *International Journal of Human Resource Management, 28* (1), 170–195. http://doi.org/10.1080/09585192.2016.1243568

Andrews, R. & Haythornthwaite, C. (2007). *The Sage Handbook of Elearning Research.* London: Sage. http://doi.org/10.4135/9781848607859

Arnold, J. & Cohen, L. (2008). The psychology of careers in industrial and organizational settings: A critical but appreciative analysis. In G. Hodgkinson & J. Ford (Eds.), *International Review of Industrial and Organizational Psychology* (Vol. 23, pp. 1–44). Chichester: Wiley Interscience. http://doi.org/10.1002/9780470773277.ch1

Arthur, M.B. & Rousseau, D.M. (1996). Introduction: The boundaryless career as a new employment principle. In M.B. Arthur & D.M. Rousseau (Eds.), *The boundaryless career: A new employment principle for a new organisational era* (pp. 3–20). Oxford: Oxford University Press.

Arthur, M.B., Hall, D.T. & Lawrence, B.S. (1989). *The handbook of career theory.* Cambridge: Cambridge University Press. http://doi.org/10.1017/CBO9780511625459

Arthur, M.B., Khapova, S.N. & Wilderom, C.P.M. (2005). Career success in a boundaryless career world. *Journal of Organizational Behavior, 26* (2), 177–202. http://doi.org/10.1002/job.290

Arthur, W. Jr., Bennett, W. Jr., Edens, P.S. & Bell, S.T. (2003). Effectiveness of training in organizations: A meta-analysis of design and evaluation features. *Journal of Applied Psychology, 88* (2), 234–245. http://doi.org/10.1037/0021-9010.88.2.234

Asgari, S. (2016). The influence of varied levels of received stress and support on negative emotions and support perceptions. *Current Psychology: A Journal for Diverse Perspectives on Diverse Psychological Issues, 35* (3), 386–396. http://doi.org/10.1007/s12144-015-9305-2

Ashforth, B.E. (2001). *Role transitions in organizational life: An identity-based perspective.* Mahwah, NJ: Erlbaum.

Ashkanasy, N.M. & Daus, C.S. (2002). Emotion in the workplace: The new challenge for managers. *Academy of Management Executive, 16* (1), 71–87. http://doi.org/10.5465/ame.2002.6640191

Ashraf, M. & Joarder, M.H.R. (2009). Talent management and retention practices from the faculty's point of view: A case study. *Journal of Human Capital, 1* (2), 151–163.

Ashton, C. & Morton, L. (2005). Managing talent for competitive advantage: Taking a systematic approach to talent management. *Strategic HR Review, 4* (5), 28–31. http://doi.org/10.1108/14754390580000819

Augsberger, A., Schudrich, W., McGowan, B. G & Auerbach, C. (2012). Respect in the workplace: A mixed methods study of retention and turnover in the voluntary child welfare sector. *Children and Youth Services Review, 34* (7), 1222–1229. http://doi.org/10.1016/j.childyouth.2012.02.016

Avolio, B.J. & Bass, B.M. (1987). Transformational leadership, charisma and beyond. In J.G. Hunt, H.R. Baliga, H.P. Dachler & C.A. Schriesheim (Eds.), *Emerging Leadership Vistas* (S. 29–50). Lexington, MA: Lexington Books.

Avolio, B.J., Walumbwa, F.O. & Weber, T.J. (2009). Leadership: Current theories, research, and future directions. *Annual Review of Psychology, 60,* 421–449. http://doi.org/10.1146/annurev.psych.60.110707.163621

Baird, K. & Wang, H. (2010). Employee empowerment: Extent of adoption and influential factors. *Personnel Review, 39* (5), 574–599. http://doi.org/10.1108/00483481011064154

Bakker, A.B. & Demerouti, E. (2007). The job demands-resources model: State of the art. *Journal of Managerial Psychology, 22* (3), 309–328. http://doi.org/10.1108/02683940710733115

Bakker, A.B. & Demerouti, E. (2013). The spillover-crossover model. In J. Grzywacz & E. Demerouti (Eds.), *New Frontiers in Work and Family Research* (pp. 54–70). Hove: Psychology Press.

Bakker, A.B., Demerouti, E. & Sanz-Vergel, A.I. (2014). Burnout and work engagement: The JD-R approach. *Annual Review of Organizational Psychology and Organizational Behavior, 1* (1) 389–411. http://doi.org/10.1146/annurev-orgpsych-031413-091235

Bakker, A.B., Demerouti, E., Taris, T.W., Schaufeli, W.B. & Schreurs, P.J. (2003). A multigroup analysis of the job demands-resources model in four home care organizations. *International Journal of Stress Management, 10* (1), 16. http://doi.org/10.1037/1072-5245.10.1.16

Bakker, A.B., Hakanen, J.J., Demerouti, E. & Xanthopoulou, D. (2007). Job resources boost work engagement, particularly when job demands are high. *Journal of Educational Psychology, 99* (2), 274–284. http://doi.org/10.1037/0022-0663.99.2.274

Baldwin, T.T. & Ford, J.K. (1988). Transfer of training: A review and directions for future research. *Personnel psychology, 41* (1), 63–105. http://doi.org/10.1111/j.1744-6570.1988.tb00632.x

Balogun, J. & Johnson, G. (2004). Organizational restructuring and middle manager sense-making. *Academy of Management Journal, 47* (4), 523–549.

Bamberg, E., Busch, C., Ducki, A., Glaveris, A. & Busch, C. (2003). *Stress- und Ressourcenmanagement: Strategien und Methoden für die neue Arbeitswelt*. Bern: Huber.

Bandura, A. (1977). *Social learning theory*. Engelwood, NJ: Prentice Hall.

Bandura, A. (2011). On the functional properties of perceived self-efficacy revisited. *Journal of Management, 38* (1), 9–44.

Banks, G. C., McCauley, K. D., Gardner, W. L. & Guler, C. E. (2016). A meta-analytic review of authentic and transformational leadership: A test for redundancy. *The Leadership Quarterly, 27* (4), 634–652. http://doi.org/10.1016/j.leaqua.2016.02.006

Bardwick, J. M. (1986). *The plateauing trap*. Toronto: Bantam Books.

Barney, J. B. (1991). Firm resources and sustained competitive advantage. *Journal of Management, 17* (1), 99–120. http://doi.org/10.1177/014920639101700108

Barrick, M. R., Mount, M. K. & Judge, T. A. (2001). Personality and performance at the beginning of the new millennium: What do we know and where do we go next? *International Journal of Selection and Assessment, 9* (1–2), 9–30. http://doi.org/10.1111/1468-2389.00160

Barrick, M. R., Shaffer, J. A. & DeGrassi, S. W. (2009). What you see may not be what you get: Relationships among self-presentation tactics and ratings of interview and job performance. *Journal of Applied Psychology, 94* (6), 1394. http://doi.org/10.1037/a0016532

Barth, M. C., McNaught, W. & Rizzi, P. (1993). Corporations and the aging workforce. In P. H. Mirvis (Ed.), *Building the competitive workforce: Investing in human capital for corporate success* (pp. 156–200). New York: Wiley.

Bartholdt, L. & Schütz, A. (2010). *Stress im Arbeitskontext: Ursachen, Bewältigung und Prävention*. Weinheim (u. a.): Beltz.

Bartunek, J. M., Huang, Z. & Walsh, I. J. (2008). The development of a process model of collective turnover. *Human Relations, 61,* 5–38. http://doi.org/10.1177/0018726707085944

Baruch, Y. (2004). Transforming careers: From linear to multidirectional career paths: Organizational and individual perspectives. *Career Development International, 9* (1), 58–73. http://doi.org/10.1108/13620430410518147

Basch, J. & Fisher, C. D. (2000). Affective events / emotions matrix: A classification of work events and associated emotions. In N. M. Ashkanasy, C. E. J. Härtel & W. J. Zerbe (Eds.), *Emotions in the workplace* (pp. 36–48). Westport, CT: Quorum Books.

Bass, B. M. (1985). *Leadership and performance beyond expectations*. New York, NY: Free Press.

Bass, B. M. (1998). *Transformational leadership: Industry, military, and educational impact*. Mahwah, NJ: Erlbaum.

Bass, B. M. & Avolio, B. J. (1993). Transformational leadership: A response to critiques. In M. M. Chemers & R. Ayman (Eds.), *Leadership theory and research: Perspectives and directions* (pp. 49–80). San Diego, CA: Academic Press.

Batinic, B. & Appel, M. (2009). Nutzung von Online-Bewerbungen aus Sicht von Bewerbern und Unternehmen. *Zeitschrift für Personalpsychologie, 8* (1), 14–23. http://doi.org/10.1026/1617-6391.8.1.14

Bauer, T. N., Bodner, T., Erdogan, B., Truxillo, D. M. & Tucker, J. S. (2007). Newcomer adjustment during organizational socialization: A meta-analytic review of antecedents, outcomes, and methods. *Journal of Applied Psychology, 92* (3), 707–721. http://doi.org/10.1037/0021-9010.92.3.707

Baumeister, R. F., Bratslavsky, E., Finkenauer, C. & Vohs, K. D. (2001). Bad is stronger than good. *Review of General Psychology, 5* (4), 323–370. http://doi.org/10.1037/1089-2680.5.4.323

Baumeister, R. F., Campbell, J. D., Krueger, J. I. & Vohs, K. D. (2003). Does high self-esteem cause better performance, interpersonal success, happiness, or healthier lifestyles? *Psychological Science in the Public Interest, 4* (1), 1–44. http://doi.org/10.1111/1529-1006.01431

Baumeister, R. F., Heatherton, T. F. & Tice, D. M. (1993). When ego threats lead to self-regulation failure: Negative consequences of high self-esteem. *Journal of Personality and Social Psychology, 64* (1), 141. http://doi.org/10.1037/0022-3514.64.1.141

BBiG. (2005). *Berufsbildungsgesetz vom 23. März 2005 (BGBl. I S. 931)*. Letzte Änderung des Artikels 22 gemäß dem Gesetz vom 25. Juli 2013 (BGBl. I S. 2749).

BCG. (2011). *Creating people advantage 2011: Time to act: HR certainties in uncertain times*. Available from https://www.bcg.com/documents/file87639.pdf

Becker, K.-D. (2015). Arbeit in der Industrie 4.0: Erwartungen des Instituts für angewandte Arbeitswissenschaft e.V. In A. Botthof & E.A. Hartmann (Hrsg.), *Zukunft der Arbeit in Industrie 4.0* (S. 23–29). Heidelberg: Springer.

Becker, M.L. (2002). *Personalentwicklung* (3. Aufl.). Stuttgart: Schäffer-Poeschel.

Becker, M. (2011). *Systematische Personalentwicklung: Planung, Steuerung und Kontrolle im Funktionszyklus* (2. Aufl.). Stuttgart: Schäffer-Poeschel.

Becker, M. (2013). *Personalentwicklung: Bildung, Förderung und Organisationsentwicklung in Theorie und Praxis* (6. Aufl.). Stuttgart: Schäffer-Poeschel.

Becker, M. (2014). Zeitversetzte Videointerviews in der Personalauswahl: Fundierte Vorauswahl trifft auf innovatives Employer Branding. In N. Graf (Hrsg.), *Innovationen im Personalmanagement* (S. 141–155). Wiesbaden: Springer.

Becker, W.J. & Cropanzano, R. (2011). Dynamic aspects of voluntary turnover: An integrative approach to curvilinearity in the performance-turnover relationship. *Journal of Applied Psychology, 96* (2), 233–246. http://doi.org/10.1037/a0021223

Beechler, S.L. & Woodward, I.C. (2009). The global „war for talent". *Journal of International Management, 15* (3), 273–285. http://doi.org/10.1016/j.intman.2009.01.002

Behrendt, P. (2004). *Wirkfaktoren im Psychodrama und Transfercoaching.* (Unveröffentlichte Diplomarbeit). Albert-Ludwigs-Universität, Freiburg.

Belschak, F.D., Jacobs, G. & Hartog, D.N.D. (2008). Feedback, Emotionen und Handlungstendenzen: Emotionale Konsequenzen von Feedback durch den Vorgesetzten. *Zeitschrift für Arbeits- und Organisationspsychologie A&O, 52* (3), 147–152. http://doi.org/10.1026/0932-4089.52.3.147

Benabou, C. & Benabou, R. (2007). Establishing a formal mentoring program for organizational success. *National Productivity Review, 19* (4), 1–8.

Benson, G.S. (2006). Employee development, commitment and intention to turnover: A test of 'employability' policies in action. *Human Resource Management Journal, 16* (2), 173–192. http://doi.org/10.1111/j.1748-8583.2006.00011.x

Benthein, K., Vandenberghe, C., Vandenberg, R. & Stinglhamber, F. (2005). The role of change in the relationship between commitment and turnover: A latent growth modeling approach. *Journal of Applied Psychology, 90* (3), 468–482. http://doi.org/10.1037/0021-9010.90.3.468

Bents, R. & Blank, R. (2003). *Der M.B.T.I.* (Vol. 4). München: Claudius.

Bergman, M.E., Payne, S.C. & Boswell, W.R. (2012). Sometimes pursuits don't pan out: Anticipated destination and other caveats: Comment on Hom, Mitchell, Lee, and Griffeth (2012). *Psychological Bulletin, 138,* 865–870. http://doi.org/10.1037/a0028541

Bhatnagar, J. (2007). Talent management strategy of employee engagement in Indian ITES employees: Key to retention. *Employee Relations, 29* (6), 640–663. http://doi.org/10.1108/01425450710826122

Blanchette, I. & Richards, A. (2010). The influence of affect on higher level cognition: A review of research on interpretation, judgement, decision making and reasoning. *Cognition and Emotion, 24* (4), 561–595. http://doi.org/10.1080/02699930903132496

Blass, E. (2007). *Talent management: Maximising talent for business performance. Executive summary.* Retrieved from https://eoeleadership.hee.nhs.uk/sites/default/files/1237115518_RBgM_maximising_talent_for_business_performance.pdf

Blickle, G. (2011). Personalentwicklung. In F.W. Nerdinger, G. Blickle & N. Schaper (Hrsg.), *Arbeits- und Organisationspsychologie* (2. Aufl., S. 273–300). Berlin (u.a.): Springer.

Blickle, G. & Solga, M. (2014). Einflusskompetenz, Konflikte, Mikropolitik. In H. Schuler & U.P. Kanning (Hrsg.), *Lehrbuch der Personalpsychologie* (Vol. 3). Göttingen: Hogrefe.

Blickle, G. & Witzki, A. (2008). New psychological contracts in the world of work: Economic citizens or victims of the market?: The situation in Germany. *Society and Business Review, 3* (2), 149–161. http://doi.org/10.1108/17465680810880071

Blume, B.D., Ford, J.K., Baldwin, T.T. & Huang, J.L. (2010). Transfer of training: A meta-analytic review. *Journal of Management, 36* (4), 1065–1105. http://doi.org/10.1177/0149206309352880

Böhler, C., Lienhardt, C., Robes, J., Sauter, W., Süß, M. & Wessendorf, K. (2013). Webbasiertes Lernen in Unternehmen: Entscheider/innen, Zielgruppen, Lernformen und Erfolgsfaktoren. In M. Ebner & S. Schön (Hrsg.), *L3T: Lehrbuch für Lernen und Lehren mit Technologien* (2. Aufl.). Frankfurt am Main: Deutsches Institut für Internationale Pädagogische Forschung (DIPF). Online verfügbar unter https://l3t.tugraz.at/index.php/LehrbuchEbner10/article/download/96/126

Boltz, J., Kanning, U.P. & Hüttemann, T. (2009). Qualitätsstandards für Assessment Center: Treffende Prognosen durch Beachtung von Standards. *Personalführung, 10*, 32–37.

Bono, J.E. & Judge, T.A. (2004). Personality and transformational and transactional leadership: A meta-analysis. *Journal of Applied Psychology, 89* (5), 901–910. http://doi.org/10.1037/0021-9010.89.5.901

Borman, W.C. & Motowidlo, S.J. (1993). Expanding the criterion domain to include elements of contextual performance. In N. Schmitt & W.C. Borman (Eds.), *Personnel Selection in Organizations* (pp. 71–98). San Francisco: Jossey-Bass.

Bosma, H., Marmot, M.G., Hemingway, H., Nicholson, A.C., Brunner, E. & Stansfeld, S.A. (1997). Low job control and risk of coronary heart disease in Whitehall II (prospective cohort) study. *BMJ, 314* (7080), 558–565.

Bosma, H., Peter, R., Siegrist, J. & Marmot, M. (1998). Two alternative job stress models and the risk of coronary heart disease. *American Journal of Public Health, 88* (1), 68–74. http://doi.org/10.2105/AJPH.88.1.68

Boswell, W.R., Boudreau, J.W. & Tichy, J. (2005). The relationship between employee job change and job satisfaction: The honeymoon-hangover effect. *Journal of Applied Psychology, 90* (5), 882–892. http://doi.org/10.1037/0021-9010.90.5.882

Boudreau, J.W. & Ramstad, P.M. (2005a). Where's your pivotal talent? *Harvard Business Review, 83* (4), 23–24.

Boudreau, J.W. & Ramstad, P.M. (2005b). Talentship, talent segmentation, and sustainability: A new HR decision science paradigm for a new strategy definition. *Human Resource Management, 44* (2), 129–136. http://doi.org/10.1002/hrm.20054

Boudreau, J.W. & Ramstad, P.M. (2007). *Beyond HR: The new science of human capital.* Boston: Harvard Business School Press.

Bowling, N.A. (2007). Is the job satisfaction / job performance relationship spurious?: A meta-analytic examination. *Journal of Vocational Behavior, 71* (2), 167–185. http://doi.org/10.1016/j.jvb.2007.04.007

Bowling, N.A. (2014). Job satisfaction, motivation and performance. In M.C.W. Peeters, J. De Jonge & T.W. Taris (Eds.), *An introduction to contemporary work psychology* (pp. 321–341). Hoboken, NJ: Wiley-Blackwell.

Bowling, N.A. & Beehr, T.A. (2006). Workplace harassment from the victim's perspective: A theoretical model and meta-analysis. *Journal of Applied Psychology, 91* (5), 998–1012. http://doi.org/10.1037/0021-9010.91.5.998

Bowling, N.A., Eschleman, K.J. & Wang, Q. (2010). A meta-analytic examination of the relationship between job satisfaction and subjective well-being. *Journal of Occupational and Organizational Psychology, 83* (4), 915–934. http://doi.org/10.1348/096317909X478557

Branham, L. (2005). *The seven hidden reasons employees leave.* New York: The American Management Association.

Bratton, J. & Gold, J. (2017). *Human resource management: Theory and practice* (6th ed.). Basingstoke: Palgrave. http://doi.org/10.1057/978-1-137-58668-1

Braun, S., Peus, C., Weisweiler, S. & Frey, D. (2013). Transformational leadership, job satisfaction, and team performance: A multilevel mediation model of trust. *The Leadership Quarterly, 24* (1), 270–283. http://doi.org/10.1016/j.leaqua.2012.11.006

Briscoe, J.P. & Finkelstein, L.M. (2009). The „new career" and organizational commitment: Do boundaryless and protean attitudes make a difference? *Career Development International, 14* (3), 242–260. http://doi.org/10.1108/13620430910966424

Briscoe, J.P. & Hall, D.T. (2006). The interplay of boundaryless and protean careers: Combinations and implications. *Journal of Vocational Behavior, 69* (1), 4–18. http://doi.org/10.1016/j.jvb.2005.09.002

Briscoe, J.P., Hall, D.T. & DeMuth, R.L.F. (2006). Protean and boundaryless careers: An empirical exploration. *Journal of Vocational Behavior, 69* (1), 30–47. http://doi.org/10.1016/j.jvb.2005.09.003

Briscoe, J.P., Hall, D.T. & Mayrhofer, W. (2012). *Careers around the world: Individual and contextual perspectives.* New York: Routledge.

Brown, L.D. (1983). *Managing conflict at organizational interfaces.* Reading: Addison-Wesley.

Brugge, M. (2015). Berufliche Eignungsdiagnostik in der Arbeitskultur 2020. In W. Widuckel, K. De Molina, M.J. Ringlstetter & D. Frey (Hrsg.), *Arbeitskultur 2020* (pp. 559–571). Wiesbaden: Springer.

Bundesagentur für Arbeit. (2017). Der Arbeitsmarkt in Deutschland 2017. *Amtliche Nachrichten der Bundesagentur für Arbeit, 65* (2), 1–230.

Burisch, M. (2014). *Das Burnout-Syndrom. Theorie der inneren Erschöpfung.* Berlin: Springer. http://doi.org/10.1007/978-3-642-36255-2

Burke, L.A. & Hutchins, H.M. (2008). A study of best practices in training transfer and proposed model of transfer. *Human resource development quarterly, 19* (2), 107–128. http://doi.org/10.1002/hrdq.1230

Burke, M.J. & Day, R.R. (1986). A cumulative study of the effectiveness of managerial training. *Journal of Applied Psychology, 71* (2), 232–245. http://doi.org/10.1037/0021-9010.71.2.232

Burns, J.M. (1978). *Leadership*. New York, NY: Harper & Row.

Butyn, S. (2003). Mentoring your way to improved retention. *Canadian HR Reporter, 16* (2), 13–15.

Caldwell, C., Hayes, L.A. & Long, D.T. (2010). Leadership, trustworthiness, and ethical stewardship. *Journal of Business Ethics, 96* (4), 497–512. http://doi.org/10.1007/s10551-010-0489-y

Campbell, J., McCloy, R., Oppler, S. & Sager, C. (1993). A theory of performance. In N. Schmitt & W. Borman (Eds.), *Personnel Selection in Organizations* (pp. 35–70). San Francisco: Jossey-Bass.

Campbell, J., McHenry, J.J. & Wise, L.L. (1990). Modeling job performance in a population of jobs. *Personnel Psychology, 43* (2), 313–575. http://doi.org/10.1111/j.1744-6570.1990.tb01561.x

Campion, M.A., Palmer, D.K. & Campion, J.E. (1997). A review of structure in the selection interview. *Personnel Psychology, 50* (3), 655–702. http://doi.org/10.1111/j.1744-6570.1997.tb00709.x

Cantrell, S. & Di Paolo Foster, N. (2007). Techniques for managing a workforce of one: Segmentation. *Accenture-Institute for High Performance Business*.

Cantrell, S. & Smith, D. (2010). *Workforce of one-revolutionizing talent management through customization*. Boston: Harvard Business Press.

Cappellen, T. & Janssens, M. (2010). Enacting global careers: Organizational career scripts and the global economy as co-existing career referents. *Journal of Organizational Behavior, 31*, 687–706. http://doi.org/10.1002/job.706

Carlson, D.S., Kacmar, K.M. & Williams, L.J. (2000). Construction and initial validation of a multidimensional measure of work/family conflict. *Journal of Vocational Behavior, 56* (2), 249–276. http://doi.org/10.1006/jvbe.1999.1713

Carter, N.C., Dalal, D.K., Boyce, A.S., O'Connell, M.S., Kung, M. & Delgado, K.M. (2014). Uncovering curvilinear relationships between conscientiousness and job performance: How theoretically appropriate measurement makes an empirical difference. *Journal of Applied Psychology, 99* (4), 564–86.

Cascio, W. (2003). Changes in workers, work, and organizations. In C. Borman, D.R. Ilgen & R.J. Klimoski (Eds.), *Handbook of psychology, industrial and organizational psychology* (Vol. 12, pp. 401–422), Hoboken, NJ: Wiley.

Cascio, W.F. & Aguinis, H. (2005). *Applied psychology in human resource management* (6th ed.). Upper Saddle River, NJ: Prentice Hall.

Cascio, W. & Boudreau, J.W. (2011). *Investing in people: Financial impact of human resource initiatives* (2nd ed.). Upper Saddle River, NJ: FT Press.

Cattell, R.B. (1941). Some theoretical issues in adult intelligence testing. *Psychological Bulletin, 38*, 592.

Cattell, R.B. (1943). The measurement of adult intelligence. *Psychological Bulletin, 40*, 153–193. http://doi.org/10.1037/h0059973

Cavanaugh, J.C. & Blanchard-Fields, F. (2011). *Adult development and aging*. Belmont, CA: Wadsworth.

Chang, C.-H., Ferris, D.L., Johnson, R.E., Rosen, C.C. & Tan, J.A. (2012). Core self-evaluations: A review and evaluation of the literature. *Journal of Management, 38* (1), 81–128. http://doi.org/10.1177/0149206311419661

Chao, G.T., Walz, P. & Gardner, P.D. (1992). Formal and informal mentorships: A comparison on mentoring functions and contrast with nonmentored counterparts. *Personnel psychology, 45* (3), 619–636. http://doi.org/10.1111/j.1744-6570.1992.tb00863.x

Cheese, P., Thomas, R.J. & Craig, E. (2008). *The talent power organization: Strategies for globalization, talent management and high performance*. London: Kogan Page.

Chen, G., Ployhart, R.E., Thomas, H.C., Anderson, N. & Bliese, P.D. (2011). The power of momentum: A new model of dynamic relationships between job satisfaction change and turnover intentions. *Academy of Management Journal, 54* (1), 159–181. http://doi.org/10.5465/amj.2011.59215089

Cherulnik, P.D., Turns, L.C. & Wilderman, S.K. (1990). Physical appearance and leadership: Exploring the role of appearance-based attribution in leader emergence. *Journal of Applied Social Psychology, 20* (18), 1530–1539. http://doi.org/10.1111/j.1559-1816.1990.tb01491.x

Christoph, R.T., Schoenfeld, G.A., Jr. & Tansky, J.W. (1998). Overcoming barriers to training utilizing technology: The influence of self-efficacy factors on multimedia-based training receptiveness. *Human Resource Development Quarterly, 9* (1), 25–38. http://doi.org/10.1002/hrdq.3920090104

Chun, J.U., Sosik, J.J. & Yun, N.Y. (2012). A longitudinal study of mentor and protégé outcomes in formal mentoring relationships. *Journal of Organizational Behavior, 33* (8), 1071–1094. http://doi.org/10.1002/job.1781

Cicekli, E. & Kabasakal, H. (2017). The opportunity model of organizational commitment: Evidence from white-collar employees in Turkey. *International Journal of Manpower, 38* (2), 259–273. http://doi.org/10.1108/IJM-06-2015-0086

CIPD. (2006). *Reflections on talent management*. Retrieved from https://de.scribd.com/document/208038763/Cipd-Reflections-on-Talent-Management

CIPD. (2011). *Factsheet talent management: An overview*. Retrieved from http://www.cipd.co.uk/hr-resources/factsheets/talent-management-overview.aspx

CIPD. (2015). *Learning and development: Annual survey report*. Retrieved from https://www.cipd.co.uk/Images/learning-development_2015_tcm18-11298.pdf

Clarke, M. (2013). The organizational career: Not dead but in need of redefinition. *International Journal of Human Resource Management, 24* (4), 684–703. http://doi.org/10.1080/09585192.2012.697475

Cleveland, J.N., Murphy, K.R. & Williams, R.E. (1989). Multiple uses of performance appraisal: Prevalence and correlates. *Journal of Applied Psychology, 74* (1), 130. http://doi.org/10.1037/0021-9010.74.1.130

Cogliser, C.C., Schriesheim, C.A., Scandura, T.A. & Gardner, W.L. (2009). Balance in leader and follower perceptions of leader-member exchange: Relationships with performance and work attitudes. *Leadership Quarterly, 20* (3), 452–465. http://doi.org/10.1016/j.leaqua.2009.03.010

Collings, D.G. & Mellahi, K. (2009). Strategic talent management: A review and research agenda. *Human Resource Management Review, 19* (4), 304–313. http://doi.org/10.1016/j.hrmr.2009.04.001

Colquitt, J.A. (2001). On the dimensionality of organizational justice: A construct validation of a measure. *Journal of Applied Psychology, 86* (3), 386–400. http://doi.org/10.1037/0021-9010.86.3.386

Colquitt, J.A. & Shaw, J.C. (2005). How should organizational justice be measured? In J. Greenberg & J.A. Colquitt (Eds.), *Handbook of organizational justice* (pp. 115–141). Mahwah, NJ: Erlbaum.

Colquitt, J.A., Conlon, D.E., Wesson, J.J., Porter, C.O.L.H. & Ng, K.Y. (2001). Justice at the millennium: A meta-analytic review of 25 years of organizational justice research. *Journal of Applied Psychology, 86* (3), 425–455. http://doi.org/10.1037/0021-9010.86.3.425

Colquitt, J.A., Greenbery, J. & Zapata-Phelan, C.P. (2005). What is organizational justice?: A historical overview. In J. Greenberg & J.A. Colquitt (Eds.), *Handbook of organizational justice* (pp. 12–45). Mahwah, NJ: Erlbaum.

Colquitt, J.A., LePine, J.A. & Noe, R.A. (2000). Toward an integrative theory of training motivation: A meta-analytic path analysis of 20 years of research. *Journal of Applied Psychology, 85* (5), 678–707. http://doi.org/10.1037/0021-9010.85.5.678

Colquitt, J.A., Scott, B.A. & LePine, J.A. (2007). Trust, trustworthiness, and trust propensity: A meta-analytic test of their unique relationships with risk taking and job performance. *Journal of Applied Psychology, 92* (4), 909–927. http://doi.org/10.1037/0021-9010.92.4.909

Conger, J.A. & Kanungo, R.N. (1987). Toward a behavioral theory of charismatic leadership in organizational settings. *Academy of Management Review, 12* (4), 637–647. http://doi.org/10.5465/amr.1987.4306715

Conlon, D.E., Meyer, C.J. & Nowakowski, J.M. (2005). How does organizational justice affect performance, withdrawal, and counterproductive behavior? In J. Greenberg & J.A. Colquitt (Eds.), *Handbook of organizational justice* (pp. 303–322). Mahwah, NJ: Erlbaum.

Conradi, W. (1983). *Personalentwicklung*. Stuttgart: Enke.

Conway, N. & Briner, R.B. (2005). *Understanding psychological contracts at work: A critical evaluation of theory and research.* Oxford, UK: Oxford University Press. http://doi.org/10.1093/acprof:oso/9780199280643.001.0001

Cornelißen, T. (2006). *Job characteristics as determinants of job satisfaction and labour mobility* (Discussion Paper No. 334). Leibniz Universität Hannover: Wirtschaftswissenschaftliche Fakultät.

Costa, P.T. & MacCrae, R.R. (1992). *Revised NEO personality inventory (NEO PI-R) and NEO five-factor inventory (NEO FFI): Professional manual.* Odessa, FL: Psychological Assessment Resources.

Cropanzano, R. & Wright, T.A. (2001). When a "happy" worker is a "productive" worker: A review and further refinement of the happy-productive worker thesis. *Consulting Psychology Journal: Practice and Research, 53* (3), 182–199. http://doi.org/10.1037/1061-4087.53.3.182

Crosby, F. (1976). A model of egoistical relative deprivation. *Psychological Review, 83* (2), 85–113. http://doi.org/10.1037/0033-295X.83.2.85

Crossley, C.D., Bennett, R.J., Jex, S.M. & Burnfield, J.L. (2007). Development of a global measure of job embeddedness and integration into a traditional model of voluntary turnover. *Journal of Applied Psychology, 92,* 1031–1042. http://doi.org/10.1037/0021-9010.92.4.1031

Csikszentmihalyi, M. (2010). *Flow: Das Geheimnis des Glücks.* Stuttgart: Klett-Cotta.

Curseu, P.L. & Schruijer, S.G.L. (2010). Does conflict shatter trust or does trust obliterate conflict? Revisiting the relationships between team diversity, conflict, and trust. *Group Dynamics: Theory, Research and Practice, 14* (1), 66–79. http://doi.org/10.1037/a0017104

Dabos, G.E. & Rousseau, D.M. (2013). Psychological contracts and informal networks in organizations: The effects of social status and local ties. *Human Resource Management, 52,* 485–510. http://doi.org/10.1002/hrm.21540

Dahling, J.J., Chau, S.L. & O'Malley, A. (2012). Correlates and consequences of feedback orientation in organizations. *Journal of Management, 38* (2), 531–546.

Damitz, M., Manzey, D., Kleinmann, M. & Severin, K. (2003). Assessment center for pilot selection: Construct and criterion validity and the impact of assessor type. *Applied Psychology, 52* (2), 193–212. http://doi.org/10.1111/1464-0597.00131

Dansereau, F., Graen, G. & Haga, W.J. (1975). A vertical dyad linkage approach to leadership within formal organizations. *Organizational Behavior and Human Performance, 13* (1), 46–78. http://doi.org/10.1016/0030-5073(75)90005-7

Dany, F. (2003). 'Free actors' and organizations: Critical remarks about the new career literature, based on french insights. *International Journal of Human Resource Management, 14* (5), 821–838. http://doi.org/10.1080/0958519032000080820

Danziger, F., Möslein, K., Schütz, A. & Trinczek, R. (2012). *Wertschöpfung durch Wertschätzung: Innovation im demografischen Wandel* (Bericht über das von BMBF und ESF geförderte Projekt WiIPOD 01HH11055-57). Leipzig: Center for Leading Innovation & Cooperation – CLIC, ISSN 1866-4146.

Dawley, D., Houghton, J.D. & Bucklew, N.S. (2010). Perceived organizational support and turnover intention: The mediating effects of personal sacrifice and job fit. *Journal of Social Psychology, 150* (3), 238–257. http://doi.org/10.1080/00224540903365463

De Dreu, C.K.W. (2006). When too little or too much hurts: Evidence for a curvilinear relationship between task conflict and innovation in teams. *Journal of Management, 32* (1). http://doi.org/10.1177/0149206305277795

De Dreu, C.K.W. (2011). Conflict at work: Basic principles and applied issues. In S. Zedeck (Ed.), *APA handbook of industrial and organizational psychology, Vol. 3: Maintaining, expanding, and contracting the organization* (pp. 461–493). Washington, DC: American Psychological Association. http://doi.org/10.1037/12171-013

De Dreu, C.K.W. & Weingart, L.R. (2003a). A contingency theory of task conflict and performance in groups and organizational teams. In M.A. West, D. Tjosvold & K.G. Smith (Eds.), *International handbook of organizational teamwork and cooperative W* (pp. 151–166). Chichester: John Wiley & Sons.

De Dreu, C.K.W. & Weingart, L.R. (2003b). Task versus relationship conflict, team performance, and team member satisfaction: A meta-analysis. *Journal of Applied Psychology, 88* (4), 741–749. http://doi.org/10.1037/0021-9010.88.4.741

De Dreu, C.K.W. & West, M.A. (2001). Minority dissent and team innovation: The importance of participation in decision making. *Journal of Applied Psychology, 86* (6), 1191–1201. http://doi.org/10.1037/0021-9010.86.6.1191

De Wit, F.R.C., Greer, L.L. & Jehn, K.A. (2012). The paradox of intragroup conflict: A meta-analysis. *Journal of Applied Psychology, 97* (2), 360–390. http://doi.org/10.1037/a0024844

De Witt, C. (2013). Vom E-Learning zum Mobile Learning: Wie Smartphones und Tablet PCs Lernen und Arbeit verbinden. In C. de Witt & A. Sieber (Hrsg.), *Mobile Learning* (S. 13–26). Wiesbaden: Springer. http://doi.org/10.1007/978-3-531-19484-4

DeConinck, J.B. (2009). The effect of leader-member exchange on turnover among retail buyers. *Journal of Business Research, 62* (11), 1081–1086. http://doi.org/10.1016/j.jbusres.2008.09.011

DeGEval. (2008). *Standards für Evaluationen. 4.* Zugriff unter http://www.degeval.de/images/stories/Publikationen/DeGEval_-_Standards.pdf

Demerouti, E., Bakker, A.B., Nachreiner, F. & Schaufeli, W.B. (2001). The job demands-resources model of burnout. *Journal of Applied Psychology, 86* (3), 499–512. http://doi.org/10.1037/0021-9010.86.3.499

DeRue, D.S., Nahrgang, J.D., Wellman, N. & Humphrey, S.E. (2011). Trait and behavioral theories of leadership: An integration and meta-analytic test of their relative validity. *Personnel Psychology, 64* (1), 7–52. http://doi.org/10.1111/j.1744-6570.2010.01201.x

Detert, J.R. & Burris, E.R. (2007). Leadership behavior and employee voice: Is the door really open? *Academy of Management Journal, 50* (4), 869–884. http://doi.org/10.5465/amj.2007.26279183

Deuse, J., Weisner, K., Hengstebeck, A. & Busch, F. (2015). Gestaltung von Produktionssystemen im Kontext von Industrie 4.0. In A. Botthof & E.A. Hartmann (Hrsg.), *Zukunft der Arbeit in Industrie 4.0* (S. 99–109). Heidelberg: Springer.

Deutsch, M. (1949). A theory of cooperation and competition. *Human Relations, 2,* 129–152. http://doi.org/10.1177/001872674900200204

Deutsch, M. (1969). Conflicts: Productive and destructive. *Journal of Social Issues, 25* (1), 7–41. http://doi.org/10.1111/j.1540-4560.1969.tb02576.x

DGfP. (Hrsg.). (2012). *Personalentwicklung bei längerer Lebensarbeitszeit: Ältere Mitarbeiter von heute und morgen entwickeln.* Bielefeld: Bertelsmann.

Dickerson, S.S. & Kemeny, M.E. (2004). Acute stressors and cortisol responses: A theoretical integration and synthesis of laboratory research. *Psychological Bulletin, 130* (3), 355–391. http://doi.org/10.1037/0033-2909.130.3.355

Diener, E. & Diener, C. (1996). Most people are happy. *Psychological Science, 7,* 181–185. http://doi.org/10.1111/j.1467-9280.1996.tb00354.x

Diener, E., Suh, E.M., Lucas, R.E. & Smith, H.L. (1999). Subjective well-being: Three decades of progress. *Psychological Bulletin, 125* (2), 276–302. http://doi.org/10.1037/0033-2909.125.2.276

Diercks, J. & Kupka, K. (2013). Recrutainment: Bedeutung, Einflussfaktoren und Begriffsbestimmung. In J. Diercks & K. Kupka (Hrsg.), *Recrutainment* (S. 1–17). Wiesbaden: Springer. http://doi.org/10.1007/978-3-658-01570-1

Diesner, I. & Seufert, S. (2010). *Trendstudie 2010: Herausforderungen für das Bildungsmanagement in Unternehmen.* St. Gallen: Swiss Competence Centre for Innovations in Learning.

Diesner, I. & Seufert, S. (2013). *Trendstudie 2012: Herausforderungen für das Bildungsmangement in Unternehmen.* St. Gallen: Swiss Competence Centre for Innovations in Learning.

DIN (2015). *DIN EN ISO 10075-1: Ergonomische Grundlagen bezüglich psychischer Arbeitsbelastung.* Berlin: Beuth.

DIN. (2016). *DIN 33430: Anforderungen an Verfahren und deren Einsatz bei berufsbezogenen Eignungsbeurteilungen.* Berlin: Beuth.

Dipboye, R.L., Macan, T. & Shahani-Denning, C. (2012). The selection interview from the interviewer and applicant perspectives: Can't have one without the other. In N. Schmitt (Ed.), *The Oxford handbook of personnel assessment and selection* (pp. 323–352). Oxford: University Press. http://doi.org/10.1093/oxfordhb/9780199732579.013.0015

Doerfler, W. (2014). Manager Ready: Virtuelle Einzelassessments als Basis für die Personalauswahl und -entwicklung. In N. Graf (Hrsg.), *Innovationen im Personalmanagement* (pp. 157–174). Wiesbaden: Springer.

Doucet, O., Poitras, J. & Chênevert, D. (2009). The impacts of leadership on workplace conflicts. *International Journal of Conflict Management, 20* (4), 340–354. http://doi.org/10.1108/10444060910991057

Draganski, B., Gaser, C., Kempermann, G., Kuhn, H.G., Winkler, J., Büchel, C. & May, A. (2006). Temporal and spatial dynamics of brain structure changes during extensive learning. *The Journal of Neuroscience, 26* (23), 6314–6317.

Dweck, C.S. (2006). *Mindset: The new psychology of success.* USA: Ballantine Books.

Dweck, C.S. (2007). The perils and promises of praise. *Educational Leadership, 65* (2), 34–39.

Eby, L.T. & Allen, T.D. (2002). Further investigation of protégés' negative mentoring experiences: Patterns and outcomes. *Group & Organization Management, 27* (4), 456–479. http://doi.org/10.1177/1059601102238357

Eby, L.T., Butts, M. & Lockwood, A. (2003). Predictors of success in the era of boundaryless careers. *Journal of Organizational Behavior, 24* (6), 689–708. http://doi.org/10.1002/job.214

Eby, L.T., Freeman, D.M., Rush, M.C. & Lance, C.E. (2010). Motivational bases of affective organizational commitment: A partial test of an integrative theoretical model. *Journal of Occupational and Organizational Psychology, 72,* 463–484.

Eckardt, H.H. & Schuler, H. (1992). Berufseignungsdiagnostik. In R.S. Jäger & F. Petermann (Hrsg.), *Psychologische Diagnostik* (pp. 533–551). Weinheim: Psychologie Verlags-Union.

Eckhardt, A., Laumer, S. & Vornewald, K. (2013). Bewertung von Self- und E-Assessment durch Kandidaten und Unternehmen. In J. Diercks & K. Kupka (Hrsg.), *Recrutainment* (pp. 19–32). Wiesbaden: Springer.

Ekman, P. & Davidson, R.J. (Eds.). (1994). *The nature of emotion: Fundamental questions.* Oxford: Oxford University Press.

Engle, E. M & Lord, R.G. (1997). Implicit theories, self-schemas, and leader-member exchange. *Academy of Management Journal, 40* (4), 988–1010.

English, T. & Carstensen, L.L. (2014). Emotional experience in the mornings and the evenings: Consideration of age differences in specific emotions by time of day. *Frontiers in Psychology, 5* (185), 14–22. http://doi.org/10.3389/fpsyg.2014.00185

Erdmann, G. & Janke, W. (2008). *Stressverarbeitungsfragebogen SVF: Stress, Stressverarbeitung und ihre Erfassung durch ein mehrdimensionales Testsystem.* Göttingen: Hogrefe.

Erdogan, B. & Liden, R.C. (2002). Social exchanges in the workplace: A review of recent developments and future research directions in leader-member exchange theory. In L.L. Neider & C.A. Schriesheim (Eds.), *Leadership* (pp. 65–114). Greenwich, CT: Information Age.

Erlinghagen, M. (2005). Entlassungen und Beschäftigungssicherheit im Zeitverlauf. Zur Entwicklung unfreiwilliger Arbeitsmarktmobilität in Deutschland. *Zeitschrift für Soziologie, 34* (2), 147–168.

Ettington, D.R. (1998). Successful career plateauing. *Journal of Vocational Behavior, 52*(1), 72–88. http://doi.org/10.1006/jvbe.1997.1584

European Agency for Safety and Health at Work. (2013). *Psychosoziale Risiken und Stress am Arbeitsplatz.* Zugriff unter https://osha.europa.eu/de/themes/psychosocial-risks-and-stress

Eurostat. (2017). *Duration of working life: Statistics.* Retrieved from https://ec.europa.eu/eurostat/statistics-explained/index.php?title=Duration_of_working_life_-_statistics#Overall_country_results_in_2016

Fandel-Meyer, T., Schneider, C., Seufert, S., Meier, C. & Schuchmann, D. (2015). *Trendstudie 2015/2016: Trends im Corporate Learning.* St. Gallen: Swiss Competence Centre for Innovations in Learning, Universität St. Gallen.

Farh, C.I., Seo, M.-G. & Tesluk, P.E. (2012). Emotional intelligence, teamwork effectiveness, and job performance: The moderating role of job context. *Journal of Applied Psychology, 97* (4), 890. http://doi.org/10.1037/a0027377

Feinstein, S. (2006). *The Praeger handbook of learning and the brain.* Westport: Praeger.

Feldman, D. & Ng, T. (2007). Careers: Mobility, embeddedness and success. *Journal of Management, 33* (3), 350–377. http://doi.org/10.1177/0149206307300815

Felfe, J. (2006). Validierung einer deutschen Version des „Multifactor Leadership Questionnaire“ (MLQ 5 X Short) von Bass und Avolio (1995). *Zeitschrift für Arbeits- und Organisationspsychologie, 50,* 61–78. http://doi.org/10.1026/0932-4089.50.2.61

Felfe, J. (2009). *Mitarbeiterführung.* Göttingen: Hogrefe.

Felfe, J. & Franke, F. (2014). *Führungskräftetrainings.* Göttingen; Bern; Wien (u.a.): Hogrefe.

Felfe, J. & Goihl, K. (2002). *Kurzbeschreibung. Deutsche überarbeitete und ergänzte Version des "Multifactor Leadership Questionnaire" (MLQ) von Bass.* Unveröffentlicht.

Felfe, J. & Heinitz, K. (2010). The impact of consensus and agreement of leadership perceptions on commitment, Organizational Citizen Behaviour, and customer satisfaction. *European Journal of Work and Organizational Psychology, 19* (3), 279–303. http://doi.org/10.1080/13594320802708070

Felps, W., Mitchell, T.R., Hekman, D.R., Lee, T.W., Holtom, B.C. & Harman, W.S. (2009). Turnover contagion: How coworkers' job embeddedness and job search behaviors influence quitting. *Academy of Management Journal, 52* (3), 545–561. http://doi.org/10.5465/amj.2009.41331075

Fenton-O'Creevy, M., Nicholson, N., Soane, E. & Willman, P. (2003). Trading on illusions: Unrealistic perceptions of control and trading performance. *Journal of Occupational and Organizational Psychology, 76* (1), 53–68.

Ference, T.P., Stoner, J.A.F. & Warren, e.K. (1977). Managing the career plateau. *Academy of Management Review, 2* (4), 602–612. http://doi.org/10.5465/amr.1977.4406740

Fichman, M. & Levinthal, D.A. (1991). Honeymoons and the liability of adolescence: A new perspective on duration dependence in social and organizational relationships. *Academy of Management Review, 16,* 442–468. http://doi.org/10.5465/amr.1991.4278962

Fiege, R., Muck, P.M. & Schuler, H. (2014). Mitarbeitergespräche. In H. Schuler & U.P. Kanning (Hrsg.), *Lehrbuch der Personalpsychologie* (S. 765–811). Göttingen (u.a.): Hogrefe.

Fine, S.A. & Cronshaw, S.F. (1999). *Functional job analysis: A foundation for human resources management.* Mahwah, NJ: Lawrence Erlbaum.

Fischer, L. & Fischer, O. (2005). Arbeitszufriedenheit: Neue Stärken und alte Risiken eines zentralen Konzepts der Organisationspsychologie. *Wirtschaftspsychologie, 7* (1), 5–20.

Fisher, C.D. (2003). Why do lay people believe that satisfaction and performance are correlated?: Possible sources of a commonsense theory. *Journal of Organizational Behavior, 24* (6), 753–777. http://doi.org/10.1002/job.219

Fittkau-Garthe, H. & Fittkau, B. (1971). *Fragebogen zur Vorgesetzten-Verhaltens-Beschreibung (FVVB): Handanweisung*. Göttingen: Hogrefe.

Flanagan, J.C. (1954). The critical incident technique. *Psychological Bulletin, 51* (4), 327–358. http://doi.org/10.1037/h0061470

Fleishman, E.A. (1953). The description of supervisory behavior. *Journal of Applied Psychology, 37* (1), 1–6. http://doi.org/10.1037/h0056314

Fleishman, E.A., Quaintance, M.K. & Broedling, L.A. (1984). *Taxonomies of human performance: The description of human tasks.* Orlando, FL: Academic Press.

Folger, R. & Konovsky, M.A. (1989). Effects of procedural and distributive justice on reactions to pay raise decisions. *Academy of Management Journal, 32* (1), 115–130.

Ford, M.T., Heinen, B.A. & Langkamer, K.L. (2007). Work and family satisfaction and conflict: A meta-analysis of cross-domain relations. *Journal of Applied Psychology, 92* (1), 57–80. http://doi.org/10.1037/0021-9010.92.1.57

Forrier, A., Sels, L. & Stynen, D. (2009). Career mobility at the intersection between agent and structure: A conceptual model. *Journal of Occupational and Organizational Psychology, 82* (4), 739–759. http://doi.org/10.1348/096317909X470933

Frank, F. & Kanning, U.P. (2014). Lücken im Lebenslauf: Ein valides Kriterium der Personalauswahl?. *Zeitschrift für Arbeits- und Organisationspsychologie A&O, 58* (3), 155–162. http://doi.org/10.1026/0932-4089/a000140

Franke, F. & Felfe, J. (2011). How does transformational leadership impact employees' psychological strain?: Examining differentiated effects and the moderating role of affective organizational commitment. *Leadership, 7* (3), 295–316. http://doi.org/10.1177/1742715011407387

Franke, F., Ducki, A. & Felfe, J. (2015). Gesundheitsförderliche Führung. In J. Felfe (Hrsg.), *Trends der psychologischen Führungsforschung: Neue Konzepte, Methoden und Erkenntnisse* (S. 253–264). Göttingen: Hogrefe.

Franke, F., Felfe, J. & Pundt, A. (2014). The impact of health-oriented leadership on follower health: Development and test of a new instrument measuring health-promoting leadership. *Zeitschrift für Personalforschung / German Journal of Research in Human Resource Management, 28* (1–2), 139–161. http://doi.org/10.1177/239700221402800108

Franke, F., Vincent, S. & Felfe, J. (2011). Gesundheitsbezogene Führung. In E. Bamberg, A. Ducki & A.-M. Metz (Hrsg.), *Gesundheitsförderung und Gesundheitsmanagement in der Arbeitswelt: Ein Handbuch* (S. 371–392). Göttingen: Hogrefe.

Fredrickson, B.L. (2004). The broaden-and-build theory of positive emotions. *Philosophical Transactions of the Royal Society B: Biological Sciences, 359,* 1367–1377. http://doi.org/10.1098/rstb.2004.1512

Frey, B.S. & Stutzer, A. (2002). *Happiness and economics: How the economy and institutions affect human well-being.* Princeton: Princeton University Press.

Friedrich, R., Peterson, M. & Koster, A. (2011). *The rise of generation C. strategy+business.* Retrieved from http://www.strategy-business.com/article/11110?gko=64e54&cid=20110222enewsechnology/22iht-broadband22.html?scp=1&sq=korea%20+%20gigabit&st=cse

Frieling, E. (1999). Fragebogen zur Arbeitsanalyse (FAA). In H. Dunckel (Hrsg.), *Handbuch psychologischer Arbeitsanalyseverfahren* (S. 113–123). Zürich: vdf Hochschulverlag an der ETH..

Frieling, E. & Hoyos, G.C. (1978). *Der Fragebogen zur Arbeitsanalyse (FAA).* Bern: Huber.

Frieling, E. & Sonntag, K. (1999). *Lehrbuch Arbeitspsychologie* (2. Aufl.). Bern: Huber.

Fuchs, J., Söhnlein, D. & Weber, B. (2011). *Projektion des Arbeitskräfteangebots bis 2050: Rückgang und Alterung sind nicht mehr aufzuhalten* (IAB Kurzbericht Nr. 16). Nürnberg: Institut für Arbeitsmarkt- und Berufsforschung.

Fuller, J.A., Stanton, J.M., Fisher, G.G., Spitzmüller, C., Russel, S.S. & Smith, P.C. (2003). A lengthy look at the daily grind: Time series analysis of events, mood, stress, and satisfaction. *Journal of Applied Psychology, 88* (6), 1019–1033.

Gagné, F. (1985). Giftedness and talent: Reexamining a reexamination of the definitions. *Gifted Child Quarterly, 29* (3), 103–112.

Gagné, F. (1993). Constructs and models pertaining to exceptional human abilities. In K.A. Heller, F.J. Mönks & A.H. Passow (Eds.), *International handbook of research and development of giftedness and talent* (pp. 69–87). Oxford: Pergamon Press.

Gagné, F. (2000). Understanding the complex choreography of talent development through DMGTbased analysis. In K.A. Heller, F.J. Mönks, R.J. Sternberg & R.F. Subotnik (Eds.), *International handbook of giftedness and talent* (pp. 67–79). Amsterdam: Elsevier.

Gagné, F. (2009). Debating giftedness: Pronat vs. antinat. In L.V. Shavinina (Ed.), *International handbook on giftedness* (pp. 155–204). New York: Springer.

Gardner, H. (1983). *Frames of mind: The Idea of multiple intelligence*. New York: Basic Books.

Gardner, T.M., Wright, P.M. & Moynihan, L.M. (2011). The impact of motivation, empowerment, and skill-enhancing practices on aggregate voluntary turnover: The mediating effect of collective affective commitment. *Personnel Psychology, 64* (2), 315–350. http://doi.org/10.1111/j.1744-6570.2011.01212.x

Garrow, V. & Hirsh, W. (2008). Talent management: Issues of focus and fit. *Public Personnel Management, 37* (4), 389–402. http://doi.org/10.1177/009102600803700402

Gay, F. (2004). *Das persolog Persönlichkeits-Profil: Persönliche Stärke ist kein Zufall: Mit Fragebogen zur Selbstauswertung* (Vol. 40). Offenbach und Remchingen: Gabal Verlag und persolog GmbH.

Gendolla, G.E. (2017). Comment: Do emotions influence action? – Of course, they are hypo-phenomena of motivation. *Emotion Review, 9* (4), 348–350. http://doi.org/10.1177/1754073916673211

George, J.M. (2013). Mood, emotion, and personality. In N.D. Christiansen & R.P. Tett (Eds.), *Handbook of Personality at Work* (pp. 671–691). Abingdon: Routledge.

George, J.M. & Jones, G.R. (2012). *Understanding and managing organizational behavior* (7th ed.). Boston: Pearson.

Geppert, U. & Halisch, F. (2001). Genetic vs. environmental determinants of traits, motives, self-referential cognitions, and volitional control in old age: First results from the Munich twin study (GOLD). In A. Efklides, J. Kuhl & R.M. Sorrentino (Eds.), *Trends and Prospects in Motivation Research* (pp. 359–387). Dordrecht: Kluwer.

Gerber, M., Wittekind, A., Grote, G. & Staffelbach, B. (2009). Exploring types of career orientation: A latent class analysis approach. *Journal of Vocational Behavior, 75* (3), 303–318. http://doi.org/10.1016/j.jvb.2009.04.003

Gerstner, C. & Day, D. (1997). Meta-analytic review of leader–member exchange theory: Correlates and construct issues. *Journal of Applied Psychology, 82* (6), 827–844. http://doi.org/10.1037/0021-9010.82.6.827

Giosan, C., Holtom, B. & Watson, M. (2005). Antecedents to job embeddedness: The role of individual, organizational and market factors. *Journal of Organizational Psychology, 5,* 31–44.

Glasl, F. (2013). *Konfliktmanagement: Ein Handbuch für Führungskräfte, Beraterinnen und Berater*. Bern: Haupt.

Godshalk, V.M. (2006). Career plateau. In J.H. Greenhaus & G.A. Callanan (Eds.), *Encyclopedia of career development* (pp. 133–138). Thousand Oaks, CA: Sage.

Görtner, L., Hüber, T., Käser, U. & Röhr-Sendlmeier, U.M. (2014). Lernen im Arbeitsalltag – fit im Beruf: Ein ganzheitliches Konzept zur Weiterbildung älterer Arbeitnehmer. *Bildung und Erziehung, 67* (4), 471–487.

Goodnight, J. (o.J.). *Biografie von Jim Goodnight*. Retrieved from https://www.sas.com/da_dk/company-information/leadership/jim-goodnight.html

Gottfredson, L.S. (1997). Why g matters: The complexity of everyday life. *Intelligence, 24* (1), 79–132. http://doi.org/10.1016/S0160-2896(97)90014-3

Gottfredson, M.R. & Hirschi, T. (1990). *A general theory of crime*. Stanford, CA: Stanford University Press.

Graen, G.B. & Cashman, J.F. (1975). A role-making model of leadership in formal organizations: A developmental approach. In J.G. Hunt & L.L. Larson (Eds.), *Leadership frontiers* (pp. 143–166). Kent, OH: Kent State University Press.

Graen, G.B. & Scandura, T.A. (1987). Toward a psychology of dyadic organizing. *Research in Organizational Behavior, 9*, 175–208.

Graen, G.B. & Uhl-Bien, M. (1995). Relationship-based approach to leadership: Development of leader–member exchange (LMX) theory of leadership over 25 years: Applying a multi-level multi-domain perspective. *The Leadership Quarterly, 6* (2), 219–247. http://doi.org/10.1016/1048-9843(95)90036-5

Graf, N. & Edelkraut, F. (2017). *Mentoring: Das Praxisbuch für Personalverantwortliche und Unternehmer.* Wiesbaden: Springer. http://doi.org/10.1007/978-3-658-15109-6

Greenberg, J. (1987). Reactions to procedural injustice in payment distributions: Do the means justify the ends? *Journal of Applied Psychology, 72* (1), 55–61. http://doi.org/10.1037/0021-9010.72.1.55

Greenberg, J. (1989). Cognitive reevaluation of outcomes in response to underpayment inequity.

Academy of Management Journal, 32 (1), 174–184. http://doi.org/10.5465/256425

Greenberg, J. (1990). Organizational justice: Yesterday, today, and tomorrow. *Journal of Management, 16* (2), 399–432. http://doi.org/10.1177/014920639001600208

Greenhaus, J.H., Callanan, G.A. & Godshalk, V.M. (2010). *Career management* (4th ed.). Los Angeles: Sage.

Greer, L.L., Jehn, K.A. & Mannix, E.A. (2008). Conflict transformation. A longitudinal investigation of the relationships between different types of intragroup conflict and the moderating role of conflict resolution. *Small Group Research, 39* (3), 278–302. http://doi.org/10.1177/1046496408317793

Greif, S., Bamberg, E. & Semmer, N. (1991). *Psychischer Streß am Arbeitsplatz*. Göttingen: Hogrefe.

Griffeth, R.W., Hom, P.W. & Gaertner, S. (2000). A metaanalysis of antecedents and correlates of employee turnover: Update, moderator tests, and research implications for the next millennium. *Journal of Management, 26* (3), 463–488.

Grossman, R. & Salas, E. (2011). The transfer of training: What really matters. *International Journal of Training and Development, 15* (2), 103–120. http://doi.org/10.1111/j.1468-2419.2011.00373.x

Grote, S., Denison, K. & Bigalk, D. (2009). Mentoring und Patenmodelle: Luxus oder kompetenz- und karriereförderlich? In S. Kauffeld, S. Grote & E. Frieling (Hrsg.), *Handbuch Kompetenzentwicklung* (S. 409–427). Stuttgart: Schäffer-Poeschel.

Gunz, H.P. & Peiperl, M.A. (Hrsg.). (2007). *Handbook of career studies*. Thousand Oaks: Sage.

Hackman, J.R. & Oldham, G.R. (1975). Development of the job diagnostic survey. *Journal of Applied Psychology, 60* (2), 159–170. http://doi.org/10.1037/h0076546

Hackman, J.R. & Oldham, G.R. (1976). Motivation through the design of work: Test of a theory. *Organizational Behavior and Human Performance, 16* (2), 250–279. http://doi.org/10.1016/0030-5073(76)90016-7

Hackman, J.R. & Oldham, G.R. (1980). *Work redesign*. Reading, MA (etc.): Addison-Wesley.

Hakanen, J.J., Schaufeli, W.B. & Ahola, K. (2008). The job demands- resources model: A three-year cross-lagged study of burnout, depression, commitment, and work engagement. *Work & Stress, 22* (3), 224–241. http://doi.org/10.1080/02678370802379432

Halbesleben, J.R. (2006). Sources of social support and burnout: A meta-analytic test of the conservation of resources model. *Journal of Applied Psychology, 91* (5), 1134–1145. http://doi.org/10.1037/0021-9010.91.5.1134

Hall, D.T., Yip, J. & Doiron, K. (2017). Protean careers at work: Self-direction and values orientation in psychological success. *Annual Review of Organizational Psychology and Organizational Behavior, 5*, 129–156.

Hancock, J.I., Allen, D.G., Bosco, F.A., McDaniel, K.R. & Pierce, C.A. (2011). Meta-analytic review of employee turnover as a predictor of firm performance. *Journal of Management, 39* (3), 573–603.

Harris, K.J. & Kacmar, K.M. (2006). Too much of a good thing: The curvilinear effect of Leader-Member Exchange on stress. *Journal of Social Psychology, 146* (1), 65–84. http://doi.org/10.3200/SOCP.146.1.65-84

Harris, K.J., Kacmar, K.M. & Witt, L.A. (2005). An examination of the curvilinear relationship between leader-member exchange and intent to turnover. *Journal of Organizational Behavior, 26* (4), 363–378. http://doi.org/10.1002/job.314

Harvey, P., Martinko, M.J. & Borkowski, N. (2017). Justifying deviant behavior: The role of attributions and moral emotions. *Journal of Business Ethics, 141* (4), 779–795. http://doi.org/10.1007/s10551-016-3046-5

Hasselhorn, H.M. (2007). Arbeit, Stress und Krankheit. In A. Weber & G. Hörmann (Hrsg.), *Psychosoziale Gesundheit im Beruf: Mensch, Arbeitswelt, Gesellschaft* (S. 47–73). Stuttgart: Gentner.

Haupt, C.M. (2010). Der Zusammenhang von Arbeitsplatzunsicherheit und Gesundheitsverhalten in einer bevölkerungsrepräsentativen epidemiologischen Studie. In B. Badura, H. Schröder, J. Klose & K. Macco (Hrsg.), *Fehlzeiten-Report 2009: Arbeit und Psyche: Belastungen reduzieren – Wohlbefinden fördern* (S. 101–108). Heidelberg: Springer. http://doi.org/10.1007/978-3-642-01078-1_11

Hausknecht, J.P., Day, D.V. & Thomas, S.C. (2004). Applicant reactions to selection procedures: An updated model and meta-analysis. *Personnel Psychology, 57* (3), 639–683. http://doi.org/10.1111/j.1744-6570.2004.00003.x

Hausknecht, J.P. & Trevor, C.O. (2011). Collective turnover at the group, unit and organizational levels: Evidence, issues, and implications. *Journal of Management, 37* (1), 352–388. http://doi.org/10.1177/0149206310383910

Heckhausen, H. & Gollwitzer, P.M. (1987). Thought contents and cognitive functioning in motivational versus volitional states of mind. *Motivation and Emotion, 11* (2), 101–120. http://doi.org/10.1007/BF00992338

Heckhausen, J. & Heckhausen, H. (2005). *Motivation und Handeln* (3. Aufl.). Berlin: Springer.

Heijden, B.V.D., Boon, J., Van Der Klink, M. & Meijs, E. (2009). Employability enhancement through formal and informal learning: An empirical study among Dutch non-academic university staff members. *International Journal of Training and Development, 13* (1), 19–37. http://doi.org/10.1111/j.1468-2419.2008.00313.x

Hempel, P.S., Zhang, Z.-X. & Tjosvold, D. (2009). Conflict management between and within teams for trusting relationships and performance in China. *Journal of Organizational Behavior, 30* (1), 41–65. http://doi.org/10.1002/job.540

Herpertz, S., Nizielski, S., Hock, M. & Schütz, A. (2016). The relevance of emotional intelligence in personnel selection for high emotional labor jobs. *PLOS One, 11* (4), e0154432.

Herpertz, S., Schütz, A. & Nezlek, J. (2016). Enhancing emotion perception, a fundamental component of emotional intelligence: Using multiple-group SEM to evaluate a training program. *Personality and Individual Differences* (95), 11–19.

Herzberg, F., Mausner, B. & Snyderman, B.B. (2017). *Motivation to work.* New Brunswick, London: Transaction Publishers. http://doi.org/10.4324/9781315124827

Hiller, N.J. & Hambrick, D.C. (2005). Conceptualizing executive hubris: The role of (hyper-)core self-evaluations in strategic decision-making. *Strategic Management Journal, 26* (4), 297–319. http://doi.org/10.1002/smj.455

Hochholdinger, S., Rowold, J. & Schaper, N. (2008). Ansätze zur Trainings- und Transferevaluation. In J. Rowold, S. Hochholdinger & N. Schaper (Hrsg.), *Trainingsevaluation und Transfersicherung: Modelle, Methoden, Befunde* (S. 30–52). Göttingen: Hogrefe.

Hochholdinger, S. & Schaper, N. (2007). Trainingsevaluation und Transfersicherung. In H. Schuler & K. Sonntag (Hrsg.), *Handbuch der Arbeits- und Organisationspsychologie* (S. 625–632). Göttingen (u.a.): Hogrefe.

Hochschild, A.R. (1983). *The managed heart: Commercialization of human feeling.* Berkeley: University of California Press.

Hoffman, B.J., Blair, C.A., Meriac, J.P. & Woehr, D.J. (2007). Expanding the criterion domain?: A quantitative review of the OCB literature. *Journal of Applied Psychology, 92* (2), 555. http://doi.org/10.1037/0021-9010.92.2.555

Höft, S. & Goerke, P. (2014). Traditionelle Arbeits- und Anforderungsanalyse trifft modernen Kompetenzmanagementansatz: Rosenkrieg oder Traumhochzeit. *Wirtschaftspsychologie, 1,* 5–14.

Hogg, M.A., Hains, S.C. & Mason, I. (1998). Identification and leadership in small groups: Salience, frame of reference, and leader stereotypicality effects on leader evaluations. *Journal of Personality and Social Psychology, 75* (5), 1248–1263. http://doi.org/10.1037/0022-3514.75.5.1248

Höher, P. & Höher, F. (2000). *Konfliktmanagement.* Freiburg: Haufe.

Höhne, B.P., Loschelder, D.D., Gutenbrunner, L., Majer, J.M. & Trötschel, R. (2016). Workplace mediation: Lessons from negotiation theory. In K.A. Bollen, M. Euwema & L. Munduate (Eds.), *Advancing workplace mediation through integration of theory and practice.* Berlin; Heidelberg: Springer.

Holmes, T.H. & Rahe, R.H. (1967). The social readjustment rating scale. *Journal of psychosomatic research, 11* (2), 213–218. http://doi.org/10.1016/0022-3999(67)90010-4

Holtom, B.C., Mitchell, T.R. & Lee, T.W. (2006). Increasing human and social capital by applying job embeddedness theory. *Organizational Dynamics, 35* (4), 316–331. http://doi.org/10.1016/j.orgdyn.2006.08.007

Holz, M. (2006). Soziale Belastungen und soziale Ressourcen in Beziehungen mit Vorgesetzten, Kollegen und Kunden. In S. Leidig, K. Limbacher & M. Zielke (Hrsg.), *Stress im Erwerbsleben: Perspektiven eines integrativen Gesundheitsmanagements* (S. 104–118). Lengerich: Pabst Science Publishers.

Hom, P.W., Mitchell, T.R., Lee, T.W. & Griffeth, R.W. (2012). Reviewing employee turnover: Focusing on proximal withdrawal states and expanded criterion. *Psychological Bulletin, 138,* 831–858. http://doi.org/10.1037/a0027983

Hom, P.W., Roberson, L. & Ellis, A.D. (2008). Challenging conventional wisdom about who quits: Revelations from corporate America. *Journal of Applied Psychology, 93* (1), 1–34. http://doi.org/10.1037/0021-9010.93.1.1

Hooghiemstra, T. (1990). Management of talent. *European Management Journal, 8* (2), 142–149. http://doi.org/10.1016/0263-2373(90)90078-K

Hornung, S., Rousseau, D.M. & Glaser, J. (2008). Creating flexible work arrangements through idiosyncratic deals. *Journal of Applied Psychology,*

93 (3), 655–664. http://doi.org/10.1037/0021-9010.93.3.655

Hornung, S., Rousseau, D.M., Glaser, J., Angerer, P. & Weigl, M. (2010). Beyond top-down and bottom-up work redesign: Customizing job content through idiosyncratic deals. *Journal of Organizational Behavior, 31* (2–3), 187-215. http://doi.org/10.1002/job.625

Hossiep, R. & Krüger, C. (2012). *Bochumer Inventar zur berufsbezogenen Persönlichkeitsbeschreibung – 6 Faktoren (BIP-6F)*. Göttingen: Hogrefe.

Hossiep, R. & Paschen, M. (2003). *Das Bochumer Inventar zur berufsbezogenen Persönlichkeitsbeschreibung: BIP*. Göttingen: Hogrefe.

Hossiep, R., Schecke, J. & Weiß, S. (2015). Zum Einsatz von persönlichkeitsorientierten Fragebogen. *Psychologische Rundschau, 66* (2), 127–129.

House, R.J. & Shamir, B. (1993). Toward the integration of transformational, charismatic, and visionary theories. In M.M. Chemers & R. Ayman (Eds.), *Leadership theory and research: Perspectives and directions* (pp. 81–107). New York, NY: Academic Press.

Huffcutt, A.I. & Arthur, W. (1994). Hunter and Hunter (1984) revisited: Interview validity for entry-level jobs. *Journal of Applied Psychology, 79* (2), 184–190. http://doi.org/10.1037/0021-9010.79.2.184

Hülsheger, U.R., Maier, G.W. & Stumpp, T. (2007). Validity of general mental ability for the prediction of job performance and training success in Germany: A meta-analysis 1. *International Journal of Selection and Assessment, 15* (1), 3–18.

Hülshoff, T., Negri, C., Hüther, G., Dohne, K.-D., Hoffmann, C. & Kalt, M. (2010). Lernpsychologie. In C. Negri (Hrsg.), *Angewandte Psychologie für die Personalentwicklung: Konzepte und Methoden für Bildungsmanagement, betriebliche Aus- und Weiterbildung* (S. 69–113). Berlin: Springer.

Hunter, J.E. & Hunter, R.F. (1984). Validity and utility of alternative predictors of job performance. *Psychological Bulletin, 96* (1), 72. http://doi.org/10.1037/0033-2909.96.1.72

Huselid, M.A., Beatty, R.W. & Becker, B.E. (2005). "A-Players" or "A-Position"?: The strategic logic of workforce management. *Harvard Business Manager, 83* (12), 110–117.

Hutchens, R. (2006). Phased retirement. In J.H. Greenhaus & G.A. Callanan (Eds.), *Encyclopedia of career development* (pp. 638–640). Thousand Oaks, CA: Sage.

Ilies, R. & Judge, T.A. (2005). Goal regulation across time: The effects of feedback and affect. *Journal of Applied Psychology, 90* (3), 453. http://doi.org/10.1037/0021-9010.90.3.453

Iliescu, D., Ilie, A., Ispas, D. & Ion, A. (2012). Emotional intelligence in personnel selection: Applicant reactions, criterion, and incremental validity. *International Journal of Selection and Assessment*. http://doi.org/10.1111/j.1468-2389.2012.00605.x

Inkson, K. (2007). *Understanding careers*. Thousand Oaks, CA: Sage.

International Survey Research. (2002). *Mitarbeiterbindung, Engagement und Leistungsorientierung in Europa: Merkmale, Ursachen, Konsequenzen*. Frankfurt am Main.

Irle, G. (2001). Mediation, Moderation, Supervision: Ein Vergleich. Gruppe. Interaktion. Organisation. *Zeitschrift für Angewandte Organisationspsychologie (GIO), 32* (1), 5–20. http://doi.org/10.1007/s11612-001-0002-2

Jacobshagen, N. & Semmer, N.K. (2009). Wer schätzt eigentlich wen?: Kunden als Quelle der Wertschätzung am Arbeitsplatz. *Wirtschaftspsychologie, 11* (1), 11–19.

Jehn, K.A. & Bendersky, C. (2003). Intragroup conflict in organizations: A contingency perspective on the conflict-outcome relationship. *Research in Organizational Behavior, 25*, 187–242. http://doi.org/10.1016/S0191-3085(03)25005-X

Jehn, K.A. & Mannix, E.A. (2001). The dynamic nature of conflict: A longitudinal study of intragroup conflict and group performance. *The Academy of Management Journal, 44* (2), 238–251.

Johnson, A.A. (1995). The business case for work-family programs. *Journal of Accountancy, 180* (2), 53–58.

Johnson, D.W. (2015). *Constructive Controversy: Theory, Research, Practice*. Cambridge, UK: Cambridge University Press. http://doi.org/10.1017/CBO9781316105818

Johnson, D.W. & Johnson, R.T. (2005). New developments in social interdependence theory. *Genetic, Social, and General Psychology Monographs, 131* (4), 285–358. http://doi.org/10.3200/MONO.131.4.285-358

Johnson, S.K., Murphy, S.E., Zewdie, S. & Reichard, R.J. (2008). The strong, sensitive type: Effects of gender stereotypes and leadership prototypes on the evaluation of male and female leaders. *Organizational Behavior and Human Decision Processes,*

106 (1), 39–60. http://doi.org/10.1016/j.obhdp.2007.12.002

Joseph, D.L. & Newman, D.A. (2010). Emotional intelligence: An integrative meta-analysis and cascading model. *Journal of Applied Psychology, 95* (1), 54–78. http://doi.org/10.1037/a0017286

Judge, T.A. & Bono, J.E. (2001a). Relationship of core self-evaluations traits – self-esteem, generalized self-efficacy, locus of control, and emotional stability – with job satisfaction and job performance: A meta-analysis. *Journal of Applied Psychology, 86* (1), 80–92. http://doi.org/10.1037/0021-9010.86.1.80

Judge, T.A. & Bono, J.E. (2001b). A rose by any other name: Are self-esteem, generalized self-efficacy, neuroticism, and locus of control indicators of a common construct? In B.W. Roberts, R. Hogan, B.W. Roberts & R. Hogan (Eds.), *Personality psychology in the workplace* (pp. 93–118). Washington, DC: American Psychological Association. http://doi.org/10.1037/10434-004

Judge, T.A., Bono, J.E., Ilies, R. & Gerhardt, M.W. (2002). Personality and leadership: A qualitative and quantitative review. *Journal of Applied Psychology, 87* (4), 765–780. http://doi.org/10.1037/0021-9010.87.4.765

Judge, T.A., Colbert, A.E. & Ilies, R. (2004). Intelligence and leadership: A quantitative review and test of theoretical propositions. *Journal of Applied Psychology, 89* (3), 542–552. http://doi.org/10.1037/0021-9010.89.3.542

Judge, T.A., Erez, A., Bono, J.E. & Thoresen, C.J. (2006). The core self-evaluations scale: Development of a measure. *Personnel Psychology, 56* (2), 303–331.

Judge, T.A. & Kammeyer-Müller, J.D. (2012). Job attitudes. *Annual Review of Psychology, 63* (1), 341–367.

Judge, T.A., Locke, E.A. & Durham, C.C. (1997). The dispositional causes of job satisfaction: A core evaluations approach. *Research in Organizational Behavior, 19,* 151–188.

Judge, T.A. & Piccolo, R.F. (2004). Transformational and transactional leadership: A meta-analytic test of their relative validity. *Journal of Applied Psychology, 89* (5), 755–768. http://doi.org/10.1037/0021-9010.89.5.755

Judge, T.A., Piccolo, R.F. & Ilies, R. (2004). The forgotten ones?: The validity of consideration and initiating structure in leadership research. *Journal of Applied Psychology, 89* (1), 36–51. http://doi.org/10.1037/0021-9010.89.1.36

Judge, T.A., Piccolo, R.F. & Kosalka, T. (2009). The bright and dark sides of leader traits: A review and theoretical extension of the leader trait paradigm. *The Leadership Quarterly, 20* (6), 855–875. http://doi.org/10.1016/j.leaqua.2009.09.004

Judge, T.A., Piccolo, R.F., Podsakoff, N.P., Shaw, J.C. & Rich, B.L. (2010). The relationship between pay and job satisfaction: A meta-analysis. *Journal of Vocational Behavior, 77* (2), 157–167. http://doi.org/10.1016/j.jvb.2010.04.002

Judge, T.A., Thoresen, C.J., Bono, J.E. & Patton, G.K. (2001). The job satisfaction / job performance relationship: A qualitative and quantitative review. *Psychological Bulletin, 127* (3), 376–407. http://doi.org/10.1037/0033-2909.127.3.376

Jung, D., Wu, A. & Chow, C.W. (2008). Towards understanding the direct and indirect effects of CEOs' transformational leadership on firm innovation. *The Leadership Quarterly, 19* (5), 585–594. http://doi.org/10.1016/j.leaqua.2008.07.007

Jung, J.H. & Tak, J. (2008). The effects of perceived career plateau on employees' attitudes: Moderating effects of career motivation and perceived supervisor support with Korean employees. *Journal of Career Development, 35* (2), 187–201. http://doi.org/10.1177/0894845308325648

Kaas, L. & Manger, C. (2010). Ethnic discrimination in Germany's labour market: A field experiment. *German Economic Review, 13,* 1–20. http://doi.org/10.1111/j.1468-0475.2011.00538.x

Kärcher, B. (2015). Alternative Wege in die Industrie 4.0: Möglichkeiten und Grenzen. In A. Botthof & E. A. Hartmann (Hrsg.), *Zukunft der Arbeit in Industrie 4.0* (S. 47–58). Berlin; Heidelberg: Springer Vieweg. Abrufbar unter https://www.oapen.org/download?type=document&docid=1002234#page=160.

Kaiser, R.B., & Curphy, G. (2013). Leadership development: The failure of an industry and the opportunity for consulting psychologists. *Consulting Psychology Journal: Practice and Research, 65*(4), 294-302. http://doi.org/10.1037/a0035460

Kaluza, G. (2011). *Stressbewältigung: Trainingsmanual zur psychologischen Gesundheitsförderung* (2., vollst. überarb. Aufl.). Berlin (u.a.): Springer. http://doi.org/10.1007/978-3-642-13720-4

Kaluza, G. (2012). *Gelassen und sicher im Stress: Das Stresskompetenz-Buch: Stress erkennen, verstehen, bewältigen* (4., überarb. Aufl.). Berlin [u.a.]: Springer.

Kammerhoff, J.; Lauenstein, O.; Schütz, A. (2019): Leading toward harmony–Different types of conflict mediate how followers' perceptions of transformational leadership are related to job satisfaction and performance, *European Management Journal, 37*(2), 210–221.3

Kanner, A.D., Coyne, J.C., Schaefer, C. & Lazarus, R.S. (1981). Comparison of two modes of stress measurement: Daily hassles and uplifts versus major life events. *Journal of Behavioral Medicine, 4* (1), 1–39. http://doi.org/10.1007/BF00844845

Kanning, U.P. (2014). Prozess und Methoden der Personalentwicklung. In H. Schuler & U.P. Kanning (Hrsg.), *Lehrbuch der Personalpsychologie* (3. Aufl., S. 501–562). Göttingen: Hogrefe.

Kanning, U.P. (2015). *Personalauswahl zwischen Anspruch und Wirklichkeit: Eine wirtschaftspsychologische Analyse.* Berlin; Heidelberg: Springer Medizin. http://doi.org/10.1007/978-3-662-45553-1

Kanning, U.P. (2016a). Personalauswahl im 21. Jahrhundert: E-Recruitment & E-Assessment. In H. Klaus & H.J. Schneider (Hrsg.), *Personalperspektiven: Human Resource Management und Führung im ständigen Wandel* (12. Aufl., S. 293–314). Wiesbaden: Springer Gabler. http://doi.org/10.1007/978-3-658-13971-1_13

Kanning, U.P. (2016b). Über die Sichtung von Bewerbungsunterlagen in der Praxis der Personalauswahl. *Zeitschrift für Arbeits- und Organisationspsychologie A&O, 60* (1), 18–32. http://doi.org/10.1026/0932-4089/a000193

Kanning, U.P. & Staufenbiel, T. (2011). *Organisationspsychologie*. Göttingen: Hogrefe.

Kanning, U.P. & Woike, J. (2015). Sichtung von Bewerbungsunterlagen: Ist soziales Engagement ein valider Indikator sozialer Kompetenzen? *Zeitschrift für Arbeits- und Organisationspsychologie A&O, 59* (1), 1–15. http://doi.org/10.1026/0932-4089/a000170

Kanning, U.P., Pöttker, J. & Gelléri, P. (2007). Assessment-Center-Praxis in deutschen Großunternehmen: Ein Vergleich zwischen wissenschaftlichem Anspruch und Realität. *Zeitschrift für Arbeits- und Organisationspsychologie A&O, 51* (4), 155–167.

Kaplan, S., Bradley, J.C., Luchman, J.N. & Haynes, D. (2009). On the role of positive and negative affectivity in job performance: A meta-analytic investigation. *Journal of Applied Psychology, 94* (1), 162–176. http://doi.org/10.1037/a0013115

Kauffeld, S. (2006). *Kompetenzen messen, bewerten, entwickeln: Ein prozessanalytischer Ansatz für Gruppen*. Stuttgart: Schäffer-Poeschel.

Kauffeld, S. (2010). *Nachhaltige Weiterbildung: Betriebliche Seminare und Trainings entwickeln, Erfolge messen, Transfer sichern.* Berlin (u.a.): Springer. http://doi.org/10.1007/978-3-540-95954-0

Kauffeld, S. (2016). *Nachhaltige Personalentwicklung und Weiterbildung: Betriebliche Seminare und Trainings entwickeln, Erfolge messen, Transfer sichern* (2. Aufl.). Berlin: Springer. http://doi.org/10.1007/978-3-662-48130-1

Kauffeld, S., Bates, R., Holton, E.F. & Müller, A.C. (2008). Das deutsche Lerntransfer-System-Inventar (GLTSI): Psychometrische Überprüfung der deutschsprachigen Version [The German version of the Learning Transfer Systems Inventory (GLTSI): Psychometric validation]. *Zeitschrift für Personalpsychologie, 7* (2), 50–69.

Kauffeld, S., Brennecke, J. & Altmann, N.C. (2009). Mit Intervallen zum Transfer: Experten und Novizen im Vertrieb. In S. Kauffeld, S. Grote & E. Frieling (Hrsg.), *Handbuch Kompetenzentwicklung* (S. 319–337). Stuttgart: Schäffer-Poeschel.

Kauffeld, S. & Lehmann-Willenbrock, N. (2010). Sales training: Effects of spaced practice on training transfer. *Journal of European Industrial Training, 34* (1), 23–37. http://doi.org/10.1108/03090591011010299

Kauffeld, S., Lorenzo, G. & Weisweiler, S. (2012). Wann wird Weiterbildung nachhaltig?: Erfolg und Erfolgsfaktoren beim Lerntransfer [Sustainability of continuing education: Success and success factors of learning transfer]. *Personal Quarterly, 64* (2), 10–15.

Keith, N. & Frese, M. (2008). Effectiveness of error management training: A meta-analysis. *Journal of Applied Psychology, 93* (1), 59–69. http://doi.org/10.1037/0021-9010.93.1.59

Kellner, H.J. (2006). *Value of investment: Neue Evaluierungsmethoden für Personalentwicklung und Bildungscontrolling*. Offenbach: GABAL.

Kemeny, M.E. (2003). The psychobiology of stress. *Current Directions in Psychological Science, 12* (4), 124–129. http://doi.org/10.1111/1467-8721.01246

Kersting, M., Althoff, K. & Jäger, A.O. (2008). *WIT-2: Der Wilde-Intelligenztest: Verfahrenshinweise*. Göttingen: Hogrefe.

Kessler, E.-M., Lindenberger, U. & Staudinger, U.M. (2009). Stichwort: Entwicklung im Erwachsenenalter: Konsequenzen für Lernen und Bildung. *Zeitschrift für Erziehungswissenschaft, 12* (3), 361–381. http://doi.org/10.1007/s11618-009-0092-0

King, Z. (2001). Career self-management: A framework for guidance of employed adults. *British Journal of Guidance and Counselling, 29* (1), 65–78. http://doi.org/10.1080/03069880020019365

King, Z. (2004). Career self-management: Its nature, causes and consequences. *Journal of Vocational Behavior, 65* (1), 112–133. http://doi.org/10.1016/S0001-8791(03)00052-6

King, Z. (2006). New or traditional careers?: A study of UK graduates' perceptions. *Human Resource Management Journal, 13* (1), 5–26.

King, Z., Burke, S. & Pemberton, J. (2005). The bounded career: An empirical study of human capital, career mobility, and employment outcomes in a mediated labour market. *Human Relations, 58* (8), 981–1007. http://doi.org/10.1177/001872670 5058500

Kirchmeyer, C. (2005). The effects of mentoring on academic careers over time: Testing performance and political perspectives. *Human Relations, 58* (5), 637–660. http://doi.org/10.1177/00187267 05055966

Kirkpatrick, D.L. (1967). Evaluation of training. In R.L. Craig (Ed.), *Training and development handbook: A guide to human resources development* (pp. 18.11–18.27). New York: McGraw-Hill.

Kirkpatrick, D.L. (1998). *Evaluating training programs*. San Francisco: Berrett-Koehler.

Kivimäki, M., Ferrie, J.E., Head, J., Shipley, M.J., Vahtera, J. & Marmot, M.G. (2004). Organisational justice and change in justice as predictors of employee health: The Whitehall II study. *Journal of Epidemiology & Community Health, 58* (11), 931–937.

Kivimäki, M., Vahtera, J., Elovainio, M., Virtanen, M. & Siegrist, J. (2007). Effort-reward imbalance, procedural injustice and relational injustice as psychosocial predictors of health: Complementary or redundant models?. *Occupational and Environmental Medicine. 64* (10), 659–665.

Kivimäki, M., Virtanen, M., Vartia, M., Elovainio, M., Vahtera, J. & Keltikangas-Järvinen, L. (2003). Workplace bullying and the risk of cardiovascular disease and depression. *Occupational and Environmental Medicine, 60* (10), 779–783.

Kleinmann, M., Manzey, D. & Schumacher, S. (2010). *Manual zum Fleishman Job Analyse System für eigenschaftsbezogene Anforderungsanalysen (F-JAS)* [Manual for the German version of the Fleishman Job Analysis Survey (F-JAS)]. Göttingen: Hogrefe.

Klug, A. (2011). Analyse des Personalentwicklungsbedarfs. In J. Ryschka (Hrsg.), *Praxishandbuch Personalentwicklung: Instrumente, Konzepte, Beispiele* (3. Aufl., S. 35–92). Wiesbaden: Gabler.

Kluger, A.N. & DeNisi, A. (1996). The effects of feedback interventions on performance: A historical review, a meta-analysis, and a preliminary feedback intervention theory. *Psychological Bulletin, 119* (2), 254. http://doi.org/10.1037/0033-2909.119.2.254

Knorz, C. & Zapf, D. (1996). Mobbing – eine extreme Form sozialer Stressoren am Arbeitsplatz. *Zeitschrift für Arbeits- und Organisationspsychologie, 40* (1),12–21.

Koch, A. & Westhoff, K. (2012). *Die Task-Analysis-Tools (TATоo): Schritt für Schritt Unterstützung zur erfolgreichen Anforderungsanalyse*. Lengerich: Pabst Science Publisher.

Koch, A., Kici, G., Strobel, A. & Westhoff, K. (2006). Anforderungsanalysen nach DIN 33430: Exemplarisch für die Position eines Dozenten im Arbeitsschutz. In K. Westhoff (Hrsg.), *Nutzen der DIN 33430. Praxisbeispiele und Checklisten* (S. 85–93). Lengerich: Pabst.

Köhler, C., Struck, O., Goetzelt, I., Grotheer, M. & Schröder, T. (2006). Die Ausweitung von Instabilität: Beschäftigungsdauern und betriebliche Beschäftigungssysteme (BBSS) [Schwerpunktheft Arbeitsmarkt und Beschäftigung: Unsicherheit in sich globalisierenden Arbeitsgesellschaften]. *Arbeit – Zeitschrift für Arbeitsforschung, Arbeitsgestaltung und Arbeitspolitik, 15* (3), 167–179.

Köppe, C., Kammerhoff, J. & Schütz, A. (2018). Leader-follower crossover: Exhaustion predicts somatic complaints via staffcare behavior. *Journal of Managerial Psychology, 33* (3), 297–310.

Konradt, U. & Sarges, W. (2003). *E-Recruitment und E-Assessment*. Göttingen: Hogrefe.

Kouvonen, A., Kivimäki, M., Elovainio, M., Väänänen, A., De Vogli, R., Heponiemi, T., Linna, A., Pentti, J. & Vahtera, J. (2008). Low organisational justice and heavy drinking: A prospective cohort study. *Occupational and Environmental Medicine, 65* (1), 44–50.

KPMG AG Wirtschaftsprüfungsgesellschaft. (2009). *Konfliktkostenstudie. Die Kosten von Reibungsverlusten in Industrieunternehmen.* Frankfurt am Main: KPMG.

Kraimer, M.L., Seibert, S.E., Wayne, S.J., Liden, R.C. & Bravo, J. (2011). Antecedents and outcomes of organizational support for development: The critical role of career opportunities. *Journal of Applied Psychology, 96* (3), 485–500. http://doi.org/10.1037/a0021452

Kramer, J. (2009). Allgemeine Intelligenz und beruflicher Erfolg in Deutschland: Vertiefende und weiterführende Metaanalysen [General mental ability and occupational success in Germany: Further metaanalytic elaborations and amplifications]. *Psychologische Rundschau, 60* (2), 82–98. http://doi.org/10.1026/0033-3042.60.2.82

Kreyenberg, J. (2005). *Handbuch Konfliktmanagement, Konfliktdiagnose, -definition und -analyse. Konfliktebenen, Konflikt- und Führungsstile, Interventions- und Lösungsstrategien, Beherrschung der Folgen* (2. Aufl.). Berlin: Cornelsen.

Krumm, S., Mertin, I. & Dries, C. (2012). *Kompetenzmodelle:* Göttingen. Hogrefe.

Kulick, R.B. (2006). Occupational professionalization. In J.H. Greenhaus & G.A. Callanan (Eds.), *Encyclopedia of career development* (pp. 563–567). Thousand Oaks, CA: Sage.

Künzli, H. (2009). Wirksamkeitsforschung im Führungskräfte-Coaching [Outcome research on executive coaching]. *Organisationsberatung, Supervision, Coaching - OSC, 16* (1), 4–18.

Lacerenza, C.N., Reyes, D.L., & Marlow, S.L. (2017). Leadership Training Design, Delivery, and Implementation: A Meta-Analysis. *Journal of Applied Psychology, 102* (12), 1686-1718. http://doi.org/10.1037/apl0000241

Lado, A.A. & Wilson, M.C. (1994). Human resource systems and sustained competitive advantage: A competency-based perspective. *Academy of Management Review, 19* (4), 699–727. http://doi.org/10.5465/amr.1994.9412190216

Ladwig, D.h. & Domsch, M.E. (2011). Fachlaufbahnen: Zukunftsweisende Laufbahnkonzepte für Wissensgesellschaften und Netzwerkorganisationen. In M. E. Domsch & D.h. Ladwig (Hrsg.), *Fachlaufbahnen: Alternative Karrierewege für Spezialisten schaffen* (S. 15–30). Köln: Luchterhand.

LaHuis, D.M., Martin, N.R. & Avis, J.M. (2005). Investigating nonlinear conscientiousness / job performance relations for clerical employees. *Human Performance, 18* (3), 199–212. http://doi.org/10.1207/s15327043hup1803_1

Lai, L., Chang, K.T. & Rousseau, D.M. (2009). Idiosyncratic deals: Coworkers as interested third parties. *Journal of Applied Psychology, 94* (2), 547–556. http://doi.org/10.1037/a0013506

Lam, C.S. & O'Higgins, E.E. (2012). Enhancing employee outcomes: The interrelated influences of managers' emotional intelligence and leadership style. *Leadership & Organization Development Journal, 33* (2), 149–174.

Lang-von Wins, T., Triebel, C., Buchner, U.G. & Sandor, A. (2008). *Potenzialbeurteilung – Diagnostische Kompetenz entwickeln, die Personalauswahl optimieren* (S. 119–135). Berlin, Heidelberg: Springer.

Laux, L. (1983). Psychologische Streßkonzeptionen. In H. Thomas (Hrsg.), *Theorien und Formen der Motivation* (Enzyklopädie der Psychologie, Band 4, S. 453–535). Göttingen: Hogrefe.

Laux, L. & Weber, H. (1990). Bewältigung von Emotionen. In K.R. Scherer (Hrsg.), *Enzyklopädie der Psychologie: Psychologie der Emotionen* (S. 560–629). Göttingen: Hogrefe.

Lawrence, B. & Tolbert, P. (2007). Organizational demography and individual careers: Structure, norms and outcomes. In H. Gunz & M. Peiperl (Eds.), *Handbook of career studies* (pp. 399–421). Thousand Oaks, CA: Sage.

Lazarus, R.S. (1966). *Psychological stress and the coping process.* New York: McGraw-Hill.

Lazarus, R.S. & Folkman, S. (1984). *Stress, appraisal and coping.* New York: Springer.

Lazarus, R.S. & Launier, R. (1981). Streßbezogene Transaktionen zwischen Person und Umwelt. In J. R. Nitsch (Hrsg.), *Streß: Theorien, Untersuchungen, Maßnahmen* (S. 213–259). Bern: Huber.

Le, H., Oh, I.-S., Robbins, S.B., Ilies, R., Holland, E. & Westrick, P. (2011). Too much of a good thing: Curvilinear relationships between personality traits and job performance. *Journal of Applied Psychology, 96* (1), 113. http://doi.org/10.1037/a0021016

Leary, M.R. & MacDonald, G. (2003). Individual differences in self-esteem: A review and theoretical integration. In M.R. Leary & J.P. Tangney (Eds.), *Handbook of self and identity* (pp. 401–418). New York, NY: Guilford.

Lee, C.L. & Yang, H.J. (2011). Organization structure, competition and performance measurement systems and their joint effects on performance. *Management Accounting Research, 22* (2), 84–104. http://doi.org/10.1016/j.mar.2010.10.003

Lee, R.T. & Ashforth, B.E. (1996). A meta-analytic examination of the correlates of the three dimensions of job burnout. *Journal of Applied Psychology, 81* (2), 123–133. http://doi.org/10.1037/0021-9010.81.2.123

Lee, T.H., Gerhart, B., Weller, I. & Trevor, C.O. (2008). Understanding voluntary turnover: Path-specific job satisfaction effects and the importance of unsolicited job offers. *Academy of Management Journal, 51* (4), 651–671. http://doi.org/10.5465/amr.2008.33665124

Lee, T.W., Mitchell, T.R., Sablynski, C.J., Burton, J.P. & Holtom, B.C. (2004). The effects of job embeddedness on organizational citizenship, job performance, volitional absences, and voluntary turnover. *Academy of Management Journal, 47* (5), 711–722.

LePine, J.A., Piccolo, R.F., Jackson, C.L., Mathieu, J.E. & Saul, J.R. (2008). A meta-analysis of teamwork processes: Tests of a multidimensional model and relationships with team effectiveness criteria. *Personnel Psychology, 61,* 273–307. http://doi.org/10.1111/j.1744-6570.2008.00114.x

Levashina, J. & Campion, M.A. (2006). A model of faking likelihood in the employment interview. *International Journal of Selection and Assessment, 14* (4), 299–316. http://doi.org/10.1111/j.1468-2389.2006.00353.x

Levashina, J., Hartwell, C.J., Morgeson, F.P. & Campion, M.A. (2014). The structured employment interview: Narrative and quantitative review of the research literature. *Personnel Psychology, 67* (1), 241–293. http://doi.org/10.1111/peps.12052

Levine, J.M., Resnick, L.B. & Higgins, E.T. (1993). Social foundations of cognition. *Annual Review of Psychology, 44* (1), 585–612. http://doi.org/10.1146/annurev.ps.44.020193.003101

Lewis, R.E. & Heckman, R.J. (2006). Talent management: A critical review. *Human Resource Management Review, 16* (2), 139–154. http://doi.org/10.1016/j.hrmr.2006.03.001

Li, W.-D., Stanek, K.C., Zhang, Z., Ones, D.S. & McGue, M. (2016). Are genetic and environmental influences on job satisfaction stable over time?: A three-wave longitudinal twin study. *Journal of Applied Psychology, 101* (11), 1598–1619. http://doi.org/10.1037/apl0000057

Liao, C., Wayne, S.J. & Rousseau, D.M. (2014). Idiosyncratic deals in contemporary organizations: A qualitative and meta-analytical review. *Journal of Organizational Behavior, 37* (Suppl 1), 9–29.

Liden, R.C., Wayne, S.J. & Stilwell, D. (1993). A longitudinal-study on the early development of leader member exchanges. *Journal of Applied Psychology, 78* (4), 662–674. http://doi.org/10.1037/0021-9010.78.4.662

Lievens, F. (2001). Assessor training strategies and their effects on accuracy, interrater reliability, and discriminant validity. *Journal of Applied Psychology, 86* (2), 255. http://doi.org/10.1037/0021-9010.86.2.255

Lievens, F. (2002). Trying to understand the different pieces of the construct validity puzzle of assessment centers: An examination of assessor and assessee effects. *Journal of Applied Psychology, 87* (4), 675. http://doi.org/10.1037/0021-9010.87.4.675

Litzcke, S.M. & Schuh, H. (2007). *Stress, Mobbing und Burn-out am Arbeitsplatz* (3. Aufl.). Berlin (u.a.): Springer.

Livingstone, D. & Stowe, S. (2007). Work time and learning activities of the continuously employed: A longitudinal analysis. *Journal of Workplace Learning, 19* (1), 17–31. http://doi.org/10.1108/13665620710719321

Lohaus, D. & Schuler, H. (2014). Leistungsbeurteilung. In H. Schuler & U. P. Kanning (Hrsg.), *Lehrbuch der Personalpsychologie* (Vol. 3, S. 357–411). Göttingen (u.a.): Hogrefe.

Lohmann-Haislah, A. (2012). *Stressreport Deutschland 2012: Psychische Anforderungen, Ressourcen und Befinden.* Berlin: Bundesanstalt für Arbeitsschutz und Arbeitsmedizin.

London, M. & Mone, E.M. (2015). Designing feedback to achieve performance improvement. In K. Kraiger, J. Passmore, N.R. dos Santos, S. Malvezzi, K. Kraiger, J. Passmore, N.R. dos Santos & S. Malvezzi (Eds.), *The Wiley Blackwell handbook of the psychology of training, development, and performance improvement* (pp. 462–485). Chichester, UK: Wiley-Blackwell.

London, M. & Smither, J.W. (2002). Feedback orientation, feedback culture, and the longitudinal performance management process. *Human Resource Management Review, 12* (1), 81–100. http://doi.org/10.1016/S1053-4822(01)00043-2

Lord, R.G. (1985). An information processing approach to social perceptions, leadership perceptions, and behavioral measurement in organizational settings. In B. M. Staw & L. L. Cummings (Eds.), *Research in Organizational Behavior* (Vol. 7, pp. 87–128). Greenwich, CT: JAI Press.

Lorenz, M. & Rohrschneider, U. (2009). *Erfolgreiche Personalauswahl: Sicher, schnell und durchdacht.* Wiesbaden: Gabler. http://doi.org/10.1007/978-3-8349-8239-1

Lucht, T. (2007). *Strategisches Human Resource Management: Ein Beitrag zur Revision des Michigan-Ansatzes unter besonderer Berücksichtigung der Leistungsbeurteilung.* München: Rainer Hampp.

Luft, J. (1970). *Group process: An introduction to group dynamics* (2nd ed.). Palo Alto: Mayfield Publishing Company.

Lütgenbruch, U. (2002). Wie Sie Führungskräfte finden und halten. *Management & Training, 6* (00), 36–37.

Maertz, C.P., Griffeth, R.W., Campbell, N. & Allen, D.G. (2007). The effects of perceived organizational support and perceived supervisor support on employee turnover. *Journal of Organizational Behavior, 28,* 1059–1075. http://doi.org/10.1002/job.472

Maguire, E.A., Gadian, D.G., Johnsrude, I.S., Good, C.D., Ashburner, J., Frackowiak, R.S.J. & Frith, C.D. (2000). Navigation-related structural change in the hippocampi of taxi drivers. *Proceedings of the National Academy of Sciences of the United States of America, 97* (8), 4398–4403. http://doi.org/10.1073/pnas.070039597

Mahembe, B. & Engelbrecht, A.S. (2013). The relationship between servant leadership, affective team commitment and team effectiveness. *Journal of Human Resource Management, 11* (1), 1–10. http://doi.org/10.4102/sajhrm.v11i1.495

March, J.G. & Simon, H.A. (1958). *Organizations.* New York: John Wiley.

Marcus, B. (2003a). Diskussionsforum: Das Wunder sozialer Erwünschtheit in der Personalauswahl. *Zeitschrift für Personalpsychologie, 2* (3), 129–132. http://doi.org/10.1026//1617-6391.2.3.129

Marcus, B. (2003b). Persönlichkeitstests in der Personalauswahl: Sind „sozial erwünschte" Antworten wirklich nicht wünschenswert? *Zeitschrift für Psychologie / Journal of Psychology, 211* (3), 138–148. http://doi.org/10.1026//0044-3409.211.3.138

Marcus, B. (2006). *IBES – Inventar berufsbezogener Einstellungen und Selbsteinschätzungen.* Göttingen (u.a.): Hogrefe.

Marcus, B. (2011). *Personalpsychologie.* Wiesbaden: VS Verlag für Sozialwissenschaften (Springer Fachmedien). http://doi.org/10.1007/978-3-531-93093-0

Marcus, B. & Schuler, H. (2004). Antecedents of counterproductive behavior at work: A general perspective. *Journal of Applied Psychology, 89* (4), 647. http://doi.org/10.1037/0021-9010.89.4.647

Martocchio, J.J. & Judge, T.A. (1997). Relationship between conscientiousness and learning in employee training: Mediating influences of self-deception and self-efficacy. *Journal of Applied Psychology, 82* (5), 764–773. http://doi.org/10.1037/0021-9010.82.5.764

Maslach, C., Schaufeli, W.B. & Leiter, M.P. (2001). Job burnout. *Annual Review of Psychology, 52,* 397–422. http://doi.org/10.1146/annurev.psych.52.1.397

Mathieu, J.E., Martineau, J.W. & Tannenbaum, S. I. (1993). Individual and situational influences on the development of self-efficacy: Implications for training effectiveness. *Personnel psychology, 46* (1), 125–147. http://doi.org/10.1111/j.1744-6570.1993.tb00870.x

Maxin, L. & Deller, J. (2010). Beschäftigung statt Ruhestand: Individuelles Erleben von Silver Work. *Comparative Population Studies – Zeitschrift für Bevölkerungswissenschaft, 35* (4), 767–800.

Mayer, J.D. & Salovey, P. (1997). What is emotional intelligence? In P. Salovey & D. Sluyter (Eds.), *Emotional development and emotional intelligence: Educational implications* (pp. 3–31). New York: Basic Books.

Mayrhofer, W., Meyer, M. & Steyrer, J. (2007). Contextual issues in the study of careers. In H. Gunz & M. Peiperl (Eds.), *Handbook of career studies* (pp. 215–240). Thousand Oaks, CA: Sage.

Mayson, S. & Barrett, R. (2006). The 'science' and 'practice' of HRM in small firms. *Human Resource Management Review, 16* (4), 447–455. http://doi.org/10.1016/j.hrmr.2006.08.002

McCartney, C. (2010). How does it feel to be talent managed. *Training Journal, 11,* 29–32.

McClelland, D.C. (1987). *Human Motivation.* Cambridge: Cambridge University Press.

McClelland, D.C. (1992). Motivational configurations. In C.P. Smith (Eds.), *Motivation and personality: Handbook of thematic content analysis* (pp. 87–99). New York, NY: Cambridge.

McDaniel, M.A., Whetzel, D.L., Schmidt, F.L. & Maurer, S.D. (1994). The validity of employment interviews: A comprehensive review and meta-analysis. *Journal of Applied Psychology, 79* (4), 599. http://doi.org/10.1037/0021-9010.79.4.599

McDonnell, A. (2011). Still fighting the "war for talent"? Bridging the science versus practice gap. *Journal of Business and Psychology, 26* (2), 169–173. http://doi.org/10.1007/s10869-011-9220-y

McFarland, L.A., Ryan, A.M. & Kriska, S.D. (2003). Impression management use and effectiveness across assessment methods. *Journal of Management, 29* (5), 641–661.

Meichenbaum, D.H. (1985). *Stress inoculation training.* New York: Pergamon.

Meiß, S. (2015). Wandel erfordert Lernen: Die Herausforderungen der Energiewende für eine neue

Lernkultur. In W. Widuckel, K. de Molina, M.J. Ringlstetter & D. Frey (Hrsg.), *Arbeitskultur 2020* (S. 529–543). Wiesbaden: Springer Gabler.

Meschkutat, B., Stackelbeck, M. & Langenhoff, G. (2002). *Der Mobbing-Report: Eine Repräsentativstudie für die Bundesrepublik Deutschland*. Bremerhaven: Wirtschaftsverlag NW Verlag für neue Wissenschaft.

Meyer, J.P. & Allen, N.J. (1991). A three-component conceptualization of organizational commitment. *Human Resource Management Review, 1* (1), 61–89. http://doi.org/10.1016/1053-4822(91)90011-Z

Meyers, M.C. & Woerkom, M. van (2014). The influence of underlying philosophies on talent management: Theory, implications for practice, and research agenda. *Journal of World Business, 49* (2), 192–203. http://doi.org/10.1016/j.jwb.2013.11.003

Michaels, E., Handfield-Jones, H. & Axelrod, B. (2001). *The War for Talent*. Boston: Harvard Business School Press.

Miller, e.K. & Cohen, J.D. (2001). An integrative theory of prefrontal cortex function. *Annual Review of Neuroscience, 24,* 167–202. http://doi.org/10.1146/annurev.neuro.24.1.167

Mitchell, T.R., Holtom, B.C. & Lee, T.W. (2001a). How to keep your best employees: Developing an effective retention policy. *Academy of Management Executive, 15* (4), 96–108. http://doi.org/10.5465/ame.2001.5897929

Mitchell, T.R., Holtom, B.C., Lee, T.W., Sablynski, C.J. & Erez, M. (2001b). Why people stay: Using job embeddedness to predict voluntary turnover. *Academy of Management Journal, 44* (6), 1102–1121. http://doi.org/10.5465/3069391

MMB-Institut für Medien- und Kompetenzforschung & Haufe Akademie. (2014). *Der Mittelstand baut beim e-Learning auf Fertiglösungen: Repräsentative Studie zu Status quo und Perspektiven von e-Learning in deutschen Unternehmen*. Verfügbar unter https://mmb-institut.de/wp-content/uploads/Repraesentative-Studie-zum-Status-quo-und-zu-Perspektiven-von-E-Learning-in-deutschen-Unternehmen.pdf

Mönks, F.J. & Katzko, M.W. (2005). Giftedness and gifted education. In R.J. Sternberg & J.E. Davidson (Eds.), *Conceptions of giftedness* (pp. 187–200). Cambridge: Cambridge University Press.

Mollica, K. (2006). Early retirement. In J.H. Greenhaus & G. A. Callanan (Eds.), *Encyclopedia of career development* (pp. 254–255). Thousand Oaks, CA: Sage.

Moon, T.W. & Hur, W.-M. (2011). Emotional intelligence, emotional exhaustion, and job performance. *Social Behavior and Personality: An international journal, 39* (8), 1087–1096. http://doi.org/10.2224/sbp.2011.39.8.1087

Morison, R., Erickson, T. & Dychtwald, K. (2006). Managing middlescence. *Harvard Business Review, 84* (3), 78–86. http://doi.org/10.1108/dlo.2006.08120dad.001

Morris, J.A. & Feldman, D.C. (1996). The dimensions, antecedents, and consequences of emotional labor. *Academy of Management Review, 21* (4), 986–1010. http://doi.org/10.5465/amr.1996.9704071861

Morrison, E.W. & Milliken, F.J. (2000). Organizational silence: A barrier to change and development in a pluralistic world. *Academy of Management Review, 25*, 706–725. http://doi.org/10.5465/amr.2000.3707697

Mossholder, K.W., Settoon, R.P. & Henagan, S. C. (2005). A relational perspective on turnover: Examining structural, attitudinal, and behavioral predictors. *Academy of Management Journal, 48*, 607–618. http://doi.org/10.5465/amj.2005.17843941

Motowidlo, S.J. & Van Scotter, J.R. (1994). Evidence that task performance should be distinguished from contextual performance. *Journal of Applied Psychology, 79* (4), 475. http://doi.org/10.1037/0021-9010.79.4.475

Muck, P.M. (2004). Rezension des „NEO-Persönlichkeitsinventar nach Costa und McCrae (NEO-PI-R)" von F. Ostendorf und A. Angleitner. *Zeitschrift für Arbeits- und Organisationspsychologie A&O, 48*(4), 203-210.

Mueller, C.M. & Dweck, C.S. (1998). Praise for intelligence can undermine children's motivation and performance. *Journal of Personality and Social Psychology, 75* (1), 33. http://doi.org/10.1037/0022-3514.75.1.33

Nachbagauer, A.G.M. & Riedl, G. (2002). Effects of concepts of career plateaus on performance, work satisfaction, and commitment. *International Journal of Manpower, 23* (8), 716–733. http://doi.org/10.1108/01437720210453920

Nahrgang, J.D., Morgeson, F.P. & Ilies, R. (2009). The development of leader-member exchanges: Exploring how personality and performance influence leader and member relationships over time. *Organizational Behavior and Human Decision Processes, 108* (2), 256–266. http://doi.org/10.1016/j.obhdp.2008.09.002

Nalis, D., Schütz, A. & Pastukhov, A. (2018). The Bamberg Trucking Game: A paradigm for assessing the detection of win-win solutions in a potential conflict scenario. *Frontiers in psychology, 9,* 138.

Naylor, J.C., Pritchard, R.D. & Ilgen, D.R. (1980). *The theory of behavior in organizations.* New York: Academic Press.

Nerdinger, F.W. (2006). Motivierung. In H. Schuler (Hrsg.), *Lehrbuch der Personalpsychologie* (2. Aufl., S. 385–407). Göttingen: Hogrefe.

Nerdinger, F.W. (2011a). Arbeitsmotivation und Arbeitszufriedenheit. In F. Nerdinger, G. Blickle & N. Schaper (Hrsg.), *Arbeits- und Organisationspsychologie* (S. 393–408). Wiesbaden: Gabler. http://doi.org/10.1007/978-3-642-16972-4_24

Nerdinger, F.W. (2011b). Führung von Mitarbeitern. In F.W. Nerdinger, G. Blickle & N. Schaper (Hrsg.), *Arbeits- und Organisationspsychologie* (2., überarb. Aufl., S. 81–94). Berlin: Springer. http://doi.org/10.1007/978-3-642-16972-4_7

Nerdinger, F.W., Blickle, G. & Schaper, N. (2014). *Arbeits- und Organisationspsychologie.* Berlin & Heidelberg: Springer.

Neuberger, O. (1974). *Theorien der Arbeitszufriedenheit.* Stuttgart: Kohlhammer.

Neuberger, O. (2002). *Führen und führen lassen* (6. Aufl.). Stuttgart: Lucius & Lucius.

Neubert, M.J. (1998). The value of feedback and goal setting over goal setting alone and potential moderators of this effect: A meta-analysis. *Human Performance, 11* (4), 321–335. http://doi.org/10.1207/s15327043hup1104_2

Ng, T.W.H. & Feldman, D.C. (2010). Idiosyncratic deals and organizational commitment. *Journal of Vocational Behavior, 76* (3), 419–427. http://doi.org/10.1016/j.jvb.2009.10.006

Ng, T.W., Eby, L.T., Sorensen, K.L. & Feldman, D.C. (2005). Predictors of objective and subjective career success: A meta-analysis. *Personnel Psychology, 58* (2), 367–408. http://doi.org/10.1111/j.1744-6570.2005.00515.x

Norris, C.J., Larsen, J.T., Crawford, L.E. & Cacioppo, J.T. (2011). Better (or worse) for some than others: Individual differences in the positivity offset and negativity bias. *Journal of Research in Personality, 45* (1), 100–111. http://doi.org/10.1016/j.jrp.2010.12.001

North, K., Reinhardt, K. & Sieber-Suter, B. (2018). *Kompetenzmanagement in der Praxis: Mitarbeiterkompetenzen systematisch identifizieren, nutzen und entwickeln* (3. Aufl.). Wiesbaden: Springer. http://doi.org/10.1007/978-3-658-16872-8

Nyberg, A. (2010). Retaining your high performers: Moderators of the performance-job satisfaction / voluntary turnover relationship. *Journal of Applied Psychology, 95* (3), 440–453. http://doi.org/10.1037/a0018869

Oatley, K. (1992). *Best laid schemes: The psychology of emotions.* New York, NY: Cambridge University Press.

Obermann, C. (2018). *Assessment Center: Entwicklung, Durchführung, Trends: Mit neuen originalen AC-Übungen* (6. Auflage). Wiesbaden: Springer Gabler.

Obermann, C., Höft, S.B. & Becker, N. (2012). Deutschland-Studie 2012. In A.A.C.e.V. (Hrsg.), *Dokumentation zum 8. Deutschen Assessment-Center-Kongress.* Lengerich: Pabst Science Publishers.

O'Boyle, E.H., Humphrey, R.H., Pollack, J.M., Hawver, T.H. & Story, P.A. (2011). The relation between emotional intelligence and job performance: A meta-analysis. *Journal of Organizational Behavior, 32* (5), 788–818.

OECD. (2006). *Be flexible! Background brief on how workplace flexibility can help European employees to balance work and family.* Paris: OECD Publishing. Retrieved from https://www.oecd.org/els/family/Be-Flexible-Backgrounder-Workplace-Flexibility.pdf

OECD. (2009). How do industry, firm and worker characteristics shape job and worker flows?. In OECD (Eds.), *OECD employment outlook: Tackling the jobs crisis.* Paris: OECD.

Oerter, R. (1987). Entwicklung der Motivation und Handlungssteuerung. In R. Oerter & L. Montada (Hrsg.), *Entwicklungspsychologie* (2. Aufl., S. 637–695). Weinheim: Psychologie Verlags Union.

Oetting, M. (2008). Stress und Stressbewältigung am Arbeitsplatz. In Berufsverband Deutscher Psychologinnen und Psychologen (Hrsg.), *Psychische Gesundheit am Arbeitsplatz in Deutschland* (S. 55–60). Berlin: BDP. Zugriff unter psydok.psycharchives.de/jspui/bitstream/20.500.11780/3617/1/BDP_Bericht_2008_Gesundheit_am_Arbeitsplatz.pdf

Offermann, L.R. (2006). Team-based work. In J.H. Greenhaus & G. A. Callanan (Eds.), *Encyclopedia of career development* (pp. 795–796). Thousand Oaks, CA: Sage.

Ohly, S. & Schmitt, A. (2015). What makes us enthusiastic, angry, feeling at rest or worried?: Development and validation of an affective work events taxonomy using concept mapping methodology.

Journal of Business and Psychology (30), 15–35. http://doi.org/10.1007/s10869-013-9328-3

Oldham, G.R. & Fried, Y. (2016). Job design research and theory: Past, present and future. *Organizational Behavior And Human Decision Processes, 136,* 20–35. http://doi.org/10.1016/j.obhdp.2016.05.002

O'Neill, O.A. (2009). Workplace expression of emotions and escalation of commitment. *Journal of Applied Social Psychology, 39* (10), 2396–2424.

Organ, D. (1988). *Organizational citizenship behavior: The good soldier syndrome.* Lexington, MA: Lexington Books.

Organ, D. (1997). Organizational citizenship behavior: It's construct clean-up time. *Human Performance, 10* (2), 85–97. http://doi.org/10.1207/s15327043hup1002_2

Örtqvist, D. & Wincent, J. (2006). Prominent consequences of role stress: A meta-analytic review. *International Journal of Stress Management, 13* (4), 399–422. http://doi.org/10.1037/1072-5245.13.4.399

Ostendorf, F. & Angleitner, A. (2004). *NEO-Persönlichkeitsinventar nach Costa und McCrae, revidierte Fassung.* Göttingen: Hogrefe.

Parker, P., Khapova, S.N. & Arthur, M.B. (2009). The intelligent career framework as a basis for interdisciplinary inquiry. *Journal of Vocational Behavior, 75*(3), 291–302. http://doi.org/10.1016/j.jvb.2009.04.001

Payne, S.C. & Huffman, A.H. (2005). A longitudinal examination of the influence of mentoring on organizational commitment and turnover. *Academy of Management Journal, 48* (1), 158–168. http://doi.org/10.5465/amj.2005.15993166

Pellens, C. & Müller, J. (2003). Mehr als ein Arbeitsvertrag. *management & training, 1* (3), 26–27.

Perrez, M. & Reicherts, M. (1992). *Stress, coping and health: A situation / behavior approach theory, methods, applications.* Seattle: Hogrefe; Huber.

Peters, S.L., Bos, K. van den & Bobocel, D.R. (2004). The moral superiority effect: Self versus other differences in satisfaction with being overpaid. *Social Justice Research, 17* (3), 257–273. http://doi.org/10.1023/B:SORE.0000041293.24615.f7

Pfeffer, J. (2001). Fighting the war for talent is hazardous to your organization's health. *Organizational Dynamics, 29* (4), 248–259. http://doi.org/10.1016/S0090-2616(01)00031-6

Phillips, J.J. & Schirmer, F.C. (2008). *Return on Investment in der Personalentwicklung: Der 5-Stufen-Evaluationsprozess* (2. Aufl.). Berlin, Heidelberg: Springer.

Pierce, J.R. & Aguinis, H. (2013). The too-much-of-a-good-thing effect in management. *Journal of Management, 39* (2), 313–338. http://doi.org/10.1177/0149206311410060

Pirola-Merlo, A., Härtel, C., Mann, L. & Hirst, G. (2002). How leaders influence the impact of affective events on team climate and performance in R&D teams. *Leadership Quarterly, 13* (5), 561–581.

Pluut, H. & Curseu, P.L. (2012). Perceptions of intragroup conflict: The effect of coping strategies on conflict transformation and escalation. *Group Processes & Intergroup Relations, 16* (4), 412–425.

Podsakoff, N.P., Whiting, S.W., Podsakoff, P.M. & Blume, B.D. (2009). Individual-and organizational-level consequences of organizational citizenship behaviors: A meta-analysis. *Journal of Applied Psychology, 94* (1), 122. http://doi.org/10.1037/a0013079

Pohlandt, A., Hacker, W. & Richter, P. (1999). Tätigkeitsbewertungssystem (TBS). In H. Dunckel (Hrsg.), *Handbuch psychologischer Arbeitsanalyseverfahren* (S. 515–538). ETH Zürich: vdf Hochschulverlag.

Poppelreuther, S. & Mierke, K. (2005). *Psychische Belastungen am Arbeitsplatz: Ursachen, Auswirkungen, Handlungsmöglichkeiten* (2. Aufl.). Berlin: Erich Schmidt.

Prezewowsky, M. (2007). *Demografischer Wandel und Personalmanagement-Herausforderungen und Handlungsalternativen vor dem Hintergrund der Bevölkerungsentwicklung.* Wiesbaden: Deutscher Universitäts-Verlag.

Pritchard, R.D. & Ashwood, E.L. (2008). *Managing motivation: A manager's guide to diagnosing and improving motivation.* New York: Routledge.

Pritchard, R.D., Harrell, M.M., DiazGranados, D. & Guzman, M.J. (2008). The productivity measurement and enhancement system: A meta-analysis. *Journal of Applied Psychology, 93* (3), 540. http://doi.org/10.1037/0021-9010.93.3.540

Pritchard, R.D., Jones, S.D., Roth, P.L., Stuebing, K.K. & Ekeberg, S.E. (1989). The evaluation of an integrated approach to measuring organizational productivity. *Personnel Psychology, 42* (1), 69–115. http://doi.org/10.1111/j.1744-6570.1989.tb01552.x

Proksch, S. (2014). *Konfliktmanagement im Unternehmen* (Vol. 2). Heidelberg: Springer. http://doi.org/10.1007/978-3-642-35689-6

Pruitt, D.G. & Carnevale, P.J. (1993). *Negotiation in social conflict: Mapping social psychology series.* Belmont: Thomson Brooks; Cole Publishing.

Purcell, J., Kinnie, N., Hutchinson, S., Rayton, B. & Swart, J. (2003). *Understanding the people and performance pink: Unlocking the black box*. London: CIPD.

Rauen, C. (2007). Coaching. In H. Schuler & K. Sonntag (Hrsg.), *Handbuch der Arbeits- und Organisationspsychologie* (S. 388–394). Göttingen: Hogrefe.

Rauen, C. (2008). *Coaching* (2. Aufl.). Göttingen: Hogrefe.

Rentzsch, K., Schütz, A. & Marcus, B. (2015). Psychologische Diagnostik. In A. Schütz, M. Brand, H. Selg & S. Lautenbacher (Hrsg.), *Psychologie* (5. Aufl.). Stuttgart: Kohlhammer.

Rheinberg, F. (2008). *Motivation* (7. Aufl.). Stuttgart: Kohlhammer.

Richardson, K.M. & Rothstein, H.R. (2008). Effects of occupational stress management intervention programs: A meta-analysis. *Journal of Occupational Health Psychology, 13* (1), 69–93. http://doi.org/10.1037/1076-8998.13.1.69

Richter, P. & Hacker, W. (1998). *Belastung und Beanspruchung: Streß, Ermüdung und Burnout im Arbeitsleben*. Kröning: Asanger.

Riedelbauch, K. & Laux, L. (2011). *Persönlichkeitscoaching: Acht Schritte zur Führungsidentität*. Weinheim (u.a.): Beltz.

Robbins, S. P. & Judge, T.A. (2013). *Organizational Behavior* (15th ed.). Boston: Pearson.

Robinson, S. L. (1996). Trust and breach of the psychological contract. *Administrative Science Quarterly, 41* (4), 574–599. http://doi.org/10.2307/2393868

Robinson, S.L. & Bennett, R.J. (1995). A typology of deviant workplace behaviors: A multidimensional scaling study. *Academy of Management Journal, 38* (2), 555–572.

Robinson, S.L., Kraatz, M.S. & Rousseau, D.M. (1994). Changing obligations and the psychological contract: A longitudinal study. *Academy of Management Journal, 37* (1), 137–152.

Rodrigues, R.A. & Guest, D. (2010). Have careers become boundaryless? *Human Relations, 63* (8), 1157–1175. http://doi.org/10.1177/0018726709354344

Rogers, C.R. & Farson, R.E. (1995). Active listening. In D.A. Kolb, J.S. Osland & I.M. Rubin (Eds.), *The organizational behaviour reader* (Vol. 6, pp. 203–214). New York: Wiley.

Röhner, J. & Schütz, A. (2016). *Psychologie der Kommunikation* (Vol. 2). Wiesbaden: Springer Fachmedien.

Roper, J., Ganesh, S. & Inkson, K. (2010). Neoliberalism and knowledge interests in boundaryless careers discourse. *Work, Employment and Society, 24* (4), 661–679. http://doi.org/10.1177/0950017010380630

Roscigno, V.J., Mong, S., Byron, R. & Tester, G. (2007). Age discrimination, social closure, and employment. *Social Forces, 86* (1), 313–334. http://doi.org/10.1353/sof.2007.0109

Rosen, C.C., Harris, K.J. & Kacmar, K.M. (2010). LMX, context perceptions, and performance: An uncertainty management perspective. *Journal of Management, 37* (3), 819–838.

Rosenbaum, J.L. (1979). Tournament mobility: Career patterns in a corporation. *Administrative Science Quarterly, 24* (2), 221–241. http://doi.org/10.2307/2392495

Rosenstiel, L. von (2011a). Führung in Organisationen: Facetten eines Konzepts, Wirkmechanismen, Erfolgskriterien. In M. Göhlich, S.M. Weber, C. Schiersmann & A. Schröer (Hrsg.), *Organisation und Führung* (S. 17–41). Wiesbaden: VS Verlag. http://doi.org/10.1007/978-3-531-93298-9_2

Rosenstiel, L. von (2011b). Weiterbildung von Führungskräften. In R.v. Tippelt & A.v. Hippel (Hrsg.), *Handbuch Erwachsenenbildung: Weiterbildung* (5. Aufl. S. 955–970). Wiesbaden: VS Verlag für Sozialwissenschaften. http://doi.org/10.1007/978-3-531-94165-3_60

Rosenstiel, L. von (2015). *Motivation im Betrieb* (11. Aufl.). Leonberg: Rosenberger.

Rosenstiel, L. von & Nerdinger, F.W. (2011). *Grundlagen der Organisationspsychologie: Basiswissen und Anwendungshinweise* (7. Aufl.). Stuttgart: Schäffer-Poeschel.

Rosenstiel, L. von, Molt, W., Rüttinger, B. & Wissner, B. (2005). *Organisationspsychologie* (9. Aufl.). Stuttgart: Kohlhammer.

Rosenstiel, L. von, Regnet, E. & Domsch, M.E. (2014). *Führung von Mitarbeitern: Handbuch für erfolgreiches Personalmanagement* (7. Aufl.): Schäffer-Poeschel.

Roth, G. (2004). Warum sind Lehren und Lernen so schwierig?. *Zeitschrift für Pädagogik, 50* (4), 496–506.

Roth, G. (2007). Die Anlage-Umwelt-Debatte: Alte Konzepte und neue Einsichten. *Berliner Journal für Soziologie, 17* (3), 343–363. http://doi.org/10.1007/s11609-007-0029-5

Rotter, J.B. (1955). *The role of the psychological situation in determining the direction of human behavior* (Vol. 3). Nebraska Symposion on Motivation. Lincoln: University of Nebraska Press.

Rousseau, D.M. (1990). New hire perceptions of their own and their employer's obligations: A study of psychological contracts. *Journal of Organizational Behaviour, 11* (5), 389–400. http://doi.org/10.1002/job.4030110506

Rousseau, D.M. (2001). The idiosyncratic deal: Flexibility versus fairness?. *Organizational Dynamics, 29* (4), 260–273. http://doi.org/10.1016/S0090-2616(01)00032-8

Rousseau, D.M. (2005). *I-Deals: Idiosyncratic deals employees bargain for themselves.* Armonk: Sharpe.

Rousseau, D.M., Ho, V.T. & Greenberg, J. (2006). I-Deals: Idiosyncratic terms in employment relationships. *Academy of Management Review, 31* (4), 977–994. http://doi.org/10.5465/amr.2006.22527470

Rüdiger, M. & Schütz, A. (2016). Selbstdarstellung. In D. Frey & H.-W. Bierhoff (Hrsg.), *Enzyklopädie der Psychologie: Selbst und soziale Kognition, Sozialpsychologie* (S. 191–211). Göttingen: Hogrefe.

Russell, C.J. (2013). Is it time to voluntarily turnover theories of voluntary turnover? *Industrial and Organizational Psychology: Perspectives on Science and Practice, 6,* 156–173. http://doi.org/10.1111/iops.12028

Russel, J.E.A. & Redman, D.W. (2006). Technology and careers. In J.H. Greenhaus & G.A. Callanan (Eds.), *Encyclopedia of Career Development* (pp. 796–804). Thousand Oaks, CA: Sage.

Ryan, R.M. (2007). Motivation for physical activity research on persistence, performance, and enjoyment in sport, exercise, and everyday life from a self-determination theory viewpoint. *Journal of Sport & Exercise Psychology, 29,* S2–S2.

Ryan, R.M., Rigby, C.S. & Przybylski, A. (2006). The motivational pull of video games: A self-determination theory approach. *Motivation and Emotion, 30,* 344–360. http://doi.org/10.1007/s11031-006-9051-8

Saks, A.M., Uggerslev, K.L. & Fassina, N.E. (2007). Socialization tactics and newcomer adjustment: A meta-analytic review and test of a model. *Journal of Vocational Behavior, 70* (3), 413–446. http://doi.org/10.1016/j.jvb.2006.12.004

Salas, E. & Cannon-Bowers, J.A. (2001). The science of training: A decade of progress. *Annual Review of Psychology, 52,* 471–499. http://doi.org/10.1146/annurev.psych.52.1.471

Salas, E., Tannenbaum, S.I., Kraiger, K. & Smith-Jentsch, K.A. (2012). The science of training and development in organizations: What matters in practice. *Psychological Science in the Public Interest, 13* (2), 74–101. http://doi.org/10.1177/1529100612436661

Salgado, J.F., Anderson, N., Moscoso, S., Bertua, C., De Fruyt, F. & Rolland, J. P. (2003). A meta-analytic study of general mental ability validity for different occupations in the European community. *Journal of Applied Psychology, 88* (6), 1068. http://doi.org/10.1037/0021-9010.88.6.1068

Schaarschmidt, U. & Fischer, A.W. (2008). *Manual AVEM: Arbeitsbezogenes Verhaltens- und Erlebensmuster* (3. Aufl.; Computerversion im Rahmen des Wiener Testsystems, Mödling: Schufried Ges.m.b.H.). London: Pearson.

Schäfer, H. (2018). *Fluktuation: Starke Wirtschaft führt zu mehr Jobwechseln.* Köln: Institut der deutschen Wirtschaft. Zugriff unter https://www.iwd.de/artikel/fluktuation-starke-wirtschaft-fuehrt-zu-mehr-jobwechseln-401583/

Schaper, N. (2011). Aus- und Weiterbildung: Konzepte der Trainingsforschung. In F.W. Nerdinger, G. Blickle & N. Schaper (Hrsg.), *Arbeits- und Organisationspsychologie* (2. Aufl., S. 425–450). Berlin (u.a.): Springer.

Schaper, N. & Sonntag, K. (2007). Wissensorientierte Verfahren der Personalentwicklung. In H. Schuler & K. Sonntag (Hrsg.), *Handbuch der Arbeits- und Organisationspsychologie* (S. 602–612). Göttingen (u.a.): Hogrefe.

Schaufeli, W.B. & Bakker, A.B. (2004). Job demands, job resources, and their relationship with burnout and engagement: A multi-sample study. *Journal of Organizational Behavior, 25* (3), 293–315. http://doi.org/10.1002/job.248

Schaufeli, W.B. & Dijkstra, P. (2010). *Bevlogen aan het werk* [Engaged at work]. Zaltbommel, Netherlands: Thema.

Schaufeli, W.B. & Enzmann, D. (1998). *The burnout companion to study and research: A critical analysis.* London: Taylor & Francis.

Schaufeli, W.B. & Taris, T.W. (2014). A critical review of the job demands- resources model: Implications for improving work and health. In G.F. Bauer & O. Hämmig (Eds.), *Bridging occupational, organizational and public health: A transdisciplinary approach* (pp. 43–68). Dordrecht: Springer Netherlands. http://doi.org/10.1007/978-94-007-5640-3_4

Scheffer, D. & Kuhl, J. (2010). Volitionale Prozesse der Zielverfolgung. In U. Kleinbeck & K.-H. Schmidt (Hrsg.), *Arbeitspsychologie* (Enzyklopädie der Psychologie, Bd. D/III/1, S. 89–139). Göttingen: Hogrefe.

Schermuly, C.C., Schröder, T., Nachtwei, J. & Gläs, K. (2012). Recruiting im Jahr 2020. *Harvard Business Manager (11/12)*, 8–11.

Schermuly, C.C., Schröder, T., Nachtwei, J., Kauffeld, S. & Gläs, K. (2012). Die Zukunft der Personalentwicklung: Eine Delphi-Studie. *Zeitschrift für Arbeits- und Organisationspsychologie, 56*, 111–122.

Schlenker, B.R. (1980). *Impression management*. Monterey: Brooks; Cole Publishing Company.

Schmidt, F.L. & Hunter, J.E. (1998). The validity and utility of selection methods in personnel psychology: Practical and theoretical implications of 85 years of research findings. *Psychological Bulletin, 124* (2), 262. http://doi.org/10.1037/0033-2909.124.2.262

Schmidt, K.-H. & Kleinbeck, U. (1999). Job Diagnostic Survey (JDS – deutsche Fassung). In H. Dunckel (Hrsg.), *Handbuch psychologischer Arbeitsanalyseverfahren*. Zürich: vdf Hochschulverlag an der ETH.

Schmidt, R.A. & Bjork, R.A. (1992). New conceptualizations of practice: Common principles in three paradigms suggest new concepts for training. *Psychological Science, 3* (4), 207–217. http://doi.org/10.1111/j.1467-9280.1992.tb00029.x

Schneider, B., Goldstein, H.W. & Smith, D.B. (1995). The ASA framework: An update. *Personnel Psychology, 48* (4), 747–773. http://doi.org/10.1111/j.1744-6570.1995.tb01780.x

Schneider, B., Hanges, P., Smith, B. & Salvaggio, A. (2003). Which comes first – employee attitudes or organizational financial and market performance? *Journal of Applied Psychology, 88* (5), 836–851. http://doi.org/10.1037/0021-9010.88.5.836

Schoorman, F.D., Mayer, R.C. & Davis, J.H. (2007). An integrative model of organizational trust: Past, present, and future. *Academy of Management Review, 32* (2), 344–354. http://doi.org/10.5465/amr.2007.24348410

Schuler, H. (1992). Das multimodale Einstellungsinterview. *Diagnostica, 38* (4), 281–300.

Schuler, H. (2002). *Das Einstellungsinterview*. Göttingen (u.a.): Hogrefe.

Schuler, H. (2004). Drei Ebenen der Leistungsbeurteilung. In H. Schuler (Hrsg.), *Beurteilung und Förderung beruflicher Leistung* (Vol. 2, pp. 25–31). Göttingen: Hogrefe.

Schuler, H. (2014a). Arbeits- und Anforderungsanalyse. In H. Schuler & U. P. Kanning (Hrsg.), *Lehrbuch der Personalpsychologie* (Vol. 3, pp. 61–97). Göttingen (u.a.): Hogrefe.

Schuler, H. (2014b). *Psychologische Personalauswahl: Eignungsdiagnostik für Personalentscheidungen und Berufsberatung*. Göttingen (u.a.): Hogrefe.

Schuler, H. & Berger, W. (1979). Physische Attraktivität als Determinante von Beurteilung und Einstellungsempfehlung. *Psychologie und Praxis, 23* (2), 59–70.

Schuler, H. & Moser, K. (1995). Die Validität des multimodalen Interviews. *Zeitschrift für Arbeits- und Organisationspsychologie, 39* (1), 2–12.

Schuler, H., Hell, B., Trapmann, S., Schaar, H. & Boramir, I. (2007). Die Nutzung psychologischer Verfahren der externen Personalauswahl in deutschen Unternehmen: Ein Vergleich über 20 Jahre. *Zeitschrift für Personalpsychologie, 6* (2), 60–70. http://doi.org/10.1026/1617-6391.6.2.60

Schuler, H., Höft, S. & Hell, B. (2014). Eigenschaftsorientierte Verfahren der Personalauswahl. In H. Schuler & U. Kanning (Hrsg.), *Lehrbuch der Personalpsychologie* (Vol. 3, S. 149–213). Göttingen (u.a.): Hogrefe.

Schuler, R.S., Jackson, S.E. & Tarique, I. (2011). Global talent management and global talent challenges: Strategic opportunities for IHRM. *Journal of World Business, 46* (4), 506–516. http://doi.org/10.1016/j.jwb.2010.10.011

Schulz von Thun, F. (2010). *Miteinander reden I: Störungen und Klärungen*. Reinbek: rororo.

Schulz-Hardt, S., Jochims, M. & Frey, D. (2002). Productive conflict in group decision making: Genuine and contrived dissent as strategies to counteract biased information seeking. *Organizational Behavior and Human Decision Processes, 88*, 563–586. http://doi.org/10.1016/S0749-5978(02)00001-8

Schütz, A. (1999). It was your fault!: Self-serving biases in autobiographical accounts of esteem-threatening conflicts in married couples. *Journal of Social and Personal Relationships, 16*, 193–209.

Schütz, A. (2005). *Je selbstsicherer desto besser?: Licht und Schatten positiver Selbstbewertung*. Weinheim: Beltz.

Schütz, A. & Hoge, L. (2007). *Positives Denken: Vorteile, Risiken, Alternativen*. Stuttgart: Kohlhammer.

Schütz, A. & Koydemir, S. (2017). Emotional Intelligence: What it is, how it can be measured and increased, whether it makes us successful and happy. In V. Zeigler-Hill & T.K. Shackelford (Eds.), *The SAGE handbook of personality and individual differences* (Vol. 3). London: Sage.

Schütz, A. & Marcus, B. (2004). Selbstdarstellung in der Diagnostik: Die Testperson als aktives Subjekt. In G. Jüttemann (Hrsg.), *Handbuch Psychologie als Humanwissenschaft* (S. 198–212). Göttingen: Vandenhoeck & Ruprecht.

Schütz, A. & Sellin, I. (2003). Selbst und Informationsverarbeitung. *Zeitschrift für Differentielle und Diagnostische Psychologie, 24* (3), 151–161.

Schütz, A., Rüdiger, M. & Rentzsch, K. (2016). *Kompaktlehrbuch der Persönlichkeitspsychologie.* Bern: Huber.

Schwarzer, R. & Jerusalem, M. (2002). Das Konzept der Selbstwirksamkeit. *Zeitschrift für Pädagogik, 44,* 28–53.

Schweitzer, M.E., Hershey, J.C. & Bradlow, E.T. (2006). Promises and lies. Restoring violated trust. *Organizational Behavior and Human Decision Processes, 101* (1), 1–19.

Schyns, B. & Paul, T. (2014). *Skala zur Erfassung des Leader-Member Exchange (LMX7 nach Graen & Uhl-Bien, 1995): Übersetzung. Zusammenstellung sozialwissenschaftlicher Items und Skalen.*

Scott, B.A. & Judge, T.A. (2006). Insomnia, emotions, and job satisfaction: A multilevel study. *Journal of Management, 32* (5), 622–645. http://doi.org/10.1177/0149206306289762

Sczesny, S. & Stahlberg, D. (2002). The influence of gender-stereotyped perfumes on leadership attribution. *European Journal of Social Psychology, 32* (6), 815–828. http://doi.org/10.1002/ejsp.123

Sczesny, S., Bosak, J., Neff, D. & Schyns, B. (2004). Gender stereotypes and the attribution of leadership traits: A cross-cultural comparison. *Sex Roles, 51* (11), 631–645. http://doi.org/10.1007/s11199-004-0715-0

Seeg, B. & Schütz, A. (2016). Wirkfaktoren für professionelles Coaching. In R. Wegener, S. Deplazes, M. Hasenbein, H. Künzli, A. Ryter & B. Uebelhart (Hrsg.), *Coaching als individuelle Antwort auf gesellschaftliche Entwicklungen* (S. 455–467). Wiesbaden: Springer VS.

Selye, H. (1976). Stress without distress. In G. Serban (Ed.), *Psychopathology of human adaptation* (pp. 137–246). New York: Springer.

Selye, H. (1978). *The stress of life* (Revised ed.). New York; Toronto; London: McGraw-Hill.

Semmer, N.K., Jacobshagen, N., Meier, L.L. & Elfering, A. (2007). Occupational stress research: The "stress-as-offense-to-self" perspective. *Occupational Health Psychology: European Perspectives on Research, Education and Practice, 2,* 43–60.

Senderek, R., Mühlbradt, T. & Buschmeyer, A. (2015). Demografiesensibles Kompetenzmanagement für die Industrie 4.0. In A.R. Jeschke, F. Hees & C. Jooß (Hrsg.), *Exploring Demographics* (S. 281–295). Wiesbaden: Springer.

Seyda, S.; Placke, B. (2017). *Die neunte IW-Weiterbildungserhebung: Kosten und Nutzen betrieblicher Weiterbildung, Vierteljahresschrift zur empirischen Wirtschaftsforschung, Institut der deutschen Wirtschaft (IW), 44* (4), 1-19.

Siegert, W. (1999). *Führen ohne Konflikte? Die Praxis erfolgreicher Unternehmen.* Renningen-Malmsheim: expert-Verlag; V.M.M. Fachverlag.

Siegrist, J. (1996). Adverse health effects of high-effort / low-reward conditions. *Journal of Occupational Health Psychology, 1* (1), 27–41. http://doi.org/10.1037/1076-8998.1.1.27

Siegrist, J. & Dragano, N. (2008). Psychosoziale Belastungen und Erkrankungsrisiken im Erwerbsleben. *Bundesgesundheitsblatt: Gesundheitsforschung, Gesundheitsschutz, 51* (3), 305–312. http://doi.org/10.1007/s00103-008-0461-5

Silbereisen, R.K., Pinquart, M., Reitzle, M., Tomasik, M.J., Fabel, K. & Grümer, S. (2006). Psychological resources and coping with social change. *SFB 580 Mitteilungen, Number 19.*

Silversthorne, C. (2001). Leadership effectiveness and personality: A cross-cultural evaluation. *Personality and Individual Differences, 30* (2), 303–309. http://doi.org/10.1016/S0191-8869(00)00047-7

Silverthorne, C. (2004). The impact of organizational culture and person-organization fit on organizational commitment and job satisfaction in Taiwan. *Leadership & Organization Development Journal, 25* (7), 592–599. http://doi.org/10.1108/01437730410561477

Silzer, R. & Dowell, B.E. (2010). Strategic talent management matters. In R. Silzer & B.E. Dowell (Eds.), *Strategy-driven talent management: A leadership imperative* (pp. 3–72). San Francisco: Jossey-Bass.

Simons, T.L. & Peterson, R.S. (2000). Task conflict and relationship conflict in top management teams: The pivotal role of intragroup trust. *Journal of Applied Psychology, 85* (1), 102–111. http://doi.org/10.1037/0021-9010.85.1.102

Simonton, D.K. (1999). Talent and its development: An emergenic and epigenetic model. *Psychological Review, 106* (3), 435–457. http://doi.org/10.1037/0033-295X.106.3.435

Simpson, J.A. (2007). Foundations of interpersonal trust. In A. W. Kruglanski & E. T. Higgins (Eds.), *Social psychology: Handbook of basic principles* (2nd ed.). (pp. 587–607). New York, NY: Guilford.

Siu, O.L., Cheung, F. & Lui, S. (2015). Linking positive emotions to work well-being and turnover intention among Hong Kong police officers: The role of psychological capital. *Journal of Happiness Studies, 16* (2), 367–380. http://doi.org/10.1007/s10902-014-9513-8

Six, B. & Felfe, J. (2004). Einstellungen und Werthaltungen im organisationalen Kontext. In H. Schuler (Hrsg.), *Organisationspsychologie 1: Grundlagen und Personalpsychologie* (Enzyklopädie der Psychologie, Bd. D/III/3, S. 597–672). Göttingen: Hogrefe.

Sokolowski, K., Schmalt, H.-D., Langens, T.A. & Puca, R.M. (2010). Assessing achievement, affiliation, and power motives all at once: The Multi-Motive Grid (MMG). *Journal of Personality Assessment, 74* (1), 126–145.

Solga, M. (2011a). Evaluation der Personalentwicklung. In J. Ryschka (Hrsg.), *Praxishandbuch Personalentwicklung: Instrumente, Konzepte, Beispiele* (3. Aufl., S. 369–399). Wiesbaden: Gabler. http://doi.org/10.1007/978-3-8349-6384-0_7

Solga, M. (2011b). Förderung von Lerntransfer. In J. Ryschka (Hrsg.), *Praxishandbuch Personalentwicklung: Instrumente, Konzepte, Beispiele* (3. Aufl., S. 339–368). Wiesbaden: Gabler. http://doi.org/10.1007/978-3-8349-6384-0_6

Solga, M., Ryschka, J. & Mattenklott, A. (2011). Personalentwicklung: Gegenstand, Prozessmodell, Erfolgsfaktoren. In J. Ryschka, M. Solga & A. Mattenklott (Hrsg.), *Praxishandbuch Personalentwicklung: Instrumente, Konzepte, Beispiele* (3. Aufl., S. 19–34). Wiesbaden: *Gabler*. http://doi.org/10.1007/978-3-8349-6384-0_2

Sonnenberg, M. (2010). *Talent-key ingredients.* Available from https://www.consultancy.nl/media/How%20effective%20are%20Talent%20Management%20Practices-861.pdf

Sonntag, K. (2006). Personalentwicklung: Ein Feld psychologischer Forschung und Gestaltung. In K. Sonntag (Hrsg.), *Personalentwicklung in Organisationen* (3. Aufl., S. 17–35). Göttingen [u.a.]: *Hogrefe*.

Spangler, W.D., Tikhomirov, A., Sotak, K.L. & Palrecha, R. (2014). Leader motive profiles in eight types of organizations. *Leadership Quarterly, 25* (6), 1080–1094. http://doi.org/10.1016/j.leaqua.2014.10.001

Sparr, J.L. & Sonnentag, S. (2008). Fairness perceptions of supervisor feedback, LMX, and employee well-being at work. *European Journal of Work and Organizational Psychology, 17* (2), 198–225. http://doi.org/10.1080/13594320701743590

Spath, D., Ganschar, O., Gerlach, S., Hämmerle, M., Krause, T. & Schlund, S. (2013). *Produktionsarbeit der Zukunft: Industrie 4.0*. Stuttgart: Fraunhofer.

Spector, P.E. (1986). Perceived control by employees: A meta-analysis of studies concerning autonomy and participation at work. *Human Relations, 39* (11), 1005–1016. http://doi.org/10.1177/001872678603901104

Spector, P.E., Chen, P.Y. & O'Connell, B.J. (2000). A longitudinal study of relations between job stressors and job strains while controlling for prior negative affectivity and strains. *Journal of Applied Psychology, 85* (2), 211–218.

Spector, P.E. & Jex, S.M. (1998). Development of four self-report measures of job stressors and strain: Interpersonal Conflict at Work Scale, Organizational Constraint Scale, Quantitative Workload Inventory, and Physical Symptoms Inventory. *Journal of Occupational Health Psychology, 3* (4), 356–367.

Steiner, H. (2009). *Online-Assessment*. Heidelberg: Springer. http://doi.org/10.1007/978-3-540-78919-2

Steinmayr, R., Schütz, A., Hertel, J. & Schröder-Abé, M. (2011). *Mayer-Salovey-Caruso-Emotionaler-Intelligenz-Test (MSCEIT): Testmanual*. Bern: Hogrefe.

Stemmler, G., Hagemann, D., Amelang, M. & Bartussek, D. (2010). *Differentielle Psychologie und Persönlichkeitsforschung* (7. Aufl.). Stuttgart: Kohlhammer.

Stern, W. (1916). Psychologische Begabung und Begabungsdiagnose. In P. Petersen (Hrsg.), *Der Aufstieg der Begabten-Vorfragen* (S. 105–120). Leipzig: Teubner.

Stich, V., Gudergan, G. & Senderek, R. (2015). Arbeiten und Lernen in der digitalisierten Welt. In H. Hirsch-Kreinsen, P. Ittermann & J. Niehaus (Hrsg.), *Digitalisierung industrieller Arbeit* (S. 108–131). Baden-Baden: Nomos Verlagsgesellschaft.

Stöcker, A.-K. & Schütz, A. (2019). Beibehalten vs. verändern statt gut vs. schlecht: Effekte unterschiedlicher Arten von Feedback. *Report Psychologie.*

Stocker, D., Jacobshagen, N., Krings, R., Pfister, I.B. & Semmer, N.K. (2014). Appreciative leadership and employee well-being in everyday working life. *Zeitschrift für Personalforschung, 28* (1–2), 73–95. http://doi.org/10.1177/239700221402800105

Stocker, D., Jacobshagen, N., Semmer, N.K. & Annen, H. (2010). Appreciation at work in the Swiss armed forces. *Swiss Journal of Psychology, 69* (2), 117–124. http://doi.org/10.1024/1421-0185/a000013

Stone, A.A., Schneider, S. & Harter, J.K. (2012). Day-of-week mood patterns in the United States: On the existence of 'blue monday', 'thank god it's friday' and weekend effects. *Journal of Positive Psychology, 7* (4), 306–314. http://doi.org/10.1080/17439760.2012.691980

Stuart-Kotze, R. & Dunn, C. (2008). *Who are your best people? How to find, measure and manage your top talent*. Harlow: Pearson Education.

Stührenberg, L. (2004). Ökonomische Bedeutung des Personalbindungsmanagements für Unternehmen. In R. Bröckermann & W. Pepels (Hrsg.), *Personalbindung* (S. 33–50). Berlin: Erich Schmidt.

Stumpp, T., Muck, P.M., Hülsheger, U.R., Judge, T.A. & Maier, G.W. (2010). Core self-evaluations in Germany: Validation of a German measure and its relationships with career success. *Applied Psychology, 59* (4), 674–700.

Sturges, J. & Guest, D. (1999). *Shall I stay or should I go?*. Warwick: Association of Graduate Recruiters.

Sullivan, S.E. & Arthur, M.B. (2006). The evolution of the boundaryless career concept: Examining physical and psychological mobility. *Journal of Vocational Behavior, 69* (1), 19–29. http://doi.org/10.1016/j.jvb.2005.09.001

Suls, J. & Fletcher, B. (1985). The relative efficacy of avoidant and nonavoidant coping strategies: A meta-analysis. *Health psychology, 4* (3), 249–288. http://doi.org/10.1037/0278-6133.4.3.249

Swider, B.W., Boswell, W.R. & Zimmerman, R.D. (2011). Examining the job search-turnover relationship: The role of embeddedness, job satisfaction, and available alternatives. *Journal of Applied Psychology, 96* (2), 432–441. http://doi.org/10.1037/a0021676

Sy, T., Côté, S. & Saavedra, R. (2005). The contagious leader: Impact of the leader's mood on the mood of group members, group affective tone, and group processes. *Journal of Applied Psychology, 90*(2), 295–305. http://doi.org/10.1037/0021-9010.90.2.295

Tansley, C. (2011). What do we mean by the term talent in talent management. *Industrial and Commercial Training, 43* (5), 266–274. http://doi.org/10.1108/00197851111145853

Taylor, P.J., Russ-Eft, D.F. & Chan, D.W.L. (2005). A meta-analytic review of behavior modeling training. *Journal of Applied Psychology, 90* (4), 692–709. http://doi.org/10.1037/0021-9010.90.4.692

Teece, D.J., Pisano, G. & Shuen, A. (1997). Dynamic capabilities and strategic management. *Strategic Management Journal, 18* (7), 509–533. http://doi.org/10.1002/(SICI)1097-0266(199708)18:7<509::AID-SMJ882>3.0.CO;2-Z

Tekleab, A.G., Quigley, N.R. & Tesluk, P.E. (2009). A longitudinal study of team conflict, conflict management, cohesion, and team effectiveness. *Group & Organization Management, 34* (2), 170–205. http://doi.org/10.1177/1059601108331218

Tett, R.P., Jackson, D.N. & Rothstein, M. (1991). Personality measures as predictors of job performance: A meta-analytic review. *Personnel Psychology, 44* (4), 703–742. http://doi.org/10.1111/j.1744-6570.1991.tb00696.x

Thibaut, J. & Kelley, H. (1959). *The social psychology of groups*. New York: Transaction Books.

Thomae, H. (1965). Die Bedeutung des Motivationsbegriffs. In H. Thomae (Hrsg.), *Handbuch der Psychologe* (Bd. II Allgemeine Psychologie, 2. Motivation, S. 3–44). Göttingen: Hogrefe.

Thorsteinsson, E.B. & James, J.E. (1999). A meta-analysis of the effects of experimental manipulations of social support during laboratory stress. *Psychology and Health, 14* (5), 869–886. http://doi.org/10.1080/08870449908407353

Tims, M. & Bakker, A.B. (2010). Job crafting: Towards a new model of individual job redesign. *SA Journal of Industrial Psychology, 36,* 1–9. Retrieved from http://www.scielo.org.za/scielo.php?script=sci_arttext&pid=S2071-07632010000200003&nrm=iso http://doi.org/10.4102/sajip.v36i2.841

Tims, M., Bakker, A.B. & Derks, D. (2012). Development and validation of the job crafting scale. *Journal of Vocational Behavior, 80* (1), 173–186. http://doi.org/10.1016/j.jvb.2011.05.009

Tims, M., Bakker, A.B. & Derks, D. (2013). The impact of job crafting on job demands, job resources, and well-being. *Journal of Occupational Health Psychology, 18* (2), 230–240. http://doi.org/10.1037/a0032141

Tjosvold, D. (1998). Cooperative and competitive goal approach to conflict: Accomplishments and challenges. *Applied Psychology, 47*(3), 285–313. http://doi.org/10.1111/j.1464-0597.1998.tb00025.x

Tonhäuser, C. & Bücker, L. (2016). Determinants of transfer of training: A comprehensive literature review. *International Journal for Research in Vocational Education and Training, 3* (2), 127–165.

Torrington, D., Hall, L. & Taylor, S. (2008). *Human resource management* (7. Aufl.). Harlow: Pearson.

Totterdell, P. (2000). Catching moods and hitting runs: Mood linkage and subjective performance in professional sports teams. *Journal of Applied Psychology, 85* (6), 848–859. http://doi.org/10.1037/0021-9010.85.6.848

Tracey, J. B. & Hinkin, T. R. (1998). Transformational leadership or effective managerial practices? *Group and Organization Management, 23* (3), 220–236. http://doi.org/10.1177/1059601198233002

Trevor, C. O., Reilly, G. & Gerhart, B. (2012). Reconsidering pay dispersion's effect on the performance of interdependent work: Reconciling sorting and pay inequality. *Academy of Management Journal, 55* (3), 585–610. http://doi.org/10.5465/amj.2006.0127

Turban, D. B. & Jones, A. P. (1988). Supervisor subordinate similarity types, effects, and mechanisms. *Journal of Applied Psychology, 73* (2), 228–234. http://doi.org/10.1037/0021-9010.73.2.228

Ulrich, L. B. (2006). Bridge employment. In J. H. Greenhaus & G. A. Callanan (Eds.), *Encyclopedia of career development* (pp. 49–51). Thousand Oaks, CA: Sage.

Vaiman, V. & Vance, C. M. (2008). *Smart talent management-building knowledge assets for competitive advantage*. Cheltenham: Elgar.

Van Buren, M. V., & Erskine, W. (2002). *The 2002 ASTD state of the industry report*. Alexandria: American Society for Training & Development.

Van de Vliert, E. (1997). *Complex interpersonal conflict behaviour: Theoretical frontiers*. East Sussex: Psychology Press.

Van de Vliert, E., Nauta, A., Giebels, E. & Janssen, O. (1999). Constructive conflict at work. *Journal of Organizational Behavior, 20* (4), 475–491. http://doi.org/10.1002/(SICI)1099-1379(199907)20:4<475::AID-JOB897>3.0.CO;2-G

Van der Heijde, C. M. & Van der Heijden, B. I. J. M. (2006). A competence-based and multidimensional operationalization and measurement of employability. *Human Resource Management, 45* (3), 449–476. http://doi.org/10.1002/hrm.20119

Van der Klink, J. J., Blonk, R. W., Schene, A. H. & van Dijk, F. J. (2001). The benefits of interventions for work-related stress. *American Journal of Public Health, 91* (2), 270–276. Retrieved from http://www.ncbi.nlm.nih.gov/pmc/articles/PMC1446543/

Van der Linden, D., Frese, M. & Meijman, T. F. (2003). Mental fatigue and the control of cognitive processes: Effects on perseveration and planning. *Acta Psychologica, 113* (1), 45–65. http://doi.org/10.1016/S0001-6918(02)00150-6

Van Iddekinge, C. H., Aguinis, H., Mackey, J. D. & DeOrtentiis, P. S. (2018). A meta-analysis of the interactive, additive, and relative effects of cognitive ability and motivation of performance. *Journal of Management, 44* (1), 249–279. http://doi.org/10.1177/0149206317702220

Van Lange, P. A. M. (1999). The pursuit of joint outcomes and equality in outcomes: An integrative model of social value orientation. *Journal of Personality and Social Psychology, 77* (2), 337–349. http://doi.org/10.1037/0022-3514.77.2.337

Van Vegchel, N., De Jonge, J., Bosma, H. & Schaufeli, W. (2005). Reviewing the effort-reward imbalance model: Drawing up the balance of 45 empirical studies. *Social Science & Medicine, 60* (5), 1117–1131. http://doi.org/10.1016/j.socscimed.2004.06.043

Van Vianen, A. E. M. (2000). Person-organization fit: The match between newcomers' and recruiters' preferences for organizational cultures. *Personnel Psychology, 53* (1), 113–149. http://doi.org/10.1111/j.1744-6570.2000.tb00196.x

Van Vugt, M., Hogan, R. & Kaiser, R. B. (2008). Leadership, followership, and evolution: Some lessons from the past. *American Psychologist, 63* (3), 182–196. http://doi.org/10.1037/0003-066X.63.3.182

Verhoeven, T. (2016). Die Theorie der Candidate Experience. In T. Verhoeven (Hrsg.), *Candidate Experience* (S. 7–15). Wiesbaden: Springer. http://doi.org/10.1007/978-3-658-08896-5

Viswesvaran, C., Schmidt, F. L., & Ones, D. S. (2005). Is there a general factor in ratings of job performance? A meta-analytic framework for disentangling substantive and error influences. *Journal of Applied Psychology, 90* (1), 108–131.http://doi.org/10.1037/0021-9010.90.1.108

Viswesvaran, C., Sanchez, J. I. & Fisher, J. (1999). The role of social support in the process of work stress: A meta-analysis. *Journal of Vocational Behavior, 54* (2), 314–334. http://doi.org/10.1006/jvbe.1998.1661

Vollmoeller, T. (2017). Recruiting im Zeitalter des digitalen Wandels. In W. Jochmann, I. Böckenholt & S. Diestel (Hrsg.), *HR-Exzellenz: Innovative Ansätze in Leadership und Transformation* (S. 309–313). Wiesbaden: Springer Fachmedien.

Volmer, J. & Spurk, D. (2011). Protean and boundaryless career attitudes: Relationships with subjective and objective career success. *Journal for Labour Market Research, 43* (3), 207–218. http://doi.org/10.1007/s12651-010-0037-3

vom Hofe, A. (2005). *Strategien und Maßnahmen für ein erfolgreiches Management der Mitarbeiterbindung.* Hamburg: Dr. Kovac.

von der Heyde, A. & von der Linde, B. (2009). *Gesprächsführungstechniken für Führungskräfte: Methoden und Übungen zur erfolgreichen Kommunikation* (3. Aufl.). München: Haufe.

Vroom, V.H. (1964). *Work and motivation.* New York, NY: Wiley.

Walker, J.W. & LaRocco, J.M. (2002). Talent pools: The best and the rest. *Human Resource Planning, 25* (3), 12–14.

Wall, J.A. & Callister, R. (1995). Conflict and its management. *Journal of Management, 21* (3), 515–558. http://doi.org/10.1177/014920639502100306

Walumbwa, F.O., Cropanzano, R. & Goldman, B.M. (2011). How leader-member exchange influences effective work behaviors: Social exchange and internal-external efficacy perspectives. *Personnel Psychology, 64* (3), 739–770. http://doi.org/10.1111/j.1744-6570.2011.01224.x

Wang, G., Oh, I.S., Courtright, S.H. & Colbert, A.E. (2011). Transformational leadership and performance across criteria and levels: A meta-analytic review of 25 years of research. *Group & Organization Management, 36* (2), 223–270. http://doi.org/10.1177/1059601111401017

Wang, Y.H., Hu, C., Hurst, C.S. & Yang, C.C. (2014). Antecedents and outcomes of career plateaus: The roles of mentoring others and proactive personality. *Journal of Vocational Behavior, 85* (3), 319–328. http://doi.org/10.1016/j.jvb.2014.08.003

Warr, P. & Bunce, D. (1995). Trainee characteristics and the outcomes of open learning. *Personnel Psychology, 48* (2), 347–375. http://doi.org/10.1111/j.1744-6570.1995.tb01761.x

Waterman, R.H., Waterman, J.A. & Collard, B.A. (1994). Toward a career-resilient workforce. *Harvard Business Review, 72* (4), 87–95.

Watkins, L.M., & Johnston, L. (2000). Screening job applicants: The impact of physical attractiveness and application quality. *International Journal of Selection and Assessment, 8*(2), 76-84. http://doi.org/10.1111/1468-2389.00135

Watzlawick, P., Helmick Beavin, J. & Jackson, D.D. (2011). *Pragmatics of human communication. A study of interactional patterns, pathologies, and paradoxes.* New York: WW Norton & Company.

Weber, H. (1997). Sometimes more complex, sometimes more simpled: Comment. *Journal of Health Psychology, 2* (2), 171–172. http://doi.org/10.1177/135910539700200213

Weber, J.M., Kopelman, S. & Messick, D.M. (2004). A conceptual review of decision making in social dilemmas: Applying a logic of appropriateness. *Personality and Social Psychology Review, 8* (3), 281–307. http://doi.org/10.1207/s15327957pspr0803_4

Wegge, J. (2002). *Führung von Arbeitsgruppen.* Habilitationsschrift, Universität Dortmund.

Wegge, J., & Rosenstiel, L.v. (2004). Führung. In H. Schuler, *Lehrbuch Organisationspsychologie* (S. 475–513). Bern: Huber.

Weibler, J. (2016). *Personalführung* (3., komplett überarb. u. erw. Aufl.). München: Vahlen. http://doi.org/10.15358/9783800651726

Weiss, H.M. & Cropanzano, R. (1996). Affective events theory: A theoretical discussion of the structure, causes and consequences of affective experiences at work. *Research in Organizational Behaviour, 18,* 1–74.

Wernerfelt, B. (1984). A resource-based view of the firm. *Strategic Management Journal, 5* (2), 171–180. http://doi.org/10.1002/smj.4250050207

WHO. (Hrsg.). (1946). *Constitution of the World Health Organization.*

Wilensky, H.L. (1964). "The professionalization of everyone?". *American Journal of Sociology, 70* (2), 137–158. http://doi.org/10.1086/223790

Winner, E. (2000). The origins and ends of giftedness. *American Psychologist, 55* (1), 159–169. http://doi.org/10.1037/0003-066X.55.1.159

Witte, E. (1995). Effizienz der Führung. In A. Kieser, G. Reber & R. Wunderer (Hrsg.), *Handwörterbuch der Führung* (Bd. 2, S. 264–276). Stuttgart: Schäffer-Poeschel.

Woehr, D.J. & Huffcutt, A.I. (1994). Rater training for performance appraisal: A quantitative review. *Journal of Occupational and Organizational Psychology, 67* (3), 189–205. http://doi.org/10.1111/j.2044-8325.1994.tb00562.x

World Health Organization, W.H.O. (1992). *The ICD-10 classification of mental and behavioural disorders: Clinical descriptions and diagnostic guidelines.* Geneva: World Health Organization.

Wright, P.M., McMahan, G.C. & McWilliams, A. (1994). Human resources and sustained competitive advantage: A resource-based perspective. *International Journal of Human Resource Management, 5* (2), 301–326. http://doi.org/10.1080/09585199400000020

Wright, T.A., Cropanzano, R. & Bonett, D. (2007). The moderating role of employee positive well-being on the relation between job satisfaction and job performance. *Journal of Occupational Health*

Psychology, 12 (2), 93–104. http://doi.org/10.1037/1076-8998.12.2.93

Wunderer, R. (2009). Führung des Chefs. In L. v. Rosenstiel, E. Regnet & M. E. Domsch (Hrsg.), *Führung von Mitarbeitern: Handbuch für erfolgreiches Personalmanagement* (6. Aufl., S. 249–269). Stuttgart: Schäffer-Poeschel.

Xanthopoulou, D., Bakker, A.B., Demerouti, E. & Schaufeli, W.B. (2007). The role of personal resources in the job demands-resources model. *International Journal of Stress Management, 14* (2), 121–141. http://doi.org/10.1037/1072-5245.14.2.121

Yankelovich, D. & Immerwahr, J. (1983). *Putting the work ethic to work: A public agenda report on restoring America's competitive vitality.* New York: The Public Agenda Foundation.

Yerkes, R. M. & Dodson, J. D. (1908). The relation of strength of stimulus to rapidity of habit-formation. *Journal of Comparative Neurology and Psychology, 18* (5), 459–482. http://doi.org/10.1002/cne.920180503

Yukl, G.A. (2010). *Leadership in organizations* (7th ed.). Upper Saddle River, NJ: Pearson; Prentice Hall.

Zapf, D. (1999). Mobbing in Organisationen: Überblick zum Stand der Forschung. *Zeitschrift für Arbeits- und Organisationspsychologie, 43,* 1–25. http://doi.org/10.1026//0932-4089.43.1.1

Zapf, D. & Semmer, N.K. (2004). Stress und Gesundheit in Organisationen. In H. Schuler (Hrsg.), *Enzyklopädie der Psychologie, Themenbereich D, Serie III, Band 3 Organisationspsychologie* (2. Aufl.; S. 1007–1112). Göttingen: Hogrefe.

Zhang, X.-a., Cao, Q. & Tjosvold, D. (2011). Linking transformational leadership and team performance: A conflict management approach. *Journal of Management Studies, 48* (7), 1586–1611. http://doi.org/10.1111/j.1467-6486.2010.00974.x

Zhao, H., Wayne, S.J., Glibkowski, B.C. & Bravo, J. (2007). The impact of psychological contract breach on work-related outcomes: A meta-analysis. *Personnel Psychology, 60* (3), 647–680. http://doi.org/10.1111/j.1744-6570.2007.00087.x

Zhou, J. (2003). When the presence of creative coworkers is related to creativity: Role of supervisor close monitoring, developmental feedback, and creative personality. *Journal of Applied Psychology, 88* (3), 413. http://doi.org/10.1037/0021-9010.88.3.413

Ziegler, A. & Heller, K.A. (2000). Conceptions of giftedness from a meta-theoretical perspective. In K.A. Heller, F.J. Mönks, R.J. Sternberg & R.F. Subotnik (Eds.), *International handbook of giftedness and talent* (pp. 3–21). Amsterdam: Elsevier.

Ziegler, R., Schlett, C., Casel, K. & Diehl, M. (2012). The role of job satisfaction, job ambivalence, and emotions at work in predicting organizational citizenship behavior. *Journal of Personnel Psychology, 11* (4), 176–190. http://doi.org/10.1027/1866-5888/a000071

Zimmerman, R.D. (2008). Understanding the impact of personality traits on individuals' turnover decisions: A meta-analytical path model. *Personnel Psychology, 61* (2), 309–348. http://doi.org/10.1111/j.1744-6570.2008.00115.x

Zwingmann, I., Wolf, S. & Richter, P. (2016). Every light has its shadow: A longitudinal study of transformational leadership and leaders' emotional exhaustion. *Journal of Applied Social Psychology, 46,* 19–33. http://doi.org/10.1111/jasp.12352

Die Autorinnen

Prof. Dr. Astrid Schütz (geb. 1960) studierte Psychologie, Soziologie und Pädagogik und promovierte zur Selbstdarstellung in der Politik. Ihre Habilitationsschrift beschäftigte sich mit Selbstwertdynamik und Selbstwertregulation. Nach mehreren Forschungsaufenthalten in den USA und Großbritannien sowie einer Professur an der TU Chemnitz ist sie seit 2011 Inhaberin des Lehrstuhls für Persönlichkeitspsychologie und Psychologische Diagnostik sowie Leiterin des Kompetenzzentrums für angewandte Personalpsychologie (KAP) an der Universität Bamberg. Von 2007–2009 war sie Direktorin des Instituts für Psychologie der TU Chemnitz, 2009–2009 Dekanin der Fakultät für Humanwissenschaften und 2012–2015 Vizepräsidentin für Forschung der Universität Bamberg. Sie ist Mitherausgeberin des *Journal of Individual Differences* und Gutachterin für zahlreiche Fachzeitschriften. Neben wissenschaftlichen Artikeln hat sie Fachbücher und Testverfahren verfasst, u.a. zu Stressbewältigung, Selbstdarstellung, Positivem Denken, Emotionaler Intelligenz, Kommunikation, Selbstwert und psychologischer Diagnostik.

Dipl.-Psych. Christina Köppe (geb. 1987) studierte Psychologie an der Julius-Maximilians-Universität Würzburg. Derzeit arbeitet sie als Personalmanagementberaterin am Kompetenzzentrum für Angewandte Personalpsychologie (KAP) der Universität Bamberg und berät Unternehmen auf allen Stufen des Personalmanagementprozesses. Im Rahmen ihrer Promotion forschte Frau Köppe schwerpunktmäßig zu den Antezedenzien und Konsequenzen gesundheitsförderlicher Selbst- und Mitarbeiterführung und beschäftigte sich darüber hinaus mit der Trainierbarkeit emotionaler Fähigkeiten durch webbasierte Formate.

Prof. Dr. Maike Andresen (geb. 1971) studierte Betriebswirtschaftslehre, Romanistik und Wirtschaftspädagogik und promovierte über Corporate Universities als Instrument des Strategischen Managements. In ihrer Habilitationsschrift nahm sie eine ökonomisch-psychologische

Analyse und Bewertung des Instruments der Arbeitszeitfreiheit vor. Seit 2009 ist sie Inhaberin des Lehrstuhls für Betriebswirtschaftslehre, insbesondere Personalmanagement und Organisational Behavior, und war von 2015-2018 Vizepräsidentin für Forschung an der Universität Bamberg. Sie ist Koordinatorin des H2020 EU-Projekts GLOMO zur globalen Mobilität von Erwerbstätigen, Mitglied der internationalen Forschungsgruppen 5C (Cross-Cultural Collaboration on Contemporary Careers) sowie GLOBE (Global Leadership & Organizational Behavior Effectiveness) und deutsche Vertreterin des EHRM (European Human Resource Management) Programms. Darüber hinaus engagiert sie sich als Mitherausgeberin des *Human Resource Management Journal* sowie *International Journal of Human Resource Management* und als Gutachterin für zahlreiche Fachzeitschriften. Sie hat zahlreiche Artikel in wissenschaftlichen Zeitschriften und Sammelbänden sowie eigene Fachbücher verfasst, u.a. zu internationalen Karrieren, Auslandstätigkeiten von Erwerbstätigen und Arbeitszeitflexibilisierung.

Dipl.-Psych., Dipl.-Betriebsw. (DH) Belinda Seeg (geb. 1984) war nach ihrem dualen BWL-Studium mit Vertiefung im Bereich Finance und HR-Management zwei Jahre als Controllerin der Robert Bosch GmbH tätig. Dort war sie als Informationsschnittstelle zur globalen Konzern- und Unternehmenssteuerung für die Vermittlung zwischen asiatischen Tochtergesellschaften und oberem Management zuständig. Motiviert durch die Erkenntnis, dass erfolgreiche Unternehmensführung maßgeblich von erfolgreicher Mitarbeiterführung abhängt, schloss sie ihr weiteres Studium der Psychologie mit einer Doppelvertiefung in den Fächern Personalmanagement sowie Verhaltensanalyse und -regulation ab. In ihrer heutigen Tätigkeit als Trainerin und Personalmanagementberaterin im Bereich Personalauswahl sowie Personal- und Organisationsentwicklung am Kompetenzzentrum für Angewandte Personalpsychologie der Universität Bamberg verknüpft sie psychologische Wissenschaft mit ihren betriebswirtschaftlichen Kompetenzen. Darüber hinaus lehrt, forscht und promoviert Belinda Seeg im Bereich nachhaltig wirksamer Führungskräfteentwicklung am Lehrstuhl für Persönlichkeitspsychologie und Psychologische Diagnostik.

Theresa Fehn, M.Sc. (geb. 1989) studierte Psychologie an der Julius-Maximilians-Universität Würzburg und der Freien Universität Amsterdam. Aktuell ist Frau Fehn als Personalmanagementberaterin, Trainerin und wissenschaftliche Mitarbeiterin am Kompetenzzentrum für Angewandte Personalpsychologie (KAP) der Otto-Friedrich-Universität Bamberg beschäftigt. Dort berät sie Praxispartner bei Projekten im Kontext der Personalauswahl und -entwicklung. Zudem promoviert Frau Fehn zum Thema Beziehungsgestaltung in Führungskontexten.

Sachwortverzeichnis

F

M

N

O

P

R

S

T